高等学校水利学科专业规范核心课程教材·水文与水资源工程

水环境化学（第2版）

主　编　吴吉春　张景飞　孙媛媛
　　　　徐红霞　陈扣平

高等学校水利学科教学指导委员会组织编审

中国水利水电出版社
www.waterpub.com.cn
·北京·

内 容 提 要

本书为水利学科教学指导委员会推荐教材。全书分为7章，涵盖了天然水的组成与性质、天然水的污染及其主要污染物、天然水中的化学平衡、水环境中的界面过程、水环境中的微生物化学过程、水环境中的光化学过程以及水环境化学的主要研究方法等基本内容，比较全面地介绍了水环境化学的主要理论知识，并突出了其与地学、生物学相结合的多学科交叉特色。

本书可作为高等院校水环境领域相关专业的教材或参考书，也可供从事水环境保护与治理研究的专业人员参考。

图书在版编目（CIP）数据

水环境化学 / 吴吉春等主编. -- 2版. -- 北京：中国水利水电出版社，2021.1(2024.7重印)
高等学校水利学科专业规范核心课程教材. 水文与水资源工程
ISBN 978-7-5170-9408-1

Ⅰ. ①水… Ⅱ. ①吴… Ⅲ. ①水环境－环境化学－高等学校－教材 Ⅳ. ①X131.2

中国版本图书馆CIP数据核字(2021)第025834号

书　名	高等学校水利学科专业规范核心课程教材·水文与水资源工程 **水环境化学（第 2 版）** SHUIHUANJING HUAXUE
作　者	主编 吴吉春　张景飞　孙媛媛　徐红霞　陈扣平
出版发行	中国水利水电出版社 （北京市海淀区玉渊潭南路1号D座　100038） 网址：www.waterpub.com.cn E-mail：sales@mwr.gov.cn 电话：（010）68545888（营销中心）
经　售	北京科水图书销售有限公司 电话：（010）68545874、63202643 全国各地新华书店和相关出版物销售网点
排　版	中国水利水电出版社微机排版中心
印　刷	清淞永业（天津）印刷有限公司
规　格	184mm×260mm　16开本　17.25印张　420千字
版　次	2009年2月第1版第1次印刷 2021年1月第2版　2024年7月第3次印刷
印　数	7001—11000册
定　价	**50.00元**

凡购买我社图书，如有缺页、倒页、脱页的，本社营销中心负责调换

版权所有·侵权必究

高等学校水利学科专业规范核心课程教材
编 审 委 员 会

主　任　　姜弘道（河海大学）

副主任　　王国仪（中国水利水电出版社）　　谈广鸣（武汉大学）
　　　　　　李玉柱（清华大学）　　　　　　　吴胜兴（河海大学）

委　员

周孝德（西安理工大学）　　　　　李建林（三峡大学）
刘　超（扬州大学）　　　　　　　朝伦巴根（内蒙古农业大学）
任立良（河海大学）　　　　　　　余锡平（清华大学）
杨金忠（武汉大学）　　　　　　　袁　鹏（四川大学）
梅亚东（武汉大学）　　　　　　　胡　明（河海大学）
姜　峰（大连理工大学）　　　　　郑金海（河海大学）
王元战（天津大学）　　　　　　　康海贵（大连理工大学）
张展羽（河海大学）　　　　　　　黄介生（武汉大学）
陈建康（四川大学）　　　　　　　冯　平（天津大学）
孙明权（华北水利水电学院）　　　侍克斌（新疆农业大学）
陈　楚（水利部人才资源开发中心）　孙春亮（中国水利水电出版社）

秘　书　　周立新（河海大学）

丛书总策划　　王国仪

水文与水资源工程专业教材编审分委员会

主　任　任立良（河海大学）

副主任　袁　鹏（四川大学）　　　　梅亚东（武汉大学）

委　员

沈　冰（西安理工大学）　　　　陈元芳（河海大学）
吴吉春（南京大学）　　　　　　冯　平（天津大学）
刘廷玺（内蒙古农业大学）　　　纪昌明（华北电力大学）
方红远（扬州大学）　　　　　　刘俊民（西北农林科技大学）
姜卉芳（新疆农业大学）　　　　金菊良（合肥工业大学）
靳孟贵（中国地质大学）　　　　郭纯青（桂林工学院）
吴泽宁（郑州大学）

总 前 言

随着我国水利事业与高等教育事业的快速发展以及教育教学改革的不断深入，水利高等教育也得到了很大的发展与提高。《国家中长期教育改革和发展规划纲要（2010—2020年）》《加快推进教育现代化实施方案（2018—2022年）》等文件的出台以及2018年全国教育大会和新时代全国高等学校本科教育工作会议的召开，更是对高等教育教学改革和人才培养提出了新的要求，要求把立德树人作为教育的根本任务，强调要坚持"以本为本"，推进"四个回归"，建设一流本科，培养一流人才。

为响应国家关于加快建设高水平本科教育、全面提高人才培养能力的号召，积极推进现代信息技术与教育教学深度融合，适应开展工程教育专业认证对毕业生提出的新要求，经水利类专业认证委员会倡议，2018年1月，教育部高等学校水利类专业教学指导委员会和中国水利水电出版社联合发文《关于公布基于认证要求的高等学校水利学科专业规范核心课程教材及数字教材立项名单的通知》（水教指委〔2018〕1号），立项了一批融合工程教育专业认证理念、配套多媒体数字资源的新形态教材。这批教材以原高等学校水利学科专业规范核心教材为基础，充分考虑教育改革发展新要求，在适应认证标准毕业要求方面融合了相关环境问题、复杂工程问题、国际视野及跨文化交流问题以及涉水法律等方面的内容；在立体化建设方面，配套增加了视频、音频、动画、知识点微课、拓展资料等富媒体资源。

这批教材的出版是顺应教育新形势、新要求的一次大胆尝试，仍坚持"质量第一"的原则，以原教材主编单位和人员为主进行修订和完善，邀请相关领域专家对教材内容进行把关，力争使教材内容更加适应专业培养方案和学生培养目标的要求,满足新时代水利行业对人才的需求。

尽管我们在教材编纂出版过程中尽了最大的努力,但受编著这类教材的经验和水平所限,不足和欠缺之处在所难免,恳请广大师生批评指正。

教育部高等学校水利类专业教学指导委员会
中国工程教育专业认证协会水利类专业认证委员会
中国水利水电出版社
2019年6月

总 前 言（2008 版）

　　随着我国水利事业与高等教育事业的快速发展以及教育教学改革的不断深入，水利高等教育也得到很大的发展与提高。与 1999 年相比，水利学科专业的办学点增加了将近一倍，每年的招生人数增加了将近两倍。通过专业目录调整与面向新世纪的教育教学改革，在水利学科专业的适应面有很大拓宽的同时，水利学科专业的建设也面临着新形势与新任务。

　　在教育部高教司的领导与组织下，从 2003 年到 2005 年，各学科教学指导委员会开展了本学科专业发展战略研究与制定专业规范的工作。在水利部人教司的支持下，水利学科教学指导委员会也组织课题组于 2005 年年底完成了相关的研究工作，制定了水文与水资源工程，水利水电工程，港口、航道与海岸工程以及农业水利工程四个专业规范。这些专业规范较好地总结与体现了近些年来水利学科专业教育教学改革的成果，并能较好地适用不同地区、不同类型高校举办水利学科专业的共性需求与个性特色。为了便于各水利学科专业点参照专业规范组织教学，经水利学科教学指导委员会与中国水利水电出版社共同策划，决定组织编写出版"高等学校水利学科专业规范核心课程教材"。

　　核心课程是指该课程所包括的专业教育知识单元和知识点，是本专业的每个学生都必须学习、掌握的，或在一组课程中必须选择几门课程学习、掌握的，因而，核心课程教材质量对于保证水利学科各专业的教学质量具有重要的意义。为此，我们不仅提出了坚持"质量第一"的原则，还通过专业教学组讨论、提出，专家咨询组审议、遴选，相关院、系认定等步骤，对核心课程教材选题及其主编、主审和教材编写大纲进行了严格把关。为了把本套教材组织好、编著好、出版好、使用好，我们还成立了高等学校水利学科专业规范核心课程教材编审委员会以及各专业教材编审分委员会，对教材编纂与使用的全过程进行组织、把关和监督。充分依靠各学科专家发挥咨询、评审、决策等作用。

本套教材第一批共规划52种，其中水文与水资源工程专业17种，水利水电工程专业17种，农业水利工程专业18种，计划在2009年年底之前全部出齐。尽管已有许多人为本套教材作出了许多努力，付出了许多心血，但是，由于专业规范还在修订完善之中，参照专业规范组织教学还需要通过实践不断总结提高，加之，在新形势下如何组织好教材建设还缺乏经验，因此，这套教材一定会有各种不足与缺点，恳请使用这套教材的师生提出宝贵意见。本套教材还将出版配套的立体化教材，以利于教、便于学，更希望师生们对此提出建议。

高等学校水利学科教学指导委员会

中国水利水电出版社

2008年4月

第 2 版前言

水是地球环境中的基本要素和宝贵资源，它通过自然过程在海、陆、空之间不断地循环往复，并更新着自然环境和自然资源。20 世纪 50 年代以来，世界主要发达国家的经济从恢复逐步走向高效发展，人工合成化学品的种类和数量也在迅猛增长，合成工艺产生的大量有毒有害物质随工业废水的排放进入水环境，产生了一系列水环境问题，如水质恶化、水体生境缺损、水体富营养化等，甚至引起了多起严重的突发性事故。当前世界上，继人口问题、粮食问题和能源问题之后，水资源、水灾害、水环境的问题已日益严重，并成为制约人类生存和发展的严峻问题。

我国是一个水资源严重短缺的国家，全国多年平均水资源量约占世界水资源总量的 6%，却维持着全球 20% 以上人口的生存。随着我国经济的快速发展，水资源危机也越来越严重。全国每年污水排放量达数十亿吨，其中很大一部分污水未经处理直接排入江河湖库，导致江河湖库水质严重恶化，水环境问题变得极为突出。由此，我国明确将环境保护列入全面建设小康社会总目标，将生态文明建设上升为国家战略，通过国家生态环境保护"十一五""十二五""十三五"和"十四五"规划积极推进和深入实施了水污染防治。党的二十大报告指出"要推进美丽中国建设，坚持山水林田湖草沙一体化保护和系统治理"，将"人与自然和谐共生的现代化"上升到"中国式现代化"的内涵之一，这给水环境化学学科带来了新的挑战和机遇。总的来看，我国保护与发展长期矛盾和短期问题交织，污染排放和水环境保护的严峻形势没有根本改变，水环境污染事件依然处于多发的高风险态势。21 世纪的水环境化学学科依旧任重而道远，无论是从控制水环境污染和抑制生态恶化方面，还是从改善水环境质量、保护人体健康和促进国民经济的可持续发展方面，水环境化学都将发挥其他学科难以替代的作用，并在与环境科学其他分支学科的相互渗透中得到发展。

作为水文与水资源工程及相关专业的重要基础课，《水环境化学》近年来逐渐在高等院校里被设置为专业主干课程。然而，我国一直缺乏专业性、系统性的《水环境化学》教材。2006年，水利学科水文与水资源工程专业教学指导分委员会通过会议论证，委托南京大学水科学系承担水文与水资源工程专业规范教材《水环境化学》的编写任务，并于2007年审阅通过了编写组提交的教材编写大纲。《水环境化学》于2009年2月出版发行后，得到了众多高校师生、水环境保护领域科研工作者和工程技术人员的欢迎和高度评价。时过境迁，编写组根据近些年的学科发展和教学实践，对该书内容进行了全面修编，并保持原书的主要内容和基本风格不变，同时顺应现代信息技术与教育教学深度融合的新形势，配套增加了丰富的多媒体数字资源。

水环境化学是环境化学的分支学科之一，基于此，本书围绕化学物质在水环境中的迁移、转化和归宿来进行理论阐述，主要涵盖了天然水的组成与性质、天然水的污染及其主要污染物、天然水中的化学平衡、水环境中的界面过程、水环境中的微生物化学过程、水环境中的光化学过程以及水环境化学的主要研究方法等内容。考虑到水文与水资源工程的专业特色和学科交叉发展背景，书中注重了与地学、生物学等其他学科的知识融合，在内容拓展的同时又不失其相互间的有机联系。

此次修编工作仍然由南京大学水科学系的教师承担。前言，1.1节、1.2节、1.3节和7.1节、7.2节、7.3节由吴吉春教授编写，1.4节、1.5节和第5章由徐红霞副教授编写，第2章和3.2节、3.4节、3.5节由孙媛媛教授编写，3.1节、3.3节、第4章和6.1节、6.2节、6.3节由张景飞副教授编写，6.4节、6.5节和7.4节、7.5节由陈扣平副教授编写。全书最后由吴吉春教授负责统稿。

此次《水环境化学》的修编过程中，得到了教育部高等学校水利类专业教学指导委员会、中国工程教育专业认证协会水利类专业认证委员会、中国水利水电出版社、南京大学王晓蓉教授和顾雪元教授等的支持和帮助，对所有为本书修改、出版付出辛勤劳动的同志，编者在此一并致以衷心感谢。

本书在具体编写过程中参考了多本前人的相关教材以及众多前人的相关研究成果，尽管在每章后给出了主要参考文献，但遗漏文献难以避免，在此一并致谢和致歉。

本书内容涉及面广，由于水平有限，疏漏和不当之处在所难免，恳请读者给予指正。

编 者

2021年1月

第1版前言

　　水是地球环境中的基本要素和宝贵资源,它通过自然过程在海、陆、空之间不断地循环往复,并更新着自然环境和自然资源。20世纪50年代以来,世界主要发达国家的经济从恢复逐步走向高效发展,人工合成化学品的种类和数量也在迅猛增长,合成工艺产生的大量有毒有害物质随工业废水排放进入了水环境,产生了一系列水环境问题,如水质恶化、水体生境缺损、水体富营养化等,甚至导致了多起严重的突发性事故。当前,世界上继人口问题、粮食问题和能源问题之后,水资源、水灾害、水环境的问题已日益严重,成为制约人类生存和发展的严峻问题。

　　我国是一个水资源严重短缺的国家,占世界水资源总量的8%,却维持着占世界21.5%人口的生存。随着我国经济的快速发展,我国的水资源危机越来越严重。全国每年污水排放量超过360亿t,80%的污水未经处理直接排入江河湖库,导致江河湖库水质严重恶化,水环境问题变得极为突出。由此,我国在明确将环境保护列入全面建设小康社会总目标后,国家环境保护"十一五"计划正积极推进城市污水处理与资源化,这给水环境化学学科带来了新的挑战和机遇。21世纪的水环境化学将任重而道远,无论是从控制水环境污染和抑制生态恶化,还是从改善水环境质量、保护人体健康和促进国民经济的可持续发展方面,水环境化学都将发挥其他学科难以替代的作用,并在与环境科学其他分支学科的相互渗透中得到发展。

　　作为水文与水资源工程专业的重要基础课,"水环境化学"近年来逐渐在高等院校里被设置为专业主干课程。然而,我国一直缺乏专业性、系统性的《水环境化学》教材。2006年,水利学科水文与水资源工程专业教学指导分委员会通过会议论证,委托南京大学水科学系承担水文与水资源工程专业规范教材《水环境化学》的编写任务，并于 2007 年审阅通过了编写组提交的教材编写大纲。

水环境化学是环境化学的分支学科之一，遵循于此，本书围绕化学物质在水环境中的迁移、转化和归宿来进行理论阐述，主要涵盖了天然水的组成与性质、天然水的污染及其主要污染物、天然水中的化学平衡、水环境中的界面过程、水环境中的微生物化学过程、水环境中的光化学过程以及水环境化学的主要研究方法等内容。与此同时，书中注重了与地学、生物学等其他学科的知识交叉，在内容拓展的同时又不失其相互间的有机联系。

在本书编写过程中编者注重对一些理论和原理的阐述，主要体现在天然水中的几大化学平衡及相间作用方面，并引用和吸取了有关专家的成果以及公布的权威资料。为巩固教学效果，每章均配备一些题目供学生思考与练习。

本书由吴吉春编写第 1 章、第 2 章、第 3 章，张景飞编写第 4 章、第 5 章、第 6 章、第 7 章，孙媛媛编写第 8 章，全书由吴吉春统一审校完稿。南京大学王晓蓉教授担任本书主审。

本书在编写出版过程中得到了水利学科水文与水资源工程专业教学指导分委员会、中国水利水电出版社、南京大学王晓蓉教授等的支持、关怀和帮助，编者致以衷心的感谢。南京大学水科学系的徐红霞博士、吴海燕博士、曹璐硕士绘制了本书中的大量图表，于此一并致谢！

由于水平所限，不当之处在所难免，恳请读者给予指正。

编 者

2008 年 6 月

数 字 资 源 清 单

序号	资源名称	资源类型
资源1.1	地球上的水资源	图片
资源1.2	2017年中国主要流域水质状况	图片
资源1.3	水循环类型	图片
资源1.4	电中性的水	图片
资源1.5	天然水的硬度	图片
资源1.6	2015年和2016年地下水水质监测结果	图片
资源1.7	上海市的地面沉降和防治	图片
资源1.8	第1章习题答案	拓展资料
资源1.9	第1章课件	课件
资源2.1	点源	图片
资源2.2	面源	图片
资源2.3	被耗氧有机物污染河流中BOD和DO的变化	拓展资料
资源2.4	藻类繁殖限制性因子	拓展资料
资源2.5	持久性有机污染物	拓展资料
资源2.6	DDT在某水生食物链中富集	图片
资源2.7	部分有机氯农药分子结构式	图片
资源2.8	有机磷农药	拓展资料
资源2.9	EPA列为优先控制污染物的16种PAHs	拓展资料
资源2.10	多氯联苯分子结构式	拓展资料
资源2.11	四种溴代阻燃剂分子结构式	拓展资料
资源2.12	卤代脂肪烃挥发时间	拓展资料
资源2.13	邻苯二甲酸二丁酯（DBP）和邻苯二甲酸二异辛酯（DEHP）分子结构式	拓展资料
资源2.14	水俣病事件	拓展资料
资源2.15	痛痛病事件	拓展资料
资源2.16	野外原位测定	微课
资源2.17	第2章习题答案	拓展资料

续表

序号	资 源 名 称	资源类型
资源 2.18	第 2 章课件	课件
资源 3.1	式（3-21）推导过程	图片
资源 3.2	式（3-22）推导过程	拓展资料
资源 3.3	水中 $H_2CO_3^* \text{-} HCO_3^- \text{-} CO_3^{2-}$ 体系	图片
资源 3.4	碱度归纳总结	拓展资料
资源 3.5	封闭体系中加入强酸等物质后酸度和碱度的变化	拓展资料
资源 3.6	PbO 的溶解度计算过程	拓展资料
资源 3.7	碳酸盐沉淀和溶解总结	拓展资料
资源 3.8	$FeCO_3$ 和 $Fe(OH)_2$ 的溶解图	拓展资料
资源 3.9	配合物类型	拓展资料
资源 3.10	氧化还原反应——铁与稀硝酸	微课
资源 3.11	氧化还原影响化学物质形态	拓展资料
资源 3.12	$pe°(w)$ 的推导过程	拓展资料
资源 3.13	金属铝还原铜离子的全反应	拓展资料
资源 3.14	E、pe、K 与自由能的关系	拓展资料
资源 3.15	式（3-142）推导过程	拓展资料
资源 3.16	第 3 章习题答案	拓展资料
资源 3.17	第 3 章课件	课件
资源 4.1	胶体的电荷	拓展资料
资源 4.2	溶胶的胶团结构	拓展资料
资源 4.3	水化学条件对胶体稳定性影响	拓展资料
资源 4.4	胶体第二极小势能处的可逆沉积	拓展资料
资源 4.5	高分子化合物对胶体聚沉作用和保护作用	拓展资料
资源 4.6	生物炭对左氧氟杀星的吸附等温线	拓展资料
资源 4.7	不同来源沉积物对菲和芘的吸附等温线	拓展资料
资源 4.8	分配作用和吸附作用	拓展资料
资源 4.9	TBBPA 在沉积物上的分配作用	拓展资料
资源 4.10	菲（phenanthrene）在鲫鱼体内的富集	拓展资料
资源 4.11	式（4-22）的推导过程	拓展资料
资源 4.12	第 4 章习题答案	拓展资料

续表

序号	资源名称	资源类型
资源 4.13	第 4 章课件	课件
资源 5.1	水中常见微生物种类	图片
资源 5.2	微生物的营养类型	图片
资源 5.3	微生物生长的六大要素	图片
资源 5.4	微生物的生长代谢	图片
资源 5.5	有机物多环芳烃的微生物降解示意	图片
资源 5.6	微生物驯化	图片
资源 5.7	微生物对石油的降解	图片
资源 5.8	不同 Cd^{2+} 浓度对 Bacillus cereus RC-1 细胞形态的影响	图片
资源 5.9	第 5 章习题答案	拓展资料
资源 5.10	第 5 章课件	课件
资源 6.1	植物的光合作用	图片
资源 6.2	光催化氧化机理	图片
资源 6.3	水生生态系统中溶解有机物（DOM）的光化学和环境效应	图片
资源 6.4	海水中锰的光化学反应	图片
资源 6.5	天然水中 Cu(I) 被 H_2O_2 氧化的过程	图片
资源 6.6	Hg 的光化学反应	图片
资源 6.7	可见光催化降解有毒有机污染物	图片
资源 6.8	石油烃的光化学氧化	图片
资源 6.9	第 6 章习题答案	拓展资料
资源 6.10	第 6 章课件	课件
资源 7.1	采样点布设	图片
资源 7.2	有机玻璃采样瓶	图片
资源 7.3	井内采样器	图片
资源 7.4	水样采集	微课
资源 7.5	底质采样器	图片
资源 7.6	旋桨式测速仪	图片
资源 7.7	遥感原理图	图片
资源 7.8	水环境遥感监测	图片
资源 7.9	第 7 章习题答案	拓展资料
资源 7.10	第 7 章课件	课件

续表

序号	资源名称	资源类型
试卷 A	试卷 A	拓展资料
试卷 A 答案	试卷 A 答案	拓展资料
试卷 B	试卷 B	拓展资料
试卷 B 答案	试卷 B 答案	拓展资料

目　录

总前言

总前言（2008版）

第2版前言

第1版前言

数字资源清单

第1章　天然水的组成与性质 ··· 1
　1.1　地球上的水资源分布 ··· 1
　1.2　水循环和水环境 ·· 5
　1.3　水的分子结构与性质 ··· 9
　1.4　天然水的组成与分类 ·· 15
　1.5　天然水的演化及其特征 ·· 24
　习题 ··· 38
　参考文献 ·· 39

第2章　天然水的污染及其主要污染物 ····································· 40
　2.1　天然水的污染 ··· 40
　2.2　天然水中的主要污染物 ·· 41
　2.3　天然水的水质标准 ·· 62
　习题 ··· 75
　参考文献 ·· 75

第3章　天然水中的化学平衡 ··· 77
　3.1　天然水中的气体溶解平衡 ··· 77
　3.2　天然水中的酸碱平衡 ··· 83
　3.3　水环境中的溶解和沉淀作用 ·· 94
　3.4　水环境中的配合作用 ·· 102
　3.5　天然水中的氧化还原平衡 ·· 113

习题 ……………………………………………………………………………… 126
  参考文献 ………………………………………………………………………… 128

第4章　水环境中的界面过程 ………………………………………………… 130
  4.1　天然水中的固相物质 ……………………………………………………… 130
  4.2　固液界面的吸附过程 ……………………………………………………… 132
  4.3　水-固体系中的分配作用 ………………………………………………… 143
  4.4　挥发作用 …………………………………………………………………… 147
  习题 ……………………………………………………………………………… 151
  参考文献 ………………………………………………………………………… 152

第5章　水环境中的微生物化学过程 ………………………………………… 153
  5.1　天然水体中的微生物生境 ………………………………………………… 153
  5.2　天然水环境的微生态特征 ………………………………………………… 154
  5.3　有机污染物在水体中的生物降解过程 …………………………………… 158
  5.4　天然水体中的生物自净过程 ……………………………………………… 179
  5.5　水体中金属的微生物转化 ………………………………………………… 181
  习题 ……………………………………………………………………………… 188
  参考文献 ………………………………………………………………………… 188

第6章　水环境中的光化学过程 ……………………………………………… 189
  6.1　天然水中的光化学过程 …………………………………………………… 189
  6.2　天然水中阳离子的光化学反应 …………………………………………… 197
  6.3　天然水中的过氧化氢及其光化学反应 …………………………………… 203
  6.4　天然水体中溶解性腐殖质的光化学反应 ………………………………… 206
  6.5　水环境中石油烃的光化学反应 …………………………………………… 211
  习题 ……………………………………………………………………………… 213
  参考文献 ………………………………………………………………………… 213

第7章　水环境化学的主要研究方法 ………………………………………… 215
  7.1　野外调查研究 ……………………………………………………………… 215
  7.2　实验模拟 …………………………………………………………………… 228
  7.3　水质模型 …………………………………………………………………… 230
  7.4　QSAR 模型预测 …………………………………………………………… 247
  7.5　水环境遥感 ………………………………………………………………… 251
  习题 ……………………………………………………………………………… 254
  参考文献 ………………………………………………………………………… 254

第1章
天然水的组成与性质

【概要】 主要介绍地球上的水资源分布,水循环和水环境,水的分子结构与性质,天然水的组成与分类,天然水的演化及其特征。

1.1 地球上的水资源分布

1.1.1 地球上的水分布

地球表面约有 71% 被水覆盖(图 1-1)。地球上的总水量高达 13.6 亿 km^3。

图 1-1 地球——名副其实的大"水球"

地球上的水以气态、液态和固态三种形式存在于空中、地表与地下,成为海洋水、河流水、湖泊水、沼泽水、土壤水、地下水、冰川水、大气水以及存在于动物、植物有机体内的生物水。这些水体,通过水循环组成了一个统一的相互联系的包围地球的水圈。

但是,水在地球上的分布极不均匀。其中海水约占地球总水量的 96%~97%,不能直接为人类所利用。地球上淡水总体积为 3800 万 km^3,只占地球总水量的 3%。淡水中的 77.2% 又以冰帽和冰川形式存在于极地和高山上,22.4% 为地下水和土壤水,其中约 2/3 的地下水埋藏于地下深处;江河湖泊等地表水的总量为 23 万 km^3,

约占淡水总量的0.36%。可供人类直接利用的淡水只占全球总水量的0.26%,且大部分是地下水。实际上,人类可以从江河湖泊取用的淡水仅占地球水量的0.014%。因而,在这个所谓的水球上,水资源危机却愈演愈烈。

1.1.2 我国的水资源现状

1. 水资源总量多、人均少

资源1.1

我国水资源总量约为28124亿 m³,居世界第6位。年平均河川径流量为27115亿 m³,居世界第6位,但人均占有量只有2200m³,居世界第110位,我国水资源总量统计见表1-1。

表1-1　　　　　　　　　我国水资源总量统计表

分 区	计算面积 /km²	年降水总量 /亿 m³	年降水深 /mm	年河川径流总量 /亿 m³	年河川径流深 /mm	年地下水总量 /亿 m³	年水资源总量 /亿 m³
黑龙江流域片(中国境内)	903418	4476	496	1166	129	431	1352
辽河流域片	345027	1901	551	487	141	194	577
海滦河流域片	318161	1781	560	288	91	265	421
黄河流域片	794712	3691	164	661	83	406	744
淮河流域片	329211	2803	860	741	225	393	961
长江流域片	1808500	19360	1071	9513	526	2464	9613
珠江流域片	58041	8967	1554	4685	807	1115	4708
浙闽台诸河片	239803	4216	1758	2557	1066	613	2592
西南诸河片	851406	9346	1098	5853	688	1544	5853
内陆诸河片	3321713	5113	154	1064	32	820	1200
额尔齐斯河片	52730	208	395	100	190	43	103
全国	9545322	61889	648	27115	284	8288	28124

2. 地区分布不均、水土资源组合不平衡

长江以南地区耕地面积占全国的36%,水资源总量占全国的81%,人均占有量为4100m³,是全国人均占有量的1.8倍;而北方地区耕地面积占全国的61.1%,水资源总量仅占全国的14.4%,人均占有量是全国人均占有量的19%。

3. 年内年际变化大

我国的降水量受季风的影响,降水量、径流量往往集中在一年的3~4个月中,其占全年降水量的60%~80%,使总水量不能被充分利用,易导致旱涝灾害。

4. 水土流失严重、部分河流含沙量大

我国水土流失较为严重,2018年全国水土流失面积为274万 km²,每年被河流带走的泥沙约35亿 t,年平均输沙量大于1000万 t 的河流有115条,其中黄河最多,年输沙量为16亿 t。据2018年国家林业局公布资料,目前全国多地的森林覆盖率稳步提高,如北京森林覆盖率由2012年的38.6%提高到43%;上海由13.1%提高到16.2%;宁夏由11.9%提高到14%;河北由27%提高到33%等。总体森林面积达到$2.2×10^{12}$ m²,森林覆盖率达到22.96%。而从国际的角度来看,据联合国粮农组织（UNFAO）的最新《全球森林资源评估报告2020》，全球的森林覆盖率为31.2%。中国仍低于世界平均水平。

1.1.3 水资源危机

水是人类赖以生存的特殊资源。没有水就没有生命，更谈不上文明和发展，水资源危机已被列为未来若干年内人类面临的最严峻的挑战之一。

由于全球每年新增人口超8000万，加上经济的高速发展和生活水平的不断提高，人类对水的需求量越来越大，水的消耗成倍增长。在20世纪中，水的使用量的增长率是人口增长率的两倍多。20世纪全世界人口增长了3倍，因而，水的消耗量就得增长6～8倍。此外，盲目超量开采地下水，使可利用的淡水资源日益短缺，水危机已经成为干旱和半干旱国家普遍面临的问题。早在20世纪70年代，科学界就向全世界发出警告：水资源问题不久将成为深刻的社会危机！确实，假如水资源发生危机了，有什么能替代水吗？没有。到目前为止，没有一种物质能够替代水的作用。如果发生水危机，对人类产生的影响将是非常巨大的。现在全世界1/3的人口生活在高度缺水的地区，专家估计，到2025年对水的需求量还将增加40%以上，世界上将有2/3的人口生活在水资源紧张的环境中，波及的国家和地区主要为非洲和中东地区等，印度、秘鲁、中国等亦受其影响。

我国的水资源总量丰富，居世界第6位，仅次于巴西、俄罗斯、加拿大、美国和印度尼西亚。但由于人口众多，人均占有水资源量仅为世界人均值的1/4，仅相当于美国的1/5、加拿大的1/48，是人均水资源贫乏的国家之一。扣除难以利用的洪水径流和散布在偏远地区的地下水资源，现实可用的淡水资源量更少。而且我国水资源的分布呈现东多西少、南多北少、夏多冬少的不均衡特征，使得本就稀少的水资源显得更加短缺。相反，我国年均用水量则位居世界前列，超过6000亿 m^3，因此，水危机已成为我国可持续发展以及和谐社会构建的一个重要瓶颈。现在，全国约有400座城市存在不同程度的缺水问题，100余座城市严重缺水。在百万人口以上的特大城市中，有30个长期受缺水问题困扰。全国每年因缺水造成的直接经济损失达2000亿元，粮食减产700亿～800亿kg。旱灾比较严重的地区有松辽平原、黄淮海平原、黄土高原、四川盆地东部和北部、云贵高原至广东湛江一带，其中尤以黄淮海平原地区旱灾最严重。

水的利用效率低导致的浪费十分严重。农业是我国水资源的最大用户，年均用水量超3600亿 m^3，约占全国总用水量6000亿 m^3 的60%。然而，农业灌溉用水效率总体不高，农田灌溉水有效利用系数仅为0.554，高效节水灌溉率仅25%左右，远低于国际先进水平，农业节水潜力巨大，提高农业用水效率势在必行。

在城市和工业用水方面，如工业冷却用水的重复率，先进国家已达到90%以上，我国除部分先进城市外，尚处于50%～60%的低水平。如果21世纪我国水资源的开发利用仍然停留在这样的落后状态，那么水危机将很难避免。

近年来，地下水的过量开采加剧了我国水资源的紧缺。由于地下水具有水质好、温差小、提取容易、费用低等特点，加上用水量增加等原因，人们常会超量抽取地下水，以致抽取的水量远远大于它的自然补给量，造成地下含水层衰竭、地面沉降以及海水入侵、地下水污染等严重后果。如我国苏州市区最大沉降量超过了1m，上海、天津等城市也都发生了地面沉降问题。有些地方还造成了建筑物的严重损毁问题。地下水过量开采往往形成恶性循环，过度开采破坏地下含水层，使含水层供水能力下降，人们为了满足需求还要进一步加大开采量，从而使开采量与可供开采量之间的差距进一步加大，最终引起严重的生态退化和缺水危机，如美国得克萨斯州西部一些地区因抽水过量造成含水层衰竭，成为经常遭受干旱和沙尘暴袭击的地区。

缺乏合理规划与科学管理，是造成水危机的另一重要因素，黄河断流就是最突出的实例。我国第二大河——黄河，几千年来从未像当今这样频繁断流。黄河首次断流是在1972年，断流时间只有十几天。进入20世纪90年代以来，黄河的断流现象越来越严重，断流时间越来越长。1995年，黄河断流153天，断流的河段达700km；1996年黄河断流136天；1997年黄河断流现象最为严重，从2月7日开始断流，到年底一共断流13次，累计断流226天。这条中国的母亲河，在1997年有2/3的时间处于无水状态。而且1997年首次出现了跨年度断流，也就是从1997年年底断流到1998年。黄河断流问题在各界的关注和努力下，通过实施一系列的政策和措施，尤其是小浪底水库的建成并发挥调蓄作用，黄河下游不再出现断流。

人口（尤其是城市人口）增长过快，同样对水资源造成威胁。为了实现我国经济的可持续发展，必须协调好水资源与人口、环境之间的关系，合理控制人口、严格防止污染；强化水资源的科学管理，以节水为本，把农业节水放在首位，依靠科技进步，大力提高水的利用率，避免水危机的发生。

1.1.4 水体污染使水资源更加短缺

全世界每年有4000多亿t废水流入水体，每分钟有8.5万t废水流入江、河、湖、海。到目前为止，全球已在水中测定出2000多种有机化学污染物，其中一些污染物已确认为致癌、助癌或致突变物。

资源1.2

水环境污染，使中国许多本来就缺水的北方城市雪上加霜，加剧了淡水危机；许多本来不缺水的南方城市，也不得不远距离引水。目前，我国每年排放的工业废水和生活污水在400亿t以上，全国各地的江河湖泊普遍遭到污染。尤其是流经城市的河流，80%以上受到不同程度的污染。

京杭大运河是我国引以为豪的世界上最长的运河。20世纪50年代，河边的居民还常在河边淘米洗菜，而现在许多河流两岸大大小小的工厂排放的污水已经使运河面目全非，许多河段都散发出臭气。

在我国，"三废"污染是破坏水资源、造成水资源紧张的主要原因之一，大量的污水未经处理就排入水体。2015年中国水资源公报显示，对全国约23.5万km的河流水质进行监测评价，全年Ⅰ类水河长占8.1%，Ⅱ类水河长占44.3%，Ⅲ类水河长占21.8%，Ⅳ类水河长占9.9%，Ⅴ类水河长占4.2%，劣Ⅴ类水河长占11.7%。2016年的评价结果显示，Ⅰ~Ⅲ类水河长占76.9%，劣Ⅴ类水河长占9.8%，主要污染项目是氨氮、总磷、化学需氧量。与2015年相比，Ⅰ~Ⅲ类水河长比例上升3.5个百分点，劣Ⅴ类水河长比例下降1.7个百分点。更让人担忧的是，我国部分城市的饮用水安全受到威胁，在46个重点城市中，近半数城市水质较差，而农村约有四成居民没有条件饮用卫生合格的水。

总之，我国水资源开采过量，浪费惊人，工业污染严重，加剧了水资源危机。全国660多个城市有400多个城市水资源短缺，为解决缺水问题，国家及当地政府需投入巨额资金。水环境污染状况如果得不到改善，长此以往，我国将面临更严峻的缺水形势。

为切实加大水污染防治力度，保障国家水安全，国务院于2015年4月制定了《水污染防治行动计划》。该计划的工作目标为：到2020年，全国水环境质量得到阶段性改善，污染严重水体较大幅度减少，饮用水安全保障水平持续提升，地下水超采得到严格控制，地下水污染加剧趋势得到初步遏制，近岸海域环境质量稳中趋好，京津冀、长三角、珠三角等区域水生态环境状况有所好转。到2030年，力争全国水环境质量总体改善，水生态系统功能初步恢复。到21世纪中叶，生态环境质量全面改善，生态系统实现良性循环。行动计划的主要指标为：到2020年，长江、黄河、珠江、松花江、淮河、海河、辽河等七大重点流域水质优良（达到或优于Ⅲ类）比例总体达到70%以上，地级及以上城市建成区黑臭水体均控制在10%以内，地级及以上城市集中式饮用水水源水质达到或优于Ⅲ类比例总体高于93%，全国地下水质量极差的比例控制在15%左右，近岸海域水质优良（Ⅰ、Ⅱ类）比例达到70%左右。京津冀区域丧失使用功能（劣于Ⅴ类）的水体断面比例下降15个百分点左右，长三角、珠三角区域力争消除丧失使用功能的水体；到2030年，全国七大重点流域水质优良比例总体达到75%以上，城市建成区黑臭水体总体得到消除，城市集中式饮用水水源水质达到或优于Ⅲ类比例总体为95%左右。

1.2 水循环和水环境

1.2.1 自然界的水循环

地球上的天然水约为1.4×10^{21}kg，并具有与地球几乎相同的年龄（约46亿年）。如此多的水之所以长久存在而不消散，这与水的性质、大气的化学组成、地球的质量及地球在太阳系中的位置（与太阳间距离适中）等因素有关。

在地球表面，海水约占97%、冰川水约占2%，淡水略小于1%，而大气中的水分永远小于1%。地球表面水在各储层中的平均滞留时间见表1-2。

表1-2　　地球表面水在各储层中的平均滞留时间

区 域	平均滞留时间	区 域	平均滞留时间
大陆		大气	9～10d
河川	2～3周	海洋	
湖泊	10～100a	浅层	100～150a
冰冠、冰川	10000～15000a	最深层	30000～40000a
深层地下水	几千年	世界范围平均	3000a
浅层地下水	几百年		

水是自然界最富动力作用的因子之一，各种物质只有借助于水的载体才能在生态系统中进行永无止境的传输流动。没有水的循环，生物地球化学循环无法进行，生态系统就无法运转，生命就不能维持。

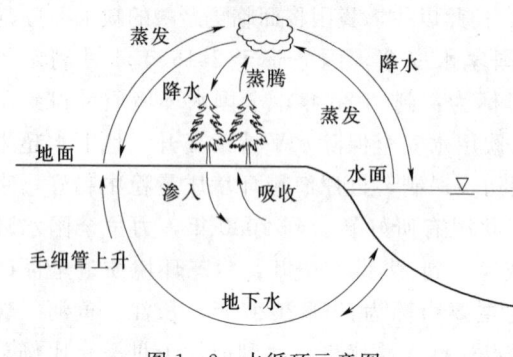

图1-2 水循环示意图

地球上的河、湖、海等地表水以蒸发、降水和径流等方式进行的周而复始的运动过程，我们称为水循环（Hydrological Cycle），亦称为水分循环、水文循环。水循环是地理环境中最重要、最活跃的物质循环之一。如图1-2所示。

1. 水循环过程

水的三态（固态、液态、气态）转化特性是产生水循环的内因，太阳辐射和地心引力作用是这一过程的外因或动力，大气则是水循环的关键。太阳向宇宙空间辐射大量热能，到达地球的总热量约有23%消耗于海洋和陆地表面的水分蒸发，植物从土壤或水体中吸收的水，大部分通过蒸腾作用进入大气，动物体内的一些水也通过体表蒸发进入大气。每年平均有5000km³的水通过蒸发进入大气，大气中的水汽在高空变成水珠或冰结晶，以降水形式又返回海洋和陆地。假定地球的总降水量为100单位，其中来源于海洋蒸发的就占84单位，源于陆地的占16单位。但是，大气中的水汽通过降水到达海洋的只有77单位，而到达陆地的却有23单位。可见海洋的蒸发量超过到达那里的降水量，陆地上则相反。这种不平衡可通过由陆地流入海洋的水而补偿，河流是陆地上的水流向海洋的主要通道。

水循环示意图如图1-2所示。水循环过程通常由4个环节组成：①蒸发，指太阳辐射使水分从海洋和陆地表面蒸发，从植物表面散发变成水汽，成为大气组成的一部分；②水汽输送，指水汽随着气流从一个地区被输送到另一地区，或由低空被输送到高空；③凝结降水，指进入大气中的水汽在适当条件下凝结，并在重力作用下以雨、雪和雹等形态降落；④径流，指降水在下落过程中，除一部分蒸发返回大气外，另一部分经植物截留、下渗、填洼及地面滞留，并通过不同途径形成地面径流、表层流和地下径流，流入河湖，汇入江海。

2. 水循环类型

水分循环包括水分大循环和水分小循环两类：①水分大循环，即海陆间循环。海洋蒸发的水汽，被气流带到大陆上空，凝结后以降水形式降落到地表。其中一部分渗入地下转化为地下水；一部分又被蒸发进入大气；余下的水分则沿地表流动注入江河而汇入海洋。②水分小循环，即海洋或大陆上的降水同蒸发之间的垂向交换过程。其中包括海洋小循环（海上内循环）和陆地小循环（内陆循环）两个局部水循环过程。

资源1.3

3. 水循环速度

地球上每年参加水循环的总水量约5000km³（折合水深1130mm）。大气对流层中的水分总量约12.9万km³（折合水深25mm）。这些水分通过蒸发和降水每年平均更换约45次,即更新期约为8天。河川径流的更新期约为16天。沼泽和湖泊的循环更新期较长,分别为5年和17年。其他水体更新期更长,深层地下水约为1400年、海洋为2500年、极地冰川可达9700年。可见,不同水体的循环速度差异很大。

4. 水循环的功能及意义

水的周期循环将水圈、土壤圈、岩石圈、大气圈和生物圈等五大圈层紧密联系在一起,使得地球上的全部水体构成一个动态平衡系统,促进了自然界的能量交换和物质迁移,对生态、气候、地貌等都有着深刻的影响。各种水体相互转化的结果,则使陆地上的水得到不断补充,水资源得到更新再生,其中淡水资源的更新无疑是人类生生不息的源泉。水分在地球上的流动和再分配方式有大气环流、海洋洋流、河流运移三种形式,依靠这种动力方法维持着自然界的水循环。水资源的过度开发会扰乱这种动力平衡,开发越多,规模越大,对水循环的影响就越大。同样,无论哪个局部地区发生污染,都可能通过水循环影响其他地区,甚至波及全球。另外,水通过循环处于经常的运动中,不断被消耗着、污染着,同时又不断恢复着、更新自净着。各种水体更新期限是不一样的,生物体内水分交换十分迅速,常只需几小时;河水一般需半个月;但地下水的更新期则长达数十年甚至上千年,因此这种水体一旦受到污染就很难得以恢复。

水循环是太阳能所推动的各种循环中的中心循环,因为其他许多物质通常只有溶解于水中,才能得以正常循环。所以对水循环的任何干预,都会使其他一些物质的循环受到干扰。在现代社会,随着人类用水量的急剧增加,又产生了水的社会循环。人类社会为满足生产、生活上的需要,要从自然界的各种水体中取用大量的水,主要是生活用水和工业用水,它们在使用完毕后成为生活污水和工业废水,被排放后流入天然水体中。于是,人类社会又构成了一个局部的水循环体系,常称为水的社会循环。这种循环不是水体的更新,而是给天然水体带来污染,给人类带来危害。

5. 变化环境下的水循环

自然环境不断地发生着变化。在人类活动影响越来越显著的情况下,自然环境变化的方向与其天然条件下变化的方向逐渐发生了偏离。这种自然环境的变化,很大程度上影响着地球上水的分配和运动规律,严重影响着正常的水循环过程。实践证明,这种水循环方向及状况的改变,严重影响了水资源量的长期分布,而且往往朝着对人类不利的方向进行。当前,研究环境变化条件下的水循环规律及其对气候、生态、环境、社会的影响,使水循环变化方向朝着有利于人类需要的方向发展,已成为水科学的重要问题,也是全球及区域可持续发展的重大理论与实践问题。

1.2.2 水环境

水环境是指以自然界中由水集合而成的水体为主体,同时包括与水体密切相关的各种自然因素和社会因素的综合体。在环境领域中,水体是一个完整的生态系统或自然综合体,除了储存水体中的水外,它还包括水中的悬浮物、溶质、水生生物和底泥等。

具体而言,根据空间分布可将水环境分为大气水环境、地表水环境和地下水环境；根据时间跨度可将水环境分为古代水环境、现代水环境和未来水环境；根据内容又可将水环境分为水物理环境、水化学环境和水生物环境等。其中水物理环境是指自然界水的形成、运动和变化的物理条件，如地下水的补给、径流和排泄等水文地质条件；水化学环境是指自然界水的形成、运动和变化的化学条件，如水质成分、pH 值、氧化还原电位等；水生物环境则是指自然界水的生物条件，如水生生物群落的分布状况。

水环境是构成环境的基本要素之一，它不仅可以提供水资源、生物资源、旅游资源等，还具有发电、航运、排水等许多功能，同时它又是人类活动产生的一切废物的最终归宿，是人类社会赖以生存和发展的最重要场所，也是受人类影响和破坏最严重的地域。

1.2.2.1 水的环境属性

1. 水环境是自然环境的主体

自然环境是指环绕人们周围的各种自然因素的总和，如大气、水、植物、动物、土壤、岩石矿物、太阳辐射等，它们是人类赖以生存的物质基础。通常我们把这些因素划分为 5 个自然圈，即大气圈、水圈、生物圈、土壤圈和岩石圈。

很显然，水是宝贵的环境资源，水环境源于自然环境，是自然环境的重要组成部分，且具有维系自然环境功能的能力。地球表面积大约为 5.1 亿 km^2，其中海洋面积占了 71%，而陆地上还有江、河、湖、沼等水体。可以说，我们生活的地球是一个"水的星球"，水是地球表面的主要组成部分，水环境是自然环境的主体。

2. 自然环境是水的最终归宿

人类是自然环境的产物，而人类的活动又影响着自然环境。自然环境是水的载体，自然界中的水被赋予社会属性和经济属性后最终还要回归自然环境，并将暂时隐藏的环境属性重新显示出来，自然环境是水的最终归宿。

1.2.2.2 水环境与生态

生态是指生物群落在一定的自然环境下的生存形态和发展状态，包括生物的生理特性和生活习性。

1. 水的生态属性

水的生态属性是指水具有维持生物的生存形态和发展状态的特定功能，具有生命的内涵，并通过生物表现出支撑生物生命的特征和性能。水是地球上生命的源泉，是任何生物体都不可缺少的重要组成部分，表现为水的不可替代性，没有水就没有生命；同时，生物是水的载体，是水储藏于自然界的一种特殊形式。到目前为止，尚没有发现地球上有任何可以替代水的物质。

2. 成熟的自然生态系统能够保护水环境

成熟的自然生态系统能够有效地涵养净化水源和保护土壤。研究表明，树冠一般可以截留 15%～30% 的降雨；对于比较成熟的树林，5%～10% 的水分从林内蒸发掉；50%～80% 被林下枯枝落叶层吸收和渗入土壤；只有 10% 以下的降雨形成径流。可见，地面森林生态系统能够减少地表降雨径流，阻止对土壤的冲刷，避免形成洪水。在森林植被中，其地表土壤的流失量在很大程度上取决于林下灌草层，这是因为，在降雨过程中，雨水首先遇到乔木层的截留，而后又经过灌草层和枯落物层的再次截留，降下的水量和势能大大减少。因此，植被具有截留降雨、减缓径流、保土固土等生态功能。

天然草原根系细小，而且多分布于表土层，比裸露地和森林有更高的渗透率，其涵养土壤水分和防止水土流失的能力明显高于灌丛和森林。因此，草本植物具有比较强的控制土壤侵蚀的能力，所起的作用主要包括：降雨截留作用，径流延滞作用，土壤增渗作用，蒸腾作用和土层固结作用等。

总之，成熟的自然生态系统有如下保护水环境的功能：①涵养水源；②保育水土；③调节气候；④净化水体；⑤调蓄洪水；⑥保护海岸带；⑦补充地下水。

反之，自然生态系统的破坏会造成水环境的恶化。要给子孙后代留下一个生机勃勃的地球，保护好水环境和全球生态无疑成为关键，二者相辅相成，密不可分。

1.3 水的分子结构与性质

水是最常见的物质，但它有许多异常特性。也正是由于这些特性，才使水在自然界和人类生活中普遍发生巨大作用，成为支配自然环境和人类环境中各种现象的主要因素。

1.3.1 水的分子结构

通过X射线对水的晶体（冰）结构的测定，O—H键角为104.5°；通过对水蒸气分子的测定，O—H距离为96pm，H—H距离为154pm。1916年，Burt和Edgar精确测定了H_2和O_2化合成水的体积，并用密度数据算得H和O的重量比为1.0077：8.0000，从而准确获悉水的分子式是H_2O。水的分子结构图和电子云图如图1-3所示。

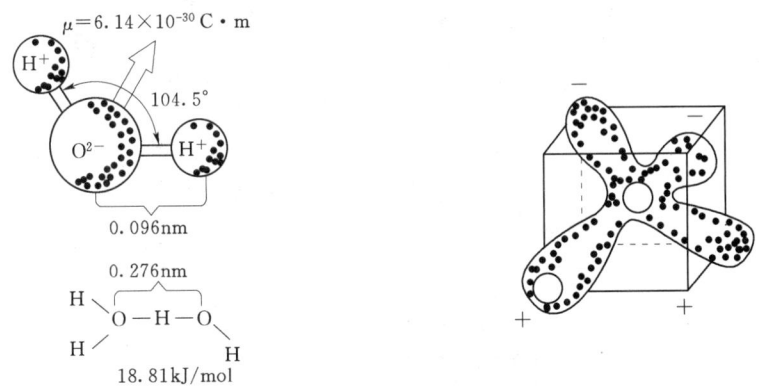

图1-3 水的分子结构和电子云图

水的分子结构有两个突出的特点。

1. 极性很大（偶极矩 $\mu = 1.84D$）

水分子中的氧原子受到4个电子对包围，即2对孤对电子与2个成键电子对。4

个电子对互相排斥,有呈正四面体结构分布的倾向,但因孤对电子占据的空间较小,与成键电子对相比具有更大的斥力,因此 H—O—H 键角由 109.5°(几何正四面体)被压缩到 104.5°。图 1-3 展示了水分子中 4 个电子对所形成的电子云形状。由于 2 个成键电子对趋向于氧而偏离氢,氧原子上集中了更多负电荷,使水分子成为具有很大偶极矩的极性分子。

2. 分子间有很强的氢键

从水分子的电子云形状来看,由于 H—O 之间的电子强烈偏向氧原子,氢原子核裸露,产生剩余价键,能与另一个水分子中的氧原子相结合形成氢键,水分子通过正、负电荷间静电引力与相近的 4 个水分子相连在一起。通过对液态水分子量的测定,证明液态水中含有复杂的水分子 $(H_2O)_x$ $(x=2,3,4,\cdots)$,这种由简单分子结合成较复杂的分子集团而不引起物质化学性质改变的过程,称为分子的缔合作用。分子间氢键力大小为 18.81kJ/mol,约为 O—H 共价键的 1/20,冰融化成水或水蒸发成水汽,都需要外界能量破坏这些氢键。图 1-3 显示了水分子中氢键的一些结构参数。

水分子的缔合是一种放热过程,所以温度降低时,水的缔合程度增大,273K 时水结成冰,全部水分子缔合在一起成为一个巨大的分子。在冰结构中,因 O 的配位数是 4,每一个 O 原子周围有 4 个 H 原子,其中两个 H 是共价键合,另两个 H 离开稍远,以氢键结合,H_2O 分子之间构成一个四面体状的骨架结构,可见冰是一个有很多"空洞"的结构体。冰和液态水的结构模型如图 1-4 所示。

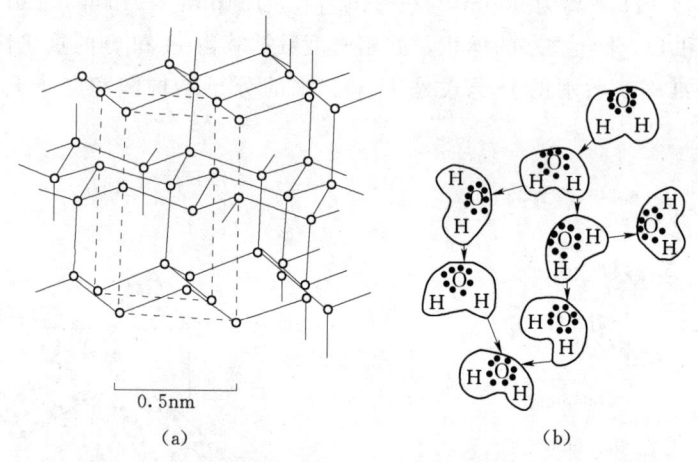

图 1-4 冰和液态水的结构模型
(a) 冰的结构模型;(b) 水的结构模型

当冰开始融化成水时,冰的疏松的三维氢键结构中约有 15% 氢键断裂,晶体结构崩溃,体积缩小而密度增大。如果有更多热能输入体系,将引起:①更多氢键破裂,结构进一步分崩离析,密度进一步增大;②体系温度升高,分子动能增加,由于分子振动加剧,而每一分子占据更大体积空间,所以这一因素又使密度趋于减小。上述两因素随温度升高而相互消长，使淡水在 3.98℃ 时有最大密度。气相中的水绝大多数以单分子形态存在，在一般温度和压力条件下，只有少量以二聚体或三聚体的形态存在。

1.3.2 水的基本性质

1. 水的物理性质

纯水是无色无臭液体。深层天然水呈蓝绿色，有甜味（溶解了 O_2 和某些盐类）。将水的物理性质和其他非金属氢化物、其他低分子量溶剂相比，可见其特殊性。

（1）沸点和冰点。在常压下，水的沸点为 373K，冰点为 273K，比其他氢化物和溶剂都高。水的沸点与压力成线性关系，沸点随压力的增加而升高。水的冻结温度随压力的增大而降低。大约每升高 130 个大气压，水的冻结温度降低 1℃。水的这种特性使大洋深水不会冻结。

（2）蒸发热。水的蒸发热为 40.66kJ/mol，比其他等电子氢化物都高。而且，在氧、氮族和卤素氢化物中，蒸发热都随分子量增加，但水、氨和氟化物的蒸发热则反常地高，尤其是水。

（3）密度。如果外界压力不变，物体的密度一般随温度的增加而减低。但水的密度与温度的关系是反常的，在常压下，0~4℃ 范围内，水的体积随温度的变化是热缩冷胀，277K（相当于 4℃）时密度最大。另外，大多数物质由液态凝固成固态时，密度增高，但水结冰时密度反而减小。

在正常大气压下，水结冰时体积增大约 11%，融化时体积减小。据观测，在封闭空间中，水冻成冰时，体积增加所产生的压力可达 2500 个大气压。这一特性对自然界和工业有重要意义。岩石裂隙在反复融冻时逐渐增大就是这个道理。地埋输水塑料管为防冻坏，一般要求一定的埋深（大于冻土层厚度）。

水的反常膨胀性质则更具有重要影响和意义，它对水生动植物的生存和繁衍可以说是极其关键的。如果水的性质也像其他大多数物质那样，始终是热胀冷缩的话，水体中一切能经受冷水而经受不住冻结的动植物就会被摧毁。

以湖泊为例，冬天里全部湖水处于 10℃，湖面上空气的温度为 -10℃，于是湖表面的水就会变冷，其密度就会比下面的水大而发生下沉，所留空间由下面 10℃ 的水上升取代，如此过程一直持续到湖泊中的所有水全部变成 4℃ 为止。但是湖泊表面的水还要继续冷却降温，表面水的温度进一步降低，这部分水的体积不但不缩小反而膨胀，即表面水的密度比下面的小，因而就浮在水面上不再下沉。对流和混合都停止了，表面下的水只有热传导一种热量传递途径。因为水是热的不良导体，故在 4℃ 时冷却速度大大降低，结果是湖泊表面的水先结冰。此后因冰的密度比 0℃ 的水还要小，所以冰一直浮在水面上，下面的水仍保持在 4℃ 左右，只可能因为向上的热传导而冻结。考虑到水的导热系数极小，而冬天时长又是有限的，所以只要湖泊不是太浅，一般不会全部冻结，动植物就可以在冰层下面的 4℃ 水中安然过冬。

（4）表面张力。水的表面张力比其他常用溶剂都高得多，见表 1-3。

表 1-3　　　　　　　　　　　液体物质的表面张力　　　　　　　　　　单位：mN/m

物 质	表 面 张 力	物 质	表 面 张 力
水	72.75	硝基苯	43.6
醋酸	27.6	三氯甲烷	27.1
氨	26.55	乙醇	22.3
苯	28.9	乙醚	17.0
丙酮	23.7	水银	479.5
氯苯	33.2	钠	222

（5）比热。水的比热高于其他溶剂。除了比氢和铝的热容量小之外，水的热容量比其他物质的热容量都高（表 1-4）。

表 1-4　　　　　　　　　　　物质的热容量　　　　　　　　　　单位：J/(kg·K)

物质	比热	物质	比热
水	1.00	冰	0.49
海水	0.94	木材	0.30
酒精	0.57	铁	0.11
花生油	0.46	银	0.06
空气	0.24	金	0.03

水的传热性则比其他液体小。水的这一特性，对气候、人类生活、工农业生产有很大的影响。

在气候方面，海洋性气候温差变化缓慢，最适于人类的生活和动植物的生长。沿海地区形成海洋性气候的原因就是水的比热大。在夏季，白天太阳直射时的大量热量被海水吸收，所以空气的温度不会太高，人不感到很热。到了夜间，空气温度下降，海水又放出大量热量，使空气的温度不会下降太多，因此昼夜的温差不太大。冬季空气温度降低，海水放出原来储存的大量热量，同样可以使空气的温度不会下降太多，因此海洋性气候冬季气温也不会太低。内陆地区水域少，岩石、泥沙多，这些物质的比热小，所以冬季寒冷、夏天炎热，而且昼夜温差很大，属大陆性气候。石头的比热只是水的 1/5，所以月球表面温差很大（123～393K）。

水比热大的特性还应用于储存热量和散发热量。例如，白天可以利用太阳使水箱内水温升高，储存热量。到了晚间，把水输入房间取暖或洗澡。水冷式内燃机利用水吸收气缸壁的热量，使缸壁温度不致太高。双水内冷发电机内的导线是空心的，空心内充满循环流动的水，利用水吸收热量，达到散热目的。

水的这一特性对指导灌溉也有意义，如进行冬灌能提高地温，防止越冬作物冻死或冻伤。

（6）介电常数和偶极矩。代表分子极性大小，水的这两个物理参数比其他溶剂大（293K 时水的介电常数为 78.6；298K 时水分子的偶极矩为 1.76）。

水是室温下能够溶解离子型化合物的少数溶剂之一。可以把水的这种溶解本领解释为能够降低正负离子间的吸引力。

库仑定律应用于溶液中的离子时，可用式（1-1）表示为

$$f = \frac{q_1 q_2}{\varepsilon r^2} \tag{1-1}$$

式中：f 为正负离子间的静电引力；q_1、q_2 为两种离子的电荷；r 为离子间距；ε 为溶剂的介电常数。

水的高介电常数的物理解释：体积小而极性大的 H_2O 分子容易插在离子型化合物的正离子与负离子中间，因而离子更容易从固相进入溶液；水的缔合分子很大，可以把两种电荷相反的离子隔得很远，更有利于离子型化合物在水中的溶解。

另一因素在于，被溶解的离子与水分子作用生成水合离子。正离子体积越小电荷越高，越易形成水合离子，放热更多。

综合分析以上各性质，既可认识水的结构特征，又可了解水的主要生物效应的根源。沸点高、蒸发热高、密度高、表面张力高等都是分子间力强烈的表现。其之所以如此是因为分子间有不同的聚集方式，有的紧密、有的疏松，温度不同聚集方式改变。首先是它的高沸点使它在所有氢化物中以液体状态存在于大地上。又因为它的蒸气热很高，不易大量气化；加上比热大，浮在水面上，生物才能在水中过冬。水的极性大，可以溶解绝大多数生物分子（蛋白质、核酸等）和无机盐，使它们电离，水与带正、负电荷的结构结合。因此蛋白质有相当强的"吸"水和"保存"水的能力，并且因此水能结合在细胞膜上。水的极性以及由此引起的分子间相互极化使水有自电离趋势，虽然电离的程度很小。这种电离对于调节水溶液酸度、维持生物化学反应的合适条件是极其重要的。

(7) 重水及其物理性质。讲到水的物理性质时，还应当考虑到氢和氧的同位素 [^1H、^2H（氘、D）和 ^3H（氚、T）；^{14}O、^{15}O、^{16}O、^{17}O、^{18}O 和 ^{19}O]，由它们组合而成的水分子可达数十种。通常讲的"纯"水，实际是这些不同水分子的混合物。只是由于自然界中各种同位素的丰度不同，含量相差很大。天然水中主要是 $^1H_2^{16}O$，另外含 0.2% 的 $^1H_2^{18}O$，0.04% 的 $^1H_2^{17}O$，0.03% 的 ^1HDO 和 0.005% 的 D_2O，D_2O 俗称重水（Heavy Water）。20 世纪前对重水的研究是偏重于理论的。但随着核工业的发展以及新技术的建立，重水已成为广泛应用、大量生产的化学物质。因此，人们非常关注重水的特性和生物效应。D_2O 与 H_2O 相比虽多了 2 个中子，但性质却有显著不同。D_2O 的蒸发热、沸点、表面张力、黏度、密度等都比 H_2O 高，这反映 D_2O 分子间力比 H_2O 强。但是 D_2O 的离子积比 H_2O 小得多，这表示从—OH 上解离出 H^+ 比从—OD 上解离出 D^+ 容易。

2. 水的化学性质

总体来说，水的一切化学性质都与 O—H 键的断裂和氧原子的亲核性有关。

(1) 水的化学稳定性。在常温、常压下水是化学稳定的，即水很难分解成 H_2 和 O_2。

(2) 水合作用。水分子的强极性使它能与带电荷的离子和分子以及极性分子发生相互结合的作用。水合作用是任何物质溶于水时必然要发生的过程，只是不同物质的

水合作用方式和结果不同。

强电解质溶于水时完全形成水合离子。例如 $CuSO_4 \cdot 5H_2O$ 结晶中，每一个 Cu^{2+} 与 4 个 H_2O 分子配位结合，另一个水在外界，为晶格 H_2O。

极性分子与水分子之间发生偶极—偶极相互作用而形成水合物。这种作用有时引起电离。如 HF 溶于水时就有一部分电离生成水合的 H^+ 和 F^-。

非极性分子在水分子的极性作用下产生暂时的诱导极性，所以它和水分子间也会发生偶极—偶极相互作用。这种作用的强弱由溶质分子的可极化性决定。例如，在稀有气体中，半径大的氙就比半径小的氦容易形成稳定的水合物。另外，当水合作用很强时，水合物会重组成新化合物。例如 CO_2 的水合物有少部分变成碳酸；氯的水合物有少部分变成 HOCl 和 Cl^-。

表面上有可电离的功能团或极性取代基的蛋白质、核酸、磷脂等生物分子通过这些基团与水结合。不过这些分子除去有这种能与水结合的亲水性基团外，还有难与水结合的疏水性基团。两种不同基团在生物分子中的分布使这些分子趋于形成某种构象（如蛋白质）或某种组装方式（如磷脂构成的生物膜）。例如，许多蛋白质因此而折叠卷曲成球形，亲水基团向外，疏水基团向内，使蛋白质能溶于水。而磷脂则以其亲水头部向外、疏水尾部向内，形成脂双层结构。

（3）水的电离。对于 $H_2O \rightleftharpoons H^+ + OH^-$，离子积 $K_w \approx 10^{-14}$（25℃），可见水是很难电离的。水的微弱电离是生物赖以生存的基本条件之一。水的电离程度增大或减少都会打乱现有的生命过程。

（4）水解。无机盐的水解，无论是金属离子的水解还是阴离子的水解，若从水的角度看，都可看成是水解离之后与之作用的结果。弱碱金属离子与氧结合，水电离掉一个 H^+ 把金属离子变成羟基配位的金属氢氧化物；而弱酸根阴离子与氢结合，水电离掉一个 OH^- 把酸根离子变成其共轭酸。

非金属卤化物（如 PCl_3）的水解是因为某些非金属（例如：卤素、S、P、N）与羟基或氧原子的结合能力大于和卤素的结合能力的缘故：

$$PCl_3 + 3H_2O \rightleftharpoons H_3PO_3 + 3HCl$$

1.3.3 水的分子结构与性质的关系

明确了水的分子结构，水的许多物理、化学性质便可以很容易地从其分子结构特点来解释，这里不做一一赘述。

从水的分子结构特点可以解释水的物理、化学性质，反过来，从水的性质也可以推断研究水的分子结构。如前所述，水的高沸点、高黏度、高表面张力、高蒸发热等性质表明水分子间有很强的相互作用。这种相互作用既包含吸引，也包含排斥，两者共同起作用，使分子间维持一定距离，这个距离因分子的运动而时刻改变。不过，在一定温度、一定压力下，平均距离是相对一定的，这个距离决定了水的存在状态。

每一个氧原子周围有 4 个氧原子呈四面体排布，O—O 距离都等于 0.276nm。在两个氧原子连线上有一个氢原子，这个氢原子距两个氧原子距离不等。一个 O—

H 距离为 0.096nm，另一个为 0.178nm。由这一数据可以确定距离近的氢是 H_2O 分子中与氧共价结合的氢；距离远的是另外一个 H_2O 分子中的氢。这个氢与前一水分子中的氧很可能有某种相互作用，而且这种作用不是简单的静电作用，因为它们之间的距离已经到了可以相互作用成键的地步。氢原子和氧原子的范德华半径分别为 0.12nm 及 0.14nm，以此估算的 O—H 距离明显偏小，不能完全用静电作用来解释，必定有键的形成。由此推断：一是水分子间的相互作用是由于形成了 O—H……O（氢键）；二是 1 个氢原子只能与 2 个氧原子相互作用，而且 O—H……O 总是呈直线形排布。

此外，水分子能作为配体与金属离子配位结合，所以水分子氧上有孤对电子；在冰中 1 个氧原子除与分子中的 2 个氢共价结合外，还和另外 2 个水分子中的氢结合呈四面体排布，说明水分子中的氧能与 2 个氢原子形成氢键。

因此，可认为氧以 sp^3 杂化轨道与氢原子共价结合，2 对孤对电子所在的杂化轨道与另外 2 个水分子的氢原子迎头作用形成氢键。sp^3 杂化轨道为正四面体排布，H—O—H 键角应该为 109°28′，实际键角小于这一数值是因为 2 对孤对电子相互排斥的结果。

1.4 天然水的组成与分类

广义上的水泛指处于自然界中的所有的水，它具有水的所有特征和性能。天然水仅指处于天然状态下的水，不包括人为因素的作用，不含有水的社会属性和经济属性。本书中的水环境均指天然水体。

1.4.1 天然水的组成

天然水中一般含有可溶性物质和悬浮物质（包括悬浮物、颗粒物、水生生物等）。可溶性物质的成分十分复杂，主要是在岩石的风化过程中，经水溶解迁移的地壳矿物质。

1. 天然水中的主要离子组成

K^+、Na^+、Ca^{2+}、Mg^{2+}、HCO_3^-、NO_3^-、Cl^- 和 SO_4^{2-} 为天然水中常见的八大离子，占天然水中离子总量的 95%～99%。水中的这些主要离子的分类，常用来作为表征水体主要化学特征性指标，见表 1-5。

资源 1.4

表 1-5 水中的主要离子组成（汤鸿霄，1979）

	硬 度	酸	碱金属
阳离子	Ca^{2+} Mg^{2+}	H^+	Na^+ K^+
阴离子	HCO_3^- CO_3^{2-} OH^-		SO_4^{2-} Cl^- NO_3^-
	碱 度		酸 根

天然水中常见主要离子总量可以粗略地作为水中的总含盐量（TDS）：

$$TDS=[Ca^{2+}+Mg^{2+}+Na^++K^+]+[HCO_3^-+SO_4^{2-}+Cl^-]$$

(1) 钙（Ca^{2+}）。在现代条件下，方解石的溶解是天然水中 Ca^{2+} 的主要来源。由于离子半径相当大，Ca^{2+} 在水中难以形成较强的水化膜，故通常把水中的溶解态钙简单表示为 Ca^{2+}。

钙广泛地存在于各种类型的天然水中，不同条件下天然水中钙的含量差别很大，潮湿地区的河水中 Ca^{2+} 含量一般在 20mg/L 左右。它主要来源于含钙岩石（如石灰岩）的风化溶解，是构成水中硬度的主要成分。钙是构成动物骨骼的主要元素之一。硬度过高的水不适宜工业使用，特别是锅炉作业。由于长期受热的结果，会使锅炉内壁结成水垢，这不仅影响热的传导，而且还隐藏着爆炸的危险，所以应进行软化处理。此外，硬度过高的水也不利于人们生活中洗涤及烹饪，饮用了这些水还会引起肠胃不适。但水质过软也会引起或加剧某些疾病。因此，适量的钙是人类生活中不可缺少的。

（2）镁（Mg^{2+}）。天然水中的镁以 $Mg(H_2O)_6^{2+}$ 的形式存在，含量一般为 1~40mg/L。镁是天然水中的一种常见成分，它主要是含碳酸镁的白云岩以及其他岩石的风化溶解产物（火成岩的风化产物和沉积岩矿物）。镁是动物体内所必需的元素之一，人体每日需镁量为 0.3~0.5g，浓度超过 125mg/L 时，还能起导泻和利尿作用。

资源1.5

镁盐也是水质硬化的主要因素。天然水的硬度指的是水中所含钙、镁离子的总量，即总硬度。天然水的硬度按照阳离子组成可分为钙硬度和镁硬度，按阴离子组成可分为碳酸盐硬度和非碳酸盐硬度。表 1-6 是水的硬度分级。

表 1-6　　　　　　　　　　水 的 硬 度 分 级

总硬度	分级	总硬度	分级
0~4 度	很软水	16~30 度	硬水
4~8 度	软水	>30 度	很硬水
8~16 度	中等硬水		

（3）钠（Na^+）。钠存在于大多数天然水中，主要来自火成岩的风化产物和蒸发岩矿物。天然水中的钠在含量很低时主要以游离态存在，在含盐量较高的水中可能存在多种离子和配合物。

不同条件下天然水中钠的含量差别很悬殊，其含量从小于 1mg/L 到大于 500mg/L 不等。供高压锅炉用的水中，钠的推荐极限浓度为 2~3mg/L，含钠过高是不利的。因为这种水加热后，会产生大量二氧化碳而形成泡沫。作为灌溉用水，钠盐含量过高，容易引起土壤的盐渍化，直接危害植物的生长。高血压病人、浮肿病人要控制钠的摄入量，一般食用氯化钾代替氯化钠，因为钠离子有固定水分作用。

（4）钾（K^+）。钾是植物的基本营养元素，它存在于所有的天然水中，主要来自火成岩的风化产物和沉积岩矿物。尽管钾盐在水中有较大的溶解度，但因受土壤岩石的吸附及植物吸收与固定的影响，在天然水中 K^+ 的含量远低于 Na^+，为钠离子的 4%~10%。大多数饮用水中，它的浓度很少达到 20mg/L。在某些溶解性固体总量高的水与温泉中，钾的含量每升可达到几十至几百毫克。

(5) 氯（Cl^-）。天然水中的 Cl^- 主要来自火成岩的风化产物和蒸发岩矿物。Cl^- 是水和废水中一种常见的无机阴离子。几乎所有天然水中都有 Cl^- 存在，它的含量范围变化很大。在河流、湖泊、沼泽地区，Cl^- 含量一般较低，而在海水、盐湖及某些地下水中，含量可高达每升数十克。在人类的生存活动中，氯化物有很重要的生理作用及工业用途。正因为如此，在生活污水和工业废水中，均含有相当数量的 Cl^-。

若饮用水中 Cl^- 含量达到 250mg/L，相应的阳离子为钠时，会感觉到咸味；水中氯化物含量高时，会损害金属管道和构筑物，并妨碍植物生长。

(6) 碳酸氢根（HCO_3^-）、碳酸根（CO_3^{2-}）。天然水中的 HCO_3^- 来自碳酸盐矿物的溶解。在一般河水与湖水中 HCO_3^- 的含量不超过 250mg/L，地下水中略高。

(7) 硫酸根（SO_4^{2-}）。硫酸盐在自然界分布广泛，天然水中的 SO_4^{2-} 主要来自火成岩的风化产物、火山（温泉）气体、沉积中的石膏与无水石膏、含硫的动植物残体以及金属硫化物氧化等。

SO_4^{2-} 易与某些金属阳离子生成配合物和离子对；天然水中的 SO_4^{2-} 含量除决定于各类硫酸盐的溶解度外，还决定于环境的氧化还原条件，其浓度可从每升几毫克至数千毫克。

水中少量硫酸盐对人体健康无影响，但超过 250mg/L 时有致泻作用，饮用水中硫酸盐的含量不应超过 250mg/L。

(8) 主要离子缔合体。由于配位体浓度较低，淡水中配合物的数量很少（表1-7），海水中则有相当数量的离子束缚于配合物中。海水中的绝大部分阳离子为游离的水合金属离子。

表 1-7　　淡水中的主要无机配合物①（以浓度值的负对数表示）

离　子	HCO_3^-	CO_3^{2-}	SO_4^{2-}	自由离子
Na^+	6.3	7.6	6.4	3.30
K^+	—	—	6.9	4.00
Ca^{2+}	4.9	5.2	4.8	3.17
Mg^{2+}	5.9	5.8	5.1	3.54
H^+	—	—	9.6	8.0
自由离子	2.70	4.97	3.75	—

① 体系组成：$C_总 = 2.05 \times 10^{-7}$ mol/L；$[Ca^{2+}]_总 = 7 \times 10^{-4}$ mol/L；$[Mg^{2+}]_总 = 3 \times 10^{-4}$ mol/L；$[Na^+] = 5 \times 10^{-4}$ mol/L；$[K^+] = 1 \times 10^{-4}$ mol/L；$[SO_4^{2-}] = 2 \times 10^{-4}$ mol/L；pH=8（25℃）；离子强度 $= 3 \times 10^{-3}$ mol/L。

2. 天然水中的金属离子

水溶液中金属离子的表达式常写成 M^{n+}，表示简单的水合金属离子 $M(H_2O)_x^{n+}$。它可通过化学反应达到最稳定的状态，酸-碱、沉淀、配合及氧化-还原等反应是它们在水中达到最稳定状态的过程。

水中可溶性金属离子可以多种形式存在。例如，铁可以 $Fe(OH)^{2+}$、$Fe(OH)_2^+$、$Fe_2(OH)_2^{4+}$ 和 Fe^{3+} 等形态存在。这些形态在中性（pH=7）水体中的浓度可以通过平衡常数加以计算：

$$[Fe(OH)^{2+}][H^+]/[Fe^{3+}]=8.9\times10^{-4} \quad (1-2)$$

$$[Fe(OH)_2^+][H^+]^2/[Fe^{3+}]=4.9\times10^{-7} \quad (1-3)$$

$$[Fe_2(OH)_2^{4+}][H^+]^2/[Fe^{3+}]^2=1.23\times10^{-3} \quad (1-4)$$

假如存在固体$Fe(OH)_3(s)$，则

$$Fe(OH)_3+3H^+ \rightleftharpoons Fe^{3+}+3H_2O$$

$$[Fe^{3+}]/[H^+]^3=9.1\times10^3 \quad (1-5)$$

在pH=7时

$$[Fe^{3+}]=9.1\times10^3\times(1.0\times10^{-7})^3=9.1\times10^{-18}(mol/L)$$

将这个数值代入上面的方程式中，即可得出其他各形态的浓度

$$[Fe(OH)^{2+}]=8.1\times10^{-14}mol/L$$

$$[Fe(OH)_2^+]=4.5\times10^{-10}mol/L$$

$$[Fe_2(OH)_2^{4+}]=1.02\times10^{-23}mol/L$$

虽然这种处理简单化了，但很明显，在接近中性的天然水溶液中，水合铁离子的浓度可以忽略不计。

3. 天然水中的微量元素

上述元素以外，还有一系列元素在天然水中的分布也很广泛，起的作用也很大。但它们的含量很小，常低于$1\mu g/L$。这类元素包括重金属（Zn、Cu、Pb、Ni、Cr等）、稀有金属（Li、Rb、Cs、Be等）、卤素（F、Cl、Br、I）及放射性元素。尽管微量元素含量很低，但是对水中动植物体的生命活动却有很大影响。根据微量元素的组分可以推测水的地质年代，许多微量元素的反常高含量可以作为找矿的指示物。

4. 溶解性气体

天然水体中的溶解性气体主要有O_2、CO_2、H_2S、N_2、CH_4等。许多工业生产过程排放的有毒有害气体，如HCl、SO_2、NH_3等进入水体后，会对水体中的生物产生各种不良的影响。

溶解在水中的氧气（O_2）对于生物种类的生存是非常重要的。水体溶解氧（Dissolved Oxygen，DO）指的是溶解在水中的分子氧。水体中溶解氧对水生生物的生长繁殖具有很大的影响，例如鱼类的生存需要从水体中摄取溶解氧，一般要求水体溶解氧浓度不小于$4mg/L$。鱼类的呼吸作用消耗溶解氧的同时又向水中放出大量的CO_2。对于水中的各种藻类来说，一般在阳光能够照射到的水域中，能够进行光合作用而向水体中释放出O_2。水体中的溶解氧主要来源于大气复氧及水生藻类等的光合作用。

水体和大气处于平衡时，水体中溶解氧的最大数值与温度、压力、水中溶质的量、水体曝气作用、光合作用、呼吸作用及水中有机污染物的氧化作用等因素有关。其溶解度可以用亨利定律来表述，具体内容详见本书中气体溶解章节。

水体溶解氧（DO）是一项重要的水质参数，也是鱼类等水生动物、微生物生长和繁殖的必要条件。溶解氧受到多种环境因素的影响，水中DO值变化很大，在一天当中也相差很大。一般来说藻类等的光合作用受到阳光照射强度等的影响，所以在一天当中，早晨日出后，由于光合作用和再曝气作用同时发生，水中DO值不断上升；但过了

午后,因 DO 值受到溶解度的限制,傍晚日落后光合作用停止,DO 值下降;而鱼类、微生物等的呼吸作用是不分昼夜地进行的,不断消耗水体中的氧而使 DO 降低。

当水体中可降解的有机污染物浓度不是很高时,好氧性细菌使这些有机污染物发生氧化分解而逐渐消失,而 DO 降低到一定程度后不再下降。但如果水体中有机污染物等耗氧污染物浓度比较高,超出水体自然净化的能力时,水中溶解氧可能会耗尽,从而发生厌氧性细菌的分解作用,同时水面常会出现黏稠的絮状物,使水体与空气隔开,妨碍大气复氧与再曝气等作用的进行。

CO_2 在干燥的空气中占的比重很小,大约是 0.03%。由于 CO_2 的含量较低,且其是酸性气体,测定和计算水体中 CO_2 的溶解度要比测定和计算 O_2 等其他气体的溶解度复杂得多。水体中游离的 CO_2 浓度对水体中动植物、微生物的呼吸作用和水体中气体的交换产生较大的影响,严重的情况下有可能引起水生动植物和某些微生物的死亡。一般要求水中 CO_2 的浓度应不超过 25mg/L。

水体中的 CO_2 主要是由有机体进行呼吸作用时产生的,空气中的 CO_2 在水中的溶解量很少。有机物的耗氧分解过程可表示为

$$(CH_2O)_x + O_2 \xrightarrow{\text{细菌}} 2CO_2 + H_2O$$

同时水体中的藻类等微生物又可以利用光能及水体中的 CO_2,合成生物体自身的营养物质:

$$CO_2 + H_2O \xrightarrow[\text{藻类}]{\text{光能}} (CH_2O)_x + O_2$$

5. 有机物

跟无机物相比,清洁的天然水体中有机物的含量要少得多,但种类十分复杂。一般地,像碳水化合物、脂肪酸、蛋白质、氨基酸、色素、纤维素这类物质及其他一些低分子量的有机物,容易被微生物分解利用,并转变成简单的无机化合物。但在动植物残体腐败的过程中,还有相当一部分难以被降解的物质,如油类、蜡、树脂和木质素等,这些残余物与微生物的分泌物相结合、常形成一种褐色或黑色的无定形胶态复合物,这种复合物通常被称为腐殖质。腐殖质广泛地分布在自然界中,河流、湖泊、海洋、水体底泥和土壤中都含有丰富的腐殖质。

6. 水生生物

水生生物可直接影响许多物质的浓度,其作用有代谢、摄取、转化、存储和释放等。天然水体中的生物种类和数量多得不可胜数,但可简单地划分为底栖生物、浮游生物、水生植物和鱼类四大类。生活在水体中的微生物是关系到水质的最重要的生物体,对此又可分为植物性的和动物性的两类。植物性微生物按其体内是否含叶绿素又可分为藻类和菌类微生物。一般的细菌(单细胞和多细胞)和真菌(霉菌、酵母菌等)都属于体内不含叶绿素的菌类。生活在水体中的单细胞原生动物以及轮虫、线虫之类的微小动物都是动物性的微生物。生活在天然水体中的较高级生物(如鱼)在数量上只占相对很小的比例,所以它们对水体化学性质的影响较小。相反,水质对它们生活的影响却很大。

(1)细菌。细菌是关系到天然水体环境化学性质的最重要生物体。它们结构简

单、形体微小，在环境条件下繁殖快分布广。就生态观点看，它们中多数是还原者。由于比表面积甚大，从水体摄取化学物质的能力极强，还由于细胞内含有各种酶催化剂，由此引起生物化学反应速度也非常快。按外形可将细菌分为球菌、杆菌和螺旋菌等。它们可能是单细胞或多至几百万个细胞的群合体。图1-5所示为单细胞细菌形体的示意图。细胞体表面荚膜层由多糖或多肽类化合物组成，具有保护自身免受其他微生物进攻的作用。在荚膜层上还联结着很多基团（羧基、氨基、羟基等），所以在水体pH值发生变化时，可能通过这些基团的电离或质子化作用等使细胞体表面带电：低pH值条件下$+H_3N(+Cell)CO_2H$（带正电），中pH值条件下$+H_3N(Cell)COO^-$（不带电），高pH值条件下$H_2N(-Cell)COO^-$（带负电）。

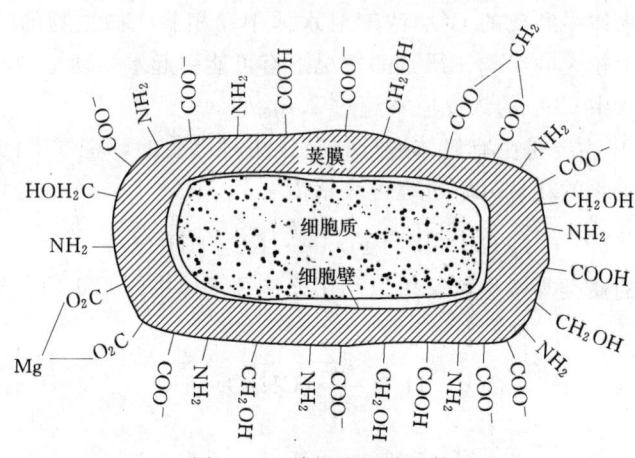

图1-5 单细胞细菌形体

按营养方式可将细菌分为自养菌和异养菌两类。自养菌具有将无机碳化合物转化为有机物的能力，光合细菌（绿硫细菌、紫硫细菌等）和化能合成细菌（硝化菌、铁细菌、氢细菌、硫氧化细菌等）属于此类。大多数细菌属于化能异养型，它们合成有机物的能力弱，需要现成有机物作为自身机体的营养物。异养菌又分为腐生菌和寄生菌。前者包括腐烂菌、放线菌等，它们从死亡的生物机体中摄取营养物；后者则生活在活的机体中，一些病原性细菌属于此类，它们以进入水体的生物排泄物为媒介，传播各类疾病。

按照有机营养物质在氧化过程（即呼吸作用）中所利用的受氢体种类，还可将细菌分为：①好氧细菌，如醋酸菌、亚硝酸菌等，这类菌体生活在有氧环境中，以氧分子（大气中氧或水体中溶解氧）作为呼吸过程中的受氢体；②厌氧细菌，如油酸菌、甲烷菌等，这类菌体只能在无氧环境中（土壤深处、生物体内）呼吸、生长和繁殖，呼吸过程中以有机物分子本身或CO_2等作为受氢体；③兼氧细菌，如乳酸菌等，这类细菌能在有氧或无氧条件下进行两种不同的呼吸过程，菌体的主要组成物质是水（约占80%），其余部分为有机物质和少量无机物质（分别约占18%和2%），前者的化学组成可用近似经验式$C_5H_7O_2N$表示，所含无机物质包括磷、铁、硫等的化合物。

（2）藻类。藻类是在缓慢流动水体中最常见的浮游类植物。按生态观点看，藻类是水体中的生产者，它们能在阳光辐照条件下，以水、二氧化碳和溶解性氮、磷等营养物为原料，不断生产出有机物，并放出氧。合成有机物一部分供其呼吸消耗之用，另一部分供合成藻类自身细胞物质之需。在无光条件下，藻类消耗自身体内的有机物以营生，同时也消耗着水中的溶解氧，因此在暗处有大量藻类繁殖的水体是缺氧的。按藻类结构，它们可能是以单细胞、多细胞或菌落形态生存。一般河流中可见到的有绿藻、硅藻、甲藻、金藻、蓝藻、裸藻、黄藻等大类，它们的外观大多数有鲜明的色泽，这是因为在它们的体内除含叶绿素外，还含有各种附加色素，如藻青蛋白（青色）、藻红蛋白（红色）、胡萝卜素（橙色）、叶黄素（黄色）等。水体中藻类的种类和数量依季节和水体环境条件（底质状况、含固量、水速、水污染状况等）而有很大变化。藻类中某些种类的形体如图 1-6 所示。

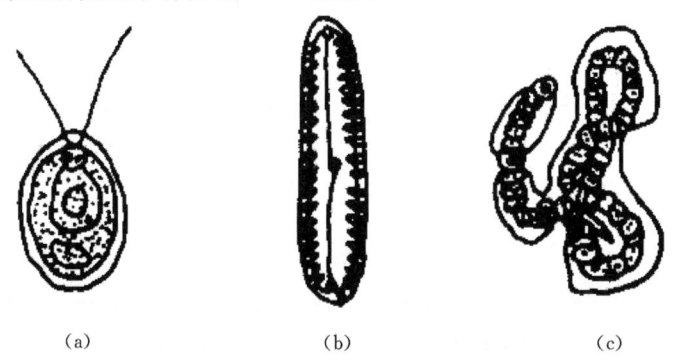

图 1-6 藻类中某些种类的形体
(a) 绿藻（衣藻属）；(b) 硅藻（舟形属）；(c) 蓝绿藻（念珠藻属）

藻类等浮游植物体内所含碳、氮、磷等主要营养元素间一般存在着一个比较确定的比例。按质量计 C：N：P＝41：7.2：1，按原子数计 C：N：P＝106：16：1。大致的化学结构式为 $(CH_2O)_{106}(NH_3)_{16}H_3PO_4$。

藻类的生成和分解就是在水体中进行光合作用（P）和呼吸作用（R）的一个典型过程，可用简单的化学计量关系来表征：

$$106CO_2 + 16NO_3^- + HPO_4^{2-} + 122H_2O + 18H^+ (+痕量元素和能量)$$
$$P \uparrow \downarrow R$$
$$C_{106}H_{263}O_{110}N_{16}P + 138O_2$$

水体产生生物体的能力称为生产率。生产率是由化学的及物理的因素相结合而决定的。在高生产率的水中藻类生产旺盛，死藻的分解引起水中溶解氧水平降低，这种情况常被称为富营养化。水中营养物通常决定水的生产率，水生植物需要供给适量 C（二氧化碳）、N（硝酸盐）、P（磷酸盐）及痕量元素（如 Fe），在许多情况下，P 是限制型的营养物。藻类大量繁殖是水体富营养化的重要标志，由此可多方面影响水体的水质。

1.4.2 天然水体中化学物质的存在形态

化学物质在环境中有一定的赋存形态。广而言之，"形态"一词的含义包括物理结合状态、化学态（有机的或无机的）、价态、化合态和化学异构态等多方面。表 1-8列举了各化学元素在天然水体中存在的基本化学形态（元素的有机化合物形态没有包含在内）。

表 1-8　好氧条件下天然水体中可溶性无机物的基本存在形态

元素	基本形态	元素	基本形态	元素	基本形态
Li	Li^+	K	K^+	Mo	MoO_4^{2-}
Be	$BeOH^+$	Ca	Ca^{2+}	Ag	Ag^+
B	H_3BO_3，$B(OH)_4^-$	Cr	$Cr(OH)_3$，CrO_4^{2-}	Cd	Cd^{2+}，$CdOH^+$，$CdCl^+$
C	HCO_3^-	Mn	Mn^{2+}	Sn	$SnO(OH)_3^-$
N	N^{2+}，NO_3^-	Fe	$Fe(OH)_2^+$	I	IO_3^-，I^-
F	F^-	Co	Co^{2+}	Ba	Ba^{2+}
Na	Na^+	Ni	Ni^{2+}	Hg	$Hg(OH)_2^0$，$HgOHCl$，$HgCl_2^0$
Mg	Mg^{2+}	Cu	$CuCO_3$，$CuOH^-$	Tl	Tl^+
Al	$Al(OH)_4^-$	Zn	$ZnOH^-$，Zn^{2+}，$ZnCO_3$	Pb	$PbCO_3$，$Pb(OH)_3^-$
Si	$Si(OH)_4$	As	$HAsO_4^{2-}$，$H_2AsO_4^-$	Bi	BiO^+，$Bi(OH)_2^+$
P	HPO_4^{2-}	Se	SeO_3^{2-}		
S	SO_4^{2-}	Br	Br^-		
Cl	Cl^-	Sr	Sr^{2+}		

具有一定形态的化学污染物在环境中有其发生和演变的过程。人们认为污染物具有确定的分子结构和环境特性，其实只是相对的，而其变化才是绝对的。例如进入环境的甲基汞在不同环境介质间迁移或与各种环境因子相互作用的过程中，甲基汞的"母体形态"（CH_3Hg^+）具有相对稳定性，但在不同的环境介质中，甲基汞所呈现的形态随其所依附基体的不同而有各异的"基体形态"。如在水中甲基汞的基体形态为 $[CH_3Hg(OH)]$，当其迁移转入大气、土壤或生物组织之后，它的形态就相应地转化为 $[CH_3HgCH_3]$、$[CH_3Hg—腐殖质]$ 或 $[CH_3Hg—S—质]$。此外，在作甲基汞浓度分析时，还需要将它在样品中的基体形态转化为某一稳定、可为仪器响应的"分析形态" CH_3HgCl，而后进样测定。

1.4.3　天然水的分类

不同天然水体，其化学成分多种多样，但它们的变化具有一定规律性，在实际应用和科学研究中，有必要对这种变化规律加以系统的分类，从而反映天然水水质的形成条件和演化过程，并且为水资源评价、利用和保护提供科学依据。

1. 按离子总量（矿化度）分类

苏联学者 O. A. 阿列金于 1970 年提出如下的分类方案：

淡水　　　　　　　　离子总量　<1g/kg
微咸水　　　　　　　离子总量　1～25g/kg
具海水盐度的咸水　　离子总量　25～50g/kg
盐水（卤水）　　　　离子总量　>50g/kg

把淡水、咸水的离子总量界线定在 1g/kg 是基于人的感觉。当离子总量高于 1g/kg 时便具有咸味。微咸水与具有海水盐度的咸水之间的界线确定在 25g/kg，这是根据在这种离子总量时（海水为 24.696g/kg）水的冻结温度与最大密度时的温度相一致。

具有海水盐度的咸水与盐水的界线乃是根据在海水中尚未见到离子总量高于50g/kg的情况，只有盐湖水和强盐化的地下水才有这种情况。

美国（1970）所采用的按离子总量分类的数值界限稍有区别：

淡水　　　　　　　　离子总量　<1g/kg
微咸水　　　　　　　离子总量　1~10g/kg
咸水　　　　　　　　离子总量　10~100g/kg
盐水　　　　　　　　离子总量　>100g/kg

2. 按优势离子分类

曾有很多学者按优势离子成分的原则提出多种分类方案。其中常用的是O. A. 阿列金提出的方案，这个分类综合了优势离子的各种划分原理以及它们之间的数量比例。首先按优势阴离子将天然水划分为三类：重碳酸盐类、硫酸盐类和氯化物盐类。然后在每一类中再按优势阳离子划分为钙质、镁质和钠质三个组。每一组内再按离子间的毫克当量比例关系划分为四个水型：

Ⅰ型　　　　　　$[HCO_3^-] > [Ca^{2+}] + [Mg^{2+}]$

Ⅱ型　　　　　　$[HCO_3^-] < [Ca^{2+}] + [Mg^{2+}] < [HCO_3^-] + [SO_4^{2-}]$

Ⅲ型　　　　　　$[HCO_3^-] + [SO_4^{2-}] < [Ca^{2+}] + [Mg^{2+}]$ 或 $[Cl^-] > [Na^+]$

Ⅳ型　　　　　　$[HCO_3^-] = 0$

Ⅰ型水是弱矿化水，主要形成于含大量Na^+与K^+的火成岩地区，水中含有相当数量的$NaHCO_3$成分，在某些情况下也可能由Ca^{2+}交换土壤和沉积物中的Na^+而形成。

Ⅱ型水为混合起源水，其形成既与水和火成岩的作用有关，又与水和沉积岩的作用有关。大多数低矿化和中矿化的河水、湖水和地下水属于这一类型。

Ⅲ型水也是混合起源的水，但具有很高的矿化度。在此条件下由于离子交换作用使水的成分急剧地变化，通常是水中的Na^+交换出土壤和沉积物中的Ca^{2+}和Mg^{2+}。大洋水、海水、海湾水、残留水和许多具高矿化度的地下水属此类型。

Ⅳ型水是酸性水，其特点是缺少HCO_3^-。这是酸型沼泽水、硫化矿床水和火山水的特点。在重碳酸盐类水中不包括此种类型的水。另外，在硫酸盐与氯化物类的钙组和镁组中无Ⅰ型水。

根据以上分类，可划分出27种类型的天然水，见表1-9。

表1-9　　　　　　　　　　　天然水的分类

类	重碳酸盐 [C] HCO_3^-			硫酸盐 [S] SO_4^{2-}			氯化物 [Cl] Cl^-		
组	钙	镁	钠	钙	镁	钠	钙	镁	钠
	Ca	Mg	Na	Ca	Mg	Na	Ca	Mg	Na
型	Ⅰ	Ⅰ	Ⅰ	Ⅱ	Ⅱ	Ⅰ	Ⅱ	Ⅱ	Ⅰ
	Ⅱ	Ⅱ	Ⅱ	Ⅲ	Ⅲ	Ⅱ	Ⅲ	Ⅲ	Ⅱ
	Ⅲ	Ⅲ	Ⅲ	Ⅳ	Ⅳ	Ⅲ	Ⅳ	Ⅳ	Ⅲ

本分类中每一性质的水用符号表示，"类"采用相应的阴离子符号表示（C、S、Cl），"组"采用阳离子的符号表示，写作"类"的方次的形式。"型"则用罗马字标

在"类"符号下面。全符号写成下列形式：如［C］CaⅡ表示重碳酸盐类钙组第二型水，此外，有时还要标上矿化物（精确至 0.1g/L）和总硬度（精确至 0.1mEq/L，写在上面）（表 1-10）。

表 1-10 金沙江水系主要离子浓度 单位：mEq/L

河流	K^+	Na^+	Ca^{2+}	Mg^{2+}	HCO_3^-	SO_4^{2-}	Cl^-
金沙江	0.031	0.59	1.92	0.92	2.69	0.26	0.39
金沙江（邓柯）	0.072	2.98	2.38	1.54	3.78	0.90	2.45

注　金沙江为［C］CaⅡ型水；金沙江（邓柯）为［C］NaⅡ型水。

1.5　天然水的演化及其特征

1.5.1　天然水的物理化学特征

各种类别的天然水系见表 1-11。

表 1-11 各种类别的天然水系

圈层	天然水系
大气圈	雨、雪、水蒸气
生物圈	体液、细胞内液、水合的生物聚合物
岩石圈	地下水、岩浆水、结构水
水圈	陆水：泉水和沼泽；塘、湖、冰帽和雪帽；河流、冰川 海水：河口、海湾；海洋；海洋沉积物中的吸纳水

在上述这些天然水系中，海洋、河流、湖泊及地下水构成了地球上主要的天然水体，而大气降水对天然水体的补给则形成了地球上的水分循环，下面对它们的物理化学特征逐一进行介绍。

1. 海洋

海洋覆盖着地球表面的 71%，总面积约为 $3.61 \times 10^8 km^2$，平均深度 3800m，所以总体积约为 $1.37 \times 10^{18} m^3$，地球表面的陆地-海洋分布如图 1-7 所示。

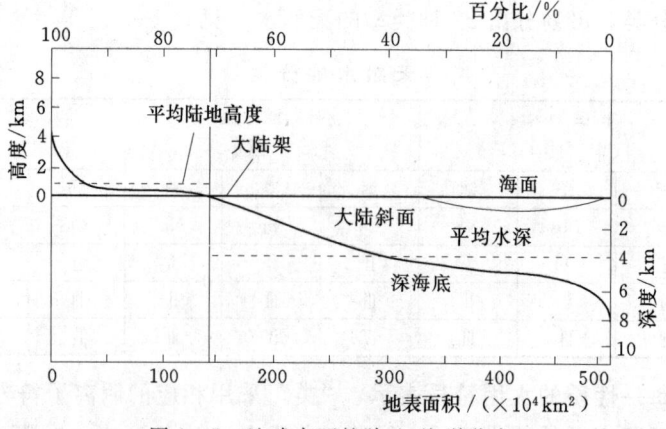

图 1-7　地球表面的陆地-海洋分布

1.5 天然水的演化及其特征

海水含盐量很高，离子强度 $I \approx 0.7$，表现出强电解质溶液性质。表1-12列举和比较了水和海水的各种物理性质。相比之下，海水具有冰点下降特性，且有很大的密度、电导率、折光率、渗透压等。温度和盐度是海水各种性质的决定性因素。海洋中的温度、盐度溶解氧和透光度随深度变化的情况如图1-8所示，图中还显示了溶解氧浓度及浅水区光透过度与深度之间的关系。海洋表层盐度因海域、降水、蒸发、结冰和融冰等因素而异；表层温度在太阳辐照的日变化和年变化影响下也会发生显著变化。但因水体热容量大，所以温度变化幅度比陆地小得多。总体来说，海水中盐度可能达到35‰、平均温度不超过4℃、透光度是数十米。海洋表层是富氧的，这是由于大气氧的补充和海中浮游生物的光合作用。在深水地区直到海底氧含量很低又很均一。

表1-12　　　　　　　　　水和海水的物理性质

性　质		单　位	水	海水（盐分，35‰）
密度	（20℃）	g/cm³	0.9823	1.02478
	（0℃）	g/cm³	0.9987	1.02812
容积压缩率	（0℃，10⁷Pa）	‰	0.487	0.458
	（0℃，10⁸Pa）	‰	—	4.007
音速（20℃）		m/s	1482.7	1522.1
折光率（20℃）			1.33300	1.33940
电导率（20℃）		m/(Ω·cm)	4.5×10^{-5}	47.88
比热（20℃）		J/g	4.182	3.993
表面张力（20℃）		10^{-3} N/m	72.76	73.53
黏度（20℃）		10^{-3} Pa·s	1.005	1.092
渗透压（20℃）		10^5 Pa	—	24.8
冰点		℃	0.00	−1.91
吸光度（波长520nm，光程10cm）		—	0.002	0.007（人工海水） 0.008（外洋水）

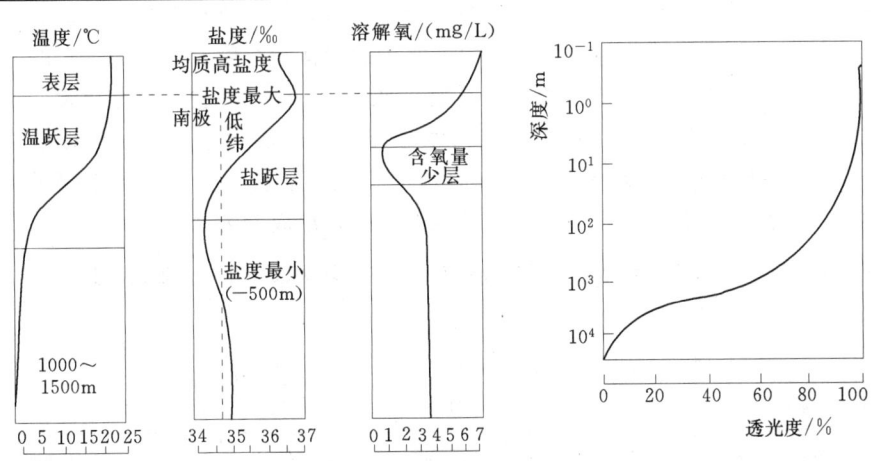

图1-8　海洋中温度、盐度、溶解氧和透光度随深度变化情况示例

海水表层的pH值为8.1～8.3，在深层可下降到7.8。海水中溶解着大量盐类和气体，化学组成非常复杂，几乎包含元素周期表中所有的元素。溶解于海水中的物质

按其存在的数量可分为三类，即主要离子、少量物质和微量元素。与河水中的平均年化学组成不同，海水中占溶质总量 99% 的主要成分依次为 Cl^-、Na^+、Mg^{2+}、SO_4^{2-}、Ca^{2+}、K^+ 和 $HCO_3^- + CO_3^{2-}$。海水和河水的平均年化学组成见表 1-13。由于各大洋水流相通，而且混合充分，因此这些主要离子中除 HCO_3^-、CO_3^{2-} 浓度变化较大外，其他离子浓度相对比例基本恒定（不排除海水组成在水平和垂直方向上有一定规律的变化）。因此，可通过含氯量来推算其他主要组分在海水中的浓度。含氯量包括水样中氯化物、溴化物和碘化物总和（后两者被折算为氯化物）。盐度和含氯量之间的经验关系式为

$$盐度(‰) = 0.03 + 1.805[含氯量(‰)]$$

表 1-13　　　　　　　　海水和河水的平均年化学组成　　　　　　　　单位：mol/kg

成分	平均化学组成 海水	平均化学组成 河水	成分	平均化学组成 海水	平均化学组成 河水
Na^+	0.46847	2.83×10^{-4}	Cu		10^{-8}
K^+	0.01020	5.9×10^{-5}	Zn		10^{-8}
Mg^{2+}	0.05307	1.69×10^{-4}	Cd		10^{-8}
Ca^{2+}	0.01028	3.74×10^{-4}	Mn		10^{-8}
Cl^-	0.54590	2.20×10^{-4}	Hg		10^{-9}
SO_4^{2-}	0.02823	1.17×10^{-4}	Ni		10^{-8}
Alk①	0.0024	9.54×10^{-4}	Co		10^{-9}
C_T②	0.0022	1.02×10^{-8}	腐殖质		10^{-6}
pH 值	7.5	8.2			

① Alk（碳酸盐碱度和重碳酸盐碱度）＝ $[HCO_3^-] + 2[CO_3^{2-}]$。
② C_T（总无机碳）＝ $[H_2CO_3^*] + [HCO_3^-] + [CO_3^{2-}]$。

盐度在此被定义为在水样中所有碳酸盐转化为氧化物，所有溴化物和碘化物被转换为氯化物以及所有有机物被氧化后计得的水中总固体物浓度。海水中主要组分的最基本化学参数（离子对离解常数和活度系数）见表 1-14。由这些数据出发，可通过组建化学模型以计算法求得这些组分在海水中相互结合的形态分数。计算结果见表 1-15，可见，表中 4 种阳离子和 Cl^- 在海水中很大程度甚至全部呈自由离子状态存在；CO_3^{2-}、SO_4^{2-}、HCO_3^- 可与阳离子形成离子对，形成能力依次递减。

表 1-14　　25℃常压下海水中主要组分和离子对的离解常数（pK）及活度系数

阳离子	阴离子		
	HCO_3^- (0.68)	CO_3^{2-} (0.28)	SO_4^{2-} (0.2)
K^+ (0.64)	—	—	0.97 (0.68)
Na^+ (0.76)	−0.25 (1.13)	1.27 (0.68)	0.72 (0.68)
Ca^{2+} (0.28)	1.26 (0.68)	3.2 (1.13)	2.31 (1.13)
Mg^{2+} (0.36)	1.16 (0.68)	3.4 (1.13)	2.36 (1.13)

注　括号外数字为 pK 值，括号内数字为活度系数值；设定含氯量为 19%。

1.5 天然水的演化及其特征

表 1-15　　　　　　　　海水中主要元素存在形态的百分比

主要组分离子	质量摩尔浓度	自由离子/%	离子对/% SO_4^{2-}	离子对/% HCO_3^-	离子对/% CO_3^{2-}
K^+	0.010	99	1	0	0
Na^+	0.48	99	1.2	0	0
Mg^{2+}	0.054	87	11	1	0.3
Ca^{2+}	0.010	91	8	1	0.2

主要组分离子	质量摩尔浓度	自由离子/%	离子对/% Ca^{2+}	离子对/% Mg^{2+}	离子对/% Na^+	离子对/% K^+
Cl^-	0.56	100	0	0	0	0
SO_4^{2-}	0.028	54	3	21.5	21	0.5
HCO_3^-	0.0024	69	4	19	8	0
CO_3^{2-}	0.00027	9	7	67	17	0

由于海水中的微量金属离子大多会发生水解或与 Cl^-、SO_4^{2-}、CO_3^{2-} 等配位体形成各种配合离子，且其存在形态还受水域深度、氧化还原电位、生物浓度等因素影响，所以其存在形态情况比常量离子复杂得多。虽然在具备必要数据的基础上也能作类似常量离子处理，但需再经分析手段予以验证。有关这方面的分析技术也有着相当的难度和复杂性。对海水中溶解性有机碳（DOC）的确切组成尚不了解，其浓度一般为 1～5mg/L，近海岸处可能达到 20mg/L，而在 300m 以下深处可降至 0.5mg/L。表 1-16 列举了各种海水中 DOC 的典型数据。为了比较，将河水的数据也一并列入。

表 1-16　　　　海水和河水中 DOC 浓度　　　　　单位：mg/L

系统	正常值	最高值	系统	正常值	最高值
海湾	1～5	20	深层海水	0.5～0.8	—
海滨	1～5	20	河水	10～20	50
表层海水	1～1.5	—			

显然，海洋是一个开放系统，它时刻与外系统间发生物质和能量的交换。例如，每年有 $3.3×10^{13}$～$3.8×10^{13}$ m^3 的水由河流流入海洋，其中带入溶解盐类有 38.5 亿 t，悬浮物有 32.5 亿 t。此外在海洋-大气、海洋-海底间也都发生着物质和能量往返传输和交换的过程。在大气和海洋交界的海面能生成微粒气溶胶，湿度较高时，颗粒较大；湿度低时，可呈干的海盐微粒。这些颗粒物可经大气对流或风力运送达到数千米高空或内陆地区，在大气降水形成过程中起凝结核作用。这些颗粒物的化学组成与海水有很大差异，这是因为：①海面上水泡破裂形成水滴时，因各种气象因素作用，其成分已与海水不同；②海水滴蒸发干涸时，其中易结晶组分率先析出，结果成为两颗或两颗以上化学组成和性质相异的粒子。

海洋的污染来源主要有以下几个方面：

(1) 入海河水夹带的工农业污水，其中含有丰富的营养物质。
(2) 投弃海洋的各种工业、渔业废物等。
(3) 依傍海岸建立的核电站、热电站排水中的放射性污染物和热污染。
(4) 由运输船只机房排出的机油以及海难事件中油轮的原油倾泻。

(5) 旅游开发引起的海滨地区污染等。

2. 河流

大气降水及来自地下的水向低洼处汇集、并在重力作用下沿泄水的长条形凹槽流动且终年有水者称为河流。常年性流水和槽床（即河床）是形成河流的基本条件。有关河流水体的基本综合性质有受纳水量、水位、流速、流量、含固量、矿化度（即以g/kg表示的离子总浓度）等。

与地下水相比，河流是敞开流动的水体；与海洋相比，河流只有很小的水量（占地球总水量的百万分之一）。所以河流水质变动幅度很大，因地区、气候等条件而异，且受生物和人类社会活动的影响最大。

一般来说，河水（还有海水）都是含碳酸型的水质系统，以平衡碳酸组分作为水质的基本调节因素，因此其化学成分也有一定的稳定性。在主要离子中，一般Na^+、Ca^{2+}占大多数，阴离子含量一般递减顺序是HCO_3^-、Cl^-、SO_4^{2-}。河流的主要污染物是各种有毒金属和各类有机物。

世界上大多数工业城市都是依傍着大的河流建造发展起来的。生产用水和生活用水以及随后产生的废水、污水都以河流作为吞吐对象。也就是说，河流是人们汲取用水的源泉，也是藏污纳垢之处。虽然许多工厂，特别是造纸厂、食品加工厂、化工厂、钢铁厂、石油炼制厂等都设有废水处理系统，但这种系统的处理效率不可能是百分之百的，最终排水中仍含有一定数量的有毒有害物质。进入河流的重金属污染物（Hg、Cd、Pb等）容易被水中悬浮颗粒物吸附，随即沉入水底。所以中上层水体受金属污染的程度较轻微，危害性也较小。当饱含有机物的城市污水经排污管进入河流水体后，污染物会引起上下游水段内溶解氧逐渐降低，破坏水生态系统。

3. 湖泊

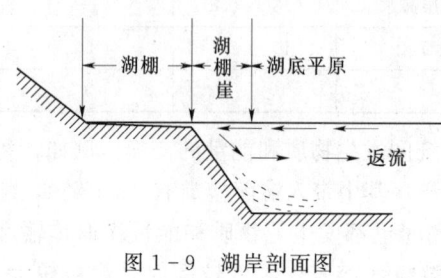

图1-9 湖岸剖面图

由地面上大小形状不同的洼地积水而成湖泊。湖泊的形成条件是具有一个周围高、中间低的蓄水湖盆及长期有水蓄积。图1-9为一个典型湖岸的剖面图。湖岸线形态自湖盆形成起就与时俱变，主要因为湖面受风力发生波浪而侵蚀湖岸，由此产生砂土，并沿湖岸流动，再通过湖岸流及下层湖水的返流被搬运到湖深处，从而形成湖棚和湖棚崖。经过长时期地质年代的演变，湖盆还有可能被各种来源的砂土或湖内产物所埋没。

按照温度的变化规律，湖水可分为三层，如图1-10所示。湖上层，即上部温暖的水层；变温层，即中间过渡层；底层，即湖底深处的冷水层。由于受到的太阳辐射强度不同，这三个层区的水化学性质存在较大差异。

湖水水流缓慢，蒸发量大，蒸发掉的水靠河流及地下水补偿。湖水中含钙、镁、钠、钾、硅、氮、磷、锰、铁等元素，其中氮、磷等元素引起的富营养化问题是湖泊的主要污染问题。呈低营养度的水体适宜于水体流动和水生生物游动，而中等营养度的水体最适宜藻类和鱼类等水生生物的正常生活，但具有高营养度的水体反而造成藻

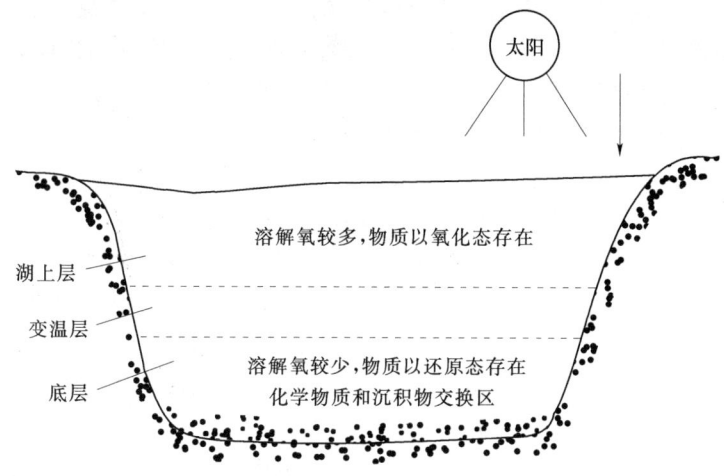

图 1-10 湖水的分层

类大量萌生，水中溶解氧浓度大为降低，因此进一步引起水道阻塞、鱼类生存空间缩小、有害有毒的还原性气体 H_2S 的产生等一系列不良后果。还可以认为，富营养化是湖泊等水体的衰老表现，极端富营养化会使湖泊演化为沼泽或干地。由酸雨引起的湖水酸化是湖泊的另一严重污染问题。例如由火成岩基质构成湖盆的湖泊因缺少碱性物质而不能抵御酸雨侵袭，当湖水 pH 值降到 5.5 以下时，会发生鱼类大量死亡的后果。

4. 地下水

地球表面的淡水大部分是储存在地面之下的地下水，所以地下水是极宝贵的淡水资源。地下水的主要补给来源是大气降水。降水中一部分通过土壤和岩石的空隙而渗入地下形成地下水。严格地说，存在于地表之下饱和层的水体才是地下水（图 1-11）。

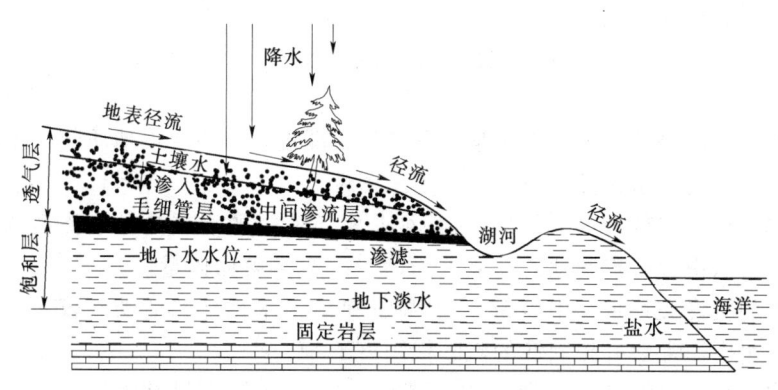

图 1-11 地下水体的形成

降水抵达地面之后，在与土壤、岩石物质及细菌等长久反复接触的天然过程中，发生了过滤、吸附、离子交换、淋溶和生物化学等作用，使原降水水质发生很大变化。归纳起来，地下水水质有如下特点：①悬浮颗粒物含量很少，水体清澈透明；

②无菌、盐分高、硬度大、含较少量的有机物；③不与空气接触，水体呈还原态，铁、锰等元素以低价形态（Fe^{2+}、Mn^{2+}）存在；④水温不受气温影响；⑤因有岩石等阻隔，流动速度很慢，各部位水层的水质也可有很大差异。

地下水中所含的物质，主要可分为以下几类：

（1）当介质的物理、化学条件发生变化时，成泡状逸出的气体。

（2）在地下水中以离子状态存在，构成真溶液的物质。

（3）在地下水中以胶体微粒存在并构成不稳定的胶体溶液的物质。

（4）不溶于地下水，在某种程度上呈零散悬浮状态存在的固态物质（悬浮体及机械悬浮物）。

（5）微生物。如果地下水中含有大量细菌和某些水藻，通常表明该地下水已受到有机物污染，不适合作为供水水源。

在各种不同的热力学及地球化学条件下，地下水在地壳内沿着岩石的孔隙和裂缝流动时，时刻与周围介质发生相互作用，从而改变自身成分和性质。因此，地下水的组成和性质无论在空间上或时间上都是变化的。

与其他天然水相比，地下水有如下几个特点：

（1）地下水可能与各种各样的岩石接触。各种岩石与水相互作用的时间极长，使地下水中不同程度地含有几乎所有地壳元素，因此地下水的化学成分极为复杂。地下水中含有较多的 Fe^{2+}、Mn^{2+}、NO_3^-、Na^+、H^+ 和 As^{3+} 等。地下水中各种主要离子间的比例可能是多种多样的，几乎可以找到所有化学类型的水。

（2）各个含水层是层间的，即各含水层被弱透水层或不透水层分开，成为各个分隔体。这造成地下水化学成分的多样性。

（3）地下水与地表及大气圈的接触具有局限性，只有距地表最近的含水层才受到地表的某些影响，主要是氧气的影响，这对地下水化学成分的形成具有重要意义。

（4）深层的地下水，在无光和缺少游离氧的情况下，生物作用的影响不大，但微生物的作用不能忽视。

（5）地下水的矿化度变化幅度很大，具有各种矿化等级的水——由淡水直到卤水。

（6）大多数深层地下水的水化学成分变化很缓慢，有些要以地质年代来衡量。

地下水按深度和水文交换情况可分为三个带：

（1）水的积极交替带（上带），其特征是水所通过的岩层是易于渗透的，并且流动比较活跃。水中含有控制性的阴离子 HCO_3^-，总溶解固体量低。

（2）水的缓慢交替带（中间带），其特征是地下水循环的活动性较差，总溶解固体量较高，水中通常含有控制性的硫酸根阴离子 SO_4^{2-}。

（3）水的相对停滞带（下带），在该带内，地下水流动异常缓慢。因为很少发生地下水的交替，所以水中一般会有很高的可溶性矿物。此外，很高的 Cl^- 浓度与总溶解固体量也是这个带的特征。

下面着重讨论与人类生产活动有密切关系、位于水的积极交替带的潜水的化学成分。

潜水广泛分布在第一个隔水层（或弱透水层）以上的近地表的沉积物孔隙、风化带岩石裂隙和碳酸盐岩石的溶洞里。潜水依靠大气降水、地表水和蓄水盆地的渗漏水补给。在某些情况下，也可由下层承压水补给。在大部分情况下为混合补给。潜水分布在水的积极交替带，这个地带的特征是水体富氧，淋溶作用强。因此，潜水的化学成分首先决定于岩石的矿物与化学组成，其主要离子是 HCO_3^-、SO_4^{2-}、Cl^-、Ca^{2+}、Mg^{2+}、Na^+ 和 K^+。

柴伯塔列夫（Ctebotarlev，1955年）指出，地下水在化学成分上趋向于朝海水成分方向演变。B. A. 柯夫达（1946年）也指出，随着潜水矿化度（离子总量）的提高，潜水化学类型不断更替，可分为四个阶段：

（1）硅酸盐—重碳酸盐水阶段。这个阶段的特征是矿化度很低，盐类组成中以钠和钙的重碳酸盐为主。在这个阶段的后期，由于硅酸盐和碳酸盐的饱和，这两种盐类从潜水中析出，包含在沉积物中。

（2）硫酸盐—重碳酸盐水阶段。这个阶段的特征是，矿化度较高（3～5g/L），潜水逐渐为 $CaCO_3$ 和 $CaSO_4$ 所饱和，发生这两种盐类的沉淀析出作用。

（3）氯化物—硫酸盐水阶段。这个阶段开始于不同矿化度的情况下。在某些地区，当矿化度高于1g/L时即达此阶段。而另一些地区，矿化度可能在 5～20g/L 时才达此阶段，这主要取决于与 SO_4^{2-} 结合的阳离子组成。由于不同水中所含的 Na_2SO_4、$CaSO_4$ 及 $MgSO_4$ 比例不同，不同地区达到饱和时的浓度也不一致。这一阶段析出的沉淀有 SiO_2、$CaCO_3$、$MgCO_3$ 和 $CaSO_4$，以及一定数量的 Na_2SO_4。

（4）硫酸盐—氯化物阶段。这是潜水矿化度增长过程中的最后阶段。矿化度一般在 5～20g/L，上限可达 30～50g/L，这个阶段的特征是：地下水为钙和镁的硅酸盐、重碳酸盐以及钙和钠的硫酸盐所饱和，使这些盐自水中析出。此时水中的阴离子以 Cl^- 占绝对优势。阳离子中除 Na^+ 外，由于离子交换作用，Mg^{2+} 含量有所增高，呈现由钠质水向镁质水转变的趋势。

地下水中的污染物质主要来源于人们的生产或日常生活，具体包含以下几方面：

资源1.6

（1）耗氧污染物。当某些生活污水、工业废水或固体废物的沥取液流过土壤表层时，其中一些耗氧物质被土壤过滤或者发生生物氧化而被除去，但其残留部分仍可能进入地下水。

（2）病原体，如细菌、病毒、原生动物等。污水流过土壤层后，细菌和较大个体的微生物被滤除；病毒虽能穿透土层，但进入地下水水体后，经过长时间迁移会失去活性。但在一些选址不当的浅水井中仍有可能检出这些病菌。

（3）植物营养物质。当降水流经富含肥料的土壤时，土壤中所含的氮、磷化合物可能被淋溶而穿透土层，随后归入地下水。

（4）有机化学物品。例如在低浓度下就呈现较大毒性的杀虫剂、农药随农田灌溉水渗滤而进入地下水。

（5）放射性物质。随着原子能工业的发展，世界范围内积累了大量的放射性废弃物，其处置方法之一就是深井填埋。年长日久之后，填埋的放射性废物可能会渗入地下水，尤其是半衰期长的放射性核素对地下水的危害性更大。

总体来说，地下水不如地表水那样容易受到污染，但因为地下水基本上属于封闭水系（深层地下水的滞留时间可达几千年），在地层之下不易挥发、不易被稀释和不易发生降解，因此地下水一旦受到污染，就很难通过自然过程或人工手段予以消除。除污染问题外，过量开采地下水将会引起海水倒灌和地面沉降等问题。

资源 1.7

5. 大气降水

大气降水的主要表现形式为雨、雪，在组成上变化很大，不仅各个地区之间差异很大，就是同一地区的两场雨之间或者同一场雨的不同时段之间，其离子含量和组成也有很大差异。尽管如此，大气降水的平均组成同河水、湖水、海水及地下水相比仍有其特点。一般表现为，总可溶性固体量相对较少，其主要阳离子的含量远低于与地球岩石层充分交换的地下水和海水，也低于一般的河水和湖水。

大气水的存在形式是多种多样的。以分子形式存在的大气水是大气中气态水的基本形式，可作为连续性气体来加以研究。但是真正有意义的能够形成降水落到地面的大气水却不像地表水及地下水那样能够形成连续的流体，而是多以粒子形式存在，如云滴、雨滴、雪、雹、霰等，其线形尺度可参见表 1-17。

表 1-17　　　　　　大气中主要水粒子和凝结核颗粒的线形尺度

粒子名称	特征长度	备 注
水分子	0.1nm	大气中气态水的基本存在形态，作连续介质处理
颗粒	0.005~1μm	凝结核等
海盐粒	1μm	0.1~10μm
冰晶	10μm	云的小颗粒（结晶水状态）
云滴、雾滴	10μm	1~100μm
雨滴	1mm	毛毛雨 0.05~0.5mm，阵雨 1.5~3.5mm
霰	1~2.5mm	
雪花	2.5~10mm	
米雪	<0.5mm	
冰雹	2.5~5mm	特别大的 10cm

（1）水汽。水汽是由地表水蒸发至大气中以气体状态存在的水，局部基本是呈均匀的分布，所以可以作为连续性气体加以研究和认识。水汽是以水分子的形式存在的，其在大气中的含量由于蒸发和降水作用而发生变化，此外，大气的温度和压力（大气压）也会影响其水汽含量。由于大气压力随高度增加逐渐降低，空气上升时将膨胀并冷却，饱和水气压也会随之降低，当大气中水汽达到饱和并凝结成大量细微的水滴而飘浮在空中时，就形成云。温度低于 0℃ 的云，往往由小水滴（过冷水滴）和冰晶组成。

（2）云。千姿百态的云是由大量细微的水滴或冰晶组成的，是悬浮在大气中的可见聚合体。云通常不接触地面，接触地面时便为雾。云的运动可表明气流的移向和移速。来自云层的降水是维持生命所需的重要水源。云和降水对太阳光的折射和散射，可形成晕、华、虹、霓等绚丽多彩的大气景象。云间还可能发生激烈的放电,出现闪电、雷击等现象。

云是由水汽在大气凝结核上凝结而成的。大气中能够使水汽在其上凝结形成小水滴的悬浮颗粒,称作大气凝结核。大气凝结核由固态物质、液滴或两者的混合物所组成,化学成分很复杂,最常见的是Cl、N、C、Mg、Na、Ca等的化合物。纯净大气中,水汽必须达到几倍的过饱和度才能凝结成水滴。但在有大气凝结核存在时,水汽凝结所需的过饱和度显著降低。水汽在不同性质、不同尺度的凝结核上凝结所需的过饱和度差别很大。一般地,凝结核越大,水汽凝结所需的过饱和度就越小。

水汽在其上能凝结成云滴或雾滴的颗粒称为云(雾)凝结核。在成云的实际过程中,水汽的过饱和度一般在1%以下。云凝结核的浓度与气团性质和地域有关。在海洋性气团中,云凝结核浓度为$10\sim100$个$/cm^3$,比大陆性气团约低一个数量级。

云凝结核主要有三种来源:①燃烧时排放到空气中的各种无机盐烟尘;②燃烧过程中或工业生产中排放的硫氧化物和氮氧化物气体,与大气中其他物质化合而成的可溶性微粒;③尘土和海水溅沫进入大气的海盐微粒。大气中一般不缺乏云凝结核,只要水汽超过饱和状态,就可以形成云(雾)滴。

(3)降水。从云雾中降落到地面的液态水或固态水统称为降水,如雨、雪、雹等。一般从空气直接凝结于地表的液态水或固态水,如露、霜等,也都称为降水。

1)降水的分类。降水的特性主要决定于上升气流、水汽供应和云的微物理特征,其中尤以上升气流最为重要。通常按上升气流的特性,将降水分成对流性、系统性和地形性3种类型。

(a)对流性降水。大气静力不稳定的条件下产生的对流,水平尺度很小,在$0.1\sim50km$,只存在几十分钟,但上升速度很大($1\sim20m/s$)。降水粒子在云中形成之后,其落速往往小于气流的升速,因而积聚在云的中部和上部不能下落。由于大量降水粒子的拖曳等原因,上升气流速度减慢到小于降水粒子的落速时,降水粒子下落形成阵性降水,常称阵雨。阵雨的开始和停止都比较突然,降水强度的变化也很大。对流性降水常伴有雷暴,所以常称为雷阵雨。当大气层结构很不稳定、高层不断降温、低层有充分水汽供应时,可出现垂直发展极盛的积雨云,其上升气流的速度可大于$15m/s$,含水量大于$10g/m^3$,云顶温度低于$-30℃$。在这种云里可能形成冰雹。

(b)系统性降水。当空气形成大范围的上升运动时,可形成层状云系。由于这种情况的水平尺度很大($1000\sim3000km$),持续时间很长($1\sim3$天),但上升速度很小(一般为$1\sim50cm/s$),因此容易产生大范围的连续性降水。

(c)地形性降水。湿空气受山脉等地形抬升而产生的降水。地形作用一般使山的迎风面的降水量增大,背风面的降水量减少,甚至出现干旱少雨区域,称为雨影区。

实际的降水往往是复合型的。如系统性降水常常因地形抬升而加强,在大范围的天气系统中,往往有中间尺度天气系统和中小尺度天气系统产生对流性降水。降水量的四季变化及年际变化受地形地貌、地理位置、水陆分布和大气环流、天气系统等因素的影响。

2）降水形态。液态降水为不同大小的水滴。固态降水的形状多种多样，包括雪、霰、米雪、冰粒、冰雹等，这里不再细述。

（a）雨。从云中降落下来的液态水滴，其直径一般为 0.5～6mm。小雨滴呈球形，直径在 1mm 以上的雨滴呈扁球形，雨滴越大，形状越扁平。雨滴超过一定大小就会破碎，所以自然界中很少观测到直径大于 6mm 的雨滴。单位体积内的雨滴个数（雨滴浓度）一般随其直径的增大呈指数规律递减。连续性降水雨滴大小较均匀，而阵性降水的雨滴大小不均。降雨是最常见的降水形式。降雨按降水量的大小分为六个等级，见表 1-18。

表 1-18 降雨等级表 单位：mm

等级	24h 降雨量	12h 降雨量	等级	24h 降雨量	12h 降雨量
小雨	1.0～9.9	0.2～5.0	暴雨	50～99.9	30～70
中雨	10～12.9	5～15	大暴雨	100～200	70～140
大雨	25～49.9	15～30	特大暴雨	>200	>140

（b）毛毛雨。细小而十分均匀的稠密液态降水，其直径小于 0.5mm。

1.5.2 天然水的演化

天然水获得其化学组成的过程比较复杂，牵涉到岩石风化和土壤生成等有关过程。这里只分析地表水溶质成分的形成过程及其影响因素。

1.5.2.1 岩石的化学风化作用与地表水溶质成分的形成

组成火成岩的原生矿物是在地壳深处的高温、高压和缺少游离氧、碳酸和水的条件下生成的。它们露出地表以后处于完全不同的热力学条件下（低温，低压，具备游离氧、二氧化碳和水），这种条件下它们是不稳定的，必然产生一系列的变化以适应地表的热力学条件。原生矿物为适应地表热力条件而在物理、化学形态和性质方面所发生的一系列变化过程称为风化作用。风化作用表现为两个主要方面：①岩石的解体过程，指岩石和矿物所发生的机械破碎作用；②岩石化学成分的改变过程，包括原生岩石与矿物的物理-化学性质发生变化和新矿物的形成。前者称为岩石的物理风化作用，为水和空气等的渗入准备了条件；后者称为岩石的化学风化作用，促使岩石中元素的释放。显然，从岩石中释放的元素，可溶者大多进入天然水并加入全球水循环过程，这对于地表水获得离子成分具有重要的意义。

上述物质循环过程可归结为岩石循环与水循环的交互作用（图 1-12）。其中水圈参与物质的迁移过程，充当着悬浮物和溶解态物质输送者和物质化学转化反应物的双重角色。

斯通姆（Stumn）和摩根（Morgan）将 H_2O、CO_2、O_2 对各类矿物的化学破坏作用分为三类典型反应：生成同相产物的溶解反应、生成异相产物的溶解反应和氧化还原反应。自然界中典型的同成分溶解反应、异成分溶解反应、氧化还原反应和配合反应见表 1-19。

1.5 天然水的演化及其特征

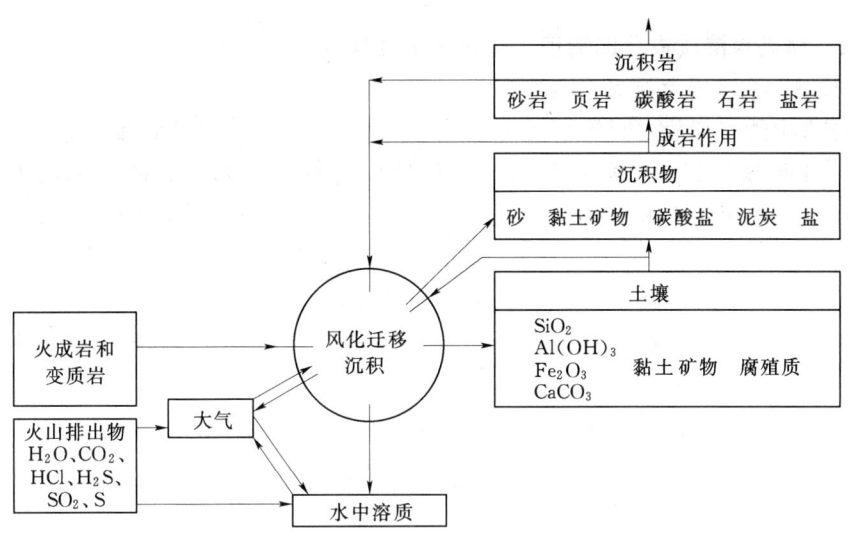

图1-12 岩石循环与水循环的交互作用

表1-19 典型的化学风化反应

I	同成分溶解反应： $SiO_2(s) + 2H_2O \Longrightarrow H_4SiO_4$ 石英 $CaCO_3(s) + H_2CO_3^* \Longrightarrow Ca^{2+} + 2HCO_3^-$ 方解石 $Al_2O_3 \cdot 3H_2O(s) + 2H_2O \Longrightarrow 2Al(OH)_4^- + 2H^+$ 三水铝矿
II	异成分溶解反应： $Ca_5(PO_4)_3F(s) + H_2O \Longrightarrow Ca_5(PO_4)_3(OH)(s) + F^- + H^+$ 氟磷灰石　　　　　　　　　　羟磷灰石 $2NaAlSi_3O_8(s) + 2H_2CO_3^* + 9/2H_2O \Longrightarrow 2Na^+ + 2HCO_3^- + 4SiO_2 + Al_2Si_2O_5(OH)_4(s)$ 钠长石　　　　　　　　　　　　　　　　　　　　　　高岭石 $7NaAlSi_3O_8(s) + 6H^+ + 20H_2O \Longrightarrow 6Na^+ + 10H_4SiO_4 + 3Na_{0.23}Al_{2.23}Si_{3.67}O_{10}(OH)_2(s)$ 钠长石　　　　　　　　　　　　　　　　　　　　　　钠蒙脱石 $CaMg(CO_3)_2(s) + Ca^{2+} \Longrightarrow Mg^{2+} + 2CaCO_3(s)$ 白云石　　　　　方解石
III	氧化还原反应： $MnS(s) + 4H_2O \Longrightarrow Mn^{2+} + SO_4^{2-} + 8H^+ + 8e$ $3Fe_2O_3(s) + H_2O + 2e \Longrightarrow 2Fe_3O_4(s) + 2OH^-$ 赤铁矿　　　　　　磁铁矿 $FeS_2(s) + 3(3/4)O_2 + 3(1/2)H_2O \Longrightarrow Fe(OH)_3(s) + 4H^+ + 2SO_4^{2-}$ 黄铁矿 $PbS(s) + 4Mn_3O_4(s) + 12H_2O \Longrightarrow Pb^{2+} + SO_4^{2-} + 12Mn^{2+} + 24OH^-$ 方铅矿
IV	配合反应： $Al_2Si_2O_5(OH)_4(s) + 2Y^{3-} + 6H^+ \Longrightarrow 2AlY + 2H_4SiO_4 + H_2O$ 高岭石　　　　（配合剂）

1.5.2.2 地表水溶质成分的物理、化学演化过程

1. 天然水中离子之间的相互作用

天然水中的溶解盐之间的相互反应，可以改变天然水的离子组成。

(1) 硅酸盐与其他盐类的反应。风化过程会释放出大量的硅酸和钠等，这使 Na_2SiO_3 成为早期地表水的主要成分。Na_2SiO_3 可以使水苏打化，结果是使 SiO_2 自溶液中析出：

$$Na_2SiO_3 + CO_2 + H_2O = Na_2CO_3 + SiO_2 \cdot H_2O$$

当其他盐类进入水体，Na_2SiO_3 便可能与之发生反应，生成其他一些硅酸盐：

$$Na_2SiO_3 + Ca(HCO_3)_2 = CaSiO_3 \downarrow + 2NaHCO_3$$
$$Na_2SiO_3 + Mg(HCO_3)_2 = MgSiO_3 \downarrow + 2NaHCO_3$$
$$Na_2SiO_3 + CaSO_4 = CaSiO_3 \downarrow + Na_2SO_4$$
$$Na_2SiO_3 + MgSO_4 = MgSiO_3 \downarrow + Na_2SO_4$$

$CaSiO_3$、$MgSiO_3$ 进一步与水合 CO_2 作用，析出 SiO_2：

$$CaSiO_3 + 2CO_2 + 2H_2O = Ca(HCO_3)_2 + SiO_2 \cdot H_2O$$

经过上述反应，水体主要成分从 Na_2SiO_3 转变成了 $Ca(HCO_3)_2$。

(2) 碱金属碳酸盐与其他盐类的反应：

$$Na_2CO_3 + CaSO_4 = CaCO_3 \downarrow + Na_2SO_4$$
$$Na_2CO_3 + MgCl_2 = MgCO_3 \downarrow + 2NaCl$$

这些反应会析出 $CaCO_3$ 和 $MgCO_3$ 等，使水的成分转变为以 Na_2SO_4 或氯化物为主。

(3) Mg^{2+}、K^+ 与其他盐类的反应。天然水中的镁盐和钾盐在与其他盐类反应的过程中常不可逆地析出沉淀：

$$MgSO_4 + 2CaCO_3 = MgCO_3 \cdot CaCO_3 \downarrow + CaSO_4$$
$$MgCl_2 + 2CaCO_3 = MgCO_3 \cdot CaCO_3 \downarrow + CaCl_2$$

天然水中的 K^+ 易自水中析出，参与形成绢云母和伊利石等次生矿物，还有相当一部分被有机体吸收，这一情况决定了 K^+ 在天然水中的低积累性。

2. 天然水中的阳离子与沉积物和土壤中吸收性阳离子之间的交换反应

地表水在运动过程中，其阳离子与周围土壤和沉积物中的吸收性阳离子可进行置换反应，从而改变着天然水的阳离子组成。下面介绍在水化学演化的不同阶段可能发生的一些主要离子交换反应。

(1) 在天然水化学成分形成的早期阶段，水中的主要成分是 Na_2SiO_3 与 $NaHCO_3$，这时水与围岩可能发生的离子交换反应是

$$Na_2SiO_3 + Ca^{2+}(胶体) = 2Na^+(胶体) + CaSiO_3 \downarrow$$
$$2NaHCO_3 + Ca^{2+}(胶体) = 2Na^+(胶体) + Ca(HCO_3)_2$$

这一交换结果，使 $CaSiO_3$ 沉淀析出，在地下水中积累起以 $Ca(HCO_3)_2$ 为主的成分，使水有自硅酸盐钠质水转变为重碳酸盐钙质水的趋势。

重碳酸盐钙质水在进一步演化的过程中，随着硫酸钙的溶解进入，可能发生的离子交换反应是

$$CaSO_4 + 2Na^+（胶体）\Longrightarrow Ca^{2+}（胶体）+ NaSO_4$$

此时有从重碳酸盐钙质水向硫酸盐钠质水转变的趋势。

（2）随着地表水中离子总量的增加，常在水中有越来越多 Mg^{2+} 的出现，这就引起了镁和胶体中 Ca^{2+} 和 Na^+ 的交换反应：

$$Mg^{2+} + Ca^{2+}（胶体）\Longrightarrow Ca^{2+} + Mg^{2+}（胶体）$$
$$Mg^{2+} + 2Na^+（胶体）\Longrightarrow 2Na^+ + Mg^{2+}（胶体）$$

这一反应在干旱地区氯化物-硫酸盐水中广泛地进行着。

（3）在盐类浓度最高的天然水中，阳离子中 Na^+ 含量很高，此时 Na^+ 的水化度降低，水化半径变小，Na^+ 可能将围岩中的吸附性 Ca^{2+}、Mg^{2+} 置换出来：

$$2NaCl + Mg^{2+}（胶体）\Longrightarrow MgCl_2 + 2Na^+（胶体）$$
$$2NaCl + Ca^{2+}（胶体）\Longrightarrow CaCl_2 + 2Na^+（胶体）$$
$$Na_2SO_4 + Mg^{2+}（胶体）\Longrightarrow MgSO_4 + 2Na^+（胶体）$$
$$Na_2SO_4 + Ca^{2+}（胶体）\Longrightarrow CaSO_4 \downarrow + 2Na^+（胶体）$$

上述反应进行的结果，使 $MgCl_2$、$CaCl_2$ 和 $MgSO_4$ 等在水中大量地积累起来。天然卤水中所以含有较多的 Ca^{2+} 和 Mg^{2+}，原因便在于此。

3. 天然水的蒸发浓缩作用

当水蒸发时，水中盐分的浓度相对增加，这就是蒸发浓缩作用。在内陆干旱地区，蒸发作用十分强烈，对地表水，尤其是内陆湖泊的水化学成分影响比较显著。

干旱内陆湖盆中水的排泄方式主要是蒸发，内陆河流携来的盐分聚集于湖水中，那里的湖水所含盐类接近于各种盐类的饱和度，形成盐湖。

在蒸发浓缩过程中，水体所含盐类逐一达到饱和状态而析出。首先析出的是水中溶解度小的 $CaCO_3$、$MgCO_3$，接着为 $CaSO_4$。因此，高度蒸发浓缩区域的内陆盐湖水多为氯化物水。

4. 天然水的混合作用

自然界中广泛地存在着不同化学成分天然水的混合作用，混合而成的新水其成分特点变化显著。通常，这种过程会有沉淀析出，尤其是两种水中含有相互对抗的盐类（如 $NaHCO_3$ 和 $CaCl_2$）时。

1.5.2.3 地质、地理条件对地表水溶质成分的影响

天然水中溶质组分含量的变化既受到组分自身物理、化学性质的影响，同时也受到区域地质地理条件的影响。

影响地表水溶质成分的地质、地理因素有直接和间接两类。直接因素使水的成分直接发生变化，如岩石、土壤或生物体有机体对地表水的影响就属此类。间接因素包括地区气候条件等，它们间接地使水溶质成分发生变化。

1. 岩石对地表水溶质成分的影响

不同的岩石对天然水溶质成分的影响差异甚大。某些岩石中的矿物较易溶于水，

能补给水体大量离子，这些物质主要是作为沉积物重要组分或胶结剂的方解石、白云石、石膏、岩盐及其他各种蒸发岩矿物及硫化物等。当地表水流经这类岩石时，便从中获得了大量的 Ca^{2+}、HCO_3^-、Na^+、Mg^{2+}、Cl^-、SO_4^{2-} 等离子。由硅酸盐矿物（如石英、长石、云母和黏土矿物）和氧化物矿物（如磁铁矿、赤铁矿）组成的岩石则相对难溶，该类岩石主要是火成岩、变质岩以及碎屑沉积物（砂岩、页岩等），地表水从中获得的离子数量也相应较少。

2. 土壤对地表水溶质成分的影响

水渗入土壤时可将其中的可溶性物质淋溶出来，从而增加水中的离子含量和有机质含量。具体获得什么样的成分和获得量的大小则取决于土壤的性质。对于已经强烈淋溶过的土壤，如红壤、砖红壤和灰化土，水从中获得的离子数量很少。如果水透过含有大量盐基的土壤（如栗钙土、棕钙土、荒漠土和盐渍土），则可获得大量盐离子。水透过土壤时还会与土壤发生离子交换反应，也改变着水的成分。

3. 生物有机体对地表水溶质成分的影响

这种影响主要表现在三个方面：①生物有机体的生活排泄物及死亡残体进入水体成为其组分；②改变水中可溶性气体的含量，典型的例子如一些水生生物的光合作用；③改变水中离子的比例，如许多陆生植物可以从土壤中选择性地吸收部分离子，这就使另一些离子相对地在水中富集。微生物的活动也对水化学成分有着重要影响，天然水中许多离子成分的含量都与微生物的活动密切相关。

4. 气候条件对地表水溶质成分的影响

气候条件是间接影响天然水溶质成分的最重要、最复杂的因素。在不同的气候条件下，风化壳和土壤的发育程度不同，地表水体从中能获得的溶质种类和数量有着明显差异。此外，不同的气候特点决定了降水量、地表径流和蒸发量的不同，这也使水的溶质成分各不相同。

气候条件对湖泊水溶质成分的影响最为明显。我国的淡水湖分布在气候潮湿的东部外流区，咸水湖和盐湖主要分布在干旱的西部内流区。

习　题

资源1.8

资源1.9

1-1　我国的水资源的状况如何？

1-2　什么是天然水的硬度？

1-3　天然水的主要组成成分有哪些？

1-4　某水系水质分析结果如下：

离子	K^+	Na^+	Ca^{2+}	Mg^{2+}	HCO_3^-	Cl^-	SO_4^{2-}	CO_3^{2-}
含量/(mg/L)	1.34	28.5	39.3	11.6	168	12.3	6.91	0

试判断该水系属哪种类型水？

参 考 文 献

[1] 中国环境年鉴社. 2005 中国环境年鉴 [M]. 北京：中国环境年鉴社，2005.
[2] 徐开钦，纪永亮，译. 美国为预防水危机和水纠纷的"Water 2025" [J]. 水处理信息报导，2006，3：24-26.
[3] Julie Stauffer. The Water Crisis - method of solving fresh water pollution [M]. Beijing：Science Press，2000.
[4] 陆渝蓉. 地球水环境学 [M]. 南京：南京大学出版社，1999.
[5] 杨达源. 自然地理学 [M]. 北京：科学出版社，2006.
[6] 任树梅. 水资源保护 [M]. 北京：中国水利水电出版社，2003.
[7] 黄璜. 水生态学导论 [M]. 长沙：湖南科学技术出版社，1998.
[8] 相保成. 水资源危机与经济社会可持续发展 [J]. 中国农村水利水电，2006，6：51-53，56.
[9] 林嵬，张泽远，程铭城. 黄河持续"变瘦"凸显中国水危机加剧 [J]. 治黄科技信息，2006，2：13-14.
[10] 王晓蓉. 环境化学 [M]. 南京：南京大学出版社，1993.
[11] 何燧源，金云云，何方. 环境化学 [M]. 2版. 上海：华东理工大学出版社，1996.
[12] 高宗军，张兆香. 水科学概论 [M]. 北京：海洋出版社，2003.
[13] 陈佳荣，臧维玲，金送笛，等. 水化学 [M]. 北京：中国农业出版社，1996.
[14] 刘兆荣，陈忠明，赵广英，等. 环境化学教程 [M]. 北京：化学工业出版社，2003.
[15] 邵敏，赵美萍. 环境化学 [M]. 北京：中国环境科学出版社，2001.
[16] 张人权，梁杏，靳孟贵，等. 水文地质学基础 [M]. 7版. 北京：地质出版社，2018.
[17] 王晓蓉，顾雪元. 环境化学 [M]. 北京：科学出版社，2018.

第 2 章
天然水的污染及其主要污染物

【概要】 本章主要阐述天然水的污染以及天然水中的主要污染物类型，天然水的水质以及我国的水质标准。

2.1 天然水的污染

2.1.1 水污染

从本质上说，水污染是指水质的恶化。由于人类活动或自然因素，使水的感官状况（即色、嗅、味、浊度）、物理化学性质、化学成分、生物组成以及底质等发生异常变化，这种现象就是水污染。

严重的污染负荷，极大地超过了水体的自净能力，水体短期内很难恢复到原有状态。水体的正常功能遭到严重破坏后，将给环境质量、资源质量、生物质量、人体健康及社会经济发展造成严重的危害和损失。

2.1.2 水污染来源

水污染的发生过程与污染源、污染物、受纳水体性质及其相互作用有关。

水体污染源是指水体中污染物的发生源。通常是指向水体排入污染物或对水体产生有害影响的场所、设备和装置。按污染物的来源可分为天然污染源和人为污染源两大类。

水体天然污染源是指自然界自行向水体释放有害物质或造成有害影响的场所。岩石和矿物的风化和水解、火山喷发、水流冲蚀地表、大气降尘的降水淋洗、生物（主要是绿色植物）在地球化学循环中释放物质等，都属于天然污染物的来源。例如，含有萤石 [CaF_2]、氟磷灰石 [$Ca_5(PO_4)_3F$] 等的矿区可能引起地下水或地表水中氟含量的增高，造成水体的氟污染，长期饮用此水可能出现氟中毒。

水体人为污染源是指人类活动形成的污染源，是环境保护研究和水污染防治的主要对象。人为污染源体系很复杂，按水体类型可分为江河、湖泊、海洋、地下水污染源；按人类活动方式可分为工业、农业、交通、生活等污染源；按污染物及其形成污染的性质可分为化学、物理、生物污染源以及同时排放多种污染物的混合污染源；按排放污染物空间分布方式，可分为点源和非点源。

水污染点源是指以点状形式排放而使水体造成污染的发生源。一般工业污染源和生活污染源产生的工业废水和城市生活污水，经污水处理厂或经管渠输送到水体排放口，作为重要污染点源向水体排放。这种点源含污染物多，成分复杂，依据工业废水和生活污水的排放规律，有季节性和随机性。

资源 2.1

水污染非点源，在我国多称为水污染面源，是以面的形式分布和排放污染物而造成水体污染的发生源。坡面径流和农田灌溉是水体面源污染的重要来源。目前湖泊等水体的富营养化现象，便是由面源带来的大量氮、磷等营养素造成的。

资源2.2

2.1.3 水污染对人体健康的影响

水体污染的危害是多方面的，既可严重危害生态系统，也可造成严重的经济损失。这里简单介绍一下水体污染对人体健康的影响。

1. 引起急性和慢性中毒

水体受有毒有害化学物质污染后，通过饮水或食物链便可能造成中毒。像水俣病、痛痛病就是由水体污染引起的。

2. 致癌作用

某些有致癌作用的化学物质如砷、铬、镍、铍、苯胺、苯并[a]芘和其他多环芳烃、卤代烃污染水体后，可被悬浮物、底泥吸附，也可在水生生物体内积累，长期饮用含有这类物质的水，或食用体内蓄积有这类物质的生物（如鱼类）就可能诱发癌症。

3. 发生以水为媒介的传染病

人畜粪便等生物污染物污染水体，可能引起细菌性肠道传染病如伤寒、痢疾、肠炎、霍乱等；肠道内常见病毒如脊髓灰质类病毒、柯萨奇病毒、传染性肝炎病毒等，皆可通过水体污染引起相应的传染病。1989年上海的"甲肝事件"，就是由水体污染引起的。

4. 间接影响

水体污染后，常可引起水的感官性状恶化，如某些污染物在一定浓度下，对人的健康虽无直接危害，但可使水发生异臭、异色，呈现泡沫和油膜等，妨碍水的正常利用。铜、锌、镍等物质在一定浓度下能抑制微生物的生长和繁殖，从而影响水中有机物的分解和生物氧化，使水体自净能力下降，影响水体卫生状况。

2.2 天然水中的主要污染物

自工业革命以来，人类对自然界进行了大量和更深程度的开发和利用，产生了大量的环境污染物。同时在去除环境中的污染物方面也做了很大努力，但这些努力并不能抵消污染物数量的不断增长以及人口骤增造成的环境进一步恶化。其结果是湖泊、河流，以及近岸海水的污染日趋严重。由污染带来的环境灾害频繁发生，典型的灾害如大面积的赤潮不断发生，湖泊营养负荷的加重等。在这些污染物中除营养性物质促进水中生物无限制的繁殖外，少量可降解或不可降解的人工合成化合物和其他废弃物可显著地扰乱自然生态系统，直接或间接影响人类的生产和生命活动。据估计，由于工业废水和生活污水的排放，进入天然水体的污染物超过了100万种。

水体污染物的种类繁多，成分复杂，分类方法亦很多。20世纪60年代美国学者曾把水中污染物大体划分为8类：①耗氧污染物；②致病污染物；③合成有机物；④植物营养物；⑤无机物及矿物质；⑥由土壤、岩石等冲刷下来的沉积物；⑦放射性物质;⑧热污染。这些污染物进入水体后通常以可溶态或悬浮态存在,其在水体中的迁移转化及生物可利用性均直接与污染物存在形态相关。

目前,水体污染物大多以化学品污染物进行划分,大致可分为四大类型:无机无毒污染物、无机有毒污染物、有机无毒污染物和有机有毒污染物。

无机无毒污染物包括酸、碱,一般无机盐类以及磷、氯等植物营养物质。

无机有毒污染物指各类重金属,诸如汞、镉、铅、铬以及砷化物、氰化物、氟化物、放射性物质等。在环境化学领域,重金属污染物主要是指汞、锡、铅、铬以及类金属砷等具有明显生物毒性的重金属元素,其他重金属一般不在此列。

有机无毒污染物主要是指比较容易降解的有机物,如碳水化合物、脂肪、蛋白质等。

有机有毒污染物包括苯酚、多环芳烃和各种人工合成的具有累积性的难降解有机化合物,如多氯联苯、有机农药等。

下面就水体中几类常见的污染物做简单介绍。

2.2.1 耗氧污染物

生活污水、牲畜污水及食品、造纸、制革、印染、化工等工业废水中,含有大量的碳水化合物、蛋白质、脂肪、木质素等有机物。如不经处理,直接排入河流、湖泊、水库,它们将被微生物的生化作用而降解。在其降解过程中需要消耗水中大量的氧,因而称为耗氧污染物。其污染程度可以用溶解氧(DO)、生物化学需氧量(BOD)、化学需氧量(COD)、总有机碳(TOC)、总需氧量(TOD)等各项指标来表征。DO反映水体中的氧量,其他几种指标反映水体中有机污染物所消耗的氧量。

1. 生物化学需氧量(Biochemical Oxygen Demand,BOD)

它表示水中有机污染物微生物降解所需氧的程度(单位:mg/L)。BOD越高,需氧有机污染物越多。生活污水中有机物的微生物催化氧化过程约需20天才能基本完成,换言之,欲测定水体中的BOD至少需要用20天的时间,这将给实际工作带来困难。目前,大多数采用5天为生物化学需氧量的标准测定时间,用BOD_5表示。实验表明,一般有机物的BOD_5约为总BOD的70%。

2. 化学需氧量(Chemical Oxygen Demand,COD)

它是指在一定严格的条件下,水中的还原性物质在外加的强氧化剂的作用下,被氧化分解时所消耗氧化剂的数量,以氧的毫克/升(mg/L)表示。化学需氧量反映了水中受还原性物质污染的程度,这些物质包括有机物、亚硝酸盐、亚铁盐、硫化物等,但一般水及废水中无机还原性物质的数量相对不大,而被有机物污染是很普遍的,因此,COD可作为有机物质相对含量的一项综合性指标。

3. 高锰酸盐指数(Permanganate Index,I)

它是指在一定条件下,以高锰酸钾($KMnO_4$)为氧化剂,处理水样时所消耗的氧化剂的量。单位为氧的毫克/升(O_2,mg/L)。

高锰酸盐指数在以往的水质监测分析中,亦有被称为化学需氧量的高锰酸钾法。但是,由于这种方法在规定条件下,水中有机物只能部分被氧化,并不是理论上的需氧量，也不是反映水体中总有机物含量的尺度，因此，用高锰酸盐指数这一术语作为水质的一项指标，以有别于重铬酸钾法的化学需氧量，更符合于客观实际。我国新的环境水质标准中，已把该值改称高锰酸盐指数，而仅将酸性重铬酸钾法测得的值称为化学需氧量。国际标准化组织（ISO）建议高锰酸钾法仅限于测定地表水、饮用水和生活污水，不适用于工业废水。

4. 总有机碳（Total Organic Carbon，TOC）

它是指水体中所有有机污染物的含碳量，也是评价水体中需氧有机污染物的常规指标之一，此指标易于测定，应用广。

5. 总需氧量（Total Oxygen Demand，TOD）

需氧有机物的成分中，除碳以外，还包括氢、硫、氮等元素，当有机物被完全氧化时，碳被氧化成二氧化碳，其余的则分别氧化成水、二氧化硫和一氧化氮等。此过程所需的氧称为总需氧量。

基于天然水体中不可避免地会引进一些自然的有机体残骸，所以，凡有水生生物存在的水体，都有一定的BOD，其值为 $1\sim 2mg/L$。对于那些天然营养化的湖泊和水库来说，BOD值可能明显高于普通水体。

耗氧有机物污染水体后，逐渐消耗水中的溶解氧，给水生生物，尤其是鱼类的生存带来明显的危害。在污染严重的水体中，溶解氧急剧下降，甚至成为无氧环境，导致鱼类绝迹。

资源2.3

2.2.2 营养性污染物

所谓营养性污染物，是指水体中含有的可被水中微型藻类吸收利用并可能造成水中微型藻类大量繁殖的植物营养元素，如常见的元素氮和磷的无机化合物。

1. 水体富营养化现象

施用氮肥、磷肥的农田水、农业废弃物（植物秸秆、牲畜粪便等）、生活污水及某些工业废水中，常含有过量N、P等营养物质，大量进入湖泊、水库、河口、海湾等缓流水体，引起藻类及其他浮游生物迅速繁殖，使水体溶解氧量下降，水质恶化，以致出现鱼类等水生生物大量死亡的现象，即为水体富营养化。水体出现富营养化现象时，浮游生物大量繁殖，因优势浮游生物颜色的不同，水面往往呈现蓝色、红色、棕色或乳白色等。这种现象在江河、湖泊中称为水华，在海水中则叫赤潮。

在适宜的光照、温度、pH值及营养物质充分的条件下，天然水体中藻类进行光合作用，合成本身的原生质，其总反应式可写为

$$106CO_2 + 16NO_3^- + HPO_4^{2-} + 122H_2O + 18H^+ + 能量 + 微量元素 \longrightarrow C_{106}H_{263}O_{110}N_{16}P（藻类原生质）+ 138O_2$$

从反应式可以看出，在藻类繁殖所需要的各种成分中，成为限制性因子的是磷和氮，所以藻类繁殖的程度主要决定于水体中这两种成分的含量，并且已经知道能为藻类吸收的是无机形态的氮、磷营养盐。

资源2.4

藻类大量繁殖会阻塞水道，鱼类的生存空间缩小，水体生色、透明度降低，其分泌物又能引起水臭、水味，给水处理造成困难。更重要的是富营养化还可能破坏水体

的原有生态平衡。藻类繁殖将使有机物的生产速度远远超过有机物消耗速度，从而使水体中有机物蓄积，其后果是：①促进细菌类微生物繁殖，一系列异养生物的食物链都会有所发展，使水体耗氧量大大增加；②生长在光照所不及的水层深处的藻类因呼吸作用也大量耗氧；③沉于水底的死亡藻类在厌氧分解过程中促使大量厌氧菌繁殖；④富氨氮的水体开始使硝化细菌繁殖，在缺氧状态下又会转向反硝化过程。

综合上述作用，富营养化发生后，将先引起水底有机物消耗速度超过其生长速度，处于腐化污染状态，并逐渐向上层扩展，在严重时可使一部分水体区域完全变为腐化区。这样，由富营养而引起有机体大量生长的结果，倒过来又走向其反面，藻类、鱼类等水生生物趋于衰亡或绝迹。

2. 水体中的藻类

藻类作为富营养化污染的主体，可分为四种类别，它们是：蓝绿藻类、绿藻类、硅藻类、有色鞭毛虫类。

蓝绿藻类一般容易在早秋季节大量萌生，并以水体中有机物富集、硅藻类繁生等现象作为产生先兆。蓝绿藻体内含有气体或油珠，能漂浮在水面。这种藻类体上不附有鞭毛，所以游动能力较差。当水体处于富营养化状态时，水面上原先占优势的硅藻逐渐消失而转为以蓝绿藻为主。蓝绿藻类含胶质外膜，不适于作鱼类食料，甚至含有一定毒性。

绿藻类一般在盛夏季节容易大量萌生，这些藻类细胞中含有叶绿素，所以外观呈现绿色。由于同样原因，它们同蓝绿藻一样，常漂浮在水面上；这种藻类体上附有鞭毛，所以有一定的游动能力。

硅藻类是单细胞藻类，体上不长有鞭毛。一般在较冷季节容易繁生，也能在水下越冬生长。它们一般生长在水面处，但在水体的任何深度，甚至在水底都能发现它们的存在。硅藻还能依附在水生植物的茎叶表面，使这些植物外观呈现浅棕色。在另外一些情况下，还能与别的藻类混杂在一起。在水底岩石或岩屑表面常有一层又黏又滑的附着层，这也是附生在其上的硅藻。

有色鞭毛虫类因其发达的鞭毛而得名，它除了具有通过光合作用合成原生质的藻类固有本领外，还具有原生动物的游动本领。这种藻类的繁生季节一般在春天（可因水域而异），可在任何深度的水体内活动，但多数生长在水面之下。

3. 水体中的营养物质

对水体中的藻类来说，营养物质指的是那些促进其生长或修复其组织的能源性物质，按原生质的合成反应式可见，关键性的营养物质是磷和氮的无机化合物。微量营养物质则是指镁、锌、铜、钒、硼、氯、钴等。

水体中氮、磷营养物质的最主要来源如下：

(1) 雨水。众多统计资料表明，雨水中的硝酸盐的氮含量为 $0.16\sim1.06\text{mg/L}$；氨氮含量为 $0.04\sim1.70\text{mg/L}$；磷含量在 0.10mg/L 以上。由此可见，大面积湖体或水库中，从雨水受纳氮等营养元素的数量还是相当大的。

(2) 农田农业排水。首先是由于天然固氮作用和农用氮、磷肥的使用，在土壤中累积了相当数量的营养物质，它们可随农田排水流入邻近水体。当庄稼生长期很短而没有充分吸取农田中的肥料或农田有很大坡度时,这种流失更为严重。含氮肥料进入土壤后,部分转化为硝酸形态,随后又可将土壤自身的一些微量元素溶出而进入水体。此外,饲养家畜过程所产生的废物中也含有相当高浓度和相当数量的营养物质,有可能通过排水进入邻近水体。

(3) 城市污水。其中所含磷的主要来源是粪便、食品污物和合成洗涤剂。尤其是合成洗涤剂,在一些高度消费的城市,污水中50%~70%的磷来自于此。在污水处理厂,污水中很大部分的磷通过金属磷酸盐沉淀而被除去。城市污水中氮的主要来源是粪便和食品污物,在污水处理厂,通过厌氧处理方法,可去除污水中20%~50%的氮。在污水处理厂中未能除去的氮和磷就随尾水进入受纳水体。此外,在污水处理过程中会用到许多含氮、磷的化学药剂,例如氯胶、有机聚电解质、无机絮凝助剂、磷酸三钠、多聚磷酸钠等,它们也可能进入水体。

(4) 其他来源。包括城镇和乡村的径流、工业废水、地下水等。

4. 水体的营养化程度

湖泊可依据湖水营养化程度大小分为贫营养化湖、低营养化湖、中营养化湖和富营养化湖,营养化程度可用总磷含量、总氮含量、叶绿素a含量和透明度等指标来度量。具体数值见表2-1。

表 2-1　　　　　　　　　　湖水的营养化程度

营养化程度	总磷含量 /(mg/m³)	总氮含量 /(mg/m³)	叶绿素a含量 /(mg/m³)	透明度 /m
贫	<15	<400	<3	>4.0
低	15~25	400~600	3~7	2.5~4.0
中	25~100	600~1500	7~40	1.0~2.5
富	>100	>1500	>40	<1.0

2.2.3　有毒有机污染物

水环境中有机污染物的种类繁多,其环境化学行为一直受到人们的关注,特别是有毒难降解的持久性有机污染物(Persistent Organic Pollutants, POPs),它们在水中的溶解度低,一旦进入水体后,可与水中悬浮颗粒物、沉积物中的有机质、矿物质发生一系列物理化学反应而进入到固相中,但在一定的环境条件下,吸附到固相的POPs又会重新释放到水体中。由于POPs在环境中难以降解,蓄积性强,能长距离迁移到达偏远的极地地区,并通过食物链对人类健康和生态环境造成危害,因而引起各国政府、学术界、工业界及公众的广泛重视。此外,有机污染物本身的物理化学性质如溶解度、分子的极性、蒸汽压、电子效应、空间效应等同样影响到有机污染物在水环境中的归趋及生物可利用性。近些年来,新型污染物不断地在环境介质中被发现,种类繁多且性质各异,缺乏相关的理化参数,因此,迫切需要对新型污染物的环境行为、生物效应和生态风险开展研究。下面简要叙述难降解有机物在水环境中的分布和环境化学行为。

资源2.5

1. 农药

1939年，Paul和Muller发现了有机氯农药DDT有高效杀虫能力后，农药的使用便蓬勃发展，农药的分类方式很多，如果按主要用途可分为杀虫剂、杀螨剂、杀菌剂、杀线虫剂、除草剂、植物生长调节剂等。按来源可分为矿物源农药（无机化合物）、生物源农药（天然有机物、微生物等）以及化学合成农药。按有机合成农药的化学结构可分为有机氯农药、有机磷农药、氨基甲酸酯、拟除虫菊酯等数十种。

美国每年生产的农药大约50万t，有几百种配方。我国是农药生产大国，而且每年还从国外进口农药。它们通过喷施农药、地表径流及农药工厂的废水排入水体中，水中常见的农药概括起来，主要为有机氯和有机磷农药，此外还有氨基甲酸酯类农药。

资源2.6

资源2.7

有机氯农药主要来源于农业杀虫、公共卫生方面的应用及农药厂的排出。由于难以化学降解和生物降解，有机氯农药在环境中的滞留时间很长，又由于其具有较低的水溶性和高的辛醇-水分配系数，故很大一部分被分配到沉积物有机质和生物脂肪中。在世界各地区土壤、沉积物和水生生物中都已发现这类污染物，并有相当高的浓度。与沉积物和生物体中的浓度相比，水中农药的浓度是很低的。目前，有机氯农药（如DDT等）已被禁止生产。我国部分地区水域中有机氯农药的污染水平见表2-2，可以看出，水体中仍然能检测出有机氯农药残留，且有一定的空间差异。

表2-2 我国部分地区水域中有机氯农药的污染水平（以DDT为例）（戴树桂，2005）

水 域	监测时间	备 注	监测物质	ΣDDT/(ng/L)
第二松花江	1982年		DDT、HCH、PCBs	71
辽河中下游	1998年12月		DDT、α,β,γ-HCH	ND～4.16
	1998年5月		DDT、狄氏剂、异狄氏剂、七氯	17.5～63.2
长江南京段	1998年5月		HCB、HCH、DDT、五氯苯	1.57～1.79（67）
	1998—1999年		HCB、HCH、DDT、氯丹、甲氧滴滴涕等	0.43～1.79
辽河	1998—2000年		DDT、α,β,γ-HCH、狄氏剂、异狄氏剂、七氯	7.04
长江	1998—2000年		HCB、HCH、DDT、氯丹、甲氧滴滴涕	1.68
珠江口	1994年11月	表层海水	α,β,γ,δ-HCH	ND～236（87）
珠江口	1998年7月	底层海水	o,p'-DDT/p,p'-DDT/DDD/DDE	ND～1220（506）
厦门港	1999年	表层水	p,p'-DDT/DDD/DDE、七氯、艾氏剂、狄氏剂、异狄氏剂、硫丹等	0.95～2.2（1.45）
九龙江口	1999年	表层水	DDT、HCH、甲氧滴滴涕、硫丹、狄氏剂等18种有机氯农药	0.2～63（12.8）
		间隙水		1.00～193（31.1）
	2000年	表层水	DDT、HCH、甲氧滴滴涕、狄氏剂等18种有机氯农药	19.24～96.64
闽江口	1999年		DDT、HCH、七氯、硫丹等	0.95～2.2（1.45）

续表

水　域	监测时间	备　注	监　测　物　质	ΣDDT/(ng/L)
大亚湾	1999 年 8 月	距表层 0.5m 处	DDT、HCH、七氯、艾氏剂、狄氏剂、异狄氏剂、硫丹等	26.8～975.9 (188.4)
		表层海水		0.53～2.02 (1.01)
大连湾	1999 年 7 月	微表层水	DDT、HCH、HCB、七氯和艾氏剂等	0.80～7.77 (3.16)
辽东湾		表层海水		ND～36.16 (8.19)
金沙江攀枝花段	2002 年 8 月	表层水	DDT、七氯、艾氏剂、狄氏剂、异狄氏剂等 18 种有机氯农药	ND～8.43
珠江干流河口	2001 年 4 月	表层水	DDT、七氯、艾氏剂、狄氏剂、异狄氏剂等 21 种有机氯农药	0.52～1.13（洪季）
	2001 年 8 月			5.85～9.53（枯季）
澳门港	2001 年 4 月	表层水面下不同深度和底层	DDT、HCH、七氯、艾氏剂、狄氏剂、异狄氏剂等有机氯农药	8.76～29.76
北京通惠河	2002 年	表层水	DDT、七氯、艾氏剂、狄氏剂、异狄氏剂等 18 种有机氯农药	18.79～663.3
国家海水水质标准	1997 年		DDT、HCH	DDT<50　HCH<1000
渔业水质标准	1989 年		DDT、HCH	DDT<1000　Γ-HCH<2000
生活饮用水水质标准	1985 年		DDT、HCH	DDT<1000　Γ-HCH<5000
地表水质量标准	2002 年		DDT	DDT≤1000

有机磷农药的特点是毒性剧烈，但在环境中较易分解，在水体中会随温度、pH 值的增高，微生物的数量、光照等增加而加速分解。因此，有机磷农药成为农药中品种最多、使用范围最广的杀虫剂。但是有些有机磷农药对人、畜毒性较大，易发生急性中毒，有些品种在环境中仍有一定的残留期。有机磷农药生产厂排放的废水常含有较高浓度的有机磷农药原体和中间产物、降解产物等，当排入水体或渗入地下后，极易造成环境污染。有机磷农药大多不溶于水，而易溶于有机溶剂中。

资源 2.8

此外，近年来除草剂的使用量逐渐增加，可用来杀死杂草和水生植物。它们具有较高的水溶解度和低的蒸气压，通常不易发生生物富集、沉积物吸附和从溶液中挥发等。根据它们的结构性质，主要有有机氯除草剂、氮取代物、脲基取代物和二硝基苯胺除草剂等四个类型。这类化合物的残留物通常存在于地表水体中，除草剂及其中间产物是污染土壤、地下水以及周围环境的主要污染物。

2. 多环芳烃类

多环芳烃（Polycyclic Aromatic Hydrocarbons，PAHs）是指两个以上的苯环连

在一起的化合物。20世纪初，沥青中存在的致癌物质被鉴定为多环芳烃后，PAHs开始为世人所知。多环芳烃类化合物除含有很多致癌和致突变的成分外，还含有多种促进致癌的物质。USEPA将萘、二氢苊、苊、芴、菲、蒽、荧蒽、芘、苯并[a]蒽、苯并[b]荧蒽、䓛、苯并[k]荧蒽、苯并[a]芘、二苯并[a, h]蒽、茚并[1, 2, 3-c, d]芘、苯并[g, h, i]芘16种PAHs列为优先控制污染物。

资源2.9

PAHs的来源可分天然源和人为源。天然源包括火山爆发、森林植被和灌木燃烧等。人为源为其主要来源，包括石油、煤炭、天然气等化石燃料在不完全燃烧以及还原气氛下高温分解产生，其中煤燃烧时生成的量最高，石油次之，天然气最少。交通工具尾气排放、吸烟（尤其在室内）等过程也会产生PAHs。在适当的环境和充分的时间及100~150℃的低温下，有机物的裂解也能产生PAHs，如餐饮业烹调食物过程中，若燃烧条件差、排气不充分，就会产生非常严重的环境污染。

多环芳烃在水中溶解度很小，辛醇-水分配系数高，是地表水中的滞留性污染物，主要累积在沉积物、生物体内和溶解性有机质中。已有证据表明，多环芳烃化合物可以发生光解反应，其最终归趋可能是吸附到沉积物中，然后进行缓慢的生物降解。多环芳烃的挥发过程与水解过程均不是重要的迁移转化过程，显然，沉积物是多环芳烃的蓄积库，在地表水体中其浓度通常较低。

3. 多氯联苯

资源2.10

多氯联苯（Polychlorinated Biphenyls，PCBs）是一类由两个以共价键相连的苯环，氯原子在联苯的不同位置取代1~10个氢原子，其化学稳定性随氯原子数的增加而提高。PCBs共有209种系列物，其中有12种毒性较大，都有4个或更多的氯取代，且不具有邻位取代或仅有一个邻位取代，因此两个苯环可以在同一平面旋转，故这些PCBs又被称为共平面PCBs；因其与二噁英有类似的空间结构和相对其他同类物有较高的毒性，又称为二噁英类多氯联苯，并被列入《斯德哥尔摩公约》加以控制。PCBs有良好的热稳定性、低挥发性、低水溶性、较高的辛醇-水分配系数和生物富集因子、高度的化学惰性和高介电常数，能耐强酸、强碱及腐蚀性，因而被广泛用于变压器和电容器内的绝缘介质以及热导系统和水力系统的隔热介质。另外，PCBs还可以在油墨、农药、润滑油等生产过程中作为添加剂和塑料的增塑剂。

多氯联苯极难溶于水，不易分解，但易溶于有机溶剂和脂肪，具有高的辛醇-水分配系数，能强烈地分配到沉积物有机质和生物脂肪中，因此，即使水中浓度很低时，PCBs在水生生物体内的浓度仍然很高，沉积物中也可很多。因此，监测PCBs的最优对象为底泥段生物群。

尽管现在各国已停止生产PCBs，但由于其在环境中不易降解，进入生物体内也相当稳定，故一旦通过食物链富集而侵入肌体就不易排泄，而易聚集在脂肪组织、肝和脑中，引起皮肤和肝脏损害。随着生物地球化学循环，PCBs已成为全球性的污染物，是重要的内分泌干扰物。表2-3列出国内外部分地区沉积物中PCBs的污染水平。由于PCBs在环境中的持久性及对人体健康的危害，1973年以后，各国陆续开始减少或停止其生产。

2.2 天然水中的主要污染物

表2-3　　国内外部分地区沉积物中PCBs的污染水平（戴树桂，2005）

表层沉积物来源	监 测 时 间	∑PCBs/(ng/g，干重)
澳大利亚	20世纪70—80年代	ND～1300
印度东部沿海河口	1996年	ND～1.4
Oder河口	1994—1996年	<0.13～9.55
科威特	1998年	0.05～24.5
沙特阿拉伯		<0.008～0.19
卡特尔		0.02
阿联酋		0.013～0.13
阿曼	2000年	0.004～0.139
第二松花江	1982年	25.4～3373
浙江受污染河流	1994年	691
珠江广州段	1999年	12.88～65.31
淮河信阳段和淮南段		6.34～8.24
大连湾		0.040～3.230（2.141）
大连湾	1999年	0.85～27.37
闽江口	1999年11月	15.14～57.93
北京通惠河	2002年	1.58～344.9

注　ND为未检出。

4. 溴代类阻燃剂

溴代类阻燃剂（Brominated Flame Retardants，BFRs）具有良好的阻燃效果，被广泛应用在纺织、家具、塑料制品、电路板和建筑材料中，其中应用最广泛的BFRs有：多溴联苯醚（Polybrominated Diphenyl Ethers，PBDEs）、四溴双酚A（Tetrabromobisphenol A，TBBPA）、多溴联苯（Polybrominated Biphenyls，PBBs）、六溴代环十二烷（Hexabromocyclododecane，HBCD）等。

资源2.11

PBDEs是一组溴代的芳香烃化合物，从一溴代到十溴代总共有209单体。PBDEs中四溴、五溴、六溴、七溴联苯醚和PBBs中的六溴联苯，于2009年5月被列为持久性有机污染物。一般认为，PBDEs和PCBs在结构上很相似，其毒性也会具有相似性。研究表明，PBDEs会扰乱甲状腺素的作用。低取代的PBDEs（如四溴和六溴）具有较高的致癌性和内分泌干扰性，原药及其代谢产物（特别是羟基化产物）与甲状腺激素（T3，T4）结构相似，可作用于下丘脑—脑垂体—甲状腺轴途径，与甲状腺激素竞争结合甲状腺转运蛋白（TTR）或甲状腺激素受体（THR），影响甲状腺激素的正常代谢和生理功能从而影响生物体的生长发育。而高取代的PBDEs毒性较小。

水中溶解态PBDEs浓度较低，一般在pg/L的数量级。水生生物可以通过水体、沉积物和食物中摄取PBDEs进行富集浓缩。据报道，从1980—2000年，北美洲五大湖鱼体内的∑PBDEs浓度呈指数增长，每3～4年翻一番（Zhu等，2004）。沉积物中的浓度也具有增加的趋势。对珠江三角洲和南海北部海域表层沉积物中 PBDEs 的研究表明，东江和珠江是 PBDEs 的高污染区，含量为 12.7～7361ng/g，其中 BDE 209 平均含量为 1199ng/g，是目前世界上已报道沉积物中含量最高的区域之一（陈社军等，2005）。表 2-4 分别列出不同地区表层沉积物中 PBDEs 浓度的分布。

表 2-4　不同地区表层沉积物中 PBDEs 浓度的分布（王晓蓉等，2013）

单位：ng/g 干重

研究地点		BDE 209	PBDEs 范围	参考文献
美洲	安大略湖	50.2～55.4	58.3～63.6[②]	Song 等，2005
	伊利湖	86.7～242.0	23.0～28.3[②]	Song 等，2005
	圣弗朗西斯科湾	0.02～19.3	0.04～3.84[①]	Oram 等，2008
欧洲	西班牙	2.1～132	0.4～34.1[②]	Eljarrat 等，2005
	瑞典	68～7100	8～50[②]	Sellsrsom 等，2001
亚洲	新加坡		3.4～13.8	Wurl 等，2005
	中国珠江三角洲	0.41～7341	0.04～94.7[②]	Mai 等，2005a
	中国环渤海	0.3～2777	0.074～5.24[②]	林忠盛等，2008
	中国莱州湾	ND～1800	1.3～1800	Jin 等，2008
	中国青岛		0.12～5.5	Yang 等，2003
	中国香港	ND～2.92	1.7～52.1	Liu 等，2005
	中国太湖梅梁湾		0.048～0.460	林海涛，2007
	中国江苏近海	0.212～3.85	0.259～3.99	王晓蓉等，2013

注　ND 为未列出。
① BDE47 的含量；
② 不包括 BDE 209 的含量。

沉积物中 BDE 209 是最主要的 PBDEs 单体，这与全球 PBDEs 阻燃剂市场以十溴联苯醚阻燃剂为主有关，占到 80% 以上。另一个原因可能是由于 BDE 209 的高辛醇-水分配系数（$\lg K_{ow}=10$），使得其易于吸附于颗粒物，在一定的条件下沉积下来，不利于长距离迁移和进入其他环境介质。

水体中 PBDEs 在光照下可能发生直接光解，并在其转化代谢过程中也可能起到很重要的作用，十溴联苯醚可以看作是低溴化合物的释放源。进入生物体的多溴联苯醚可以发生一些生物转化，如脱溴、羟基化和甲氧基化等，从而生成新的代谢产物。研究发现野生动物体内 MeO-PBDEs 的含量要高于 PBDEs（大约是 10 倍），而人类摄入的 MeO-PBDEs 是 PBDEs 的 3 倍，所以 OH-PBDEs 的潜在毒性效应值得研究。已有研究表明，PBDEs 经过羟基化生成 OH-PBDEs，之后甲基化生成 MeO-PBDEs，并发现 MeO-PBDEs 可以脱甲基代谢生成 OH-PBDEs，这也是 OH-PBDEs 的一个重要来源（Yu 等，2009）。

5. 全氟化合物（Perflucrinated Compounds，PFCs）

氟化合物是一种新型含氟持久性有机污染物，主要包括全氟辛酸（PFOA）、全氟辛烷磺酸（PFOS）、全氟十烷酸（PFDA）、全氟十二烷酸（PFDO）等不同碳链长度的有机物,由于含有高能量的C—F共价键,因而具有优良的热稳定性、化学稳定性、高表面活性及疏水疏油性能,被大量应用于聚合物添加剂、表面活性剂、电子工业、电镀等多种工业生产和不粘锅、化妆品、日用洗涤剂等民用产品中。全氟辛酸(PFOA)和全氟辛烷磺酸(PFOS)是目前最受关注的两种典型全氟化合物。研究表明,PFCs可在工业和消费品的生产、运输、使用和处理处置等过程中释放进入环境,并在不同的环境介质远距离传输(Liu等,2016、2017)。目前已在世界各地甚至北极等边远地区和野生动物中,都能检测到这些污染物的存在。更为令人担忧的是,在地下水中也相继检出PFCs(Bao等,2011;Liu等,2016;Yao等,2014;Zhu等,2017)。表2-5列出全球部分地区不同水体PFOA和PFOS的浓度。从表2-5可看出,水环境中PFOA的污染水平高于PFOS,可能与近几年PFOS生产大幅度降低以及PFOS溶解度小于PFOA有关。研究表明,来自生产氟聚物工厂的大气排放以及母体物质$C_8F_{17}CH_2CH_2OH$(8∶2 FTOH)在大气中远距离迁移转化可能是造成PFOA、PFOS全球污染的另一个重要原因。

表2-5 全球部分地区不同水体中 **PFOA** 和 **PFOS** 浓度(祝凌燕等,2008) 单位:ng/L

水体	地区	PFOA	PFOS
河流或湖泊	莱茵河	<2~9	<2~6
	日本境内不同河流	0.1~456.41(3.92)	0.24~37.32(1.99)
	Amituk湖	1.9~8.4(4.1)	0.9~1.54(1.2)
	Char湖	1.8~3.4(2.6)	1.1~2.3(1.8)
	Resolute湖	5.6~10	23~69
	美国密歇根州和纽约州水体	<8~35.86	0.8~29.26
	中国吉林、辽宁、山东部分水体		0.41~4.2,受污染区可高达44.6
饮用水	鲁尔地区	最高值达519	最高值达22
	中国上海、北京、大连、沈阳等城市		0.40~1.53
海域	中国香港沿海	0.73~5.5	0.09~3.1
	韩国沿海	0.24~320	0.04~730
	中国南海	0.24~16	0.023~12
	东京湾	1.8~192	0.338~58
	苏禄海深海(1000~3000m)	<0.076~0.117	<0.017~0.024
	苏禄海表层水	<0.088~0.510	<0.017~0.109
	西太平洋	0.100~0.439	0.0086~0.073
	太平洋中部至东部表层水	0.015~0.142	0.0011~0.078
	太平洋中部至东部深海(4000~4400m)	0.045~0.056	0.0032~0.0034

有关资料表明,FPCs对动物和水生生物具有广泛的毒性。近来的研究还发现,低剂量的PFOA就能引起肝脏、生殖、发育、遗传和免疫等的毒性。美国国家环保局科学顾问委员会已将PFOA描述为可能的或疑似的致癌物,被视为是继有机氯农药、二噁英之后的一种新型持久性有机污染物,甚至被视为是"21世纪的PCBs"。

2009年5月联合国环境规划署（UNEP）正式将PFOS及其盐类列为新型持久性有机污染物（POPs），同意减少并最终禁止使用该类物质。目前，有关这类物质的来源、接触途径、在环境中的迁移转化规律以及在生物体内的积累、潜在危害及致毒机理均不清楚，必须在今后给予高度关注。

6. 卤代脂肪烃

资源2.12

大多数卤代脂肪烃在地表水中主要迁移过程是挥发至大气，并进行光解。水中卤代脂肪烃如氯甲烷、二氯甲烷、氯仿、四氯化碳、氯乙烷、1,1-二氯乙烷、1,1,1-三氯乙烷、1,1-二氯乙烯、顺式-二氯乙烯、反式-二氯乙烯、三氯乙烯、四氯乙烯、3-氯丙烯、2-氯丙烯、2,3二氯丙烯等在0.5h内就有一半从水中挥发。对于这些高挥发性化合物，在地表水中能进行生物或化学降解，但与挥发速率相比，降解速率是很慢的。这类化合物溶解度高，因而辛醇-水分配系数低，在沉积物有机质或生物脂肪层中分配的趋势较弱，大多通过测定其在水中的含量来确定分配系数。此外，六氯环戊二烯和六氯丁二烯，在沉积物中是长效剂，能被生物积累，而二氯溴甲烷、氯二溴甲烷和三溴甲烷等化合物在水环境中终归宿目前还不清楚，对于这类化合物好的办法是从水和沉积物开始监测。

这些化合物沸点较低，易挥发，微溶于水，易溶于醇、苯、醚及石油醚等有机溶剂。各种卤代烃均有特殊气味并具有毒性，可通过皮肤接触、呼吸或饮水进入人体。

挥发性卤代烃广泛用于化工、医药及实验室，其废水排入环境，污染水体。饮用水氯化消毒过程亦产生三卤甲烷，地下水氯化比地表水氯化生成三卤甲烷的量低些。

7. 醚类

有七种醚类化合物属美国EPA优先污染物。它们在水中的性质及存在性质各不相同。其中五种，即双-（氯甲基）醚、双-（2-氯甲基）醚、双-（2-氯异丙基）醚、2-氯乙基-乙烯基醚及双-（2-氯乙氧基）甲烷大多存在于水中，辛醇-水分配系数很低，因此它的潜在生物积累和在底泥上的吸附能力都低。4-氯苯-苯基醚和4-溴苯-苯基醚的辛醇-水分配系数较高，因此有可能在底泥有机质和生物体内累积。

8. 单环芳香族化合物

多数单环芳香族化合物也与卤代脂肪烃一样，在地表水中主要迁移过程是挥发，然后是光解。它们在沉积物有机质或生物脂肪层中的分配趋势较弱。在优先污染物中已发现六种化合物即氯苯、1,2-二氯苯、1,3-二氯苯、1,4-二氯苯、1,2,4-三氯苯和六氯苯，可被生物积累。但总的来说，单环芳香族化合物在地表水中不是持久性污染物，其生物降解和化学降解速率均比挥发速率低（个别除外），因此，对这类化合物吸附和生物富集均不是重要的迁移转化过程。

9. 苯酚类和甲酚类

酚类化合物具有较高的水溶性，低辛醇-水分配系数以及其离子性质，因此，大多数酚并不能在沉积物和生物脂肪中发生富集作用，主要残留在水中。然而苯酚分子氯代程度增高时，则化合物溶解度下降，辛醇-水分配系数就增加，例如五氯苯酚等就易被生物累积。酚类化合物主要是生物降解和光解作用，在自然沉积物中的吸附及生物富集作用通常很小（高氯代酚除外），挥发作用、水解作用和非光解氧化作用通常也不是重要的迁移转化过程。

10. 酞酸酯类

酞酸酯类化合物（Phthalicacid Esters，PAEs）为我国常用的增塑剂，如邻苯二甲酸二丁酯（DBP）和邻苯二甲酸二异辛酯（DEHP）。它们是塑料制品生产中必不可少的添加剂。在涂料、润滑剂、药品、胶水、化妆品、化肥、农药等工农业产品中也广泛存在。所添加的PAEs化合物并没有与产品分子形成化学结合，因此在产品的生产、使用、废弃和后处理等过程中都能释放到环境中，大量使用含有PAEs的产品是导致PAEs全球性环境污染的重要原因。

资源 2.13

现有研究表明，PAEs具有致癌、致畸和致突变效应，还会导致男性生殖系统损伤和不育。为此，美国国家环保局已将邻苯二甲酸二甲酯（DMP）、邻苯二甲酸二乙酯（DEP）、邻苯二甲酸正二丁酯（DNBP）、邻苯二甲酸丁基苄基酯（BBP）、邻苯二甲酸二异辛酯（DEHP）和邻苯二甲酸正二辛酯（DNOP）等6种PAEs化合物列为优先控制污染物。我国政府也把DMP、DNBP和DEHP划入优先控制污染物。

PAEs在水中的溶解度小，主要富集在沉积物有机质和生物脂肪体中，因此应加强沉积物和生物群中该污染物的监测。

11. 药物和个人护理品（PPCPs）

药物和个人护理品（Pharmaceuticals and Personal Care Products，PPCPs）是一类包含处方和非处方类医药品、清洁剂、防晒剂、香料、防腐剂、阻燃剂和增塑剂等日常使用和排泄的化学用品在内的污染物总称。PPCPs通过各种途径源源不断地进入环境，由于其能在生物体中累积且能引起内分泌紊乱，日益威胁生态安全和人体健康，已成为国际上继持久性有机污染物之后的另一个研究热点。PPCPs类物质中抗生素药物（主要包括四环素类、酰胺类、大环内酯类以及磺胺类等）是最受关注的几大类物质之一。环境中的抗生素主要来源于医用药物和农用兽药的大量使用，导致环境污染日趋严重，全球许多地区的土壤、地表水甚至地下水中都检测到抗生素药物污染和抗性基因，种类较多，浓度也呈升高趋势（Kempe，2008；Ma等，2015；Sarmah等，2006；Tang等，2015；Wei等，2013；Wu等，2010；Yao等，2015）。抗生素可改变环境中微生物种类，破坏生态系统的平衡（Costanzo等，2005）；环境中抗生素残留的持续存在，将诱导出抗药菌株，通过食物等途径进入人体，产生对人类健康的危害（Heberer等，2002）；废水中残留的抗生素能杀灭废水生物处理过程中的功能微生物，从而降低废水处理效率。美国国家环保局（USEPA）和《欧盟水框架导则》已将一部分PPCPs列入未来优先监测和控制污染物的候选名单（Pietrogrande等，2007）。

抗生素一旦进入环境会分布到土壤、水和空气中，一般会经过吸附、水解、光解和微生物降解等一系列迁移转化过程，这些过程直接影响抗生素对环境的生态毒性。研究发现，抗生素在水环境可被光解、水解和生物降解，有些降解产物的生态毒性可能更大，而且有些产物在一定环境条件下能够再合成变回它们的母体化合物。由于抗生素在水体中的环境行为十分复杂，其在水体中的含量、分布特征、不同介质间的传输过程、迁移转化规律尚不清楚，主要降解产物以及抗生素与降解产物间的相互转化和作用了解甚少,因此,弄清水环境抗生素污染的分布特征,阐明其迁移转化规律,为生态风险评估提供科学依据就显得更为重要。

水产养殖和畜牧业抗生素长期滥用的直接后果,很可能诱导动物体内抗生素抗性基因(Antibiotic Resistance Genes,ARGs),其排泄后将对养殖区域及其周边环境造成潜在基因污染。环境中 ARGs 主要来源于长期使用抗生素的病人排泄物和畜牧水产养殖业中的动物粪便污染,它们可通过水流、雨水冲刷和地表径流等多种途径进行传播和扩散,对公共健康和食品、饮用水安全构成威胁,由于基因污染物可以通过物种间遗传物质的交换无限制地传播,具有遗传性且很难控制和消除,一旦形成将对人类健康和生态系统安全造成长期、不可逆的危害,目前已被定义为环境中一类新型污染物。世界卫生组织(WHO)将抗生素抗性基因列为 21 世纪威胁人类健康最重大的挑战,并宣布在全球范围开展抗性基因的污染调查战略部署(罗义等,2008)。已有资料表明,动物体内的抗性菌株能随粪便扩散进入环境,并将抗性基因传播给环境微生物(Chee-Sanford 等,2001),抗生素对环境微生物耐药性的选择和诱导可能是其环境效应最重要的部分,抗性基因作为一种新型环境污染物对生态环境的危害成为当前关注的热点。

12. 油类

目前,石油仍然是广泛使用的能源之一,世界上每天开采的石油中有近 1/5 是通过海上运输的,且海洋石油运输量的 1% 作为废油、船底废水、压舱污水、泥浆等抛弃到海中,总量可达数百万吨。此外,包括海上运输事故,每年流入海洋的废油可达数千万吨。加上沿海地区炼油厂的排放,各种车辆排放的废油等,最终也将大量的油类带入海中。石油类碳氢化合物漂浮于水面,并能在水层表面结成一层薄膜,隔绝空气,影响空气与水体界面氧的交换,使水质恶化。图 2-1 指出了石油污染水体的几种主要途径。石油污染物主要包括原油和石油制品。

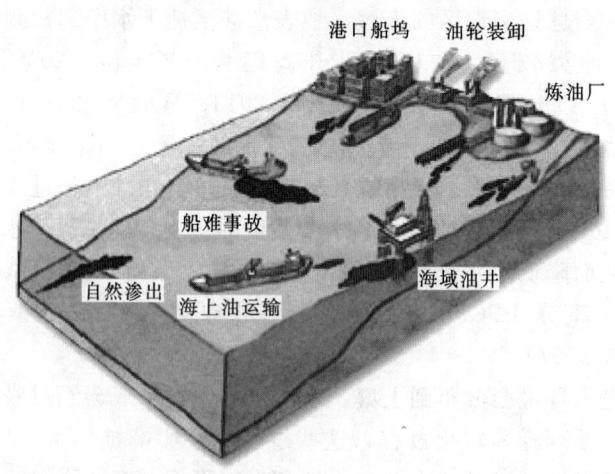

图 2-1 石油污染水体的几种主要途径

(1) 原油。原油为黑褐色黏稠液体,其化学组成及物理性质随其产地的不同而不同,主要成分为烃类,此外还包含有硫、氧、氮等杂原子的有机物以及钒、镍等重金

属。一般将原油进行如下划分:

1) 富石蜡原油。该类原油含有石蜡系烃多,其中所含汽油馏分的辛烷值低,但所含煤油的燃烧性能好,柴油的十六烷值高,重油馏分的含硫量低,可分离出稳定性好的润滑油和石蜡等,如我国的大庆原油。

2) 富环烷烃原油。该类原油含环烷烃多,所得到的汽油馏分的辛烷值高,而煤油馏分的燃烧性能差,柴油的十六烷值低,高沸点馏分中含优质沥青。如美国的加利福尼亚原油。

3) 混合原油。性质介于前两者之间的原油,如伊朗、科威特原油。

(2) 石油制品。石油制品可按其沸点范围、用途做如下分类:

1) 汽油。汽油分为两类:一类为高辛烷值的高级汽油,另一类是普通的常规车用汽油,主要由碳原子数为4~10的烃组成,汽油的辛烷值随链烯烃成分及芳香烃成分的含量增加而增大。

2) 煤油。煤油主要由含10~15个碳原子的烃组成。含硫量一般低于100mg/L,含氮量低于1mg/L。

3) 柴油。柴油主要由含10~20个碳原子的烃组成。作为汽车、机动车等压缩点火式内燃机的燃料,或作为热球式发动机、汽轮机等的燃料。

4) 重油。重油是一种由原油中分子量很大的烃及其衍生物组成的复杂混合物。广泛用于中、低速柴油机,发电用汽轮机,各种加热炉、锅炉、炼钢、窑业等工业燃料。

5) 工业汽油。工业汽油用于洗涤、溶解、稀释、萃取等工序中。

2.2.4 微量金属和类金属污染物

Wood (1974) 将可引起环境问题的元素划分为三类:

(1) "无危险的"元素,有 Fe、Si、Rb、Al、Na、K、Mg、Ca、P、S、F、Cl、Br、Li 和 Sr。

(2) "极毒且较易侵入的"元素,包括 Be、Co、Ni、Cu、Zn、Sn、As、Se、Te、Pd、Ag、Cd、Pt、Au、Hg、Ti、Pb、Sb 和 Bi。

(3) "有毒但极难溶解的"元素,有 Ti、Hf、Zr、Re、W、Nb、Ta、Ga、La、Ir、Os、Ru、Ba。

微量金属污染物一般不能借助于天然过程从水生生态系统中除掉;其次,大多数金属污染物都富集在矿物和有机物上。在化学上,重金属大多数是具有毒害危险的元素,属于"极毒且较易侵入"的元素。

进入水环境中的重金属污染物有不同的来源,其中几种主要来源包括:①地质风化作用;②各种工业过程,如采矿、冶炼、金属的表面处理和电镀,油漆和染料制造;③燃料燃烧引起的大气散落;④泄漏、污水排放、丢弃垃圾的金属淋溶;⑤陆地地表径流以及家庭系统中的管道和水槽等。

下面介绍一些水环境污染研究中常见的重金属及其性质和污染来源。

1. 汞(Hg)

汞是稀有的分散元素,它以微量广泛分布在岩石、土壤、大气、水和生物之中,并构成地球化学循环。汞是室温下唯一的液体金属,有流动性,易蒸发,蒸发量随温度升高而增高。金属汞几乎不溶于水，20℃时的溶解度大约为20mg/L。

汞及其化合物属于剧毒物质，可在体内蓄积。进入水体的无机汞离子可转变为毒性更大的有机汞，经食物链进入人体，引起全身中毒。天然水中含汞极少，一般不超过 $0.1\mu g/L$。氯碱工业、仪表厂、采矿与冶炼、造纸厂、催化剂、温度计及军工等工业废水中可能存在汞。汞是我国实施排放总量控制的指标之一。

2. 铅（Pb）

在地壳中铅是含量最多的重金属元素，在自然界的分布甚广。铅在自然界中多以硫化物和氧化物存在，仅少数为金属状态，并常与锌、铜等元素共存。

铅是可在人体和动物组织中蓄积的有毒金属，主要毒性效应是贫血、神经机能失调和肾损伤。天然水体中铅的主要污染源为蓄电池、冶炼、五金、机械、涂料和电镀工业等排放的废水。铅是我国实施排放总量控制的指标之一。

3. 铬（Cr）

元素铬是一种银白色、质脆而坚硬的金属，常温下稳定，在空气中不易被氧化，广泛存在于自然环境中。铬的化合物常见价态有三价和六价。在水体中，Cr(Ⅵ) 一般以 CrO_4^{2-}、$Cr_2O_7^{2-}$、$HCrO_4^-$ 三种阴离子形式存在，受水中 pH 值、有机物、氧化还原物质、温度及硬度等条件的影响，Cr(Ⅲ) 和 Cr(Ⅵ) 可以相互转化。

铬是生物体所必需的微量元素之一。铬的毒性与其价态有关，通常 Cr(Ⅵ) 的毒性比 Cr(Ⅲ) 高 100 倍，Cr(Ⅵ) 更易为人体吸收和蓄积，导致肝癌。因此我国已把 Cr(Ⅵ) 规定为实施总量控制的指标之一。但即使是 Cr(Ⅵ)，不同化合物的毒性也不相同。当水中 Cr(Ⅵ) 浓度为 1mg/L 时，水呈淡黄色并有涩味；Cr(Ⅲ) 浓度为 1mg/L 时，水的浊度明显增加，Cr(Ⅲ) 对鱼的毒性比 Cr(Ⅵ) 大。

铬的污染来源主要是含铬矿石的加工、金属表面处理、皮革鞣制、印染等行业。

4. 镉（Cd）

镉是一种稀有的分散元素。由于镉与锌的化学性质非常相似，所以镉矿物与锌矿和多金属矿共生，以硫化镉、碳酸镉和氧化镉形式存在。锌矿、方镉矿、块硫锑矿中均含有镉，含量多在 0.1%～0.5% 之间变化。元素镉稍经加热即挥发，镉蒸气易被氧化成为氧化镉，是镉在空气中存在的主要形式，氧化镉在水中不易溶解。镉的所有化学形态对人和动物都是有毒的。镉可作为塑料的稳定剂、油漆着色剂以及用于电镀和镉电池中。由于优良的抗腐蚀性和抗摩擦性能，镉是生产不锈钢、易熔合金、轴承合金的重要原料，在半导体、荧光体、原子反应堆、航空、航海等方面均有广泛用途。因此，水体中镉的污染源主要为电镀、采矿、冶炼、染料、电池和化学工业等排放的废水。

镉不是人体的必需元素，毒性很大，可在人体内蓄积，主要蓄积在肾脏，引起泌尿系统的功能变化。镉是我国实施排放污染总量控制的指标之一。

5. 铜（Cu）

地壳中铜的平均含量为 70mg/kg，自然界中，铜主要以硫化矿物和氧化矿物形式存在，且广泛分布。铜是人体必需的微量元素。水中铜达 0.01mg/L 时，对水体自净有明显的抑制作用。铜对水生生物具有毒性，毒性大小与其在水体中的形态有关，游离铜离子的毒性比配合态铜要大得多。世界范围内，淡水平均含铜 $3\mu g/L$，海水平均含铜 $0.25\mu g/L$。

铜的主要污染源有电镀、冶炼、五金、石油化工和化学工业等企业排放的废水以及施用含铜农药的农业和生活废水。

6. 锌（Zn）

在地壳中，锌的平均含量为 $70mg/kg$，主要以硫化锌和氧化锌的形式存在于各类岩石中。水体中的锌污染主要来自各种工业废水，如冶金、电镀、颜料、粘胶纤维生产、管道工程及一些化工部门等。

锌是人体必不可少的有益元素。碱性水中锌的浓度超过 $5mg/L$ 时，水有苦涩味，并出现乳白色。水中含锌 $1mg/L$ 时，对水体的生物氧化过程有轻微的抑制作用。

7. 砷（As）

元素砷不溶于水、醇或酸类，毒性较弱，在自然界中少见，自然界中砷多伴生于铜、铅、锌等的硫化矿物。砷在地壳中的平均含量为 $2\sim 5mg/kg$。

砷是人体非必需元素，元素砷的毒性较低而砷的化合物均有剧毒，三价砷化合物比五价砷化合物毒性强，有机砷则对人体及生物有剧毒。砷通过呼吸道、消化道和骨骼、肌肉等部位，特别是在毛发、指甲中蓄积，从而引起慢性中毒，潜伏期可长达几年甚至几十年。砷还能引起皮肤癌。砷是我国实施排放总量控制的指标之一，主要来源于采矿、冶金、化工、炼油、制革等部门的工业废水。

8. 锡（Sn）

锡的氧化物广泛存在于自然界（例如锡石、SnO_2）并以其有机化合物的形式存在于泥炭和煤中。环境中锡的主要来源是含锡矿石的开采、冶炼、利用。由于有机锡化合物的广泛用途及生产，也成为环境中锡的重要污染物。如：作为聚氯乙烯塑料的对热和光稳定的添加剂；作为各种类型的杀虫剂，包括消毒剂、病虫害防治的化学制品以及用于海船船底的防污涂料；作为抗真菌剂和抗细菌剂使用；作为抗寄生虫药。

9. 镍（Ni）

地壳中含镍量为 $80mg/kg$，比锌、锡、钴和铅多，与含铜量相近，是一种含量比较丰富的微量元素。镍在地壳中分布分散。镍属于亲铁元素，与硫的亲和性很强，主要以硫化镍矿和氧化镍矿存在，也在砷酸盐和硅酸盐中存在。

镍盐易引起过敏性皮炎。某些报道认为镍具有致癌性，对水生生物有明显毒害作用。清洁地表水中镍的浓度很低，在 $1\mu g/L$ 左右。镍的主要工业污染来源是采矿、冶炼、镀镍等工业排放的废水和废渣。

10. 银（Ag）

银是人体必需的微量元素。银或银盐被摄入后，会在人的皮肤、眼睛及黏膜沉着，使这些部位产生永久性的蓝灰色色变。由于银及其盐类具有很强的杀菌性，痕量也足以抑制细菌的生长，且毒性较汞弱，故一直被看成是一种水消毒剂。如果大量咽下可溶性银盐，由于局部收敛作用，在口腔内有刺激、疼痛感，甚至有呕吐、强烈胃痛、出血性胃炎等症状，最终导致急性死亡。$0.4\sim 1mg/L$ 的银能使老鼠的肾、肝和脾发生病变。

银的主要污染来源是感光材料生产、胶片洗印、印刷制版、冶炼、电镀等行业排放的废水。

11. 硒（Se）

水中硒以无机的六价、四价、负二价及某些有机硒的形式存在，也可能有极微量的元素硒附着在悬浮颗粒物上。一般天然水中主要含有 Se(Ⅵ)（四价硒），含量大多数在 $1\mu g/L$ 以下，个别水体流经含硒量高的地层或受含硒废水污染，硒含量可高达百微克每升。含硒废水主要来源于硒矿山开采、冶炼、炼油、精炼铜、制造硫酸及特种玻璃等行业。废水中常含有各种价态硒，含量为几十至数百微克每升。日本的水环境质量标准规定小于 $0.01mg/L$。

微量硒是生物体必需的营养元素，但其有用性和致毒性之间界限很窄，过量的硒能引起中毒，使人脱发、脱指甲、四肢发麻甚至偏瘫等。

12. 锑（Sb）

锑是一种银白色金属。在自然界中主要以 Sb^{3+}、Sb^{5+}、Sb^{3-} 形式存在，负三价锑的氢化物毒性剧烈，在自然界中不稳定，易氧化分解为金属和水。而 Sb^{3+} 和 Sb^{5+} 在弱酸至中性介质中易水解沉淀，所以天然水中锑的浓度极低，约为 $0.2\mu g/L$。水中锑的污染主要来自选矿、冶金、电镀、制药、皮革等行业排放的废水。

13. 钴（Co）

钴是人体和植物所必需的微量元素之一，在人体内钴主要通过形成维生素 B_{12} 发挥生物学作用及生理功能。此外钴对铁的代谢、血红蛋白合成、细胞发育及酶的功能等均有重要生理作用。天然水中钴含量很低，为 $0.02\sim 1\mu g/L$，对人、动物不会产生毒害作用。

有色金属冶炼厂和加工厂等企业的废水中常含高浓度的钴。灌溉用水中钴的浓度为 $0.1\sim 0.27mg/L$ 时，对西红柿等植物产生毒害作用，硫酸钴浓度为 $2mg/L$ 时可使农作物生长减缓，甚至枯萎。钴对人体毒害的报道不多。水中含钴超过一定量会对水的色、嗅、味等产生影响，并有中毒和致癌作用，含钴 $7\sim 15mg/L$ 的水将导致鱼类死亡。

14. 铍（Be）

铍及其化合物毒性极强，即使是极少量也会由于局部刺激而伤害皮肤、黏膜，使结膜、角膜发生炎症，引起肺气肿、肺炎等。因为铍的毒性极大而持续作用又强，即使是痕量也可使人中毒，吸入较高量铍会中毒致死。

铍及化合物可用于制造特种钢材，用于核动力工程、火箭和飞机的制造。铍合金也广泛用于电子工业和仪表零件的生产。因此，铍的工业污染主要来自冶炼、采矿以及特种材料、无线电器材和仪表零件的生产废水。天然水中含铍极低。

15. 铋（Bi）

铋是环境中的稀有分散元素，在地壳中的丰度约为 $0.2mg/L$，海水和天然水中的浓度是 $0.02\mu g/L$ 左右，一般对水生生物和人体不会产生影响。

铋是人体非必需的有毒元素，主要积累在哺乳动物的肾脏，造成病变。白鼠试验表明 1.5mg/d 有中毒症状，160mg/d 中毒致死，用含铋 27mg/L 的废水浇灌作物，会使作物中毒枯死。有色金属的矿山开采及金属冶炼废水中常有高浓度的铋排放，造成环境污染。在矿物中铋常以 Bi_2O_3 和 Bi_2S_3 的形态存在，其性能稳定，不易释放到水环境中。一般海水铋含量仅为 $0.02\mu g/L$，地表水含量与海水相近，有色金属冶炼废水中铋可高达几十倍。

2.2.5 有机金属化合物

有机金属化合物是一类为数众多的化合物。该类化合物所共有的结构特征是分子中含有金属—碳（M—C）键，即金属离子直接与有机基团中的一个或多个碳原子相连接。除了典型的金属元素以外，习惯上也将周期表上某些性质介于非金属与金属之间的元素如砷、硒等与碳键结合的化合物也归入到有机金属化合物类中。有机金属化合物因其独特的结构而具有不同于无机金属和有机化合物的特殊性质。在 20 世纪后 50 年里，因有机金属化合物的理论价值和应用价值，针对有机金属化合物研究得到了迅速发展。尤其是从环境中发现金属烷基化过程以来，越来越多的科学家参与研究环境中有机金属化合物的发生、分布、迁移转化途径及其对生物，尤其是水生生物的毒性效应、对人体健康的影响及潜在危险。

1. 有机汞化合物

因多数有机汞化合物具有杀菌作用，且杀菌效力高、广谱，在农业上得到广泛应用。如卤化甲基汞、乙基汞、苯基汞及甲氧乙基汞可作为种子消毒剂。

2. 有机铅化合物

有机铅化合物中用量最大并能引起环境问题的是四烷基铅。自 20 世纪 20 年代初发现四乙基铅可作为汽油防震剂以来，一直沿用至 20 世纪末。四烷基铅还对木材、棉花具有防腐作用，是船舶防附着涂料中的添加剂，在聚氨酯泡沫生产过程中用作催化剂。

3. 有机锡化合物

有机锡化合物的通式为 $RnSnX$（$n<4$），R 为烷基或苯基，X 可以是其他官能团如卤族元素等。有机锡化合物中烷基锡化合物用量最大，主要作为添加剂存在于农药、船体外用漆、PVC 塑料稳定剂等商品中。TBT（三丁基锡）和 TPhT（三苯基锡）对许多水生生物有毒害作用，对贝类的毒性强且可以蓄积在鱼、贝类等生物体中，通过食物链对人类健康产生影响。

4. 有机砷化合物

早期曾采用有机砷化合物作为药物进行人工合成。现在，则多用有机砷化合物中的甲基砷酸钠作为除草剂使用。

2.2.6 放射性污染物

环境中已知存在有 60 种以上的天然放射性核素。根据它们的来源分成两类：陆地源和宇宙源。当地球形成之时，陆地源放射性核素可能已存在于地壳的岩石和矿物之中；此外，外层空间宇宙射线轰击氮、氧、氩等原子，在地球大气中不断产生宇宙源的放射性核素。它们可被降雨和降尘带到地球表面，有些就进入水体，形成水环境中的天然辐射源，如放射性核素 ^{235}铀、^{40}钾、^{229}镭、^{222}氡等，其构成的辐射剂量为天然本底辐射，一般在 1～1000mc 之间，它是判断水环境是否受到放射性污染的基准。人类从诞生起就一直生活在这种天然的辐射之中，并已适应了这种辐射。

与之相应，向天然水体倾倒或者排放放射性固体废弃物或者含有高放射性和中放射性物质的废水，则属于人为的也是主要的辐射源，其结果是使水环境受到实质性的放射性污染，危害人类健康。

随着核工业的发展，核武器频繁实验，核能的放射性同位素的日益广泛应用，使得放射性物质大量排放，并进入水环境。

1. *核工业过程的排放物*

核工业生产过程产生的废水、废渣、废气的排放或逸散是造成水环境放射性污染的一个重要原因。核工业的生产过程包括铀矿的开采和冶炼，核燃料的制备、储存和使用，核废物的回收处理等多个环节。在这个过程中的每一个环节都会排放种类、数量不同的放射性污染物，对水环境造成不同程度的污染。

在铀矿的开采、冶炼、精制与加工过程中，排放的污染物主要有开采过程中产生的含有铀、镭、氡等放射性物质的放射性粉尘废气；在冶炼、精制和加工过程中会产生含镭、钍等多种放射性物质的固体废物和废液及含有放射性物质的化学烟雾废气等。

在核燃料的使用过程中，核反应堆运行中的裂变物质一般被封闭在燃料元件盒内。因此正常运行时，反应堆排放废水中的主要污染物是被中子活化后所生成的放射性物质，排放废气中的主要污染物是裂变产物及中子活化产物。

核燃料经使用后的废燃料，仍含有极高的放射性活度。当被运到核燃料后处理厂，经化学处理后提取铀和钚循环使用。在此过程排出的废气和废水中含有裂变产物，具有一定的放射强度。因此，废燃料的回收和处置过程要特别重视防护工作，以免造成危害。

就整个核工业来说，在放射性废物的处理设施不断完善的情况下，处理设施正常运行时，对环境不会造成严重污染。严重的污染往往都是由事故造成的。1986 年 4 月 26 日，位于苏联乌克兰地区基辅以北 130km 的切尔诺贝利核电站发生了核泄漏事故，成为人类和平利用核能史上的一大灾难。爆炸释放了大约 2.6 亿居里的辐射量，为广岛原子弹爆炸能量的 200 多倍。由于这次事故，核电站周围 30km 范围被划为隔离区，附近的居民被疏散，庄稼被全部掩埋，周围 7km 内的树木逐渐死亡。之后长达半个世纪的时间里，10km 范围以内不能耕作、放牧；10 年内 100km 范围内被禁止生产牛奶。核受害者中最常见的是甲状腺疾病、造血系统障碍疾病、神经系统疾病以及恶性肿瘤等。

2. *核爆炸的沉淀物*

在大气层进行核试验时，爆炸高温体使得放射性核素变为气态物质，随着与空气的不断混合、温度的逐渐降低，这些气态物凝聚成粒或附着在其他尘粒上，形成放射性尘埃（主要为 ^{137}Cs 和 ^{90}Sr）。这些放射性尘埃随着气流扩散，最后沉降到地面，造成对地表、海洋、人及动植物的污染。细小的放射性颗粒甚至可到达平流层并进入大气环流流动，经很长时间（甚至几年）才能回落到对流层，造成全球性污染。

目前，大气层的核试验由于受到世界舆论的反对而已被禁止，但地下核试验，由于"冒顶"等事故，仍可造成以上所述的污染。另外，放射性核素的地下迁移过程也在引起关注。

3. 放射性同位素的应用

随着现代科学技术的发展，放射性同位素在医学、科研、检测等领域的应用越来越广泛，有些生活消费品中也使用了放射性物质，如彩电、夜光表；某些建筑材料（花岗岩、钢渣砖等）的使用也会增加室内辐射强度。对这些含有放射源的设备和材料的使用不当和废弃也会造成放射性污染。根据我国《城市放射性废物管理办法》，城市放射性废物通常可分为六种形式：①各种污染材料（金属、非金属）和劳保用品；②各种污染的工具设备；③零星低放废液的固化物；④试验的动物尸体或植株；⑤废放射源；⑥含放射性核素的有机闪烁液。对这些城市放射性废物的管理、储存和处理都有明确的规定。

2.2.7 水环境优先控制污染物

人们对进入环境中的绝大部分化学物质，特别是有毒有机化学物质在环境中的行为（光解、水解、微生物降解、挥发、生物富集、吸附、淋溶等）及其可能产生的潜在危害迄今尚无所知或知之甚微。然而，一次次严重的有毒化学物质污染事件的发生，使人们的环境意识不断得到提高。由于有毒物质品种繁多，不可能对每一种污染物都制订控制标准，因而在众多污染物中筛选出潜在危险大的作为优先研究和控制的对象，称为优先污染物。

美国是最早开展优先监测的国家，早在20世纪70年代中期，就在《清洁水法》中明确规定了129种优先污染物，其中有114种是有毒有机污染物（表2-6）。

表 2-6　　　　　　　　美国 EPA 重点控制的水环境污染物

类　别	种　类
可吹脱的有机物（31种）	挥发性卤代烃类26种（氯仿、溴仿、氯甲烷、溴甲烷、氯乙烯、三氯乙烯、四氯乙烯、氯苯等），苯系物3种（苯、甲苯、乙苯）及丙烯醛，丙烯腈
酸性、中性介质可萃取的有机物（46种）	二氯苯、三氯苯、六氯苯、硝基苯类、邻苯二甲酸酯类、多环芳烃类（芴、蒽、荧蒽、苯并[a]芘）、联苯胺、N-亚硝基二苯胺
碱性介质可萃取的有机物（11种）	苯酚、硝基苯酚、二硝基苯酚、二氯苯酚、三氯苯酚、五氯苯酚、对氯间甲苯酚
杀虫剂和多氯联苯（26种）	α-硫丹、β-硫丹、α-六六六、β-六六六、γ-六六六、δ-六六六、艾氏剂、狄氏剂、4,4'-滴滴涕、七氯、氯丹、毒杀酚、多氯联苯、2,3,7,8-四氯二苯并对二噁英
金属（13种）	Sb、As、Cd、Cr、Cu、Pb、Hg、Ni、Se、Tl、Zn、Ag、Be
其他（2种）	氰化物、石棉（纤维）

我国已把环境保护作为一项基本国策，有毒化学物质污染防治工作已经列入国家环境保护科技计划，并开展了大量研究工作。为了更好地控制有毒污染物排放，近年来我国也开展了水中优先污染物筛选工作，提出初筛名单249种，通过多次专家研讨，初步提出水体优先控制污染物黑名单68种（表2-7），为我国优先污染物控制和

监测提供依据。

表 2-7 我国水中优先控制污染物黑名单（周文敏等，1990）

1	挥发性卤代烃类	二氯甲烷、三氯甲烷、四氯化碳、1，2-二氯乙烷、1，1，1-三氯乙烷、1，1，2-三氯乙烷、1，1，2，2-四氯乙烷、三氯乙烯、四氯乙烯、三溴甲烷（溴仿），计10个
2	苯系物	苯、甲苯、乙苯、邻二甲苯、间二甲苯、对二甲苯，计6个
3	氯代苯类	氯苯、邻二氯苯、对二氯苯、六氯苯，计4个
4	多氯联苯	1个
5	酚类	苯酚、间甲酚、2,4-二氯酚、2,4,6-三氯酚、五氯酚、对-硝基酚，计6个
6	硝基苯类	硝基苯、对硝基甲苯、2,4-二硝基甲苯、三硝基甲苯、对硝基氯苯、2,4-二硝基氯苯，计6个
7	苯胺类	苯胺、二硝基苯胺、对硝基苯胺、2,6-二氯硝基苯胺，计4个
8	多环芳烃类	萘、荧蒽、苯并[b]荧蒽、苯并[k]荧蒽、苯并[a]芘、茚并[1,2,3-c,d]芘、苯并[ghi]芘，计7个
9	酞酸酯类	酞酸二甲酯、酞酸二丁酯、酞酸二辛酯，计3个
10	农药	六六六、滴滴涕、敌敌畏、乐果、对硫磷、甲基对硫磷、除草醚、敌百虫，计8个
11	丙烯腈	1个
12	亚硝胺类	N-亚硝基二乙胺、N-亚硝基二正丙胺，计2个
13	氰化物	1个
14	重金属及其化合物	砷及其化合物、铍及其化合物、镉及其化合物、铬及其化合物、汞及其化合物、镍及其化合物、铊及其化合物、铜及其化合物、铅及其化合物，计9个

这些水中优先控制污染物的共同特点是：①具有毒性，与人体健康密切相关；②在环境中有长效性，对环境和人体健康的危害具有不可逆性；③有机氯化合物居多，且难以生物降解；④在水中含量低，一般为 $\mu g/L$ 数量级，甚至是 ng/L。

2.3 天然水的水质标准

2.3.1 水质指标

各种天然水系是工农业和生活用水的水源，还能借以发电和航运等。作为一种资源来说，水质、水量和水能是度量水资源可利用价值的三个重要指标，而与水环境污染密切相关的则是水质指标。天然水体一般兼作汲取用水的水源和受纳废水的对象，由于水源地经常受到污染，而废水排放前一般都需经过处理，所以用水和排水两者在水质方面有接近的趋势，存在着一些共同的水质指标。

所谓水质指标，指的是水样中除水分子外所含杂质的种类和数量（或浓度）。显然，天然水在环境中迁移或加工、使用过程中都会发生水质变化。从应用角度看问题，水质只具有相对意义。例如经二重蒸馏处理后所得纯水只是在精密化学实验室中才称得上是优质水。相反，对饮用水则要求其中含有一定数量的杂质（含相当数量溶解态二氧化碳，适量钙、镁和微量铁、锰及某些有机物质等）。天然水（也兼及各种用水、废水）的水质指标，可分为物理、化学、生物、放射性四类。有些指标可直接用某一种杂质的浓度来表示其含量；有些指标则是利用某一类杂质的共同特性来间接反映其含量，如有机物质可用需氧量（化学需氧量、生物化学需氧量、总需氧量）作为综合指标（也被称之为非专一性指标）。常用的水质指标有数十项，现将有关这些指标的意义列举如下。

1. 物理指标

温度	影响水的其他物理性质和生物、化学过程
臭和味	感官性指标，可借以判断某些杂质或有害成分存在与否
颜色	感官性指标，水中悬浮物、胶体或溶解类物质均可生色
浊度	由水中悬浮物或胶体状颗粒物质引起
透明度	与浊度意义相反，但两者同是反映水中杂质对透过光的阻碍程度
悬浮物	一般表征水体中不溶性杂质的量

2. 化学指标

（1）非专一性指标。

电导率	表示水样中可溶性电解质总量
pH 值	水样酸碱性
硬度	由可溶性钙盐和镁盐组成，引起用水管路中发生沉积和结垢
碱度	一般来源于水样中 OH^-、CO_3^{2-}、HCO_3^- 等离子。关系到水中许多化学过程
无机酸度	源于工业酸性废水或矿井排水，有腐蚀作用

资源 2.16

（2）无机物指标。

铁	在不同条件下可呈 Fe^{2+} 或胶粒 $Fe(OH)_3$ 状态，造成水有铁锈味和混浊，形成水垢、繁生铁细菌
锰	常以 Mn^{2+} 形态存在，其很多化学行为与铁相似
铜	影响水的可饮用性，对金属管道有侵蚀作用
锌	很多化学行为与铜相似
钠	天然水中主要的易溶组分，对水质不发生重要影响
硅	多以 H_4SiO_4 形态普遍存在于天然水中，含量变化幅度大
有毒金属	常见的有镉、汞、铅、铬等，一般来源于工业废水
有毒准金属	常见的有砷、硒等，砷化物有剧毒，硒引起嗅感和味觉
氯化物	影响可饮用性，腐蚀金属表面
氟化物	饮水浓度控制在 1mg/L 可防止龋齿，高浓度时有腐蚀性
硫酸盐	水体缺氧条件下经微生物反硫化作用转化为有毒的 H_2S
硝酸盐氮	通过饮用水过量摄入婴幼儿体内时，可引起变性血红蛋白症
亚硝酸盐氮	是亚铁血红蛋白症的病原体，与仲胺类作用生成致癌的亚硝胺类化合物
氨氮	呈 NH_4^+ 和 NH_3 形态存在，NH_3 形态对鱼有危害，用 Cl_2 处理水

	时可产生有毒的氯胺
磷酸盐	基本上有三种形态：正磷酸盐、聚磷酸盐和有机键合的磷酸盐，是生命必需物质，可引起水体富营养化问题
氰化物	剧毒，进入生物体后破坏高铁细胞色素氧化酶的正常作用，致使组织缺氧窒息

(3) 非专一性有机物指标。

生物化学需氧量（BOD）	水体通过微生物作用发生自然净化的能力标度。废水生物处理效果标度
化学需氧量（COD）	有机污染物浓度指标
高锰酸盐指数	易氧化有机污染物及还原性无机物的浓度指标
总需氧量（TOD）	近于理论耗氧量值
总有机碳（TOC）	近于理论有机碳量值
酚类	多数酚化合物对人体毒性不大，但有臭味（特别是氯化过的水），影响可饮用性
洗涤剂类	仅有轻微毒性，有发泡性石油类影响空气-水界面间氧的交换，被微生物降解时耗氧，使水质恶化

(4) 溶解性气体。

氧气	为大多数高等水生生物呼吸所需，腐蚀金属，水体中缺氧时又会产生有害的 H_2S、CH_4 等
二氧化碳	大多数天然水系中碳酸体系的组成物

3. 生物指标

细菌总数	对饮用水进行卫生学评价时的依据
大肠菌群	水体被粪便污染程度的指标
藻类	水体营养状态指标

4. 放射性指标

总 α、总 β、铀、镭、钍等	生物体受过量辐射时（特别是内照射）可引起各种放射病或烧伤等

2.3.2 水质标准

1. 地表水环境质量标准

我国环境保护部于 2002 年发布了《地表水环境质量标准》（GB 3838—2002），在该标准中，依据使用目的和保护目标将地表水划分为以下 5 类：

Ⅰ类　主要适用于源头水、国家自然保护区

Ⅱ类　主要适用于集中式生活饮用水水源地一级保护区、珍贵鱼类保护区、鱼虾产卵场等

Ⅲ类　主要适用于集中式生活饮用水水源地二级保护区、一般鱼类保护区及游泳区

Ⅳ类　主要适用于一般工业用水区以及人体非直接接触的娱乐用水区

Ⅴ类　主要适用于农业用水区及一般景观要求水域

相应以上 5 类水域的水质要求，提出 30 项水质指标并规定了它们的标准值以及相应的选配分析方法。有关内容见表 2-8 和表 2-9。综合归纳金属类、非金属类和有机化合物类的分析方法大体有以下几种：

(1) 金属类化合物。比色法（或称分光光度法）、原子吸收分光光度法。
(2) 非金属类化合物。比色法、离子选择电极法、滴定法。
(3) 有机化合物。比色法、色谱法。

表 2-8　　　　　　　地表水环境质量标准基本项目标准限值

序号	项　目		分　类				
			Ⅰ类	Ⅱ类	Ⅲ类	Ⅳ类	Ⅴ类
1	水温/℃		人为造成的环境水温变化应限制在：周平均最大温升不大于 1；周平均最大温降不大于 2				
2	pH 值（无量纲）		6～9				
3	溶解氧（DO）/(mg/L)	≥	饱和率90%（或7.5）	6	5	3	2
4	高锰酸盐指数/(mg/L)	≤	2	4	6	10	15
5	化学需氧量（COD）/(mg/L)	≤	15	15	20	30	40
6	五日生化需氧量（BOD_5）/(mg/L)	≤	3	3	4	6	10
7	氨氮（NH_3-N）/(mg/L)	≤	0.15	0.5	1.0	1.5	2.0
8	总磷（以 P 计）/(mg/L)	≤	0.02（湖、库 0.01）	0.1（湖、库 0.025）	0.2（湖、库 0.05）	0.3（湖、库 0.1）	0.4（湖、库 0.2）
9	总氮（湖、库以 N 计）/(mg/L)	≤	0.2	0.5	1.0	1.5	2.0
10	铜/(mg/L)	≤	0.01	1.0	1.0	1.0	1.0
11	锌/(mg/L)	≤	0.05	1.0	1.0	2.0	2.0
12	氟化物（以 F^- 计）/(mg/L)	≤	1.0	1.0	1.0	1.5	1.5
13	硒/(mg/L)	≤	0.01	0.01	0.01	0.02	0.02
14	砷/(mg/L)	≤	0.05	0.05	0.05	0.1	0.1
15	汞/(mg/L)	≤	0.00005	0.00005	0.0001	0.001	0.001
16	锡/(mg/L)	≤	0.001	0.005	0.005	0.005	0.01
17	铬（六价）/(mg/L)	≤	0.01	0.05	0.05	0.05	0.1
18	铅/(mg/L)	≤	0.01	0.01	0.05	0.05	0.1
19	氰化物/(mg/L)	≤	0.005	0.05	0.2	0.2	0.2
20	挥发酚/(mg/L)	≤	0.002	0.002	0.005	0.01	0.1
21	石油类/(mg/L)	≤	0.05	0.05	0.05	0.5	1.0
22	阴离子表面活性剂/(mg/L)	≤	0.2	0.2	0.2	0.3	0.3
23	硫化物/(mg/L)	≤	0.05	0.1	0.2	0.5	1.0
24	粪大肠菌群/(个/L)	≤	200	2000	10000	20000	40000

表 2-9　　　　　　　　地表水环境质量标准基本项目分析方法　　　　　　　单位：mg/L

序号	项目	分析方法	最低检出限	方法来源
1	水温	温度计法		GB 13195—91
2	pH 值	玻璃电极法		GB 6920—86
3	溶解氧	碘量法	0.2	GB 7489—87
		电化学探头法		GB 11913—89
4	高锰酸盐指数	高锰酸盐法	0.5	GB 11892—89
5	化学需氧量	重铬酸盐法	10	GB 11914—89
6	五日生化需氧量	稀释与接种法	2	GB 7488—87
7	氨氮	纳氏试剂比色法	0.05	GB 7479—87
		水杨酸分光光度法	0.01	GB 7481—87
8	总磷	钼酸铵分光光度法	0.01	GB 11893—89
9	总氮	碱性过硫酸钾消解紫外分光光度法	0.05	GB 11894—89
10	铜	2,9-二甲基-1,10-菲啰啉分光光度法	0.06	GB 7473—87
		二乙基二硫代氨基甲酸钠分光光度法	0.010	GB 7474—87
		原子吸收分光光度法（螯合萃取法）	0.001	GB 7475—87
11	锌	原子吸收分光光度法	0.05	GB 7475—87
12	氟化物	氟试剂分光光度法	0.05	GB 7483—87
		离子选择电极法	0.05	GB 7484—87
		离子色谱法	0.02	HJ/T 84—2001
13	硒	2,3-二氨基萘紫荧光法	0.00025	GB 11902—89
		石墨炉原子吸收分光光度法	0.003	GB/T 15505—1995
14	砷	二乙基二硫代氨基甲酸银分光光度法	0.007	GB 7485—87
		冷原子荧光法	0.00006	①
15	汞	冷原子吸收分光光度法	0.00005	GB 7468—87
		冷原子荧光法	0.00005	①
16	镉	原子吸收分光光度法（螯合萃取法）	0.001	GB 74785—87
17	铬（六价）	二苯碳酰二肼分光光度法	0.004	GB 7467—87
18	铅	原子吸收分光光度法（螯合萃取法）	0.01	GB 7475—87
19	氰化物	异烟酸-吡唑啉酮比色法	0.004	GB 7487—87
		吡啶-巴比妥酸比色法	0.002	
20	挥发酚	蒸馏后4-氨基安替比林分光光度法	0.002	GB 7490—87
21	石油类	红外分光光度法	0.01	GB/T 16488—1996
22	阴离子表面活性剂	亚甲蓝分光光度法	0.05	GB 7494—87
23	硫化物	亚甲基蓝分光光度法	0.005	GB/T 16489—1996
		直接显色分光光度法	0.004	GB/T 17133—1997
24	粪大肠菌群	多管发酵法、滤膜法		①

注　暂采用下列分析方法，待国家标准发布后，执行国家标准。
① 水和废水监测分析方法.3版.中国环境科学出版社，1989。

2. 海水质量标准

按照海域的不同使用功能和保护目标，海水水质分为四类（表2-10）：

第一类　适用于海洋渔业水域，海上自然保护区和珍稀濒危海洋生物保护区

第二类　适用于水产养殖区，海水浴场，人体直接接触海水的海上运动或娱乐区，以及与人类食用直接有关的工业用水区

第三类　适用于一般工业用水区，滨海风景旅游区

第四类　适用于海洋港口水域，海洋开发作业区

海水水质标准的具体内容及有关分析方法参见表2-10和表2-11。

表 2-10　　　　　　海 水 水 质 标 准

序号	项 目	第一类	第二类	第三类	第 四 类
1	漂浮物质/(mg/L)	海面不得出现油膜、浮沫和其他漂浮物质			海面无明显油膜、浮沫和其他漂浮物质
2	色、臭、味	海水不得有异色、异臭、异味			海水不得有令人厌恶和感到不快的色、臭、味
3	悬浮物质/(mg/L)	人为增加的量不大于10		人为增加的量不大于100	人为增加的量不大于150
4	大肠菌群/(个/L)	≤10000 供人生食的贝类增养殖水质不大于700			—
5	粪大肠菌群/(个/L)	≤2000 供人生食的贝类增养殖水质不大于140			
6	病原体	供人生食的贝类增养殖水质不得含有病原体			
7	水温/℃	人为造成的海水温升夏季不超过当时当地1℃，其他季节不超过2℃			人为造成的海水温升不超过当时当地4℃
8	pH值	7.8～8.5 同时不超出该海域正常变动范围的0.2pH单位			6.8～8.8 同时不超出该海域正常变动范围的0.5pH单位
9	溶解氧(DO)/(mg/L) ＞	6	5	4	3
10	化学需氧量（COD）/(mg/L) ≤	2	3	4	5
11	五日生化需氧量（BOD_5）/(mg/L) ≤	1	3	4	5
12	无机氮（以N计）/(mg/L) ≤	0.20	0.30	0.40	0.50
13	非离子氨（以N计）/(mg/L) ≤	0.020			
14	活性磷酸盐（以P计）/(mg/L) ≤	0.015	0.030		0.045
15	汞/(mg/L) ≤	0.00005	0.0002		0.0005
16	镉/(mg/L) ≤	0.001	0.005	0.010	

续表

序号	项目	第一类	第二类	第三类	第四类
17	铅/(mg/L) ≤	0.001	0.005	0.010	0.050
18	六价铬/(mg/L) ≤	0.005	0.010	0.020	0.050
19	总铬/(mg/L) ≤	0.05	0.10	0.20	0.50
20	砷/(mg/L) ≤	0.020	0.030	0.050	0.050
21	铜/(mg/L) ≤	0.005	0.010	0.050	0.050
22	锌/(mg/L) ≤	0.020	0.050	0.10	0.50
23	硒/(mg/L) ≤	0.010	0.020	0.020	0.050
24	镍/(mg/L) ≤	0.005	0.010	0.020	0.050
25	氰化物/(mg/L) ≤	0.005	0.005	0.10	0.20
26	硫化物（以 S 计）/(mg/L) ≤	0.02	0.05	0.10	0.25
27	挥发性酚/(mg/L) ≤	0.005	0.005	0.010	0.050
28	石油类/(mg/L) ≤	0.05	0.05	0.30	0.50
29	六六六/(mg/L) ≤	0.001	0.002	0.003	0.005
30	滴滴涕/(mg/L) ≤	0.00005	0.0001	0.0001	0.0001
31	马拉硫磷/(mg/L) ≤	0.0005	0.001	0.001	0.001
32	甲基对硫磷/(mg/L) ≤	0.0005	0.001	0.001	0.001
33	苯并[a]芘/(μg/L) ≤	0.0025	0.0025	0.0025	0.0025
34	阴离子表面活性剂（以 LAS 计）/(mg/L)	0.03	0.03	0.10	0.10
35	放射性核素/(Bq/L) ^{60}Co	0.03			
	^{90}Sr	4			
	^{106}Rn	0.2			
	^{134}Cs	0.6			
	^{137}Cs	0.7			

表 2-11　　海水水质分析方法

序号	项目	分析方法	检出限	引用标准
1	漂浮物质/(mg/L)	目测法		
2	色、臭、味/(mg/L)	比色法 感官法		GB 12763.2—91 HY 003.4—91
3	悬浮物质/(mg/L)	重量法	2	HY 003.4—91
4	大肠菌群/(mg/L)	(1) 发酵法 (2) 滤膜法		HY 003.9—91
5	粪大肠菌群/(mg/L)	(1) 发酵法 (2) 滤膜法		HY 003.9—91

续表

序号	项目	分析方法	检出限	引用标准
6	病原体/(mg/L)	(1) 微孔滤膜吸附法[①] (2) 沉淀病毒浓缩法[①] (3) 透析法[①]		
7	水温/℃	(1) 水温的铅直连续观测 (2) 标准层水温观测		GB 12763.2—91 GB 12763.2—91
8	pH 值	(1) pH 计电测法 (2) pH 比色法		GB 12763.4—91 HY 003.4—91
9	溶解氧 DO/(mg/L)	碘量滴定法	0.042	GB 12763.4—91
10	化学需氧量 COD/(mg/L)	碱性高锰酸钾法	0.15	HY 003.4—91
11	五日生化需氧量 BOD_5/(mg/L)	五日培养法		HY 003.4—91

12	无机氮（以 N 计）/(mg/L)	氨：(1) 靛酚蓝法
		    (2) 次溴酸钠氧化法
		亚硝酸盐：重氮-偶氮法
		硝酸盐：(1) 锌-镉还原法
		      (2) 铜镉柱还原法
			0.7×10^{-3}
			0.4×10^{-3}
			0.3×10^{-3}
			0.7×10^{-3}
			0.6×10^{-3}
				GB 12763.4—91
				GB 12763.4—91
				GB 12763.4—91
				GB 12763.4—91
				GB 12763.4—91

13	非离子氨（以 N 计）/(mg/L)	可进行换算		
14	活性磷酸盐（以 P 计）/(mg/L)	(1) 抗坏血酸还原的磷钼兰法 (2) 磷钼兰萃取分光光度法	0.62×10^{-3} 1.4×10^{-3}	GB 12763.4—91 HY 003.4—91
15	汞/(mg/L)	(1) 冷原子吸收分光光度法 (2) 金捕集冷原子吸收光度法	0.0086×10^{-3} 0.002×10^{-3}	HY 003.4—91 HY 003.4—91
16	镉/(mg/L)	(1) 无火焰原子吸收分光光度法 (2) 火焰原子吸收分光光度法 (3) 阳极溶出伏安法 (4) 双硫腙分光光度法	0.014×10^{-3} 0.34×10^{-3} 0.7×10^{-3} 1.1×10^{-3}	HY 003.4—91 HY 003.4—91 HY 003.4—91 HY 003.4—91
17	铅/(mg/L)	(1) 无火焰原子吸收分光光度法 (2) 阳极溶出伏安法 (3) 双硫腙分光光度法	0.19×10^{-3} 4.0×10^{-3} 2.6×10^{-3}	HY 003.4—91 HY 003.4—91 HY 003.4—91
18	六价铬/(mg/L)	二苯碳酰二肼分光光度法	4.0×10^{-3}	GB 7467—87
19	总铬/(mg/L)	(1) 二苯碳酰二肼分光光度法 (2) 火焰原子吸收分光光度法	1.2×10^{-3} 0.91×10^{-3}	HY 003.4—91 HY 003.4—91
20	砷/(mg/L)	(1) 砷化氢-硝酸银分光光度法 (2) 氢化物发生原子吸收分光光度法 (3) 二乙基二硫代氨基甲酸银分光光度法	1.3×10^{-3} 1.2×10^{-3} 7.0×10^{-3}	HY 003.4—91 HY 003.4—91 GB 7485—87
21	铜/(mg/L)	(1) 无火焰原子吸收分光光度法 (2) 二乙氨基二硫代甲酸钠分光光度法 (3) 阳极溶出伏安法	1.4×10^{-3} 4.9×10^{-3} 3.7×10^{-3}	HY 003.4—91 HY 003.4—91 HY 003.4—91

续表

序号	项目	分析方法	检出限	引用标准
22	锌/(mg/L)	(1) 火焰原子吸收分光度法 (2) 阳极溶出伏安法 (3) 双硫腙分光光度法	16×10^{-3} 6.4×10^{-3} 9.2×10^{-3}	HY 003.4—91
23	硒/(mg/L)	(1) 荧光分光光度法 (2) 二氨基联苯胺分光光度法 (3) 催化极谱法	0.73×10^{-3} 1.5×10^{-3} 0.14×10^{-3}	HY 003.4—91
24	镍/(mg/L)	(1) 丁二酮肟分光光度法 (2) 无火焰原子吸收分光光度法[②] (3) 火焰原子吸收分光光度法	0.25 0.03×10^{-3} 0.05	GB 11910—89 GB 11912—89
25	氰化物/(mg/L)	(1) 异烟酸-吡唑啉酮分光光度法 (2) 吡啶-巴比土酸分光光度法	2.1×10^{-3} 1.0×10^{-3}	HY 003.4—91
26	硫化物（以 S 计）/(mg/L)	(1) 亚甲基蓝分光光度法 (2) 离子选择电极法	1.7×10^{-3} 8.1×10^{-3}	HY 003.4—91
27	挥发性酚/(mg/L)	4-氨基安替比林分光光度法	4.8×10^{-3}	HY 003.4—91
28	石油类/(mg/L)	(1) 环己烷萃取荧光分光光度法 (2) 紫外分光光度法 (3) 重量法	9.2×10^{-3} 60.5×10^{-3} 0.2	HY 003.4—91
29	六六六[④]/(mg/L)	气相色谱法	1.1×10^{-6}	HY 003.4—91
30	滴滴涕[④]/(mg/L)	气相色谱法	3.8×10^{-6}	HY 003.4—91
31	马拉硫磷/(mg/L)	气相色谱法	0.64×10^{-3}	GB 13192—91
32	甲基对硫磷/(mg/L)	气相色谱法	0.42×10^{-3}	GB 13192—91
33	苯并[a]芘/(mg/L)	乙酰化滤纸层析-荧光分光光度法	2.5×10^{-6}	GB 11895—89
34	阴离子表面活性剂（以 LAS 计）/(mg/L)	亚甲基蓝分光光度法	0.023	HY 003.4—91
35	放射性核素/(Bq/L) ^{60}Co	离子交换-萃取-电沉积法	2.2×10^{-3}	HY/T 003.8—91
	^{90}Sr	(1) HDEHP 萃取-β 计数法 (2) 离子交换-β 计数法	1.8×10^{-3} 2.2×10^{-3}	HY/T 003.8—91
	^{106}Ru	(1) 四氯化碳萃取-镁粉还原-β 计数法 (2) γ 能谱法[③]	3.0×10^{-3} 4.4×10^{-3}	HY/T 003.8—91
	^{134}Cs	γ 能谱法，参见 ^{134}Cs 分析法		
	^{137}Cs	(1) 亚铁氰化铜-硅胶现场富集-γ 能谱法 (2) 磷钼酸铵-碘铋酸铯-β 计数法	1.0×10^{-3} 3.7×10^{-3}	HY/T 003.8—91

① 暂时采用下列分析方法，待国家标准发布后执行国家标准：水和废水标准检验法．15 版．北京：中国建筑工业出版社，1985：805-827。
② 暂时采用下列分析方法，待国家标准发布后执行国家标准：环境科学．1986，7（6）：75-79。
③ 暂时采用下列分析方法，待国家标准发布后执行国家标准：辐射防护手册．北京：原子能出版社，1988，2：259。
④ 六六六和滴滴涕的检出限指其四种异构体检出限之和。

2.3 天然水的水质标准

3. 地下水质量标准

根据我国地下水质量状况和人体健康风险,参照生活饮用水、工业、农业等用水水质质量要求,依据各组分含量高低(pH 值除外),分为五类(GB/T 14848—2017,见表 2-12 和表 2-13):

Ⅰ类 地下水化学组分含量低,适用于各种用途;

Ⅱ类 地下水化学组分含量较低,适用于各种用途;

Ⅲ类 地下水化学组分含量中等,以 GB 5749—2006 为依据,主要适用于集中式生活饮用水水源及工农业水;

Ⅳ类 地下水化学组分含量较高,以农业和工业用水质量要求以及一定水平的人体健康风险为依据,适用于农业和部分工业用水,适当处理后可作生活饮用水;

Ⅴ类 地下水化学组分含量高,不宜作为生活饮用水水源,其他用水可根据使用目的选用。

表 2-12　　地下水质量常规指标及限值

序号	指标	Ⅰ类	Ⅱ类	Ⅲ类	Ⅳ类	Ⅴ类
	感官性状及一般化学指标					
1	色(铂钴色度单位)	≤5	≤5	≤15	≤25	>25
2	嗅和味	无	无	无	无	有
3	浑浊度/(NTU①)	≤3	≤3	≤3	≤10	>10
4	肉眼可见物	无	无	无	无	有
5	pH 值	6.5≤pH≤8.5			5.5≤pH<6.5 或 8.5<pH≤9	pH<5.5 或 pH>9.0
6	总硬度(以 $CaCO_3$ 计)/(mg/L)	≤150	≤300	≤450	≤650	>650
7	溶解性总固体/(mg/L)	≤300	≤500	≤1000	≤2000	>2000
8	硫酸盐/(mg/L)	≤50	≤150	≤250	≤350	>350
9	氯化物/(mg/L)	≤50	≤150	≤250	≤350	>350
10	铁/(mg/L)	≤0.1	≤0.2	≤0.3	≤2.0	>2.0
11	锰/(mg/L)	≤0.05	≤0.05	≤0.1	≤1.5	>1.5
12	铜/(mg/L)	≤0.01	≤0.05	≤1.0	≤1.5	>1.5
13	锌/(mg/L)	≤0.05	≤0.5	≤1.0	≤5.0	>5.0
14	铝/(mg/L)	≤0.01	≤0.05	≤0.2	≤0.5	>0.5
15	挥发性酚类(以苯酚计)/(mg/L)	≤0.001	≤0.001	≤0.002	≤0.01	>0.01
16	阴离子表面活性剂/(mg/L)	不得检出	≤0.1	≤0.3	≤0.3	>0.3
17	耗氧量(COD_{Mn}法,以 O_2 记)/(mg/L)	≤1.0	≤2.0	≤3.00	≤10.0	>10.0
18	氨氮(以 N 计)/(mg/L)	≤0.02	≤0.1	≤0.5	≤1.5	>1.5
19	硫化物/(mg/L)	≤0.005	≤0.01	≤0.02	≤0.1	>0.1
20	钠/(mg/L)	≤100	≤150	≤200	≤400	>400

续表

序号	指标	I类	II类	III类	IV类	V类
微生物指标						
21	总大肠菌群/(MPN[2]/100mL,或 CFU[3]/100mL)	≤3.0	≤3.0	≤3.0	≤100	>100
22	菌落总数/(CFU/mL)	≤100	≤100	≤100	≤1000	>1000
毒理学指标						
23	亚硝酸盐（以N计）/(mg/L)	≤0.01	≤0.1	≤1.0	≤4.8	>4.8
24	硝酸盐（以N计）/(mg/L)	≤2.0	≤5.0	≤20	≤30	>30
25	氰化物/(mg/L)	≤0.001	≤0.01	≤0.05	≤0.1	>0.1
26	氟化物/(mg/L)	≤1.0	≤1.0	≤1.0	≤2.0	>2.0
27	碘化物/(mg/L)	≤0.04	≤0.04	≤0.08	≤0.5	>0.5
28	汞/(mg/L)	≤0.0001	≤0.0001	≤0.001	≤0.002	>0.002
29	砷/(mg/L)	≤0.001	≤0.001	≤0.01	≤0.05	>0.05
30	硒/(mg/L)	≤0.01	≤0.01	≤0.01	≤0.1	>0.1
31	镉/(mg/L)	≤0.0001	≤0.001	≤0.005	≤0.01	>0.01
32	铬（六价）/(mg/L)	≤0.005	≤0.01	≤0.05	≤0.1	>0.1
33	铅/(mg/L)	≤0.005	≤0.005	≤0.01	≤0.1	>0.1
34	三氯甲烷/(μg/L)	≤0.5	≤6	≤60	≤300	>300
35	四氯化碳/(μg/L)	≤0.5	≤0.5	≤2.0	≤50	>50
36	苯/(μg/L)	≤0.5	≤1.0	≤10	≤120	>120
37	甲苯/(μg/L)	≤0.5	≤140	≤700	≤1400	>1400
放射性指标[4]						
38	总α放射性/(Bq/L)	≤0.1	≤0.1	≤0.5	>0.5	>0.5
39	总β放射性/(Bq/L)	≤0.1	≤1.0	≤1.0	>1.0	>1.0

① NTU为散射浊度单位；
② MPN表示最可能数；
③ CFU表示菌落形成单位；
④ 放射性指标超过指导值，应进行核素分析和评价。

表 2-13　　　　　　　地下水质量非常规指标及限值

序号	指标	I类	II类	III类	IV类	V类
毒理学指标						
1	铍/(mg/L)	≤0.0001	≤0.0001	≤0.002	≤0.06	>0.06
2	硼/(mg/L)	≤0.02	≤0.1	≤0.5	≤2.00	>2.00
3	锑/(mg/L)	≤0.0001	≤0.0005	≤0.005	≤0.01	>0.01
4	钡/(mg/L)	≤0.01	≤0.1	≤0.7	≤4.00	>4.00
5	镍/(mg/L)	≤0.002	≤0.002	≤0.02	≤0.10	>0.10
6	钴/(mg/L)	≤0.005	≤0.005	≤0.05	≤0.10	>0.10
7	钼/(mg/L)	≤0.001	≤0.01	≤0.07	≤0.15	>0.15

2.3 天然水的水质标准

续表

序号	指标	I类	II类	III类	IV类	V类
8	银/(mg/L)	≤0.001	≤0.01	≤0.05	≤0.10	>0.10
9	铊/(mg/L)	≤0.0001	≤0.0001	≤0.0001	≤0.001	>0.001
10	二氯甲烷/(μg/L)	≤1	≤2	≤20	≤500	>500
11	1,2-二氯乙烷/(μg/L)	≤0.5	≤3.0	≤30.0	≤40.0	>40.0
12	1,1,1-三氯乙烷/(μg/L)	≤0.5	≤400	≤2000	≤4000	>4000
13	1,1,2-三氯乙烷/(μg/L)	≤0.5	≤0.5	≤5.0	≤60.0	>60.0
14	1,2-二氯丙烷/(μg/L)	≤0.5	≤0.5	≤5.0	≤60.0	>60.0
15	三溴甲烷/(μg/L)	≤0.5	≤10.0	≤100	≤800	>800
16	氯乙烯/(μg/L)	≤0.5	≤0.5	≤5	≤90	>90
17	1,1-二氯乙烯/(μg/L)	≤0.5	≤3.0	≤30	≤60	>60
18	1,2-二氯乙烯/(μg/L)	≤0.5	≤5.0	≤50	≤60	>60
19	三氯乙烯/(μg/L)	≤0.5	≤7.0	≤70.0	≤210	>210
20	四氯乙烯/(μg/L)	≤0.5	≤4.0	≤40.0	≤300	>300
21	氯苯/(μg/L)	≤0.5	≤60	≤300	≤600	>600
22	邻二氯苯/(μg/L)	≤0.5	≤200	≤1000	≤2000	>2000
23	对二氯苯/(μg/L)	≤0.5	≤30.0	≤300	≤600	>600
24	三氯苯（总量）/(μg/L)①	≤0.5	≤4.0	≤20.0	≤180	>180
25	乙苯/(μg/L)	≤0.5	≤30.0	≤300	≤600	>600
26	二甲苯（总量）/(μg/L)②	≤0.5	≤100	≤500	≤1000	>1000
27	苯乙烯/(μg/L)	≤0.5	≤2.0	≤20.0	≤40.0	>40.0
28	2,4-二硝基甲苯/(μg/L)	≤0.1	≤0.5	≤5.0	≤60.0	>60.0
29	2,6-二硝基甲苯/(μg/L)	≤0.1	≤0.5	≤5.0	≤30.0	>30.0
30	萘/(μg/L)	≤1	≤10	≤100	≤600	>600
31	蒽/(μg/L)	≤1	≤360	≤1800	≤3600	>3600
32	荧蒽/(μg/L)	≤1	≤50	≤240	≤480	>480
33	苯并（b）荧蒽/(μg/L)	≤0.1	≤0.4	≤4.0	≤8.0	>8.0
34	苯并（a）芘/(μg/L)	≤0.002	≤0.002	≤0.01	≤0.50	>0.50
35	多氯联苯（总量）/(μg/L)③	≤0.05	≤0.05	≤0.50	≤10.0	>10.0
36	邻苯二甲酸二（2-乙基己基）酯/(μg/L)	≤3.0	≤3.0	≤8.0	≤300	>300
37	2,4,6-三氯酚/(μg/L)	≤0.05	≤20.0	≤200	≤300	>300
38	五氯酚/(μg/L)	≤0.05	≤0.90	≤9.0	≤18.0	>18.0
39	六六六（总量）/(μg/L)④	≤0.01	≤0.50	≤5.0	≤300	>300
40	γ-六六六（林丹）/(μg/L)	≤0.01	≤0.20	≤2.00	≤150	>150
41	滴滴涕（总量）/(μg/L)⑤	≤0.01	≤0.10	≤1.00	≤2.00	>2.00
42	六氯苯/(μg/L)	≤0.01	≤0.10	≤1.00	≤2.00	>2.00

续表

序号	指标	Ⅰ类	Ⅱ类	Ⅲ类	Ⅳ类	Ⅴ类
43	七氯/(μg/L)	≤0.01	≤0.04	≤0.40	≤0.80	>0.80
44	2,4-滴/(μg/L)	≤0.1	≤6.0	≤30.0	≤150	>150
45	克百威/(μg/L)	≤0.05	≤1.40	≤7.00	≤14.0	>14.0
46	涕灭威/(μg/L)	≤0.05	≤0.60	≤3.00	≤30.0	>30.0
47	敌敌畏/(μg/L)	≤0.05	≤0.10	≤1.00	≤2.00	>2.00
48	甲基对硫磷/(μg/L)	≤0.05	≤4.00	≤20.0	≤40.0	>40.0
49	马拉硫磷/(μg/L)	≤0.05	≤25.0	≤250	≤500	>500
50	乐果/(μg/L)	≤0.05	≤16.0	≤80.0	≤160	>160
51	毒死蜱/(μg/L)	≤0.05	≤6.00	≤30.0	≤60.0	>60.0
52	百菌清/(μg/L)	≤0.05	≤1.00	≤10.0	≤150	>150
53	莠去津/(μg/L)	≤0.05	≤0.40	≤2.00	≤600	>600
54	草甘膦/(μg/L)	≤0.1	≤140	≤700	≤1400	>1400

① 三氯苯（总量）为1,2,3-三氯苯、1,2,4-三氯苯、1,2,5-三氯苯3种异构体加和；
② 二甲苯（总量）为邻二甲苯、间二甲苯、对二甲苯3种异构体加和；
③ 多氯联苯（总量）为PCB28、PCB52、PCB101、PCB118、PCB138、PCB153、PCB180、PCB194、PCB206 9种多氯联苯单体加和；
④ 六六六（总量）为α-六六六、β-六六六、γ-六六六、δ-六六六4种异构体加和；
⑤ 滴滴涕（总量为）o,p'-滴滴涕、p,p'-滴滴伊、p,p'-滴滴滴、p,p'-滴滴涕4种异构体加和。

2.3.3 水质类别和水质指数

各类天然水的化学组成是有差异的，即使同一类型天然水，其化学组成也是可变的。但这些差异和变化仍具有一定的规律性。在实际应用和科学研究中都要求对天然水按水质状况加以分类。然而现有各种分类法都不尽完善，未能在世界范围内得到普遍采纳和统一使用。早先已有按总溶解性固体物量（TDS）或总硬度（TH）大小进行分类的方法，但这类方法显得过于简单。地表水分类法属于国家标准法定内容，有很高权威性，但其中涉及的水质参数多达30项，致使监测部门承担着相当繁重的分析工作任务。

多年来，各国都在研究采用一种综合各项水质参数的简单数字体系，用以表示水域的污染程度及相应的水质类别。如有人提出选用悬浮固体物量（SS）、溶解氧量（DO）、生物化学需氧量（BOD）和氨氮量（NH_3-N）四个参数来统计得到水质指数（WQI）。根据四参数间相对重要性赋予它们不同的加权值，并根据各参数的实测浓度值大小分别给予它们一个确定的分级值。由此，水质指数可表示为

$$WQI = \frac{各参数分级值总和}{各参数加权值总和}$$

计算得到的WQI值范围在0～10之间，也就是将水质分为10级。当WQI=10时表示最优级，WQI=0时表示水体污染程度很严重。

习　题

2-1　什么是水体污染？造成水体污染的主要原因有哪些？

2-2　什么是耗氧有机污染物？简述耗氧有机污染物对水体的影响以及衡量耗氧有机污染物的指标。

2-3　什么是富营养化？简述造成水体富营养化的原因。

2-4　什么是优先控制污染物？

2-5　常用的水质指标有哪几类？

2-6　我国地表水、地下水和海水水质分为哪几类？

资源 2.17

资源 2.18

参　考　文　献

［1］王晓蓉，顾雪元，等. 环境化学［M］. 北京：科学出版社，2018.

［2］何燧源，金云云，何方. 环境化学［M］. 2版. 上海：华东理工大学出版社，1996.

［3］高宗军，张兆香. 水科学概论［M］. 北京：海洋出版社，2003.

［4］奚旦立，孙裕生，刘秀英. 环境监测［M］. 3版. 北京：高等教育出版社，2004.

［5］刘兆荣，陈忠明，赵广英，等. 环境化学教程［M］. 北京：化学工业出版社，2003.

［6］邵敏，赵美萍. 环境化学［M］. 北京：中国环境科学出版社，2001.

［7］吕小明. 环境化学［M］. 武汉：武汉理工大学出版社，2005.

［8］俞誉福，叶明吕，郑志坚. 环境化学导论［M］. 上海：复旦大学出版社，1997.

［9］戴树桂. 环境化学［M］. 北京：高等教育出版社，2006.

［10］戴树桂. 环境化学进展［M］. 北京：化学工业出版社，2005.

［11］陈景文，全爕. 环境化学［M］. 大连：大连理工大学出版社，2009.

［12］王晓蓉，等. 污染物微观致毒机制和环境生态风险早期诊断［M］. 北京：科学出版社，2013.

［13］陈社军，麦碧娴，曾永平，等. 珠江三角洲及南海北部海域表层沉积物中多溴联苯醚的分布特征［J］. 环境科学学报，2005，25（9）：1265-1271.

［14］罗义，周启星. 抗生素抗性基因（ARGs）——一种新型环境污染物［J］. 环境科学学报，2008，28（8）：1499-1505.

［15］祝凌燕，林加华. 全氟辛酸的污染状况及环境行为研究进展［J］. 应用生态学报，2008，19（5）：1149-1157.

［16］Bao J, Liu W, Liu L, et al. Perfluorinated compounds in the environment and the blood of residents living near fluorochemical plants in Fuxin, China［J］. Environmental Science & Technology, 2011, 45：8075-8080.

［17］Chee-Sanford J C, Aminov R I, Krapac I J. Occurrence and diversity of tetracycline resistance genes in lagoons and groundwater underlying two swine production facilities［J］. Applied and Environmental Microbiology, 2001, 67：1494-1502.

［18］Costanzo S D, Murby J, Bates J. Ecosystem response to antibiotics entering the aquatic environment［J］. Marine Pollution Bulletin, 2005, 51：218-223.

［19］Liu Z, Lu Y, Wang T, et al. Risk assessment and source identification of perfluoroalkyl acids in surface and ground water: spatial distribution around a mega-fluorochemical industrial park. China［J］. Environment International, 2016, 91, 69-77.

[20] Liu Z Y, Lu Y L, Wang P, et al. Pollution pathways and release estimation of perfluorooctane sulfonate (PFOS) and perfluorooctanoic acid (PFOA) in central and eastern China [J]. Science of the Total Environment, 2017, 580: 1247-1256.

[21] Heberer T. Occurrence, fate, and removal of pharmaceutical residues in the aquatic environment: A review of recent research data [J]. Toxicology Letters, 2002, 131: 5-17.

[22] Kemper N. Veterinary antibiotics in the aquatic and terrestrial environment [J]. Ecological Indicators, 2008, 8 (1): 1-13.

[23] Ma Y P, Li M, Wu M M, et al. Occurrences and regional distributions of 20 antibiotics in water bodies during groundwater recharge [J]. Science of the Total Environment, 2015, 518-519: 498-506.

[24] Pietrogrande M C, Basaglia G. Gc-ms analytical methods for the determination of personal-care products in water matrices [J]. Trac-Trends in Analytical Chemistry, 2007, 26: 1086-1094.

[25] Sarmah A K, Meyer M T, Boxall A B A. A global perspective on the use, sales, exposure pathways, occurrence, fate and effects of veterinary antibiotics (VAs) in the environment [J]. Chemosphere, 2006, 65: 725-759.

[26] Tang X J, Lou C L, Wang S X, et al. Effects of long-term manure applications on the occurrence of antibiotics and antibiotic resistance genes (ARGs) in paddy soils: Evidence from four field experiments in south of China [J]. Soil Biology and Biochemistry, 2015, 90: 179-187.

[27] Wei R C, Ge F, Zhang L L, et al. Occurrence of 13 veterinary drugs in animal manure-amended soils in Eastern China [J]. Chemosphere, 2016, 144: 2377-2383.

[28] Wu N, Qiao M, Zhang B, et al. Abundance and diversity of tetracycline resistance genes in soils adjacent to representative swine feedlots in China [J]. Environmental Science & Technology, 2010, 44: 6933-6939.

[29] Yao L L, Wang Y X, Tong L, et al. Seasonal variation of antibiotics concentration in the aquatic environment: A case study at Jianghan Plain, central China [J]. Science of the Total Environment, 2015, 527: 56-64.

[30] Yao Y M, Zhu H H, Li B, et al. Distribution and primary source analysis of per- and poly-fluoroalkyl substances with different chain lengths in surface and groundwater in two cities, North China [J]. Ecotoxicology and Environmental Safety, 2014, 108: 318-328.

[31] Yu M, Luo X J, Wu J P, et al. Bioaccumulation and trophic transfer of polybrominated diphenyl ethers (PBDEs) in biota from the Pearl River Estuary, South China [J]. Environment International, 2009, 35: 1090-1095.

[32] Zhu L Y, Hites R A. Temporal trends and spatial distribution of brominated flame retardants in archived fishes from the Great Lakes [J]. Environmental Science & Technology, 2004, 38: 2779-2784.

[33] Zhu X B, Jin L, Yang J P, et al. Perfluoroalkyl acids in the water cycle from a freshwater river basin to coastal waters in eastern China [J]. Chemosphere, 2017, 168: 390-398.

[34] 周文敏, 傅德黔, 孙宗光. 水中优先控制污染物黑名单 [J]. 中国环境监测, 1990 (4): 1-3.

第 3 章

天然水中的化学平衡

【概要】 本章主要介绍天然水溶液中的气体溶解平衡、酸碱平衡、溶解-沉淀平衡、配合平衡以及氧化-还原平衡等几种常见的水化学平衡过程，并进行相关的推导计算。

3.1 天然水中的气体溶解平衡

水体中的溶解性气体对水生生物有着很大的意义。例如鱼类在水体中生活时，要从周围水中摄取溶解氧（溶解氧小于4mg/L时就不能生存），经体内呼吸作用后，又向水中放出CO_2。水中藻类则进行光合作用，有着与呼吸作用相反的过程。又如，水体中溶解氮量增大时，会引起大量鱼类和其他生物死亡。许多工业废气，如HCl、SO_2、NH_3等进入水体并进一步溶解之后，也会对水体产生各种不良的影响。

溶解平衡是相对的，一旦偏离平衡状态，水中的溶解气体（处于不饱和或过饱和状态）便有在水-气两相间发生传质的趋向，由此关系到气体物质在两个环境圈层间发生迁移的过程。

3.1.1 亨利定律

气体在水中的溶解度服从亨利定律，即一种气体在液体中的溶解度正比于液体接触的该种气体的分压。因此，气体在水中的溶解度可用式（3-1）表示：

$$[G(aq)] = K_H p_G \quad (3-1)$$

式中：K_H为各种气体在一定温度下的亨利定律常数，mol/(L·Pa)；p_G为各种气体的分压，Pa。表3-1给出一些气体在水中的K_H值。

表3-1　　　　　　一些气体在水中的K_H（25℃）　　　　　单位：mol/(L·Pa)

气　体	K_H	气　体	K_H
O_2	1.28×10^{-8}	H_2	2.47×10^{-4}
NO	1.88×10^{-8}	HNO_3	4.84×10^{-4}
O_3	9.28×10^{-8}	NH_3	6.12×10^{-4}
NO_2	9.87×10^{-8}	HO_2	1.97×10^{-2}
N_2O	2.47×10^{-7}	HCl	2.47×10^{-2}
CO_2	3.36×10^{-7}	H_2O_2	0.70
H_2S	1.00×10^{-6}	HNO_3	2.07
SO_2	1.22×10^{-5}		

在应用亨利定律时需注意以下几点：

（1）溶质在气相、溶剂中的分子状态必须相同。例如 CO_2 溶解在水中时，经水合、电离作用后，存在多种形态：$(CO_2)aq$、H_2CO_3、HCO_3^-、CO_3^{2-}，亨利定律表达式中 $[G(aq)]$ 只包含 $(CO_2)aq$ 这一形态。

（2）对于混合气体，在压力不大时，亨利定律对每一种气体都分别适用，与另一种气体的分压无关。

（3）对于 $K_H > 10^{-2}$ 的气体，可认为它基本上是完全溶于水的。

（4）亨利常数作为温度的函数，有如下关系式：

$$\frac{\mathrm{d}\ln K_H}{\mathrm{d}T} = \frac{\Delta H}{RT^2} \tag{3-2}$$

式中：ΔH 为气体溶于水过程的焓变。

一般 ΔH 为负值，所以随温度降低，亨利系数增大，即低温下气体在水中有较大溶解度。对于溶解度非常大的气体，亨利系数还可能与浓度有关。

（5）亨利常数的数值可以在定温下由实验测定，也可以使用热力学方法推导。

（6）亨利定律有几种不同的表达形式，要注意辨别。

在计算气体的溶解度时，需要对水蒸气的分压加以校正（在温度较低时，这个数值很小），表 3-2 给出水在不同温度下的分压。根据这些参数，就可按亨利定律计算出气体在水中的溶解度。

表 3-2　　　　　　　　　　水在不同温度下的分压

$T/℃$	0	5	10	15	20	25
$P_{H_2O}/(\times 10^5 Pa)$	0.00611	0.00872	0.01228	0.01705	0.02337	0.03167
$T/℃$	30	35	40	45	50	100
$P_{H_2O}/(\times 10^5 Pa)$	0.04241	0.05621	0.07374	0.09581	0.12330	1.01300

3.1.2　氧在水中的溶解

氧在水中的溶解度和溶解氧值是两个相区别又相联系的概念。氧在水中的溶解度指的是水体和大气处于平衡时氧的最大溶解量，它的数值与温度、压力、水中溶质量等因素有关。水中溶解氧值则一般是指非平衡状态下的水中溶解氧的浓度，它的数值与水体曝气作用、光合作用、呼吸作用及有机污染物的氧化作用等因素有关。两者之间的差异由大气-水界面间氧气传质动力过程的缓慢而引起。

氧在 $1.0130\times 10^5 Pa$、25℃饱和水中的溶解度，可按下面步骤计算。从表 3-2 可查出水在 25℃时的蒸气压为 $0.03167\times 10^5 Pa$，由于干空气中氧的含量为 20.95%，所以氧的分压为

$$p_{O_2} = (1.0130 - 0.03167)\times 10^5 \times 0.2095 = 0.2056\times 10^5 (Pa)$$

代入亨利定律即可求出氧在水中的摩尔浓度为

$$[O_2(aq)] = K_H p_{O_2} = 1.28\times 10^{-8} \times 0.2056\times 10^5 = 2.6\times 10^{-4} (mol/L)$$

氧的分子量为 32，因此其溶解度为 8.32mg/L。

气体的溶解度随温度升高而降低，这种影响可由 Clausius-Clapeyron 方程式显

示出

$$\lg \frac{c_2}{c_1} = \frac{\Delta H}{2.303R}\left(\frac{1}{T_1} - \frac{1}{T_2}\right) \qquad (3-3)$$

式中：c_1、c_2 分别为绝对温度 T_1 和 T_2 时气体在水中的浓度；ΔH 为焓变，J/mol；R 为气体常数，取值为 8.314J/(mol·K)。

因此，若温度从 0℃ 上升到 35℃ 时，氧在水中的溶解度将从 14.74mg/L 降低到 7.03mg/L。由此可见，与其他溶质相比，溶解氧的水平是不高的，一旦发生氧的消耗反应，则溶解氧的水平可以很快降至零。

压力对氧气在水中溶解度的影响可用式（3-4）描述：

$$c_2/c_1 = (p_2 - p)/(1.0130 \times 10^5 - p) \qquad (3-4)$$

式中：c_1、c_2 分别为标准气压和气压 p_2 下氧气在水中的溶解度，mg/L；p 为一定温度下饱和水蒸气的压力，Pa。

水中盐分含量对氧气在水中溶解度的影响可用下列经验公式描述

$$1000c = 10.291 - 0.2809t + 0.006009t^2 + 0.0000632t^3 - [\text{Cl}]$$
$$(0.1161 - 0.003922t + 0.0000631t^2) \qquad (3-5)$$

式中：c 为水中 O_2 的溶解度，mL/mL；t 为温度，℃，适用范围为 0~28℃；[Cl] 为水中含氯浓度，g/L，适用范围为 0~20g/L。

由此，可以计算出氧气在水中的溶解度数据，列于表 3-3。

表 3-3　　　　　　　　　　水 中 氧 的 溶 解 度

温度/℃	水中氯化物浓度/(mg/L)				
	0	5000	10000	15000	20000
0	14.60	13.72	12.90	12.13	11.41
5	12.75	12.02	11.32	10.67	10.05
10	11.27	10.65	10.05	9.49	8.96
15	10.07	9.53	9.01	8.53	8.07
20	9.07	8.60	8.16	7.73	7.33
25	8.24	7.83	7.44	7.06	6.71
30	7.54	7.17	6.83	6.49	6.18
35	6.93	6.61	6.30	6.01	5.72
40	6.41	6.12	5.84	5.58	5.33

3.1.3　二氧化碳在水中的溶解

溶液中溶解 CO_2 的浓度取决于与其平衡的大气 CO_2 的分压，可根据亨利定律计算。假定纯空气与纯水在 25℃ 时平衡，已知目前大气中 CO_2 含量为 0.038%（体积分数），水在 25℃ 时蒸气压为 0.03167×10^5 Pa，CO_2 的亨利定律常数为 3.34×10^{-7} mol/(L·Pa)（25℃），则 CO_2 在水中的溶解度为

$$p_{CO_2} = (1.0130 - 0.03167) \times 10^5 \times 3.8 \times 10^{-4} = 37.29 \text{ (Pa)}$$
$$[CO_2(aq)] = 3.34 \times 10^{-7} \times 37.29 = 1.24 \times 10^{-5} \text{ (mol/L)}$$

CO_2 在水中离解部分可产生等浓度的 H^+ 和 HCO_3^-。H^+ 及 HCO_3^- 的浓度可从

CO_2 的酸离解常数 K_1 计算出：

$$[H^+]=[HCO_3^-]$$

$$\frac{[H^+]^2}{[CO_2(aq)]}=K_1=4.45\times10^{-7}$$

$$[H^+]=(1.24\times10^{-5}\times4.45\times10^{-7})^{\frac{1}{2}}=2.35\times10^{-6}(mol/L)$$

$$pH=5.63$$

从空气溶解到1L纯水中的 CO_2 浓度为 $[CO_2(aq)]$ 与 $[HCO_3^-]$ 的总和，故总的溶解在 1L 水中 CO_2 的浓度应为 $[CO_2(aq)]+[HCO_3^-]=1.48\times10^{-5}$ mol/L $=0.65$ mg/L。

3.1.4 二氧化硫在水中的溶解

SO_2 是一种重要的大气污染物，其气-液溶解平衡对于阐明酸雨问题有着很大意义。在 SO_2 溶于水的过程中，还会发生如下系列反应：

$$SO_2(g)+H_2O \rightleftharpoons SO_2(g)\cdot H_2O \quad K_{HS}=\frac{[SO_2(g)\cdot H_2O]}{p_{SO_2}} \quad (3-6)$$

$$SO_2\cdot H_2O \rightleftharpoons HSO_3^- + H^+ \quad K_{s_1}=\frac{[HSO_3^-][H^+]}{[SO_2\cdot H_2O]} \quad (3-7)$$

$$HSO_3^- \rightleftharpoons SO_3^{2-} + H^+ \quad K_{s_2}=\frac{[SO_3^{2-}][H^+]}{[HSO_3^-]} \quad (3-8)$$

式中：K_{HS} 为 SO_2 的亨利常数；K_{s_1} 和 K_{s_2} 分别为酸的一级和二级电离平衡常数。K_{HS}、K_{s_1}、K_{s_2} 数值与温度有关，可按下列经验式求值：

$$\lg K_{HS}=\frac{1376.1}{T}-4.521 \quad (3-9)$$

$$\lg K_{s_1}=\frac{853}{T}-4.74 \quad (3-10)$$

$$\lg K_{s_2}=\frac{621.9}{T}-9.278 \quad (3-11)$$

SO_2 在水中存在的各种形态的平衡浓度可表示为

$$[SO_2\cdot H_2O]=K_{HS}p_{SO_2} \quad (3-12)$$

$$[HSO_3^-]=\frac{K_{s_1}[SO_2\cdot H_2O]}{[H^+]}=\frac{K_{HS}K_{s_1}p_{SO_2}}{[H^+]} \quad (3-13)$$

$$[SO_3^{2-}]=\frac{K_{s_2}[HSO_3^-]}{[H^+]}=\frac{K_{HS}K_{s_1}K_{s_2}p_{SO_2}}{[H^+]^2} \quad (3-14)$$

根据电中性原理

$$[H^+]=[OH^-]+[HSO_3^-]+2[SO_3^{2-}] \quad (3-15)$$

将式（3-15）与式（3-13）、式（3-14）相联，可得

$$[H^+]^3-(K_w+K_{HS}K_{s_2}p_{SO_2})[H^+]-2K_{HS}K_{s_1}K_{s_2}p_{SO_2}=0 \quad (3-16)$$

式中：K_w 为水的离子积。

纯水与假想只含 SO_2 的空气达到平衡时，该含酸水溶液的 pH 值可通过解上述的三次方程求得。将解得的 $[H^+]$ 值代入上列有关方程，可求得 $[HSO_3^-]$ 和 $[SO_3^{2-}]$ 的平衡浓度。水中 S(Ⅳ) 的总浓度为

$$[S(Ⅳ)] = [SO_2 \cdot H_2O] + [HSO_3^-] + [SO_3^{2-}]$$

$$= K_{HS} p_{SO_2} \left[1 + \frac{K_{s_1}}{[H^+]} + \frac{K_{s_1} K_{s_2}}{[H^+]^2} \right] = K_{HS}^* p_{SO_2} \tag{3-17}$$

后一个等式是将 $[S(Ⅳ)]$ 浓度表达为类似亨利定律的形式。由于 K_{HS}^* 总是大于 K_{HS}，所以水中可溶解 SO_2 的实际量总是大于通过亨利定律计算得到的数值。由 $[S(Ⅳ)]$ 表达式还可看出，其值取决于溶液的 pH 值、温度和 p_{SO_2}。通过计算，图 3-1 显示了这些变量对 $[S(Ⅳ)]$ 值的影响程度。在给定温度下，$[SO_2 \cdot H_2O]$ 浓度与 pH 值无关。但对 $[S(Ⅳ)]$ 来说，随着 pH 值的增大，$[S(Ⅳ)]$ 值会有很大的提高。

S(Ⅳ) 三种形态的摩尔分数分别为

$$\alpha_{SO_2 \cdot H_2O} = \frac{[SO_2 \cdot H_2O]}{[S(Ⅳ)]} = \left(1 + \frac{K_{s_1}}{[H^+]} + \frac{K_{s_1} K_{s_2}}{[H^+]^2} \right)^{-1} \tag{3-18}$$

$$\alpha_{HSO_3^-} = \frac{[HSO_3^-]}{[S(Ⅳ)]} = \left(1 + \frac{[H^+]}{K_{s_1}} + \frac{K_{s_2}}{[H^+]} \right)^{-1} \tag{3-19}$$

$$\alpha_{SO_3^{2-}} = \frac{[SO_3^{2-}]}{[S(Ⅳ)]} = \left(1 + \frac{[H^+]}{K_{s_2}} + \frac{[H^+]^2}{K_{s_1} K_{s_2}} \right)^{-1} \tag{3-20}$$

由式 (3-18) ~ 式 (3-20) 可计算溶液中 S(Ⅳ) 三种形态摩尔分数随 pH 值变化而相应变化的情况，如图 3-2 所示。

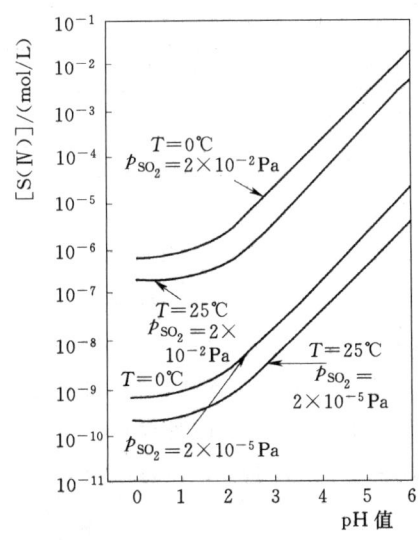

图 3-1 温度、pH 值和 p_{SO_2} 对 $[S(Ⅳ)]$ 值的影响程度

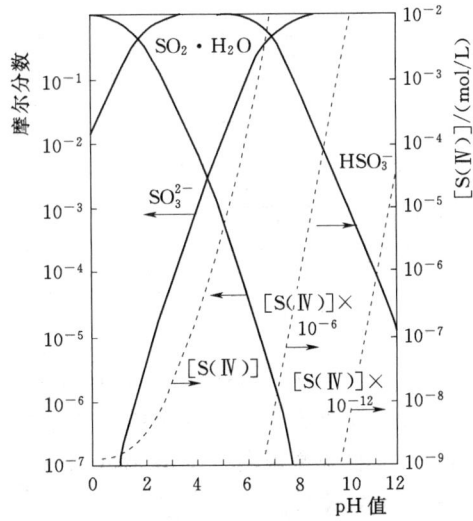

图 3-2 $[S(Ⅳ)]$ 三种形态摩尔分数与 pH 值的关系（$T = 298K$，$p_{SO_2} = 1 \times 10^{-4} Pa$）

3.1.5 一氧化氮和二氧化氮在水中的溶解

NO 和 NO_2 在水中溶解的系列反应为

$$NO(g) \rightleftharpoons NO(aq)$$
$$NO_2(g) \rightleftharpoons NO_2(aq)$$
$$2NO_2(aq) \rightleftharpoons N_2O_4(aq)$$
$$NO(aq) + NO_2(aq) \rightleftharpoons N_2O_3(aq)$$
$$N_2O_4(aq) + H_2O \rightleftharpoons 2H^+ + NO_2^- + NO_3^-$$
$$N_2O_3(aq) + H_2O \rightleftharpoons 2H^+ + 2NO_2^-$$

对以上系列方程进一步合并可得

$$2NO_2(g) + H_2O \rightleftharpoons 2H^+ + NO_2^- + NO_3^-$$
$$NO(g) + NO_2(g) + H_2O \rightleftharpoons 2H^+ + 2NO_2^-$$

表 3-4 列举了各反应在 298K 温度下的平衡常数。在本系统中，硝酸根离子和亚硝酸根离子间平衡浓度之比的表达式可从两反应式推得

$$\frac{[NO_3^-]}{[NO_2^-]} = \frac{p_{NO_2}}{p_{NO}} \frac{K_1}{K_2} \tag{3-21}$$

在 298K，$K_1/K_2 = 0.74 \times 10^7$。由此可见，只要 $p_{NO_2}/p_{NO} > 10^{-5}$ 时，就有 $[NO_3^-] \gg [NO_2^-]$。由此看来，即使 NO_2 在气相中存在比率很小（如燃烧过程中产生的氮氧化物中 NO_2 只占很小比率），与之平衡的溶液中含氮离子的主要形态还是 NO_3^-。

表 3-4　　　　　　　　氮氧化物液相反应的平衡常数

反　　应	平衡常数(298K)
(1) $NO(g) \rightleftharpoons NO(aq)$	$K_H(NO) = 1.90 \times 10^{-8} mol/(L \cdot Pa)$
(2) $NO_2(g) \rightleftharpoons NO_2(aq)$	$K_H(NO_2) = 9.9 \times 10^{-8} mol/(L \cdot Pa)$
(3) $2NO_2(aq) \rightleftharpoons N_2O_4(aq)$	$K_{n1} = 7 \times 10^4 L/mol$
(4) $NO(aq) + NO_2(aq) \rightleftharpoons N_2O_3(aq)$	$K_{n2} = 3 \times 10^4 L/mol$
(5) $HNO_3(aq) \rightleftharpoons H^+ + NO_3^-$	$K_{n3} = 15.4 mol/L$
(6) $HNO_2(aq) \rightleftharpoons H^+ + NO_2^-$	$K_{n4} = 5.1 \times 10^{-4} mol/L$
(7) $2NO_2(g) + H_2O \rightleftharpoons 2H^+ + NO_2^- + NO_3^-$	$K_1 = 2.4 \times 10^{-8} mol^4/(L^4 \cdot Pa^2)$
(8) $NO(g) + NO_2(g) + H_2O \rightleftharpoons 2H^+ + 2NO_2^-$	$K_2 = 3.2 \times 10^{-11} mol^4/(L^4 \cdot Pa^2)$

HNO_3 是强酸，在水溶液中基本上只以 NO_3^- 形态存在；HNO_2 是弱酸，它的电离程度由 pH 值所左右，在水溶液中通常有 NO_2^- 和 $HNO_2(aq)$ 两种存在形态。以下来考虑在气-液平衡条件下，水相中硝酸、亚硝酸以及它们离子形态浓度与 p_{NO_2}、p_{NO} 之间的函数关系。

根据电中性原理有

$$[H^+] = [OH^-] + [NO_2^-] + [NO_3^-]$$

在酸性溶液中，近似地有 $[H^+] \approx [NO_3^-]$，并由此可得

$$[NO_3^-] = \left(\frac{K_1^2 p_{NO_2}^3}{K_2 p_{NO}}\right)^{\frac{1}{4}} \quad (3-22)$$

由表 3-4 中平衡反应式（7）产生的 NO_2^- 很少，若考虑水溶液中 NO_2^- 形态全部来自平衡反应式（8），则有

$$[NO_2^-] = \frac{(K_2 p_{NO} p_{NO_2})^{\frac{1}{2}}}{[NO_3^-]} \quad (3-23)$$

将式（3-22）和式（3-23）归并后可得

$$[NO_2^-] = \left(\frac{K_2^3 p_{NO}^3}{K_1^2 p_{NO_2}}\right)^{\frac{1}{4}} \quad (3-24)$$

HNO_2 未离解部分的浓度为

$$[HNO_2(aq)] = \frac{[H^+][NO_2^-]}{K_{n4}} \quad (3-25)$$

联合以上 $[NO_2^-]$、$[NO_3^-]$ 表达式及 $[H^+] \approx [NO_3^-]$ 式并代入式（3-25）可得

$$[HNO_2(aq)] = \left(\frac{K_2 p_{NO} p_{NO_2}}{K_{n4}^2}\right)^{\frac{1}{2}} \quad (3-26)$$

图 3-3 显示了作为 p_{NO} 和 p_{NO_2} 函数的 $[HNO_3(aq)]$、$[HNO_2(aq)]$ 平衡浓度的变化情况。由图 3-3 可见，在平衡条件下，$HNO_3(aq)$ 形态在体系中占有极大的优势。

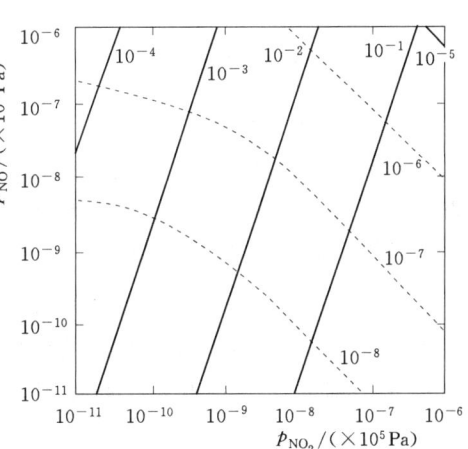

图 3-3 由 p_{NO} 和 p_{NO_2} 确定的溶液中 HNO_3（实线）和 HNO_2（虚线）的平衡浓度（单位：mol/L）

3.2 天然水中的酸碱平衡

酸碱反应不存在动力学阻碍，多数反应在瞬间完成，所以仅涉及平衡问题。作为水溶液体系中最重要的特性参数，pH 值往往决定了体系各组分的相对浓度。在天然水环境中重要的一元酸碱体系有 NH_4^+—NH_3、HCN—CN^- 等，二元酸碱体系有 H_2CO_3—HCO_3^-—CO_3^{2-}、H_2S—HS^-—S^{2-}、H_2SO_3—HSO_3^-—SO_3^{2-} 等，三元酸碱体系有 H_3PO_4—$H_2PO_4^-$—HPO_4^{2-}—PO_4^{3-} 等。强酸或强碱则不大可能在天然水体中出现。

3.2.1 天然水的酸碱性

大多数含有矿物质的天然水，其 pH 值一般都在 6～9 这个狭窄的范围内，并且对于任一水体，其 pH 值几乎保持恒定。在与沉积物的生成、转化及溶解等过程有关的化学反应中，天然水的 pH 值具有很大意义，很多时候决定着转化过程的

方向。

生物活动如光合作用和呼吸作用,以及物理现象如自然的或外界引起的扰动(伴随曝气作用),都会使水中的溶解性 CO_2 浓度发生变化,从而影响水体的 pH 值。此外,一些微生物反应也会影响天然水的 pH 值,如黄铁矿被氧化的反应会导致 pH 值降低;反硝化或反硫化等过程则趋向于使 pH 值升高。

在大多数天然水中作为碱存在的主要有 HCO_3^- 和 CO_3^{2-},有时还存在别的低浓度碱,如 PO_4^{3-}、AsO_4^{3-}、$B_4O_7^{2-}$、SiO_3^{2-}、NH_3 等。火山和温泉可以将 HCl、SO_2 之类气体引入水中,强烈地导致酸性。工业废水中含有的游离酸或多价金属离子经排放进入天然水系,也可使水呈酸性。另外一些酸性成分是硼酸、硅酸和铵离子。总的来说,天然水体中最重要的酸性成分还是 CO_2,它与水形成相对平衡的碳酸体系。

3.2.2 酸-碱体系的特性

1. 酸碱质子理论

在各种酸碱理论中,Bronsted 和 Lowry 提出的酸碱质子理论是最适用于水体化学的一种理论。按这种理论对酸和碱所下的定义是:酸是一种质子给予体,碱是一种质子接受体。例如,在下列反应中

$$HCl + H_2O \rightleftharpoons Cl^- + H_3O^+$$

当反应自左向右进行时,HCl 起酸的作用(质子给体),H_2O 起碱的作用(质子受体)。由于质子十分微小又不能独立存在,所以在水体中往往由溶剂水分子作质子受体而生成水合氢离子 H_3O^+。虽然上述反应向右进行的趋势十分强烈,但仍可将反应视为可逆的。如果反应逆向进行,则应将 H_3O^+ 视为酸,Cl^- 则为碱。HCl—Cl^- 和 H_3O^+—H_2O 实质上是两对共轭酸碱体。

另举一酸碱反应例

$$H_2O + NH_3 \rightleftharpoons OH^- + NH_4^+$$

对这个反应来说,H_2O 起了酸的作用。比较上述两个例子,可以说,水具有两重性,即它在反应中既能作酸又能作碱,关键看它与什么物质相作用。将以上两个反应写成一般式即为

$$\text{酸}_1 + \text{碱}_2 \rightleftharpoons \text{碱}_1 + \text{酸}_2$$
(箭头表示 H^+ 从酸$_1$ 转移至碱$_2$)

从酸碱质子理论来看,任何酸碱反应,如电离、中和、水解等都是两个共轭酸碱对之间的质子传递反应。水体中的水分子在这些过程中经常充当质子转移的中间介质。

2. 酸和碱的种类

表 3-5 列举了按质子理论定义的常见酸和碱。由表 3-5 可见,不但一般分子可以成为酸或碱,各种正离子和负离子也可以成为酸或碱。

表 3-5　　　　　　　　　　　　在水溶液中常见的酸和碱

酸	分子	HI, HBr, HCl, HF, HNO$_3$, HClO$_4$, H$_2$SO$_4$, H$_3$PO$_4$, H$_2$S, H$_2$O, HCN, H$_2$CO$_3$
	正离子	[Al(H$_2$O)$_6$]$^{3+}$, NH$_4^+$, [Fe(H$_2$O)$_6$]$^{3+}$, [Cu(H$_2$O)$_4$]$^{2+}$
	负离子	HSO$_4^-$, H$_2$PO$_4^-$, HCO$_3^-$, HS$^-$
碱	负离子	I$^-$, Br$^-$, Cl$^-$, F$^-$, HSO$_4^-$, SO$_4^{2-}$, HPO$_4^{2-}$, HS$^-$, S^{2-}, OH$^-$, O^{2-}, CN$^-$, HCO$_3^-$, CO$_3^{2-}$
	正离子	[Al(OH)(H$_2$O)$_5$]$^{2+}$, [Cu(OH)(H$_2$O)$_3$]$^+$, [Fe(OH)(H$_2$O)$_5$]$^{2+}$
	分子	NH$_3$, H$_2$O, N$_2$H$_4$, NH$_2$OH

有机酸碱大多是分子态化合物。作为质子给体（酸）的有酸、酚、醇、腈、酰胺等类化合物，作为质子受体（碱）的有醚、酯、酮、叔胺等类化合物。

3. 酸和碱的强度

酸和碱的强度分别用酸电离常数 K_a 和碱电离常数 K_b 表示。相应地有

$$HA+H_2O \rightleftharpoons H_3O^+ + A^- \qquad K_a = \frac{[H_3O^+][A^-]}{HA} \qquad (3-27)$$

$$A^- + H_2O \rightleftharpoons HA + OH^- \qquad K_b = \frac{[HA][OH^-]}{A^-} \qquad (3-28)$$

应指出，准确的 K_a 或 K_b 应由活度来计算，但在非常稀的溶液中基本上可用浓度来代替。由式（3-27）和式（3-28）可见，酸和碱的强度都是相对于水的共轭体系 H_3O^+/H_2O 和 H_2O/OH^- 来衡量的。

为了使用方便，一般将 K_a、K_b 分别转写为 pK_a、pK_b：

$$pK_a = -\lg K_a; pK_b = -\lg K_b$$

K_a 数值越大或 pK_a 数值越小，则 HA 酸性越强。HIO$_3$ 的 $pK_a=0.8$，一般定义 $pK_a<0.8$ 者为强酸。K_b 数值越大或 pK_b 数值越小，则 A$^-$ 的碱性越强。H$_2$SiO$_4^{2-}$ 的 $pK_b=1.4$，一般定义 $pK_b<1.4$ 者为强碱。

对于共轭酸碱 HA/A$^-$ 来说，将式（3-27）和式（3-28）相联，得

$$K_a K_b = [H_3O^+][OH^-] \qquad (3-29)$$

两者之积称为水的离子积 K_w，在 25℃时

$$K_w = K_a K_b = 10^{-14} \text{ 或 } pK_a + pK_b = 14.00 \qquad (3-30)$$

式（3-30）表明，共轭体系中的酸越强，则其共轭碱越弱，否则反之。

共轭酸碱的相对强度确定后，那么反应按什么规律进行呢？对于下列反应，A$_1$ 和 B$_1$ 以及 A$_2$ 和 B$_2$ 为共轭酸碱，若它们的强度是 A$_1>$A$_2$，B$_2>$B$_1$，则反应从左向右进行：

A$_1$	B$_2$	B$_1$	A$_2$
"强酸"	"强碱"	"弱碱"	"弱酸"
HCl	+ NH$_3$	→ Cl$^-$	+ NH$_4^+$

3.2.3 碳酸平衡

CO$_2$ 在水中形成酸，可同岩石中的碱性物质发生反应，并可通过沉淀反应变为沉积物而从水中除去。在水和生物体之间的生物化学交换中，CO$_2$ 占有独特地位，溶解

的碳酸盐化合态与岩石圈、大气圈进行均相、多相的酸碱反应和交换反应，对于调节天然水的 pH 值和组成起着重要的作用。

在水体中存在着 CO_2、H_2CO_3、HCO_3^- 和 CO_3^{2-} 等四种化合态，常把 CO_2 和 H_2CO_3 合并为 $H_2CO_3^*$，实际上 H_2CO_3 含量极低，达到平衡时以 $CO_2(aq)$ 存在形态为主。如在 25℃ 温度下，$[H_2CO_3]/[CO_2(aq)] = 10^{-2.8}$。因此将水中游离碳酸总量用 $[H_2CO_3^*]$ 表示时有

$$[H_2CO_3^*] = [H_2CO_3] + [CO_2(aq)] \approx [CO_2(aq)]$$

在亨利定律表达式中也就可用 $[H_2CO_3]$ 来替代 $[CO_2(aq)]$，这样处理能为平衡计算带来方便。

因此，水中 $H_2CO_3^* - HCO_3^- - CO_3^{2-}$ 体系可用下面的反应和平衡常数表示

$$CO_2 + H_2O \rightleftharpoons H_2CO_3^* \qquad pK_0 = 1.46$$

$$H_2CO_3^* \rightleftharpoons HCO_3^- + H^+ \qquad pK_1 = 6.35$$

$$HCO_3^- \rightleftharpoons CO_3^{2-} + H^+ \qquad pK_2 = 10.33$$

以下拟将体系分为封闭的碳酸体系和开放的碳酸体系来做进一步的介绍。

1. 封闭碳酸体系

资源 3.3

假定将水中溶解 $[H_2CO_3^*]$ 看作为不挥发酸，由此组成的是封闭碳酸体系。在海底深处、地下水、锅炉水及实验室水样中可以遇到这样的体系。

用 α_0、α_1 和 α_2 分别代表 $H_2CO_3^* - HCO_3^- - CO_3^{2-}$ 三种化合态在总量中所占比例，可以给出下面三个表示式：

$$\alpha_0 = \frac{[H_2CO_3^*]}{[H_2CO_3^*] + [HCO_3^-] + [CO_3^{2-}]} \qquad (3-31)$$

$$\alpha_1 = \frac{[HCO_3^-]}{[H_2CO_3^*] + [HCO_3^-] + [CO_3^{2-}]} \qquad (3-32)$$

$$\alpha_2 = \frac{[CO_3^{2-}]}{[H_2CO_3^*] + [HCO_3^-] + [CO_3^{2-}]} \qquad (3-33)$$

若用 C_T 表示各种碳酸化合态的总量，即 $C_T = [H_2CO_3^*] + [HCO_3^-] + [CO_3^{2-}]$，则有 $[H_2CO_3^*] = C_T \alpha_0$，$[HCO_3^-] = C_T \alpha_1$ 和 $[CO_3^{2-}] = C_T \alpha_2$。若把 K_1、K_2 的表示式代入式（3-30）～式（3-33），就可得到作为酸离解常数和氢离子浓度的函数的形态分数

$$\alpha_0 = \left(1 + \frac{K_1}{[H^+]} + \frac{K_1 K_2}{[H^+]^2}\right)^{-1} \qquad (3-34)$$

$$\alpha_1 = \left(1 + \frac{[H^+]}{K_1} + \frac{K_2}{[H^+]}\right)^{-1} \qquad (3-35)$$

$$\alpha_2 = \left(1 + \frac{[H^+]^2}{K_1 K_2} + \frac{[H^+]}{K_2}\right)^{-1} \qquad (3-36)$$

根据式（3-34）～式（3-36），并根据 K_1 和 K_2 值就可以制作以 pH 值为主要变量的 $H_2CO_3^* - HCO_3^- - CO_3^{2-}$ 体系形态分布图（图3-4）。

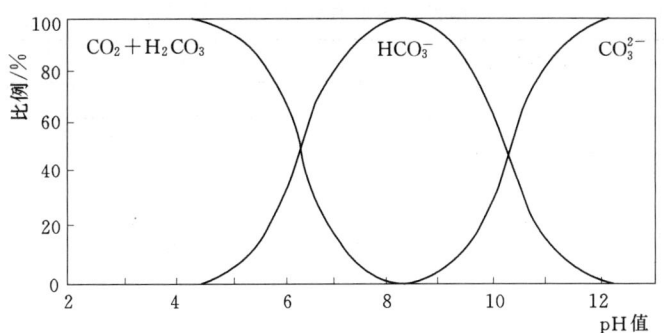

图 3-4 碳酸化合态分布图（$C_T=2\times10^{-3}$ mol/L，25℃）

根据式（3-34）～式（3-36）对 $H_2CO_3^*$、HCO_3^- 和 CO_3^{2-} 含量随 pH 值的变化进行分析：

当 $[H_2CO_3^*]=[HCO_3^-]$ 时，$\alpha_0=\alpha_1$，故有 $[H^+]=K_1=10^{-6.35}$，即 pH=6.35。考虑到水溶液中 $H_2CO_3^*$ 与 HCO_3^- 之间的化学平衡关系，可知当 pH<6.35 时，$[H_2CO_3^*]>[HCO_3^-]$；当 pH>6.35 时，$[H_2CO_3^*]<[HCO_3^-]$。

当 $[HCO_3^-]=[CO_3^{2-}]$ 时，$\alpha_1=\alpha_2$，故 $[H^+]=K_2=10^{-10.33}$，pH=10.33。考虑到 HCO_3^- 与 CO_3^{2-} 之间的化学平衡关系，当 pH<10.33 时，$[HCO_3^-]>[CO_3^{2-}]$；当 pH>10.33 时，$[HCO_3^-]<[CO_3^{2-}]$。

当 $[H_2CO_3^*]=[CO_3^{2-}]$ 时，$\alpha_0=\alpha_2$，故有 $[H^+]^2=K_1K_2=10^{-16.68}$，即 pH=8.34。显然，当 pH<8.34 时，$[H_2CO_3^*]>[CO_3^{2-}]$；当 pH>8.34 时，$[H_2CO_3^*]<[CO_3^{2-}]$。

综合上述分析和图 3-4 可知，当 pH<6.35 时，溶液中 $CO_2+H_2CO_3$ 占优势；当 pH>10.33 时，CO_3^{2-} 在各碳酸盐组分中的含量最大；而当 6.35<pH<6.35 时，HCO_3^- 是水中各碳酸盐组分中的主要组分。同时，随着 pH 值的不断增大，HCO_3^- 的含量经历了一个从小到大，再从大变小的过程，这说明 $[HCO_3^-]$-pH 关系曲线存在一个极大值点。可通过对式（3-35）求导得到该极值点的 pH 值：

$$\frac{\partial \alpha_1}{\partial [H^+]}=\frac{K_1(K_1K_2+K_1[H^+]+[H^+]^2)-K_1[H^+](K_1+2[H^+])}{(K_1K_2+K_1[H^+]+[H^+]^2)^2}=0$$

$$-[H^+]^2+K_1K_2=0$$

$$[H^+]^2=K_1K_2=10^{-16.68}$$

$$pH=8.34$$

当 pH=8.34 时，水溶液中的 HCO_3^- 浓度达到最大，同时在该 pH 值点上，$[H_2CO_3^*]=[CO_3^{2-}]$。

三种碳酸形态在平衡时的浓度比例与溶液 pH 值有完全相应的关系。每种碳酸形态浓度受外界影响而变化时，将会引起其他各种碳酸形态的浓度以及溶液 pH 值的变化，而溶液 pH 值的变化也会同时引起各碳酸形态浓度比例的变化。由此可见，水中的碳酸平衡同 pH 值是密切相关的（表 3-6）。

表 3-6　　　　　　　　　碳酸体系形态分数（25℃）

pH 值	α_0	α_1	α_2
4.5	0.9861	0.01388	2.053×10^{-8}
4.6	0.9826	0.01741	3.250×10^{-8}
4.7	0.9782	0.02182	5.128×10^{-8}
4.8	0.9727	0.02731	8.082×10^{-8}
4.9	0.9659	0.03414	1.272×10^{-7}
5.0	0.9574	0.04260	1.998×10^{-7}
5.1	0.9469	0.05305	3.132×10^{-7}
5.2	0.9341	0.06588	4.897×10^{-7}
5.3	0.9185	0.08155	7.631×10^{-7}
5.4	0.8995	0.1005	1.184×10^{-6}
5.5	0.8766	0.1234	1.830×10^{-6}
5.6	0.8495	0.1505	2.810×10^{-6}
5.7	0.8176	0.1824	4.286×10^{-6}
5.8	0.7808	0.2192	6.487×10^{-6}
5.9	0.7388	0.2612	9.729×10^{-6}
6.0	0.6920	0.3080	1.444×10^{-5}
6.1	0.6409	0.3591	2.120×10^{-5}
6.2	0.5864	0.4136	3.074×10^{-5}
6.3	0.5297	0.4730	4.401×10^{-5}
6.4	0.4722	0.5278	6.218×10^{-5}
6.5	0.4154	0.5845	8.669×10^{-5}
6.6	0.3608	0.6391	1.193×10^{-4}
6.7	0.3095	0.6903	1.623×10^{-4}
6.8	0.2626	0.7372	2.182×10^{-4}
6.9	0.2205	0.7793	2.903×10^{-4}
7.0	0.1834	0.8162	3.828×10^{-4}
7.1	0.1514	0.8481	5.008×10^{-4}
7.2	0.1241	0.8752	6.506×10^{-4}
7.3	0.1011	0.8980	8.403×10^{-4}
7.4	0.08203	0.9169	1.080×10^{-3}
7.5	0.06626	0.9324	1.383×10^{-3}
7.6	0.05334	0.9449	1.764×10^{-3}
7.7	0.04282	0.9549	2.245×10^{-3}
7.8	0.03429	0.9629	2.849×10^{-3}
7.9	0.02741	0.9690	3.610×10^{-3}
8.0	0.02188	0.9736	4.566×10^{-3}
8.1	0.01744	0.9768	5.767×10^{-3}
8.2	0.01388	0.9788	7.276×10^{-3}
8.3	0.01104	0.9798	9.169×10^{-3}
8.4	0.8746×10^{-2}	0.9797	1.154×10^{-2}
8.5	0.6954×10^{-2}	0.9785	1.451×10^{-2}
8.6	0.5511×10^{-2}	0.9763	1.823×10^{-2}

续表

pH 值	α_0	α_1	α_2
8.7	0.4361×10^{-2}	0.9727	2.287×10^{-2}
8.8	0.3447×10^{-2}	0.9679	2.864×10^{-2}
8.9	0.2720×10^{-2}	0.9615	2.582×10^{-2}
9.0	0.2142×10^{-2}	0.9532	4.470×10^{-2}
9.1	0.1683×10^{-2}	0.9427	5.566
9.2	0.1318×10^{-2}	0.9295	6.910
9.3	0.1029×10^{-2}	0.9135	8.548
9.4	0.7997×10^{-3}	0.8939	0.1053
9.5	0.6185×10^{-3}	0.8703	0.1291
9.6	0.4754×10^{-3}	0.8423	0.1573
9.7	0.3629×10^{-3}	0.8094	0.1903
9.8	0.2748×10^{-3}	0.7714	0.2283
9.9	0.2061×10^{-3}	0.7284	0.2714
10.0	0.1530×10^{-3}	0.6806	0.3192
10.1	0.1122×10^{-3}	0.6286	0.3712
10.2	0.8133×10^{-4}	0.5735	0.4263
10.3	0.5818×10^{-4}	0.5166	0.4834
10.4	0.4107×10^{-4}	0.4591	0.5409
10.5	0.2861×10^{-4}	0.4027	0.5973
10.6	0.1969×10^{-4}	0.3488	0.6512
10.7	0.1338×10^{-4}	0.2985	0.7015
10.8	0.8996×10^{-5}	0.2526	0.7474
10.8	0.5986×10^{-5}	0.2116	0.7884
11.0	0.3949×10^{-5}	0.1757	0.8242

注　$\alpha=\dfrac{1}{\alpha_1+2\alpha_2}$。

综上所述，封闭碳酸平衡体系的特性如下：

(1) 在封闭体系中，$[H_2CO_3^*]$、$[HCO_3^-]$ 和 $[CO_3^{2-}]$ 等浓度可随 pH 值变化而改变，但总碳酸量 C_T 始终保持不变。

(2) 系统 pH 值范围约为 4.5～10.8。当水样中另外含有强酸时，pH 值将小于 4.5；或当另外含有强碱时，pH 值当可大于 10.8。

(3) 当体系 pH 值小于 8.34 时，可以认为 CO_3^{2-} 含量甚微，水中只有 $(CO_2+H_2CO_3)$ 和 HCO_3^-，可只考虑一级碳酸平衡，即

$$[H^+]=K_1\dfrac{[H_2CO_3^*]}{[HCO_3^-]}$$

$$pH=pK_1-\lg[H_2CO_3^*]+\lg[HCO_3^-]$$

当溶液的 pH＞8.34 时，$[H_2CO_3^*]$ 的浓度就可忽略不计，认为水中只存在 HCO_3^- 和 CO_3^{2-}，应考虑二级碳酸平衡：

$$[H^+]=K_2\frac{[HCO_3^-]}{[CO_3^{2-}]}$$

$$pH=pK_2-\lg[HCO_3^-]+\lg[CO_3^{2-}]$$

2. 开放碳酸体系

实际上，根据气体交换动力学，CO_2 在气液界面的平衡时间需数日。因此，若所考虑的溶液反应在数小时之内完成，可应用封闭体系固定碳酸化合态总量的模式加以计算。反之，如果所研究的过程是长时期的，例如一年期间的水质组成，则认为 CO_2 与水是处于平衡状态，可以更近似于真实情况。

当考虑 CO_2 在气相和液相之间平衡时，各种碳酸盐化合态的平衡浓度可表示为 p_{CO_2} 和 pH 值的函数。此时，可应用亨利定律：

$$[H_2CO_3^*]=K_H p_{CO_2} \qquad (3-37)$$

溶液中，碳酸化合态相应为：

$$C_T=\frac{[H_2CO_3^*]}{\alpha_0}=\frac{K_H}{\alpha_0}p_{CO_2}$$

$$[HCO_3^-]=\frac{\alpha_1}{\alpha_0}K_H p_{CO_2}=\frac{K_1 K_H}{[H^+]}\cdot p_{CO_2} \qquad (3-38)$$

$$[CO_3^{2-}]=\frac{\alpha_2}{\alpha_0}K_H p_{CO_2}=\frac{K_1 K_2 K_H}{[H^+]^2}\cdot p_{CO_2} \qquad (3-39)$$

将式 (3-37)~式 (3-39) 与 K_1、K_2 表达式相结合，可导出体系内各组分随 pH 值变化而变化的关系：

$$\lg[H_2CO_3^*]\approx\lg[CO_2(aq)]=\lg K_H+\lg p_{CO_2}=-4.9 \quad \text{(斜率为 0 的直线)}$$

$$\lg[HCO_3^-]=\lg K_1+\lg[H_2CO_3^*]+pH=-11.3+pH \quad \text{(斜率为 1 的直线)}$$

$$\lg[CO_3^{2-}]=\lg K_1+\lg K_2+\lg[H_2CO_3^*]+2pH=-21.6+2pH \quad \text{(斜率为 2 的直线)}$$

另有 $\lg[H^+]=-pH$, $\lg[OH^-]=pH-14$

由这些方程式可知，在 $\lg c$ - pH 图（图 3-5）中，$H_2CO_3^*$、HCO_3^- 和 CO_3^{2-} 三条线的斜率分别为 0、+1 和 +2。此时 C_T 为三者之和，它是以三根直线为渐近线的一个曲线。

由图 3-5 可看出，C_T 是随 pH 的改变而变化，当 pH<6 时，溶液中主要是 $H_2CO_3^*$ 组分；当 pH 在 6~10 之间时，溶液中主要是 HCO_3^- 组分；当 pH>10.3 时，溶液中则主要是 CO_3^{2-} 组分。

对于开放体系，$[HCO_3^-]$、$[CO_3^{2-}]$ 和 C_T 均随 pH 的改变而变化，但 $[H_2CO_3^*]$ 总保持与大气相平衡的固定

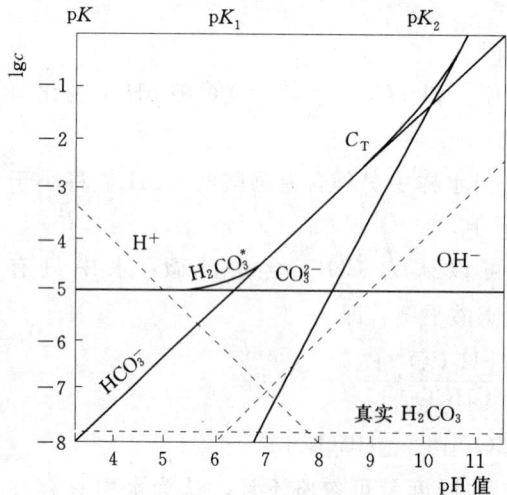

图 3-5 平衡的碳酸水溶液开放体系

数值。因此，在天然条件下开放体系是实际存在的，而封闭体系是计算短时间溶液组成的一种方法，即把其看作是开放体系趋向平衡过程中的一个微小阶段，在实用上认为是相对稳定而加以计算。

3.2.4 酸度和碱度

酸度（Acidity）是指水中能与强碱发生中和作用的全部物质，亦即放出 H^+ 或经过水解能产生 H^+ 的物质的总量。天然水体中存在着大量的弱酸（如碳酸、硅酸、硼酸等），强酸弱碱盐（如硫酸铝、氯化铁等），特殊情况下还可能出现强酸（如盐酸、硫酸、硝酸等），它们都对水系统提供酸度，其酸度值决定于这些组分的数量和它们的离解程度。可以将总酸度分为离子酸度和后备酸度两部分，前者由质子 H^+ 提供并与水样的 pH 值相应，后者与水系统的缓冲能力相关。

碱度（Alkalinity）是指水中能与强酸发生中和作用的全部物质，亦即能接受质子 H^+ 的物质总量。组成天然水体中碱度的物质也可以归纳为三类：①强碱，如 NaOH、$Ca(OH)_2$ 等，在溶液中全部电离生成 OH^- 离子；②弱碱，如 NH_3、$C_6H_5NH_2$ 等，在水中有一部分发生反应生成 OH^- 离子；③强碱弱酸盐，如各种碳酸盐、重碳酸盐、硅酸盐、磷酸盐、硫化物和腐殖酸盐等，它们水解时生成 OH^- 或者直接接受质子 H^+。后两种物质在中和过程中不断继续产生 OH^- 离子，直到全部中和完毕。考虑到水中很多物质（如 HCO_3^-）同时能与强酸和强碱发生反应，碱度和酸度在定义上有交互重叠部分，所以除了 pH<4.5 的水样外，一般使用了碱度就不再用酸度表示水样的酸碱性。

碱度和酸度是水体缓冲能力的量度，天然水体可受纳酸碱废水的容量受这类参数的制约。此外，各类工业用水、农田灌溉水或饮用水等都有一个适宜的碱度（或酸度）数值范围。以下将天然水体近似看作纯碳酸体系，对它的酸度和碱度做进一步论述。向含碳酸的清水中加入强酸或强碱，一方面可引起溶液 pH 值改变，另一方面也促使碳酸平衡综合式向左或向右移动，这样就引起碳酸存在形态的转化，这种变化就是图 3-5 中反映的三种碳酸比例变化曲线。

如图 3-6 所示，假定有一个 pH

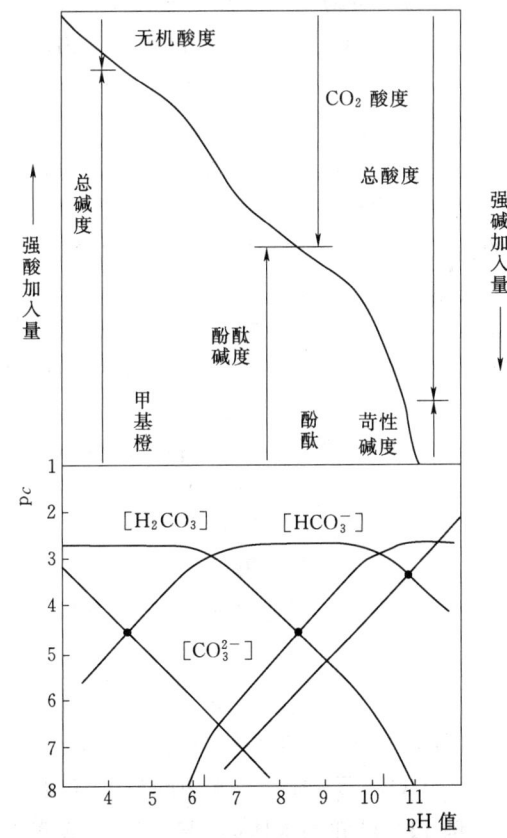

图 3-6 含碳酸水的滴定曲线
（王晓蓉和顾雪元，2018）

>10.8 的水样,用甲基橙为指示剂,并用标准酸溶液进行中和滴定,直到溶液由黄色变成橙红色(pH 值约为 4.3)停止滴定,此时所得的结果称为总碱度(Alk_{tot}),也称为甲基橙碱度。所加的 H^+ 即为下列反应的化学计量关系所需要的量:

$$H^+ + OH^- \rightleftharpoons H_2O \qquad (3-40)$$

$$H^+ + CO_3^{2-} \rightleftharpoons HCO_3^- \qquad (3-41)$$

$$H^+ + HCO_3^- \rightleftharpoons H_2CO_3 \qquad (3-42)$$

因此,对于不含其他酸、碱性盐类的碳酸盐水溶液体系,总碱度是加酸中和至将水中 HCO_3^- 和 CO_3^{2-} 全部转化为 $H_2CO_3^*$ 所需的强酸量。根据溶液质子平衡条件,可以得到碱度的表示式为

$$总碱度 = [HCO_3^-] + 2[CO_3^{2-}] + [OH^-] - [H^+] \qquad (3-43)$$

如果滴定是以酚酞作为指示剂,溶液由较高 pH 降到 pH=8.3 时,此时表示 OH^- 被中和,CO_3^{2-} 全部转化为 HCO_3^-,作为碳酸盐只中和了一半,因此,得到酚酞碱度(Alk_{ph})表示式:

$$酚酞碱度 = [CO_3^{2-}] + [OH^-] - [H_2CO_3^*] - [H^+] \qquad (3-44)$$

而当 pH 达到 CO_3^{2-} 所需酸量时称为苛性碱度(Alk_{OH})。在实验室里不能迅速地测得,因为不容易找到终点。若已知总碱度和酚酞碱度就可用计算方法确定:苛性碱度=2 酚酞-总碱度。苛性碱度表达式为

$$苛性碱度 = [OH^-] - [HCO_3^-] - 2[H_2CO_3^*] - [H^+] \qquad (3-45)$$

资源 3.4

以强碱滴定含碳酸水溶液测定酸度时,其反应过程与上述相反。以甲基橙为指示剂滴定到 pH 值为 4.3,以酚酞为指示剂滴定到 pH=8.3,分别得到无机酸度及游离 CO_2 酸度。总酸度应在 pH=10.8 处得到。但此时滴定曲线无明显突跃,难以选择适合的指示剂,故一般以游离 CO_2 作为酸度主要指标。同样也可根据溶液质子平衡条件,可得到酸度的表达式:

$$总酸度 = [H^+] + [HCO_3^-] + 2[H_2CO_3^*] - [OH^-] \qquad (3-46)$$

$$CO_2 \text{ 酸度} = [H^+] + [H_2CO_3^*] - [CO_3^{2-}] - [OH^-] \qquad (3-47)$$

$$无机酸度 = [H^+] - [HCO_3^-] - 2[CO_3^{2-}] - [OH^-] \qquad (3-48)$$

如果应用总碳酸量 C_T 和相应的分布系数 α 来表示,则有以下各表达式:

$$总碱度 = C_T(\alpha_1 + 2\alpha_2) + K_w/[H^+] - [H^+] \qquad (3-49)$$

$$酚酞碱度 = C_T(\alpha_2 - \alpha_0) + K_w/[H^+] - [H^+] \qquad (3-50)$$

$$苛性碱度 = -C_T(\alpha_1 + 2\alpha_0) + K_w/[H^+] - [H^+] \qquad (3-51)$$

$$总酸度 = C_T(\alpha_1 + 2\alpha_0) + [H^+] - K_w/[H^+] \qquad (3-52)$$

$$CO_2 \text{ 酸度} = C_T(\alpha_0 - \alpha_2) + [H^+] - K_w/[H^+] \qquad (3-53)$$

$$无机酸度 = -C_T(\alpha_1 + 2\alpha_2) + [H^+] - K_w/[H^+] \qquad (3-54)$$

这样,只要已知水体的 pH、碱度及相应的平衡常数,就可算出 $H_2CO_3^*$、HCO_3^-、CO_3^{2-} 及 OH^- 在水中的浓度(假定其他各种形态对碱度的贡献可以忽略)。

【例 1】 已知某水体的 pH=700,碱度为 1.00×10^{-3} mol/L,计算上述各种形态物质的浓度。

解:当 pH=7.00 时,CO_3^{2-} 的浓度与 HCO_3^- 浓度相比可以忽略,此时碱度全部

由 HCO_3^- 贡献。因此有

$$[HCO_3^-]=[Alk]=1.00\times10^{-3} \text{ mol/L}$$
$$[OH^-]=1.00\times10^{-7} \text{ mol/L}$$

根据酸的离解常数 K_1，可以计算出 $H_2CO_3^*$ 的浓度：

$$[H_2CO_3^*]=\frac{[H^+][HCO_3^-]}{K_1}$$
$$=\frac{1.00\times10^{-7}\times1.00\times10^{-3}}{4.45\times10^{-7}}$$
$$=2.25\times10^{-4}(\text{mol/L})$$

代入 K_2 的表达式计算 $[CO_3^{2-}]$：

$$[CO_3^{2-}]=\frac{K_2[HCO_3^-]}{[H^+]}$$
$$=\frac{4.69\times10^{-11}\times1.00\times10^{-3}}{1.00\times10^{-7}}$$
$$=4.69\times10^{-7}(\text{mol/L})$$

【例 2】 若水体的 $pH=10.0$，碱度仍为 1.00×10^{-3} mol/L，上述各形态物质的浓度又是多少？

解： 在这种情况下，对碱度的贡献是由 HCO_3^-、CO_3^{2-} 及 OH^- 同时提供的，总碱度可表示如下：

$$[Alk]_{tot}=[HCO_3^-]+2[CO_3^{2-}]+[OH^-]$$

再以 $[OH^-]=1.00\times10^{-4}$ mol/L 代入 K_2 表示式，即有

$$\frac{[CO_3^{2-}]}{[HCO_3^-]}=\frac{K_2}{[H^+]}=\frac{4.69\times10^{-11}}{1.00\times10^{-10}}=0.469$$

可以算出 $[HCO_3^-]=4.64\times10^{-4}$ mol/L 及 $[CO_3^{2-}]=2.18\times10^{-4}$ mol/L。

可以看出，对总碱度的贡献 HCO_3^- 为 4.64×10^{-4} mol/L，CO_3^{2-} 为 2.18×10^{-4} mol/L，OH^- 为 1.00×10^{-4} mol/L。总碱度为三者之和，即 1.00×10^{-3} mol/L。

这里需要特别注意的是，在封闭体系中加入强酸或强碱，总碳酸量 C_T 不受影响，而加入 CO_2 时，总碱度值并不发生变化。这时溶液 pH 值和各碳酸化合态浓度虽然发生变化，但它们的代数综合值仍保持不变。因此总碳酸量 C_T 和总碱度在一定条件下具有守恒特性。

资源 3.5

3.2.5 天然水体的缓冲能力

天然水体的 pH 值一般在 6～9 之间，而且对于某一水体，其 pH 值几乎保持不变，表明天然水体具有一定的缓冲能力，是一个缓冲体系。一般认为，水中含有的各种碳酸化合物控制水的 pH 值并具有缓冲作用，但最近研究表明，水体和周围环境之间有多种物理、化学和生物化学过程，它们对水体的 pH 值也有着重要作用。但无论如何，碳酸化合物仍是水体缓冲作用的重要因素，时常根据它的存在情况来估算水体的缓冲能力。

对于碳酸水体系，在 $pH<8.3$ 时，可以只考虑一级碳酸平衡，故其 pH 值可由

式（3-55）确定：

$$pH = pK_1 - \lg \frac{[H_2CO_3^*]}{[HCO_3^-]} \tag{3-55}$$

如果向水体投入 ΔB 量的碱性废水时，水中 ΔB 量由 $H_2CO_3^*$ 转化为 HCO_3^-，水体 pH 值升高为 pH' 值，则有

$$pH' = pK_1 - \lg \frac{[H_2CO_3^*] - \Delta B}{[HCO_3^-] + \Delta B} \tag{3-56}$$

水体中 pH 值变化为 $\Delta pH = pH' - pH$，即得

$$\Delta pH = -\lg \frac{[H_2CO_3^*] - \Delta B}{[HCO_3^-] + \Delta B} + \lg \frac{[H_2CO_3^*]}{[HCO_3^-]} \tag{3-57}$$

若把 $[HCO_3^-]$ 作为水的碱度，$[H_2CO_3^*]$ 作为水的游离碳酸 $[CO_2]$，就可推出：

$$\Delta B = \frac{[碱度][10^{\Delta pH} - 1]}{1 + K_1 \times 10^{pH + \Delta pH}} \tag{3-58}$$

ΔpH 即为相应改变的 pH 值。在投入酸量 ΔA 时，只要把 ΔpH 作为负值，$\Delta A = -\Delta B$，也可以进行类似计算。

3.3 水环境中的溶解和沉淀作用

溶解和沉淀是天然水和水处理过程中极为重要的现象。天然水在循环过程中与岩石中的矿物不断地相互作用，矿物既可溶解于水中或与水发生反应，也可沉积于湖泊、河流或海洋的底部，因此，矿物质的溶解与沉淀成为决定天然水化学组成的重要因素。掌握有关固态物质在水中溶解沉淀平衡的知识将有助于深入了解天然的风化过程和沉积过程，了解天然水体中矿物质含量的变化规律，以及直观衡量一般金属化合物在水体中的迁移能力。

3.3.1 溶解-沉淀动力学过程

天然水环境中固体的溶解-沉淀过程往往十分缓慢，因此，其动力学过程就十分重要。但是影响动力学过程的因素相当复杂，很难进行严格的数学描述。通常在一定条件下采用经验公式推算速率。

3.3.1.1 沉淀过程

沉淀发生一般分为三个阶段：① 成核（Nucleation）；② 晶体生长（Crystal Growth）；③ 晶体聚集（Agglomeration & Ripening）。

1. 成核

核是一个细微的颗粒，可以由该沉淀的几个分子簇或该沉淀成分离子的几个离子对簇组成。它们也可以是与沉淀物无关，但晶格结构部分相似的细微颗粒。晶核形成是溶液中无规则运动的溶质组分变成具有确定表面的有组织的结构。这一过程需要消耗能量，因此，沉淀在一个均匀溶液里形成之前，溶液就必须是过饱和，溶液中过饱和度是晶核形成的驱动力，过饱和度越大，晶核越容易生成。非均相晶核较均相晶核

易生成,因为一方面溶质组分自身可以相互聚集形成晶核,另一方面溶质组分又可吸附在其他溶质微粒表面形成晶核。

2. 晶体生长

晶体不断从溶液中获得离子,使晶核颗粒长大,由于包括沉淀在内的水和废水处理过程往往都达不到平衡,所以晶体生长速率极为重要。这种生长速率与溶液的浓度、温度、晶核粒度大小及表面状况等因素均有关系。晶体生长速率可用式(3-59)表示为

$$\frac{dc}{dt}=-ks(c-c^*)^n \tag{3-59}$$

式中:dc/dt 为晶体生长速率,$mol/(L \cdot t)$;k 为晶体生长速率常数,$L^n/(mg \cdot mol^{n-1})$;s 为单位体积中具有一定表面积的晶核量,mol/L;c 为结晶界面溶质离子的极限浓度,mol/L;c^* 为饱和浓度,mol/L;n 为常数。

3. 晶核聚集

在沉淀形成初期,固相往往是不稳定的,通常都要经过一定时间,沉淀物才逐渐转化为稳定的固相。稳定固相的溶解量一般比初始形成的状态有更低的溶解量。因此,稳定固相的不断出现,溶液中溶质浓度也随之下降,使沉淀趋向更完全。晶体结构转向稳定的过程称为"陈化"或"熟化"。该过程所需的时间决定于沉淀物性质和温度等条件。

3.3.1.2 溶解过程

溶解是沉淀的逆过程,其溶解速率与固体物质的性质、接触界面、溶剂性质及温度等条件有关。溶解速率一般是由溶质离开固体的扩散速率所控制,动力学方程为

$$\frac{dc}{dt}=ks(c^*-c) \tag{3-60}$$

式中:dc/dt 为溶解速率,$mol/(L \cdot t)$;k 为溶解速率常数,$L/(mg \cdot t)$;s 为单位体积中具有一定粒度的固体物质的量,mg/L;c^* 为固体物质的溶解度,mol/L;c 为溶液中固体物质的浓度,mol/L。

3.3.2 各类无机物的溶解度
3.3.2.1 氧化物和氢氧化物

金属氢氧化物的沉淀有多种形态,它们的水环境行为差别很大。氧化物可看成是氢氧化物的脱水形式。由于这类化合物直接与pH值有关,实际涉及水解和羟基配合物的平衡过程,该过程往往复杂多变,这里用强电解质的最简单关系式表述:

$$Me(OH)_n(s) \rightleftharpoons Me^{n+}+nOH^- \tag{3-61}$$

则溶度积 $\qquad K_{sp}=[Me^{n+}][OH^-]^n$

进行转换,得

$$[Me^{n+}]=\frac{K_{sp}}{[OH^-]^n}=\frac{K_{sp}[H^+]^n}{K_w^n}$$

$$-\lg[Me^{n+}]=-\lg K_{sp}-n\lg[H^+]+n\lg K_w$$

$$pc=pK_{sp}-npK_w+npH \tag{3-62}$$

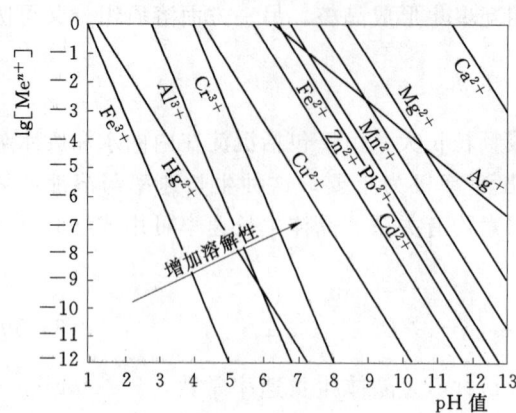

图 3-7 氢氧化物的溶解度
(Stumm 和 Morgan, 1996)

根据式 (3-62),可以给出溶液中金属离子饱和浓度对数值与 pH 值的关系图 (图 3-7),直线斜率等于 n,即金属离子价。直线横轴截距是 $-\lg[Me^{n+}]=0$ 或 $[Me^{n+}]=1.0$ mol/L 时的 pH:

$$pH = 14 - \frac{1}{n}pK_{sp}$$

各种金属氢氧化物的溶度积数值列于表 3-7 中,根据其中数据可绘出溶液中金属离子饱和浓度对数值与 pH 值的关系图 (图 3-7)。图 3-7 中同价金属离子的各线均有相同的斜率,靠图右边斜线代表的金属氢氧化物的溶解度大于靠左边的溶解度。根据此图大致可查出各种金属离子在不同 pH 值溶液中所能存在的最大饱和浓度。

表 3-7　　金属氢氧化物溶度积 (汤鸿霄, 1979)

氢氧化物	K_{sp}	pK_{sp}	氢氧化物	K_{sp}	pK_{sp}
AgOH	1.6×10^{-8}	7.80	$Fe(OH)_3$	3.2×10^{-38}	37.50
$Ba(OH)_2$	5×10^{-3}	2.30	$Mg(OH)_2$	1.8×10^{-11}	10.74
$Ca(OH)_2$	5.5×10^{-6}	5.26	$Mn(OH)_2$	1.1×10^{-13}	12.96
$Al(OH)_3$	1.3×10^{-33}	32.90	$Hg(OH)_2$	4.8×10^{-26}	25.32
$Cd(OH)_2$	2.2×10^{-14}	13.66	$Ni(OH)_2$	2.0×10^{-15}	14.70
$Co(OH)_2$	1.6×10^{-15}	14.80	$Pb(OH)_2$	1.2×10^{-15}	14.93
$Cr(OH)_3$	6.3×10^{-31}	30.20	$Th(OH)_4$	4.0×10^{-45}	44.40
$Cu(OH)_2$	5.0×10^{-20}	19.30	$Ti(OH)_3$	1.0×10^{-40}	40.00
$Fe(OH)_2$	1.0×10^{-15}	15.00	$Zn(OH)_2$	7.1×10^{-18}	17.15

不过图 3-7 和式 (3-62) 所表征的关系,并不能充分反映出氧化物或氢氧化物的溶解度,因为图 3-7 未考虑金属在水中的配合作用,实际金属离子在水溶液中大多存在水解反应,即与羟基金属离子配合物 $[Me(OH)_n^{z-n}]$ 处于平衡。如 PbO(s) 在 25℃ 时其固相与溶解相之间所有可能的平衡为

$$PbO(s) + 2H^+ \rightleftharpoons Pb^{2+} + H_2O \quad \lg{}^*K_{S_0} = 12.7 \quad (3-63)$$

$$PbO(s) + H^+ \rightleftharpoons PbOH^+ \quad \lg{}^*K_{S_1} = 5.0 \quad (3-64)$$

$$PbO(s) + H_2O \rightleftharpoons Pb(OH)_2^0 \quad \lg{}^*K_{S_2} = -4.4 \quad (3-65)$$

$$PbO(s) + 2H_2O \rightleftharpoons Pb(OH)_3^- + H^+ \quad \lg{}^*K_{S_3} = -15.4 \quad (3-66)$$

由式 (3-63)～式 (3-66) 可得出 PbO 的溶解度表示式为

$$[Pb(II)]_T = {}^*K_{S_0}[H^+]^2 + {}^*K_{S_1}[H^+] + {}^*K_{S_2} + {}^*K_{S_3}[H^+]^{-1} \quad (3-67)$$

也可表示为

$$[Pb(Ⅱ)]_T = [Pb^{2+}] + \sum_{n=1}^{3}[Pb(OH)_n^{2-n}] \tag{3-68}$$

图 3-8 表明，固体氧化物和氢氧化物具有两性的特征，它们和质子或羟基离子都可发生反应。存在有一个 pH 值，在此 pH 值下溶解度为最小值，在碱性或酸性更强的 pH 值区域内，溶解度都变得更大。阴影区为 PbO 的沉淀区，阴影区域线为四条特征线的综合。

3.3.2.2 硫化物

金属硫化物是比氢氧化物溶度积更小的一类难溶沉淀物，重金属硫化物在中性条件下实际上是不溶的；在盐酸中 Fe、Mn 和 Cd 的硫化物是可溶的，而 Ni 和 Co 的硫化物是难溶的；Cu、Hg、Pb 的硫化物只有在硝酸中才能溶解。

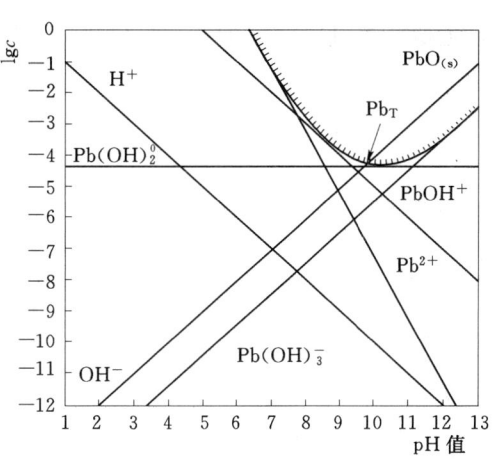

图 3-8 PbO 的溶解度
（Pankow, 1991）

表 3-8 列出重金属硫化物的溶度积。由表 3-8 可看出，只要水环境中存在 S^{2-}，几乎所有重金属均可从水体中除去。

表 3-8 重金属硫化物溶度积（汤鸿霄，1979）

分子式	K_{sp}	pK_{sp}	分子式	K_{sp}	pK_{sp}
Ag_2S	6.3×10^{-50}	49.20	HgS	4.0×10^{-53}	52.40
CdS	7.9×10^{-27}	26.10	MnS	2.5×10^{-13}	12.60
CoS	4.0×10^{-21}	20.40	NiS	3.2×10^{-19}	18.50
Cu_2S	2.5×10^{-48}	47.60	PbS	8×10^{-28}	27.90
CuS	6.3×10^{-36}	35.20	SnS	1×10^{-25}	25.00
FeS	3.3×10^{-18}	17.50	ZnS	1.6×10^{-24}	23.80
Hg_2S	1.0×10^{-45}	45.00	Al_2S_3	2×10^{-7}	6.70

硫化氢溶于水中呈二元酸状态，其分级电离为

$$H_2S \rightleftharpoons H^+ + HS^- \quad K_1 = 8.9 \times 10^{-8} \tag{3-69}$$

$$HS^- \rightleftharpoons H^+ + S^{2-} \quad K_2 = 1.3 \times 10^{-15} \tag{3-70}$$

两者相加可得

$$H_2S \rightleftharpoons 2H^+ + S^{2-}$$

$$K_{1,2} = \frac{[H^+]^2[S^{2-}]}{[H_2S]} = K_1 K_2 = 1.16 \times 10^{-22} \tag{3-71}$$

在饱和水溶液中，H_2S 浓度总是保持 0.1mol/L，又因为实际电离甚微，可认为饱和溶液中 H_2S 分子浓度 $[H_2S]$ 也保持在 0.1mol/L。将其代入式（3-71）得

$$[H^+]^2[S^{2-}] = 1.16 \times 10^{-22} \times 0.1 = 1.16 \times 10^{-23} = K'_{sp}$$

因此可把 1.16×10^{-23} 看成是一个溶度积 (K'_{sp}),在任何 pH 值的 H_2S 饱和溶液中必须保持的一个常数。由于 H_2S 在纯水溶液中的二级电离甚微,故可根据一级电离,近似认为 $[H^+] = [HS^-]$ 并代入式 (3-69) 和式 (3-70),可求得此溶液中 $[S^{2-}]$ 浓度:

$$[S^{2-}] = \frac{K'_{sp}}{[H^+]^2} = \frac{1.16 \times 10^{-23}}{8.9 \times 10^{-9}} = 1.3 \times 10^{-15} (\text{mol/L})$$

在任一 pH 值的水中,则

$$[S^{2-}] = 1.16 \times 10^{-23}/[H^+]^2 \tag{3-72}$$

溶液中促成硫化物沉淀是 S^{2-},若溶液中存在二价金属离子 Me^{2+},则有

$$[Me^{2+}][S^{2-}] = K_{sp}$$

因此在硫化氢和硫化物均达到饱和的溶液中,可算出溶液中金属离子的饱和浓度为

$$[Me^{2+}] = \frac{K_{sp}}{[S^{2-}]} = \frac{K_{sp}[H^+]^2}{K'_{sp}} = \frac{K_{sp}[H^+]^2}{0.1 K_1 K_2} \tag{3-73}$$

3.3.2.3 碳酸盐

在地球壳层可溶于地下水的矿物中,碳酸盐可能是丰度最大且最重要的矿物。在 $Me^{2+}-H_2O-CO_2$ 体系中,碳酸盐作为固相时需要比氧化物、氢氧化物更稳定,而且与氢氧化物不同,它并不是由 OH^- 直接参与沉淀反应,同时 CO_2 还存在气相分压。因此,讨论碳酸盐沉淀实际上是二元酸在三相中的平衡分布问题。在对待 $Me^{2+}-CO_2-H_2O$ 体系的多相平衡时,主要区别两种情况:①对大气封闭的体系(只考虑固相和溶液相,把 $H_2CO_3^*$ 当作不挥发酸类处理);②除固相和液相外还包括气相(含 CO_2)的体系。由于方解石在地下水体系中的重要性,因此,下面将以 $CaCO_3$ 为例作介绍。

1. 封闭体系

(1) C_T = 常数时,$CaCO_3$ 的溶解度为

$$CaCO_3(s) \rightleftharpoons Ca^{2+} + CO_3^{2-}$$

$$K_{sp} = [Ca^{2+}][CO_3^{2-}] = 10^{-8.32}$$

$$[Ca^{2+}] = K_{sp}/[CO_3^{2-}] = K_{sp}/(C_T \alpha_2) \tag{3-74}$$

由于 α_2 对任何 pH 值都是已知的,根据式 (3-74),可以得出随 C_T 和 pH 值变化的 Ca^{2+} 的饱和平衡值。对于任何与 $MeCO_3(s)$ 平衡时的 $[Me^{2+}]$ 都可以写出类似方程式,并可给出 $\lg[Me^{2+}]$ 对 pH 值的曲线图(图 3-9)。图 3-9 基本上是由溶度积方程式和碳酸平衡叠加而构成的,$[Ca^{2+}]$ 和 $[CO_3^{2-}]$ 的乘积必须是常数。因此,在 $pH > pK_2$ 时,溶液中主要为 CO_3^{2-},$\lg[CO_3^{2-}]$ 的斜率为零,$\lg[Ca^{2+}]$ 的斜率也为零,即

$$\lg[Ca^{2+}] = \lg K_{sp} - \lg C_T$$

当 $pK_1 < pH < pK_2$ 时,$\lg[CO_3^{2-}]$ 的斜率为 1,相应 $\lg[Ca^{2+}]$ 斜率为 -1,即

$$\lg[Ca^{2+}]=\lg\frac{K_{sp}}{C_T K_2}-pH$$

当 $pH<pK_1$ 时，$\lg[CO_3^{2-}]$ 的斜率为 2，为保持乘积 $[Ca^{2+}][CO_3^{2-}]$ 的恒定，$\lg[Ca^{2+}]$ 必然斜率为 -2，即

$$\lg[Ca^{2+}]=\lg\frac{K_{sp}}{C_T K_1 K_2}-2pH$$

图 3-9 是 $C_T=3\times 10^{-3} mol/L$ 时一些金属碳酸盐的溶解度以及它们对 pH 值的依赖关系。

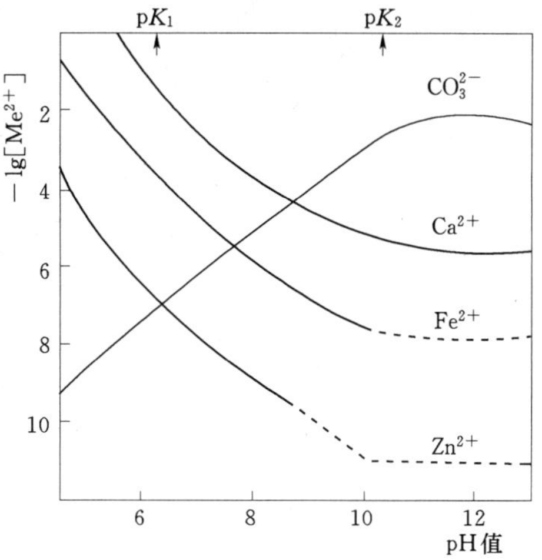

（2）$CaCO_3(s)$ 在纯水中的溶解度。溶液中的溶质为 Ca^{2+}、$H_2CO_3^*$、HCO_3^-、CO_3^{2-}、H^+、OH^-、CO_3^{2-} 同时参与 $CaCO_3(s)$ 溶解平衡和碳酸平衡，Ca^{2+} 浓度等于溶解碳酸化合态的总和，即

$$[Ca^{2+}]=C_T \quad (3-75)$$

图 3-9 封闭体系中 $C_T=3\times 10^{-3}$ mol/L 时，$MeCO_3(s)$ 的溶解度

(Stumm 和 Morgan，1996)

此外，溶液必须满足电中性条件

$$2[Ca^{2+}]+[H^+]=[HCO_3^-]+2[CO_3^{2-}]+[OH^-] \quad (3-76)$$

又

$$[Ca^{2+}]=K_{sp}/[CO_3^{2-}]=K_{sp}/(C_T\alpha_2) \quad (3-77)$$

综合上述两式可得出

$$[Ca^{2+}]=(K_{sp}/\alpha_2)^{1/2}$$
$$-\lg[Ca^{2+}]=0.5pK_{sp}-0.5p\alpha_2 \quad (3-78)$$

对于其他金属碳酸盐则可写为

$$-\lg[Me^{2+}]=0.5pK_{sp}-0.5p\alpha_2 \quad (3-79)$$

把式 (3-78) 代入式 (3-76)，可得

$$(K_{sp}/\alpha_2)^{0.5}(2-\alpha_1-2\alpha_2)+[H^+]-K_w/[H^+]=0 \quad (3-80)$$

可用试算法求解。

同样可以绘制 pc-pH 图表示碳酸钙溶解度与 pH 的关系：

当 $pH>pK_2$，$\alpha_2\approx 1$
$$\lg[Ca^{2+}]=0.5\lg K_{sp}$$

当 $pK_1<pH<pK_2$，$\alpha_2\approx K_2/[H^+]$
$$\lg[Ca^{2+}]=0.5\lg K_{sp}-0.5\lg K_2-0.5pH$$

当 $pH<pK_1$，$\alpha_2\approx K_2 K_1/[H^+]^2$
$$\lg[Ca^{2+}]=0.5\lg K_{sp}-0.5\lg K_1 K_2-pH$$

图 3-10 给出某些金属碳酸盐溶解度曲线图。

2. 开放体系

向纯水中加入 $CaCO_3(s)$，并且将此溶液暴露于含有 CO_2 的气相中，因 CO_2 分压固定，溶液中的 $[CO_2]$ 浓度也相应固定，根据前面的讨论：

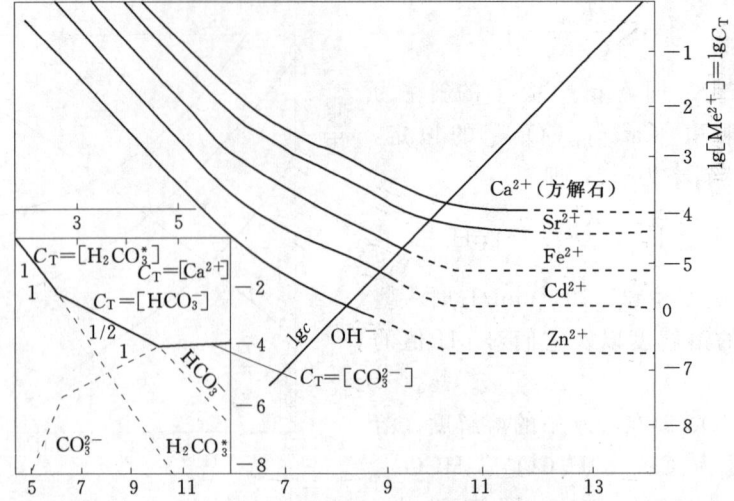

图 3-10 某些金属碳酸盐的溶解度（Stumm 和 Morgan，1996）

$$C_T = \frac{[CO_2]}{\alpha_0} = \frac{1}{\alpha_0} K_H p_{CO_2}$$

$$[CO_3^{2-}] = \frac{K_H p_{CO_2} \alpha_2}{\alpha_0}$$

$$[Ca^{2+}] = \frac{\alpha_0}{\alpha_2} \frac{K_{sp}}{K_H p_{CO_2}} \tag{3-81}$$

资源 3.7

同样可将此关系式推广到其他金属碳酸盐，绘出 $\lg c$ - pH 图如图 3-11 所示。

3.3.3 水溶液中不同固相的分级沉淀

溶液中有几种固液—平衡同时存在时，就存在分级沉淀或竞争沉淀的现象。按热力学观点，体系在一定条件下建立平衡时，只能有一种固液—平衡占主导地位。因此，可在选定条件下，判断何种固体作为稳定相存在而占优势。下面以 Fe(Ⅱ) 为例，讨论在一定条件下，何种固体占优势。如在 $C_T = 10^{-3}$ mol/L 的碳酸盐溶液中，可能发生 $FeCO_3$ 和 $Fe(OH)_2$ 沉淀，可以根据以下一些平衡式绘出两种沉淀的溶解区域图。

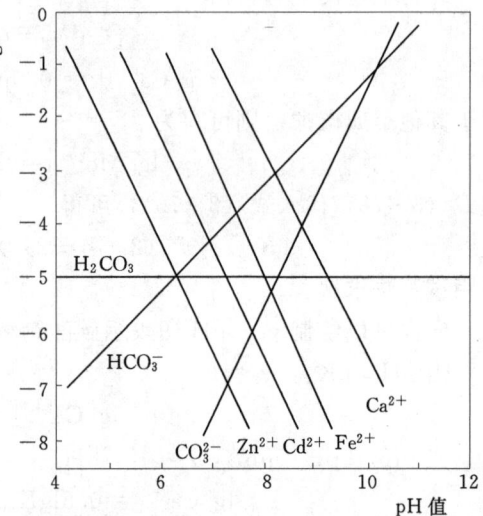

图 3-11 开放体系中碳酸盐的溶解度
（Stumm 和 Morgan，1996）

(1) $Fe(OH)_2(s) \rightleftharpoons Fe^{2+} + 2OH^-$ $\lg K_s = -14.5$

$Fe(OH)_2(s) + 2H^+ \rightleftharpoons Fe^{2+} + 2H_2O$ $\lg {}^*K_s = 13.5$

$$p[Fe^{2+}] = -13.5 + 2pH \tag{3-82}$$

(2) $Fe(OH)_2(s) \rightleftharpoons FeOH^+ + OH^-$ $\lg K_s = -9.4$

$Fe(OH)_2(s) + H^+ \rightleftharpoons FeOH^+ + H_2O$ $\lg {}^*K_s = 4.6$

$$p[FeOH^+] = -4.6 + pH \tag{3-83}$$

(3) $Fe(OH)_2(s) + OH^- \rightleftharpoons Fe(OH)_3^-$ $\lg K_s = -5.1$

$Fe(OH)_2(s) + H_2O \rightleftharpoons Fe(OH)_3^- + H^+$ $\lg {}^*K_s = -19.1$

$$p[Fe(OH)_3^-] = 19.1 - pH \tag{3-84}$$

按式（3-82）～式（3-84）可绘出 $Fe(OH)_2(s)$ 的溶解区域图，如图 3-12 中右侧部分。

(4) $FeCO_3(s) \rightleftharpoons Fe^{2+} + CO_3^{2-}$ $\lg K_s = -10.7$

$FeCO_3(s) + H^+ \rightleftharpoons Fe^{2+} + HCO_3^-$ $\lg {}^*K_s = -0.3$

$$p[Fe^{2+}] = 0.3 + pH + \lg[HCO_3^-] \tag{3-85}$$

(5) $FeCO_3(s) + OH^- \rightleftharpoons FeOH^+ + CO_3^{2-}$ $\lg K_s = -5.6$

$FeCO_3(s) + H_2O \rightleftharpoons FeOH^+ + H^+ + CO_3^{2-}$ $\lg {}^*K_s = -19.6$

$$p[FeOH^+] = 19.6 - pH + \lg[CO_3^{2-}] \tag{3-86}$$

(6) $FeCO_3(s) + 3OH^- \rightleftharpoons Fe(OH)_3^- + CO_3^{2-}$ $\lg K_s = -1.3$

$FeCO_3(s) + 3H_2O \rightleftharpoons Fe(OH)_3^- + 3H^+ + CO_3^{2-}$ $\lg {}^*K_s = -43.3$

$$p[Fe(OH)_3^-] = 43.3 - 3pH + \lg[CO_3^{2-}] \tag{3-87}$$

由式（3-85）～式（3-87）可绘出 $FeCO_3(s)$ 的溶解区域，如图 3-12 左侧部分，从图中可看出：① 当 pH<10.5 时，$FeCO_3$ 优先发生沉淀，控制着溶液中 Fe(Ⅱ) 的浓度；② 当 pH>10.5 时，则 $Fe(OH)_2$ 优先沉淀，决定 Fe(Ⅱ) 的浓度；③ 当 pH = 10.5 时，两种沉淀可同时发生。

3.3.4 影响溶解度的因素

溶解度在很大程度上决定着化学物质在大气、水、颗粒物（或沉积物）和生物体中的分布和积累，以及在水环境中的迁移速率和降解速率，是非常重要的一个参数。

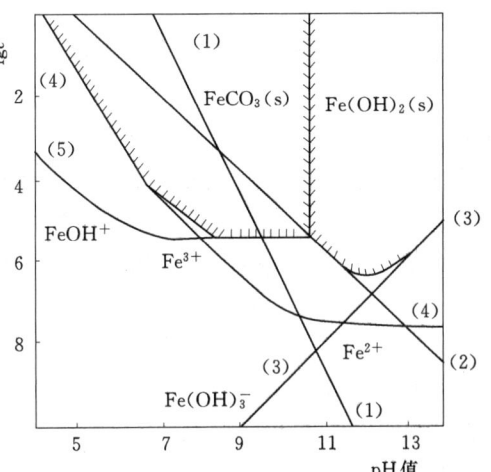

图 3-12 $FeCO_3$ 和 $Fe(OH)_2$ 的溶解图
（Stumm 和 Morgan, 1996）

资源 3.8

从溶解度图可以看到水溶液的酸碱度影响着溶解度。另外，配合作用、氧化还原作用和共存离子作用等也影响溶解度。

溶解度大小决定于溶质与溶剂之间的关系，相似相溶，如极性的化学污染物和易形成氢键的物质易溶于水中；溶解度大小与离子半径和电价数目有关，离子半径大，或者电价数小，溶解度大；相互结合的离子半径差越小，溶解度越小等。

3.4 水环境中的配合作用

天然水体中真正以游离态存在的金属离子是很少的，大多数金属都能与配位体形成各种各样的配合物（Coordination Compound）。据估算，水环境中的配合物有几百万种之多。这些配合物可能是电中性的，也可能是带正电或负电的。不同金属的配合物性质不尽相同，即便是同一种金属的各种配合物，由于分子间大小、形状、荷电状态等方面的差别，其化学行为也可能存在很大的差异。例如，有些重金属经过配合后生物毒性显著降低，有些金属配合物则对生物有更大毒性，有些配合物可以通过化学絮凝、活性炭吸附或离子交换等方法从水中高效去除，有些配合物则需高级处理才能得以去除。配位理论知识有助于我们了解天然水体系中金属的行为和归宿，有助于合理设计废水中金属离子去除工艺。

3.4.1 水环境中常见的配位体和配合物

天然水体中有许多阳离子，其中某些阳离子是良好的配合物中心体，某些阴离子则可作为配位体，它们之间的配合作用和反应速率等概念与机制，可以应用配位化学基本理论予以阐释，比如软硬酸碱理论、欧文-威廉姆斯顺序等。

根据软硬酸碱（HSAB）规则：硬酸倾向于与硬碱结合，而软酸倾向于与软碱结合，中间酸（碱）则与软、硬酸（碱）都能结合，以此估计金属和配位体形成离子或配合物的趋势及其稳定性的大致顺序。

天然水体中的配位体分为无机配位体和有机配位体。其中最重要的无机配体有 OH^-、Cl^-、HCO_3^-、CO_3^{2-}、F^-，均属于路易氏硬碱，易与硬酸进行配合。例如 OH^- 在水溶液中将优先与某些作为中心离子的硬酸结合（如 Fe^{3+}、Mn^{3+} 等），形成羟基配合离子或氢氧化物沉淀。天然水体中存在的有机配位体主要来源于水生动植物、微生物的新陈代谢产物、分泌物或它们残骸的分解物，以及人为活动造成的含有合成配位体的污染物质输入（如洗涤剂、农药、化工制剂、化肥等）。

天然水体中常见的配位化合物可分为两类。一类是配位化合物，如单核配位化合物具有一个金属离子为核心外加配位体的结构形态；双核或多核配位化合物中，是将各单核配合物的金属离子结合了起来，成为具有桥联结构的化合物。另一类是螯合物，是由多基配位体和金属离子同时生成两处或更多的配位键，构成了环状螯合结构的产物。大多数螯合剂都是用作试剂的有机化合物；无机螯合剂以聚合磷酸盐为例，其环状结构是由各相邻的 PO_4^{3-} 基团中的氧原子同金属离子形成的，其最基本结构形式为

$$\begin{array}{c} O \quad\; O^- \\ \| \quad\; \| \\ -O-P-O-P-O- \\ \| \quad\; \| \\ O \quad\; O \\ \diagdown \;\; \diagup \\ Ca^{2+} \end{array}$$

资源 3.9

水体中的螯合物大致可分为两类。一类属易变性螯合物，如 EDTA 与各种金属形成的螯合物，只要水体 pH 值发生微小的变化，螯合物的稳定性就会受到显著的影

响。另一类为不易变性螯合物，如铁色素、细胞色素、叶绿素、维生素 B_{12} 以及卟啉类化合物等。它们一般是由很大的有机分子与金属离子组成一种笼式结构，从而具有非常高的稳定性。

3.4.2 配合物的稳定性

配合物在水溶液中的稳定性是指配合物在水溶液中离解或分步离解为中心离子（原子）和配位体的趋势大小。配合物在加热后是否容易分解，关系到它的热稳定性；配合物在水溶液中是否容易发生质子传递反应，关系到它的酸碱稳定性；配合物在水溶液中是否容易被氧化或者被还原，也就是它的中心离子氧化态是否稳定，关系到它的氧化-还原稳定性。以上是配合物表现在各个方面的稳定性。当有必要全面了解配合物的稳定性时，必须对以上各方面作综合分析。

1. 配合物的稳定常数

稳定常数是衡量配合物稳定性大小的尺度，例如 $ZnNH_3^{2+}$ 可由下面反应生成：

$$Zn^{2+} + NH_3 \rightleftharpoons ZnNH_3^{2+}$$

生成常数 K_1 为

$$K_1 = \frac{[ZnNH_3^{2+}]}{[Zn^{2+}][NH_3]} = 3.9 \times 10^2 \tag{3-88}$$

在上述反应中为了简便起见，把水合水省略了。然后 $ZnNH_3^{2+}$ 继续与 NH_3 反应，生成 $Zn(NH_3)_2^{2+}$：

$$ZnNH_3^{2+} + NH_3 \rightleftharpoons Zn(NH_3)_2^{2+}$$

生成常数 K_2 为

$$K_2 = \frac{[Zn(NH_3)_2^{2+}]}{[ZnNH_3^+][NH_3]} = 2.1 \times 10^2 \tag{3-89}$$

这里 K_1、K_2 称为逐级生成常数（或逐级稳定常数），表示 NH_3 加至中心 Zn^{2+} 上是一个逐步的过程。

累积稳定常数是指几个配位体加到中心金属离子过程的加和。例如，$Zn(NH_3)_2^{2+}$ 的生成可用下面反应式表示：

$$Zn^{2+} + 2NH_3 \rightleftharpoons Zn(NH_3)_2^{2+}$$

β_2 为累积稳定常数：

$$\beta_2 = \frac{[Zn(NH_3)_2^{2+}]}{[Zn^{2+}][NH_3]^2} = K_1 K_2 = 8.2 \times 10^4 \tag{3-90}$$

同样，对于 $Zn(NH_3)_3^{2+}$ 的生成，$\beta_3 = K_1 K_2 K_3$，$Zn(NH_3)_4^{2+}$ 的 $\beta_4 = K_1 K_2 K_3 K_4$。概括起来，配合物平衡反应相应的平衡常数可表示如下。

$$M \xrightarrow[K_1]{L} ML \xrightarrow[K_2]{L} ML_2 \cdots\cdots \xrightarrow[K_n]{L} ML_n$$

$$\xrightarrow{\beta_2}$$

$$\xrightarrow{\beta_n}$$

$$K_n = \frac{[ML_n]}{[ML_{n-1}][L]} \qquad \beta_n = \frac{[ML_n]}{[M][L]^n}$$

从上述两个表达式也可看出 K 和 β 之间的关系,当 K_n 或 β_n 越大,配离子愈难离解,配合物也愈稳定。因此,从稳定常数的值可以算出溶液中各级配离子的平衡浓度。

2. 配合物的热力学稳定性及动力学稳定性

配合平衡常数 K 是由反应的 ΔG^0 决定的,ΔG^0 越大,K 越小;ΔG^0 越小,K 则越大。以下面两个反应为例:

(1) $[Co(NH_3)_6]^{3+} + 6H_3O^+ \rightleftharpoons [Co(H_2O)_6]^{3+} + 6NH_4^+$

$$\Delta G^0 = -36.79 \text{kJ} \quad K = 3 \times 10^{54}$$

(2) $[Ni(CN)_4]^{2-} + 4H_2O \rightleftharpoons [Ni(H_2O)_4]^{2+} + 4CN^-$

$$\Delta G^0 = 172.0 \text{kJ} \quad K = 7 \times 10^{-31}$$

从热力学的 ΔG^0 和 K 值来看,反应(1)是极为右倾的,反应(2)一般不能发生,属于十分左倾的反应。所以,$[Co(NH_3)_6]^{3+}$ 是热力学不稳定的配合物,而 $[Ni(CN)_4]^{2-}$ 是热力学稳定的配合物。但从反应动力学看,情况就不是这样了。实验证明,$[Co(NH_3)_6]^{3+}$ 在酸性介质中仍能存在几周的时间,这表明反应(1)中配位体的交换速度是十分缓慢的,因而 $[Co(NH_3)_6]^{3+}$ 在动力学上是稳定的;相反,反应(2)进行时配位体的交换速度很快,也就是说,$[Ni(CN)_4]^{2-}$ 在动力学上是不稳定的。

3.4.3 羟基对重金属离子的配合作用

1. 单核羟基配合物

由于大多数重金属离子均能水解,其水解过程实际上就是羟基配合过程,它是影响一些重金属难溶盐溶解度的主要因素,因此,人们特别重视羟基对重金属的配合作用。现以 Me^{2+} 为例

$$Me^{2+} + OH^- \rightleftharpoons MeOH^+ \quad K_1 = \frac{[MeOH^+]}{[Me^{2+}][OH^-]} \quad (3-91)$$

$$MeOH^+ + OH^- \rightleftharpoons Me(OH)_2^0 \quad K_2 = \frac{[Me(OH)_2^0]}{[MeOH^+][OH^-]} \quad (3-92)$$

$$Me(OH)_2^0 + OH^- \rightleftharpoons Me(OH)_3^- \quad K_3 = \frac{[Me(OH)_3^-]}{[Me(OH)_2^0][OH^-]} \quad (3-93)$$

$$Me(OH)_3^- + OH^- \rightleftharpoons Me(OH)_4^{2-} \quad K_4 = \frac{[Me(OH)_4^{2-}]}{[Me(OH)_3^-][OH^-]} \quad (3-94)$$

这里 K_1、K_2、K_3 和 K_4 为羟基配合物的逐级生成常数。在实际计算中,常用累积生成常数 β_1、β_2、β_3、… 表示。

$$Me^{2+} + OH^- \rightleftharpoons MeOH^+ \quad \beta_1 = K_1$$

$$Me^{2+} + 2OH^- \rightleftharpoons Me(OH)_2^0 \quad \beta_2 = K_1 K_2$$

$$Me^{2+} + 3OH^- \rightleftharpoons Me(OH)_3^- \quad \beta_3 = K_1 K_2 K_3$$

$$Me^{2+} + 4OH^- \rightleftharpoons Me(OH)_4^{2-} \quad \beta_4 = K_1 K_2 K_3 K_4$$

以 β 代替 K,计算各种羟基配合物占金属总量的百分数(以 φ 表示),它与累积生成常数及 pH 值有关,因为

$$[Me]_总 = [Me^{2+}] + [MeOH^+] + [Me(OH)_2^0] + [Me(OH)_3^-] + [Me(OH)_4^{2-}]$$

所以

$$[Me]_\text{总} = [Me^{2+}]\{1+\beta_1[OH^-]+\beta_2[OH^-]^2+\beta_3[OH^-]^3+\beta_4[OH^-]^4\}$$

设 $\alpha = \{1+\beta_1[OH^-]+\beta_2[OH^-]^2+\beta_3[OH^-]^3+\beta_4[OH^-]^4\}$

则 $[Me]_\text{总} = [Me^{2+}]\alpha$

$$\varphi_0 = \frac{[Me^{2+}]}{[Me]_\text{总}} = \frac{1}{\alpha} \tag{3-95}$$

$$\varphi_1 = \frac{[Me(OH)^+]}{[Me]_\text{总}} = \frac{\beta_1[Me^{2+}][OH^-]}{[Me^{2+}]\alpha} = \varphi_0\beta_1[OH^-] \tag{3-96}$$

$$\varphi_2 = \frac{[Me(OH)_2^0]}{[Me]_\text{总}} = \varphi_0\beta_2[OH^-]^2 \tag{3-97}$$

$$\vdots$$

$$\varphi_n = \frac{[Me(OH)_n^{(n-2)-}]}{[Me]_\text{总}} = \varphi_0\beta_n[OH^-]^n \tag{3-98}$$

在一定温度下，β_1，β_2，$\cdots$，β_n 等为定值，φ 仅是 pH 值的函数。图 3-13 表示了 Cd^{2+}—OH^- 配合离子在不同 pH 值下的分布。

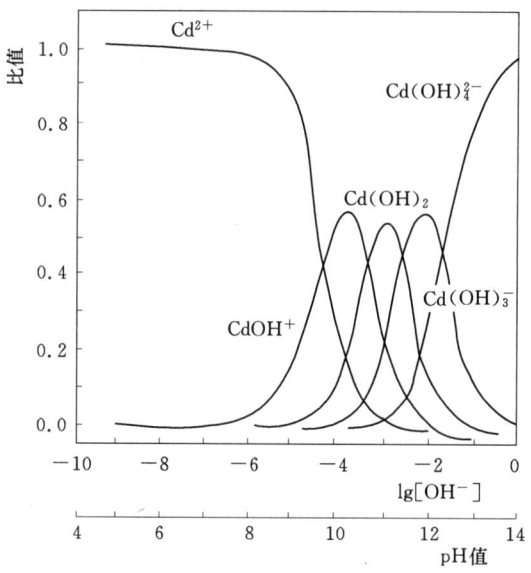

图 3-13　Cd^{2+}—OH^- 配合离子在不同 pH 值下的分布（陈静生，1987）

从图 3-13 可看出，不同 pH 值有不同的优势形态：当 pH<8 时，Cd 基本上以 Cd^{2+} 形态存在；pH=8 时，开始形成 $CdOH^+$ 配合离子；pH 值约为 10 时，$CdOH^+$ 达到峰值；pH 值达到 11 时，$Cd(OH)_2^0$ 达到峰值；pH=12 时，$Cd(OH)_3^-$ 达到峰值；当 pH>13 时，则 $Cd(OH)_4^{2-}$ 占优势。

2. 多核羟基配合物

以上介绍的是单核配位化合物，它是以一个金属离子为核心外加配位体的结构形态。而多核配位化合物是将各单核配合物的金属离子结合起来，成为具有桥联结构的

化合物，如

$$2Al(OH)(H_2O)_5^{2+} \rightleftharpoons \left[(H_2O)_4Fe\begin{matrix}OH\\OH\end{matrix}Fe(H_2O)_4\right]^{4+}$$

$$2Al(OH)(H_2O)_5^{2+} \rightleftharpoons \left[(H_2O)_4Al\begin{matrix}OH\\OH\end{matrix}Al(H_2O)_4\right]^{4+} + 2H_2O$$

$$\Updownarrow$$

$$\left[(H_2O)_4Al\begin{matrix}OH\\OH\end{matrix}\underset{\underset{H_2O}{|}}{\overset{\overset{H_2O}{|}}{Al}}\begin{matrix}OH\\OH\end{matrix}Al(H_2O)_4\right]^{5+} + 2H_2O$$

$$\Updownarrow$$

$$Al(OH)_n(H_2O)_m^{(6-n)+} + 2H_2O$$

通过羟基桥联生成多核配合物的过程中放出 H_2O 分子，使生成物的配位水减少，羟基配位增加，羟基数目增多有利于进一步羟基桥联，生成更高级的多核配合物，其最终结果是生成难溶的氢氧化铝沉淀，即

$$[Al_n(H_2O)_{3n}] \longrightarrow [Al(OH)_3]_n \downarrow$$

除 Fe^{3+}、Al^{3+} 外，许多金属离子如 Zn^{2+}、Cu^{2+}、Mg^{2+}、Pb^{2+}、Hg^{2+}、Sn^{2+} 等，也都具有多核配合物的特性。

人们利用这种特性将一些金属盐类用作混凝剂进行废水处理，取得了预期的效果。常用的无机混凝剂见表 3-9 之中。

表 3-9　　　　　　　　　常用的无机混凝剂

类别		名称	分子式	略记号	使用 pH 值
铝盐	低分子	硫酸铝	$Al_2(SO_4)_3 \cdot 18H_2O$	AS	6.0~8.5
		氯化铝	$AlCl_3$	AC	6.0~8.5
		含铁硫酸铝	$Al_2(SO_4)_3 + Fe_2(SO_4)_3$	MIC	6.0~8.5
		硫酸铝钾	$Al_2(SO_4)_3 \cdot K_2SO_4 \cdot 24H_2O$	KA	6.0~8.5
	高分子	聚硫酸铝	$[Al_2(OH)_n(SO_4)_{3-\frac{n}{2}}]_m$	PAS	6.0~8.5
		聚氯化铝	$[Al_2(OH)_nCl_{6-n}]_m$	PAC	6.0~8.5
铁盐	低分子	硫酸亚铁	$FeSO_4 \cdot 7H_2O$	FSS	8.0~11
		硫酸铁	$Fe_2(SO_4)_3 \cdot 2H_2O$	FS	4.0~11
		三氯化铁	$FeCl_3 \cdot 6H_2O$	FC	4.0~11

续表

类别		名称	分子式	略记号	使用pH值
铁盐	高分子	聚合硫酸铁	$[Fe_2(OH)_n(SO_4)_{3-\frac{n}{2}}]_m$	PFS	4.0~11
		聚氯化铁	$[Fe_2(OH)_nCl_{6-n}]_m$	PFC	4.0~11
其他	低分子	消石灰	$Ca(OH)_2$	CHO	9.5~14
		氧化镁	MgO	MO	9.5~14
		碳酸镁	$MgCO_3$	MC	

3.4.4 Cl^-对重金属离子的配合作用

除羟基外，Cl^-也是较重要的配体。Cl^-与重金属的配合作用主要存在以下几种形式，即

$$Me^{2+} + Cl^- \rightleftharpoons MeCl^+ \quad \beta_1 \quad (3-99)$$

$$Me^{2+} + 2Cl^- \rightleftharpoons MeCl_2^0 \quad \beta_2 \quad (3-100)$$

$$Me^{2+} + 3Cl^- \rightleftharpoons MeCl_3^- \quad \beta_3 \quad (3-101)$$

$$Me^{2+} + 4Cl^- \rightleftharpoons MeCl_4^{2-} \quad \beta_4 \quad (3-102)$$

氯离子与重金属的配合程度决定于Cl^-的浓度，也决定于重金属离子对Cl^-的亲和力。例如Cd^{2+}与Cl^-的逐级配合作用

$$Cd^{2+} + Cl^- \rightleftharpoons CdCl^+ \quad K_1=34.7, \beta_1=34.7$$

$$CdCl^+ + Cl^- \rightleftharpoons CdCl_2^0 \quad K_2=4.57, \beta_2=158$$

$$CdCl_2^0 + Cl^- \rightleftharpoons CdCl_3^- \quad \beta_3=200$$

$$CdCl_3^- + Cl^- \rightleftharpoons CdCl_4^{2-} \quad \beta_4=40.0$$

同样，这里K_1、K_2、K_3和K_4为配合物的逐级生成常数。β_1、β_2、β_3和β_4为累积生成常数。

当体系离子强度为1.0mol/L，在25℃和1.0130×10^5Pa条件下，这些常数是适用的。如果控制体系pH值使得$CdOH^+$配合物可以忽略，则有

$$[Cd]_T = [Cd^{2+}] + [CdCl^+] + [CdCl_2^0] + [CdCl_3^-] + [CdCl_4^{2-}] \quad (3-103)$$

各种氯配合物占金属总量的百分数若以φ表示，则得到关于$p[Cl]$的函数

$$\varphi_0 = [Cd^{2+}]/[Cd]_T = 1/\{1 + \beta_1[Cl^-] + \beta_2[Cl^-]^2 + \beta_3[Cl^-]^3 + \beta_4[Cl^-]^4\}$$

$$\varphi_1 = [CdCl^+]/[Cd]_T = \varphi_0 \beta_1[Cl^-]$$

$$\varphi_2 = [CdCl_2^0]/[Cd]_T = \varphi_0 \beta_2[Cl^-]^2$$

$$\varphi_3 = [CdCl_3^-]/[Cd]_T = \varphi_0 \beta_3[Cl^-]^3$$

$$\varphi_4 = [CdCl_4^{2-}]/[Cd]_T = \varphi_0 \beta_4[Cl^-]^4$$

若以氯配合物的分数或$\lg\varphi$与$p[Cl]$作图，就可观察到当$p[Cl]$改变时，主要含Cd的形态也发生相应的变化，在很低的$p[Cl]$下，体系以$CdCl_4^{2-}$形态为主，在高$p[Cl]$条件下，则以Cd^{2+}为主，如图3-14所示。

3.4.5 腐殖质的配合作用

1. 腐殖质的主要成分

约在1800年前后，人们才发现土壤和水体中腐殖质的存在。由于组成和结构非常复杂，所以对它的化学性质等方面迄今还不十分了解。但长期以来，人们对它的研究兴趣却一直有增无减，目前，腐殖质化学已经成为化学上的一个分支学科。

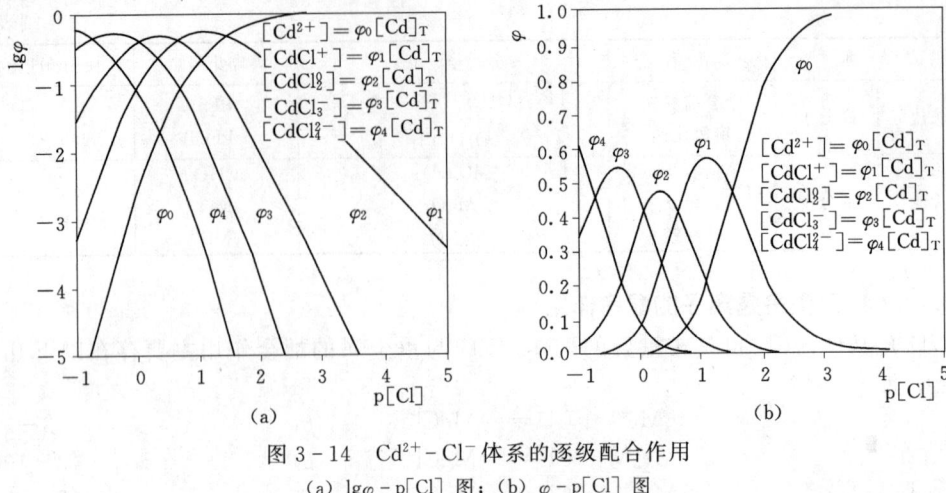

图 3-14　$Cd^{2+}-Cl^-$ 体系的逐级配合作用
(a) $\lg\varphi - p[Cl]$ 图；(b) $\varphi - p[Cl]$ 图

腐殖质的环境化学意义在于：①存在于天然水体（或土壤）中的腐殖质对金属离子有螯合作用，对有机物有吸附作用，成为水（或土壤）的天然净化剂；②在加工生产饮用水的氯化过程，原水中腐殖质与药剂 Cl_2（及其中所含 Br_2）反应，可生成三卤甲烷类化合物（THMs），具有强致癌性，成为公众健康的一大隐患；③水体中的腐殖质可能作为光敏物质参与光化学氧化还原反应。

一般地说，腐殖质首先在土壤中生成。土壤中生物体，特别是植物死亡后，在各种环境条件下分解后残留物就是腐殖质。腐殖质在土壤中广泛存在，由于土壤和水体相通，不难理解，在水体和沉积物中也必然存在着相当数量的腐殖质。但也有研究者指出，海水中所含腐殖质，有部分是在该水体系统中直接生成的。土壤中腐殖质形成的过程如图 3-15 所示。作为起始物的动植物残体大致通过化学分解和微生物分解最

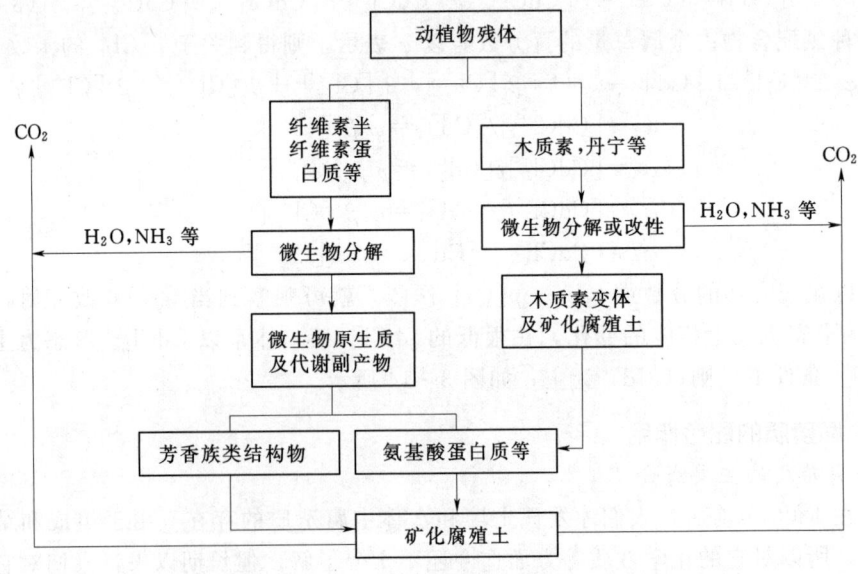

图 3-15　土壤中腐殖质的形成过程

终转为腐殖质。

海水中腐殖质含量约占有机物总量的 6%～30%，一般在 100～300μg/L 范围之内。海水中腐殖质经高分子多孔聚合物 XAD-2 吸附浓集后，所得提取物再用酸碱按下列程序处理，即可获得腐殖质的三种重要组分：①腐殖酸，是能溶于碱而沉积于酸的组分；②富里酸（或称黄腐酸），是能兼溶于酸和碱的组分；③胡敏质（或称腐黑物），是酸、碱皆不溶的组分。

$$\begin{pmatrix} \text{XAD-2 吸附浓集} \\ \text{后提取物} \end{pmatrix} \xrightarrow{\text{加碱处理}} \begin{matrix} \text{残留物：胡敏质} \\ \text{溶液} \xrightarrow{\text{加酸处理}} \begin{matrix} \text{沉积物：腐殖酸} \\ \text{溶液中：富里酸} \end{matrix} \end{matrix}$$

2. 腐殖质的化学结构

腐殖质具有非常复杂的化学结构，而且其结构还随来源不同（如土壤、淡水、海水、褐煤、沉积物）而各异。其实，红外光谱实验证明，以上这三类腐殖质在结构上是非常相似的，只是在分子量、元素和官能团的含量上有差别。

图 3-16 显示了腐殖酸的部分化学结构，最简单的富里酸的结构如图 3-17 所示。研究推测，腐殖酸分子核心是一个含大量有机杂原子基团的高分子化合物，核心外围联结着很多功能基因。腐殖质三种组分间的区别在于分子量和官能团含量的不同。如腐殖酸和胡敏质比富里酸有更高的分子量和较少的亲水官能团。总的来说，腐殖质的结构中含有羧基、酚基、醇基、羰基等官能团，其结构特点如下：

（1）以碳链为骨架，以—O—、—N—为交联基团。

（2）含氢键，带有很多含氧功能基。

（3）分子量大，如胡敏质、腐殖酸分子量可达几万。

（4）分子内多处带有电荷，高度极性。

（5）分子内含蛋白质类和碳水化合物类的部分很容易发生水解，芳香核部分不易发生化学降解和生物降解。

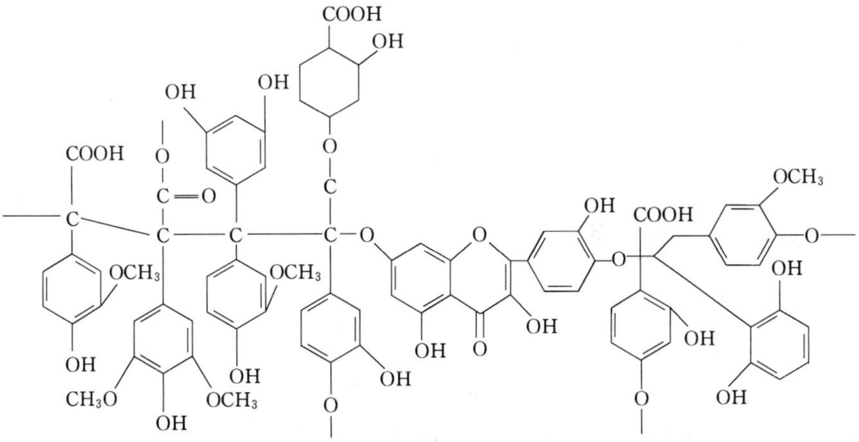

图 3-16 腐殖酸的部分化学结构

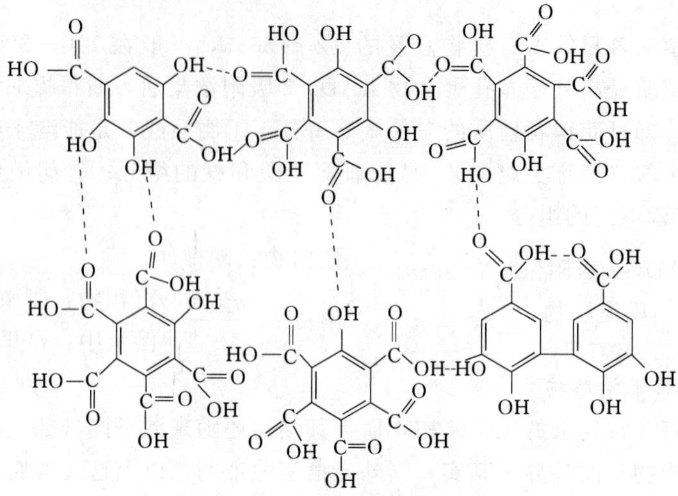

图 3-17 富里酸的分子结构式

3. 腐殖质的螯合能力

腐殖质与环境中有机物之间的作用主要涉及吸附效应、溶解效应、对水解反应的催化作用、对微生物过程的影响以及光敏效应和猝灭效应等。但腐殖质与金属离子生成配合物是其最重要的环境性质之一。

腐殖质与金属间的螯合方式一般有三种。第一种方式是以一个羧基和一个酚羟基螯合金属离子：

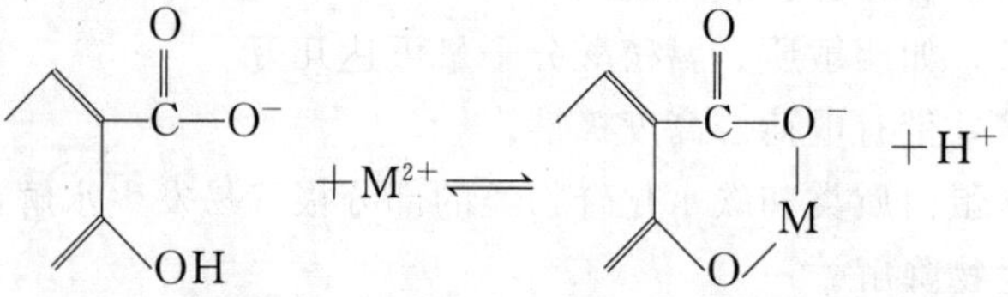

第二种方式是以一个羧基与其配合：

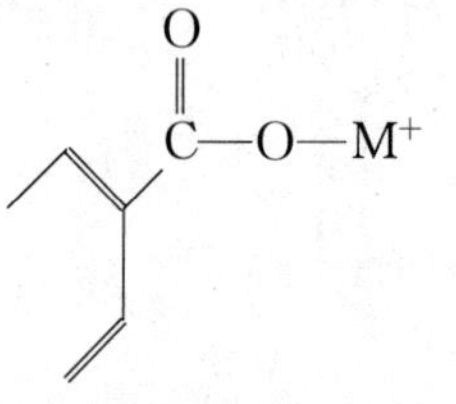

第三种方式是以两个羧基螯合金属离子：

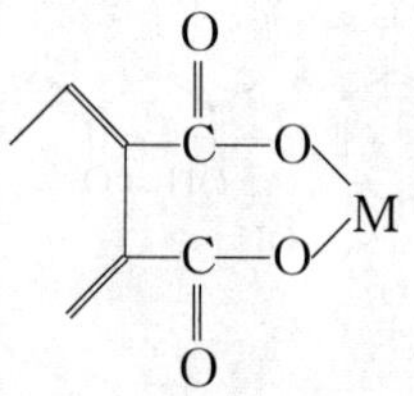

腐殖质对环境中几乎所有金属离子都有螯合作用，对于过渡金属尤为如此。一般情况下，腐殖质对金属螯合能力的强弱符合欧文-威廉姆斯（Irving-Williams）次

序,即:Mg<Ca<Cd<Mn<Co<Zn≈Ni<Cu<Hg。表3-10列举了几种不同来源的腐殖质与金属阳离子形成螯合物的稳定常数。

表3-10 腐殖质与金属阳离子形成螯合物的稳定常数(彭安,王文华,1981)

来源	样品	lgK					
		Ca	Mg	Cu	Zn	Cd	Hg
泥煤	FA	3.65	3.81	7.85	4.83	4.57	18.3
	HA	—	—	8.29	—	—	—
湖水	Celyn 湖	3.95	4.00	9.83	5.14	4.57	19.4
	Bala 湖	3.56	3.26	9.30	5.25	—	19.3
河水	Dee 河	—	—	9.48	5.36	—	19.7
	Conway 河	—	—	9.59	5.41	—	21.9
海湾	Etive 海湾	3.65	3.50	8.89	—	4.95	20.6
底泥	Etive 海湾	4.65	4.09	11.37	5.87	—	21.3
海湾污泥	Irish 海湾	3.60	3.50	8.89	5.27	—	18.1
土壤	FA	3.4	2.2	4.0	3.7	—	—
	FA	—	—	—	—	—	5.2
松花江水	FA	—	—	—	2.68	2.54	16.02
	HA	—	—	—	3.14	3.01	16.74
松花江泥	FA	—	—	—	2.76	2.66	16.51
	HA	—	—	—	3.13	3.00	16.39
蓟运河泥	FA	—	—	—	—	—	16.28
	HA	—	—	—	—	—	16.41

许多研究表明:重金属在天然水体中主要以腐殖酸的配合物形式存在。Matson等(1969)指出Cd、Pb和Cu在美洲的大湖(Great Lake)水中不存在游离离子,而是以腐殖酸配合物形式存在。重金属与水体中腐殖酸所形成的配合物稳定性,因水体腐殖酸来源和组分不同而有差别。Hg和Cu有较强的配合能力,在淡水中有大于90%的Cu、Hg与腐殖酸配合(Mantoura等,1978),这点对考虑重金属的水体污染具有很重要的意义。特别是Hg,许多阳离子如Li^+、Na^+、Co^{2+}、Mn^{2+}、Ba^{2+}、Zn^{2+}、Mg^{2+}、La^{3+}、Fe^{3+}、Al^{3+}、Ce^{3+}、Th^{4+},都不能置换Hg。水体的pH值、E_h等都影响腐殖酸和重金属配合作用的稳定性。

腐殖酸与金属配合作用对重金属在环境中的迁移转化有重要影响,特别表现在颗粒物吸附和难溶化合物溶解度方面。腐殖酸本身的吸附能力很强,这种吸附能力甚至不受其他配合作用的影响。国外研究发现(Laxen,1985),腐殖质的存在大大地改变了镉、铜和镍在水合氧化铁上的吸附,溶解的铜-腐殖酸配合竞争控制着铜的吸附,这是由于腐殖酸很容易吸附在天然颗粒物上,改变了颗粒物的表面性质。国内彭安(1983)等研究了天津蓟运河中腐殖酸对汞的迁移转化的影响,结果表明腐殖酸对底泥中汞有显著的溶出影响,并对河水中溶解态汞的吸附和沉淀有抑制作用。配合作用还可抑制金属以碳酸盐、硫化物、氢氧化物形式的沉淀产生。在pH=8.5时，此影响对CO_3^{2-}及S^{2-}体系的影响特别明显。

腐殖酸对水体中重金属的配合作用还将影响重金属对水生生物的毒性。国内研究者曾进行了蓟运河腐殖酸影响汞对藻类、浮游动物、鱼的毒性试验（陈天艺等，1985；韩宏英等，1984）。在对藻类生长的实验中，腐殖酸可减弱汞对浮游植物的抑制作用，对浮游动物的效应同样是减轻了毒性，但不同生物富集汞的效应不同，腐殖酸增加了汞在鲤鱼和鲫鱼体内的富集，却降低了汞在软体动物棱螺体内的富集。与大多数聚羧酸一样，腐殖酸盐在有Ca^{2+}和Mg^{2+}存在时（浓度大于10^{-3}mol/L）发生沉淀。

3.4.6 有机配位体对重金属迁移的影响

水溶液中共存的金属离子和有机配位体经常生成金属配合物，这种配合物能够改变金属离子的特征，从而对重金属的迁移产生影响，其主要机制有两种。

（1）影响颗粒物（悬浮物或沉积物）对重金属的吸附。①配位体可能与金属离子配合，或者与表面争夺可给吸附位，使吸附受到抑制；②如果配位体与金属离子作用生成弱配合物，并且对固体表面亲和力很小，则不致引起吸附量的明显变化；③如果配位体与金属离子形成强配合物，并同时对固体表面具有较强的亲和力，则可能会增大吸附量。

决定配位体对金属吸附量影响的是配位体本身的吸附行为。配位体是否能被吸附。如果配位体本身不被吸附，或者金属配合物是非吸附的，则由于配位体与表面争夺金属离子，使得金属吸附受到抑制。例如，Vuceta（1976）研究了柠檬酸和EDTA对Pb（Ⅱ）和Cu（Ⅱ）在α-石英（二氧化硅）上吸附行为的影响（图3-18），表明配位体的存在降低了α-石英对Pb（Ⅱ）、Cu（Ⅱ）的吸附能力。

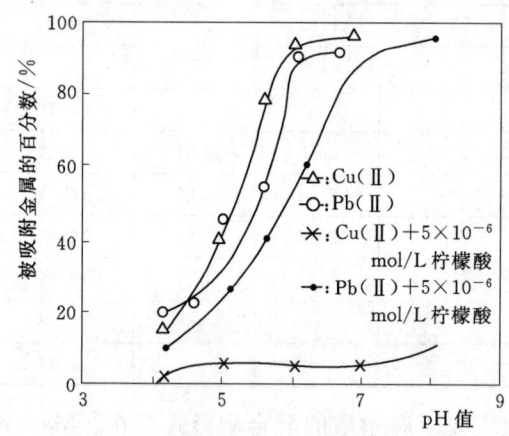

图3-18 柠檬酸对Cu(Ⅱ)和Pb(Ⅱ)在二氧化硅/水界面上吸附的影响

如果配位体浓度低，配位体和金属结合能力弱或配位体本身不被吸附，那么配位体的加入几乎不会对金属的吸附行为产生影响。Vuceta和Morgan（1978）发现，异己氨酸存在下的蒙脱土和加入半胱氨酸的无定形$Fe(OH)_3$对Hg（Ⅱ）的吸附能力几乎无影响。

若配位体被吸附，又有一个强配位官能团裸露于溶液，则会显著提高颗粒物对痕量金属的吸附量。Davis等（1978）研究了谷氨酸、皮考啉酸和2,3-PDCA的加入对$Fe(OH)_3$吸附Cu（Ⅱ）的影响。结果表明，谷氨酸和2,3-PDCA增加了$Fe(OH)_3$对Cu（Ⅱ）的吸附，而皮考啉酸妨碍了溶液中因配合作用所致的Cu迁移（图3-19）。

由图 3-19 可以看出，皮考啉酸的表面配合可能涉及羧基和含氮杂原子电子给予体。因此，配位基是无效的，吸附的皮考啉盐离子不能像配位基一样对金属发生作用，而谷氨酸和 2, 3-PDCA 可作为表面配合剂在表面与 Cu(Ⅱ)生成 Cu(Ⅱ)-谷氨酸和 Cu(Ⅱ)-2, 3-PDCA 配合物。由此可见，被颗粒物吸着的配位体和金属配合物将对氧化物表面吸着痕量金属起着重要作用。吸附的配位体官能团可能是表面上的"新吸附点"，因而，存在于溶液中的配位体就改变了界面处的微观化学环境。目前，对于天然有机物在促进和阻止金属吸附方面所起的作用尚未完全弄清。

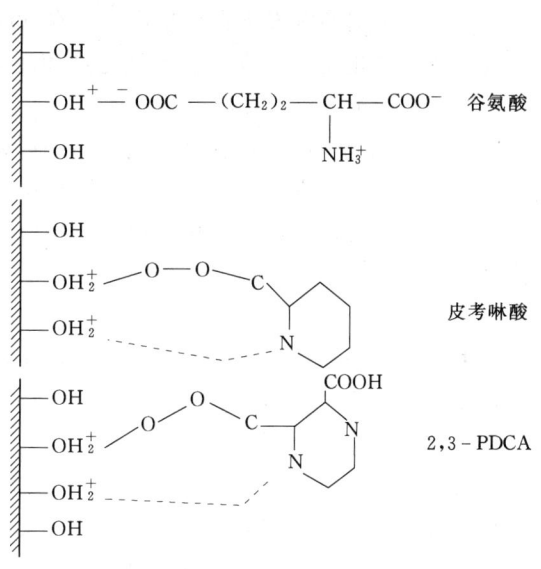

图 3-19 吸附谷氨酸盐、皮考啉酸和
2, 3-PDCA 离子形成的表面配合物

(2) 影响重金属化合物的溶解度。重金属和羟基的配合作用，提高了重金属氢氧化物的溶解度。例如 $Zn(OH)_2$ 和 $Hg(OH)_2$，根据溶度积计算，水中 Zn^{2+} 应为 0.861mg/L，而 Hg^{2+} 应为 0.039mg/L。但由于水解配合生成了 $Zn(OH)_2^0$ 和 $Hg(OH)_2^0$ 配合物，水中溶解态锌总量达到 160mg/L，溶解态汞总量达到 107mg/L。同样，氯离子也能提高重金属化合物的溶解度。当 [Cl^-] 为 1mol/L 时，$Hg(OH)_2$ 和 HgS 的溶解度分别提高了 $3.6×10^7$ 倍和 10^5 倍。

上述例子可解释实际水体沉积物中重金属往往再次得到释放的现象。同理，废水中配体的存在可使管道和沉积物中重金属重新溶解，影响重金属污染的治理效果。

3.5 天然水中的氧化还原平衡

自地球各圈层处于富氧状态以来，地球表面的许多物质，如矿石、木材、有机物、金属及水体中各种溶解物都有通过风化、燃烧、酶促反应等过程而被氧化的倾向。同时，自然界存在一个极为重要的与之相反的物质还原过程，这就是光合作用。这两方面的作用过程，组成了自然界的基本氧化还原循环。事实上，在天然水体中也无时无刻不发生着氧化还原反应。

3.5.1 天然水中的氧化还原反应和平衡

从本质意义上说，氧化还原反应涉及均一水相中电子的迁移过程。其反应物中变价元素的价态发生了变化。经此变化后，物质的环境化学行为有异于原反应物，常表现为溶解度、配合物形成能力、酸碱反应性等方面的差异。由此打破体系原有化学平

衡，并进一步引起通常发生在变价产物与水（或 H^+、OH^-）之间的反应，从而形成更新的产物。氧化还原反应关系到氧化剂和还原剂两方。在发生电子迁移的过程中，总是还原剂失去电子，氧化剂获取电子。

氧化-还原平衡对水环境中污染物的迁移转化具有重要意义。例如，对于有多种氧化态的变价金属，它们在水体中发生氧化还原反应关系到这些金属化合物的溶解和沉积。例如铬和钒，在高度氧化条件下，高价铬酸盐和钒酸盐易溶于水；但在还原性水体中，却倾向于生成难溶的低价金属盐。对于铁和锰的不同价态化合物，正好有与铬和钒相反的情况。

需氧有机污染物进入水体即可被微生物作用而发生降解，引起水体中溶解氧的降低，这种生物降解过程实际上就是一种有机物氧化过程。水中有机物可以通过微生物的作用，而逐步降解转化为无机物。如果进入水体有机物不多，没有超过水体中氧的补充，溶解氧始终保持在一定的水平上，表明水体有自净能力。经过一段时间有机物分解后，水体可恢复至原有状态。如果进入水体有机物很多，溶解氧来不及补充，水体中溶解氧将迅速下降，甚至导致缺氧或无氧，有机物将变成缺氧分解。对于前者，有氧分解产物为 H_2O、CO_2、NO_3^-、SO_4^{2-} 等，而对于后者，缺氧分解产物为 NH_3、H_2S、CH_4 等。进入水体的有机氮化合物在有氧条件下进行生物氧化，逐步降解、转化为无机的 NH_4^+、NO_2^-、NO_3^- 等形态，经过实际测定这几种形态的含量都可以作为水质指标，它们分别代表有机氮转化为无机物的各个不同阶段。

水体中氧化还原反应的类型、速率和平衡，很大程度上决定了水体中一些重要化学元素的形态。例如，对于湖泊的表层水，碳、氮、硫、铁等常在富氧条件下分别呈 HCO_3^-、NO_3^-、SO_4^{2-}、$Fe(OH)_3$（悬浮颗粒）等形态；在湖底的水中它们又往往在缺氧条件下呈 CH_4、NH_4^+、SO_3^{2-}、Fe^{2+} 等形态。这种情况对水生生物的栖息、生存有很大意义。

关于水中的氧化-还原反应，需要特别强调以下两点。第一，许多重要的氧化-还原反应均为微生物催化反应。细菌是一个催化剂，能使分子氧与有机物质反应、三价铁还原成二价铁以及 NH_4^+ 氧化为硝酸盐；第二，水环境中的氧化-还原反应与酸-碱反应类似。例如，在酸-碱反应中，氢离子活度是用来表示水体酸性或碱性的程度。同样，电子活度用来表示水体电子活度高的水。实际上，自由电子在水溶液中并不存在，但是电子活度的概念与氢离子活度的概念一样，对水化学家是很有用的。

在本节介绍的体系，都假定它们是热力学平衡。实际上这种状态在天然水体系中是几乎不可能达到，这是因为许多氧化-还原反应是缓慢的，很少达到平衡状态，即使达到平衡，往往也是在局部区域内。所以，实际体系是几种不同的氧化-还原反应的混合行为，但这种平衡体系的设想，对于用一般方法去认识天然水体中发生化学变化趋势会有很大帮助，通过平衡计算，可提供体系必然发展趋势的边界条件。

3.5.2 电子活度和氧化还原电位

1. 电子活度的概念

酸碱反应和氧化还原反应之间存在着概念上的相似性，酸和碱是用质子给予体和

质子接受体来解释，故 pH 定义为

$$pH = -\lg(\alpha_{H^+}) \qquad (3-104)$$

α_{H^+} 为氢离子的活度，衡量的是溶液接受或失去质子的相对趋势。与此相似，氧化剂和还原剂分别是电子接受体和电子给予体，因此也可做如下定义：

$$pe = -\lg(\alpha_e) \qquad (3-105)$$

α_e 是电子的活度。由于 α_{H^+} 可以在几个数量级的范围内变动，故 pH 能更方便地表示 α_{H^+}；同样，一个稳定水溶液体系的电子活度在 20 个数量级范围内变动，因此也可以很方便地用 pe 来表示 α_e。

pe 的严格热力学定义是由 Stumm 和 Morgan 基于如下反应提出的：

$$2H^+(aq) + 2e \rightleftharpoons H_2(g) \qquad (3-106)$$

当这个反应的全部组分都以 1 个单位活度存在时，该反应的自由能变化 ΔG 可定义为零。水中氧化还原反应的 ΔG 也是在溶液中全部离子的生成自由能的基础上定义的。

在离子强度为零、$[H^+] = 1.0 \times 10^{-7}$ mol/L 的介质中，很容易知道 α_{H}^+ 也为 1.0×10^{-7}，pH=7。电子活度则必须根据式（3-106）来定义，当 $H^+(aq)$ 在 1 单位活度与 1atm H_2 平衡（活度同样为 1mol/L）的介质中，电子活度才为 1，pe=0。

因此，pe 是平衡状态下的电子活度，衡量的是溶液接受或提供电子的相对趋势，可看作电子有效性的一种量度。从 pe 概念可知，pe 越大，电子浓度越低，体系接受电子的倾向越大。反之，pe 越小，体系供给电子的倾向越大。

2. 氧化还原电位 E 与 pe 的关系

若有一个氧化还原半反应：

$$O_X + ne \rightleftharpoons \text{Red} \qquad (3-107)$$

根据 Nernst 方程的一般式，上述半反应可写成

$$E = E^0 - \frac{2.303RT}{nF} \lg \frac{[\text{Red}]}{[\text{Ox}]}$$

当反应平衡时

$$E^0 = \frac{2.303RT}{nF} \lg K$$

$$\lg K = \frac{nFE^0}{2.303RT} = \frac{nE^0}{0.0591} \quad (25℃)$$

从理论上考虑亦可将式（3-107）的平衡常数 K 表示为

$$K = \frac{[\text{Red}]}{[\text{Ox}][e]^n}$$

$$[e] = \left(\frac{1}{K} \cdot \frac{[\text{Red}]}{[\text{Ox}]}\right)^{\frac{1}{n}}$$

根据 pe 的定义，则可改写上式为

$$pe = -\lg[e] = \frac{1}{n}\left(\lg K - \lg \frac{[\text{Red}]}{[\text{Ox}]}\right)$$

$$= \frac{EF}{2.303RT} = \frac{E}{0.0591} \quad (25℃) \tag{3-108}$$

式中：E 为氧化还原电位，V；pe 为无因次指标，它是衡量溶液中可供给电子的水平。同样，

$$pe^0 = \frac{E^0 F}{2.303RT} = \frac{E^0}{0.0591} \quad (25℃) \tag{3-109}$$

因此，根据 Nernst 方程，pe 的一般表示形式为

$$pe = pe^0 - \frac{1}{n} \lg \frac{[\text{生成物}]}{[\text{反应物}]} \tag{3-110}$$

表 3-11 列出天然水中重要氧化还原反应的 pe^0。

表 3-11　　　　天然水中重要氧化还原反应的 pe^0（Manahan，2010）

半 反 应	pe^0	$pe^0(w)$①
$1/4O_2(g) + H^+ + e \rightleftharpoons 1/2H_2O$	+20.75	+13.75
$1/5NO_3^- + 6/5H^+ + e \rightleftharpoons 1/10N_2(g) + 3/5H_2O$	+21.05	+12.65
$1/2MnO_2(s) + 1/2HCO_3^- + 3/2H^+ + e \rightleftharpoons 1/2MnCO_3(s) + H_2O$	—	+8.5②
$1/2NO_3^- + H^+ + e \rightleftharpoons 1/2NO_2^- + 1/2H_2O$	+14.15	+7.15
$1/8NO_3^- + 5/4H^+ + e \rightleftharpoons 1/8NH_4^+ + 3/8H_2O$	+14.90	+6.15
$1/6NO_2^- + 4/3H^+ + e \rightleftharpoons 1/6NH_4^+ + 1/3H_2O$	+15.14	+5.82
$1/2CH_3OH + H^+ + e \rightleftharpoons 1/2CH_4(g) + 1/2H_2O$	+9.88	+2.88
$1/4CH_2O + H^+ + e \rightleftharpoons 1/4CH_4(g) + 1/4H_2O$	+6.94	−0.06
$FeOOH(s) + HCO_3^- + 2H^+ + e \rightleftharpoons FeCO_3(s) + 2H_2O$	—	−1.67②
$1/2CH_2O + H^+ + e \rightleftharpoons 1/2CH_3OH$	+3.99	−3.01
$1/6SO_4^{2-} + 4/3H^+ + e \rightleftharpoons 1/6S(s) + 2/3H_2O$	+6.03	−3.30
$1/8SO_4^{2-} + 5/4H^+ + e \rightleftharpoons 1/8H_2S + 1/2H_2O$	+5.75	−3.50
$1/8SO_4^{2-} + 9/8H^+ + e \rightleftharpoons 1/8HS^- + 1/2H_2O$	+4.13	−3.75
$1/2S(s) + H^+ + e \rightleftharpoons 1/2H_2S(g)$	+2.89	−4.11
$1/8CO_2 + H^+ + e \rightleftharpoons 1/8CH_4 + 1/4H_2O$	+2.87	−4.13
$1/6N_2(g) + 4/3H^+ + e \rightleftharpoons 1/3NH_4^+$	+4.68	−4.65
$H^+ + e \rightleftharpoons 1/2H_2(g)$	0.0	−7.00
$1/4CO_2 + H^+ + e \rightleftharpoons 1/4CH_2O + 1/4H_2O$	−1.20	−8.20

① w 指 $a_{H^+} = 1.00 \times 10^{-7}$ mol/L，$pe^0(w)$ 指在 $a_{H^+} = 1.00 \times 10^{-7}$ mol/L 时的 pe^0。
② 数据相当于 $a_{HCO_3^-} = 1.00 \times 10^{-3}$ mol/L 而不是 1，因此不是正确的 $pe^0(w)$ 的值，但与 $pe^0(w)$ 相比，更接近于典型的水体状况。

资源 3.12

3. 相对反应趋势及氧化-还原平衡

整个反应的相对反应趋势可从半反应看出，一些典型的还原半反应的标准电极电位及 pe^0 的值为

$$Hg^{2+} + 2e \rightleftharpoons Hg \quad E^0 = +0.789V \quad pe^0 = 13.35 \tag{3-111}$$

$$Cu^{2+} + 2e \rightleftharpoons Cu \quad E^0 = +0.337V \quad pe^0 = 5.71 \quad (3-112)$$

$$2H^+ + 2e \rightleftharpoons H_2 \quad E^0 = 0.00V \quad pe^0 = 0.00 \quad (3-113)$$

$$Pb^{2+} + 2e \rightleftharpoons Pb \quad E^0 = -0.126V \quad pe^0 = -2.13 \quad (3-114)$$

标准电极电位或 pe^0 的正值越大，则发生还原反应的倾向越大。因此如果将一块铅皮投入 Cu^{2+} 溶液中，则铅上将附上一层金属铜：

$$Cu^{2+} + Pb \longrightarrow Cu + Pb^{2+} \quad (3-115)$$

这个反应的发生是因为 Cu^{2+} 获得电子的能力较铅保留电子的能力强。与此相似，在强酸性溶液中，金属铜将不会置换出 H_2，因为 H^+ 吸引电子的能力比 Cu^{2+} 小；相反铅就可以在酸性溶液中置换出 H_2。

如果一个半反应写成氧化式，则所测量的标准电极电位 E^0 的符号要相反。因此式 （3-112） 的正确改写式为

$$Cu \rightleftharpoons Cu^{2+} + 2e \quad E^0 = -0.337V \quad (3-116)$$

当然，如果反应写成氧化式，pe^0 的符号也要改变为

$$Cu \rightleftharpoons Cu^{2+} + 2e \quad pe^0 = -5.71 \quad (3-117)$$

无论如何写反应或给出 E^0 的符号，根据氢电极，铜的电位在静电学上还是正极。

半反应可以组合成全反应。例如由金属铅还原铜离子的整个反应式，可从方程式（3-112）铜的半反应减去方程式（3-114）铅的半反应获得：

$$Cu^{2+} + 2e \rightleftharpoons Cu \quad E^0 = +0.337V \quad pe^0 = 5.71$$

$$Pb^{2+} + 2e \rightleftharpoons Pb \quad E^0 = -0.126V \quad pe^0 = -2.13$$

$$\overline{Cu^{2+} + Pb \rightleftharpoons Cu + Pb^{2+} \quad E^0 = +0.463V \quad pe^0 = 7.84} \quad (3-118)$$

E^0 和 pe^0 为正值，说明整个反应如式（3-118）所示是向右进行的。因此，如果一个含有 Cu^{2+} 的污水溶液是一个相对无害的污染物，进入管道与铅接触，有毒的铅就会进入溶液中。

如果 Pb^{2+} 及 Cu^{2+} 的活度不等于 1mol/L，也可用 Nernst 方程来计算。参考铜电极对铅电极的电位是反应式（3-118）的 E 值，浓度对这个 E 值的影响可从 Nernst 方程给出：

$$E = 0.463 + \frac{0.0591}{2} \lg \frac{[Cu^{2+}]}{[Pb^{2+}]} \quad (3-119)$$

根据方程给出 pe 值：

$$pe = 7.84 - \frac{1}{2} \lg \frac{[Pb^{2+}]}{[Cu^{2+}]} \quad (3-120)$$

这里 7.84 是整个反应的 pe^0 值。

如果铜电极和铅电极之间用金属丝相连，电流就可在两极间通过，反应式（3-118）将发生，直至 $[Pb^{2+}]$ 很高，$[Cu^{2+}]$ 很低，反应停止。此时体系处于平衡状态，电流不再流过，E 等于零。根据方程给出该反应的平衡常数为

$$K = \frac{[Pb^{2+}]}{[Cu^{2+}]}$$

由于平衡时 E 为 0，平衡常数 K 就可从 Nernst 方程获得：

资源 3.13

$$E = E^0 - \frac{0.0591}{2} \lg \frac{[Pb^{2+}]}{[Cu^{2+}]}$$

$$0.00 = 0.463 - \frac{0.0591}{2} \lg K \quad (3-121)$$

根据 pe 及 pe^0，即可获得两个相对应的方程式：

$$pe = pe^0 - \frac{1}{2} \lg \frac{[Pb^{2+}]}{[Cu^{2+}]}$$

$$0.00 = 7.84 - \frac{1}{2} \lg K \quad (3-122)$$

不论从式 (3-121) 还是式 (3-122)，得到的 $\lg K$ 值均为 15.7。对于包含有 n 个电子的氧化-还原反应，其平衡常数可由下面公式给出：

$$\lg K = \frac{nFE^0}{2.303RT} = \frac{nE^0}{0.0591} \quad (25℃) \quad (3-123)$$

此处 E^0 是整个反应的 E^0 值，这样平衡常数就由下列方程给出：

$$\lg K = n(pe^0) \quad (3-124)$$

4. E 和 pe 与自由能的关系

在预测或解释水体行为时，如能预测从体系化学反应中可能获得的能量大小，显然是很有意义的。对于氧化还原反应来说，可根据吉布斯自由能的变化 ΔG 去预测反应趋势，而 ΔG 又可根据 E 或 pe 获得。例如，对于一个包括 n 个电子的氧化还原反应，吉布斯自由能变化可从以下两个方程中任一个给出：

$$\Delta G = -nFE$$

$$\Delta G = -2.303nRT(pe)$$

若将 F 值 96500J/(V·mol) 代入，便可获得以 J/mol 为单位的自由能变化值。当所有反应组分都处于标准状态下（纯液体、纯固体、溶质的活度为 1.00mol/L）时，下列方程适用：

$$\Delta G^0 = -nFE^0 \quad (3-125)$$

$$\Delta G^0 = -2.303nRT(pe^0) \quad (3-126)$$

3.5.3 天然水体的 pe-pH 图

在氧化还原体系中，往往有 H^+ 或 OH^- 参与转移，因此，pe 除了与氧化态和还原态浓度有关外，还受到体系 pH 的影响，这种关系可以用 pe-pH 图来表示。该图显示了水中各形态的稳定范围及边界线。由于水中可能存在物类状态繁多，于是会使这种图变得非常复杂。例如，某一金属，可以有不同的金属氧化态、羟基配合物以及不同形式的固体金属氧化物或氢氧化物存在于用 pe-pH 图所描述的不同区域内。大部分水体中都含有碳酸盐并含有许多硫酸盐及硫化物，因此可以有各种金属的碳酸盐、硫酸盐及硫化物在各种不同区域中占主要地位。

为了阐明 pe-pH 图的基本原理，本节只讨论一种简化了的 pe-pH 图。

1. 水的氧化还原限度

在绘制 pe‑pH 图时，必须考虑几个边界情况。首先是水的氧化还原反应限定图中的区域边界。选作水氧化限度的边界条件是 $1.0130×10^5$ Pa 的氧分压，水还原限度的边界条件是 $1.0130×10^5$ Pa 的氢分压，这些边界条件可获得把水的稳定边界与 pH 值联系起来的方程。

水的氧化限度：

$$\frac{1}{4}O_2 + H^+ + e \rightleftharpoons \frac{1}{2}H_2O \qquad pe^0 = +20.75$$

$$pe = pe^0 + \lg(p_{O_2}^{1/4} \cdot [H^+])$$

$$pe = 20.75 - pH \qquad (3-127)$$

水的还原限度：

$$H^+ + e \rightleftharpoons \frac{1}{2}H_2(g) \qquad pe^0 = 0.00$$

$$pe = pe^0 - \lg(p_{H_2}^{1/2}/[H^+])$$

$$pe = -pH \qquad (3-128)$$

显然，水的氧化限度以上的区域为 O_2 稳定区，还原限度以下的区域为 H_2 稳定区，在两个限度以内的区域水是稳定的，即水质成分的分布区域（图 3‑20）。

2. pe‑pH 图

下面以简单 Fe 和 S 为例，讨论 pe‑pH 图的绘制。在建立某元素在水体中各化学形态间平衡关系的 pe‑pH 图时，理论上应将该元素的所有氧化还原形态和水体中所有配位体都考虑在内，由此得到的图形是非常复杂的。

(1) Fe 的 pe‑pH 图。这里将其进行一定程度的简化，假定：①溶液中溶解性 Fe 的最大浓度为 $1.0×10^{-7}$ mol/L；②在水体所含的配位体（OH^-、CO_3^{2-}、SO_4^{2-}、S^{2-} 等）中只考虑 OH^- 配位体的作用，且不考虑 $Fe(OH)_2^+$ 等形态。

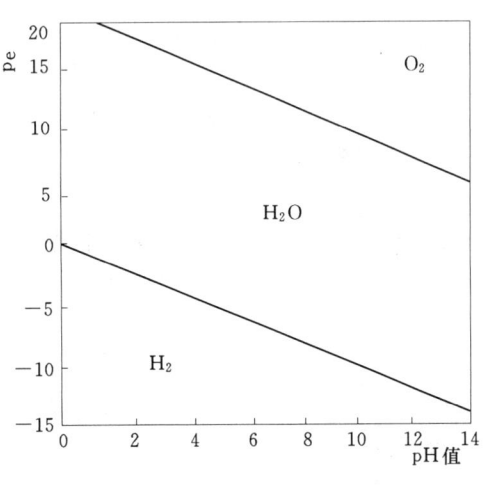

图 3‑20 水的氧化还原限度

根据上面的讨论，铁的 pe‑pH 图只能位于水的氧化-还原限度，即式（3‑127）和式（3‑128）边界之内。下面根据各种形态间相互转化的平衡方程推导 pe‑pH 图所需边界条件。

1) $Fe(OH)_3(s)$—$Fe(OH)_2(s)$ 边界。根据平衡方程

$$Fe(OH)_3(s) + H^+ + e \rightleftharpoons Fe(OH)_2(s) + H_2O \qquad \lg K = 4.62$$

则有

$$pe = pe^0 - \lg\frac{1}{[H^+]}$$

$$pe = 4.62 - pH \qquad (3-129)$$

式 (3-129) 为图 3-21 中的边界线①，边界线上方为 $Fe(OH)_3(s)$ 稳定区，边界线下方为 $Fe(OH)_2(s)$ 稳定区，边界线斜率为 -1。

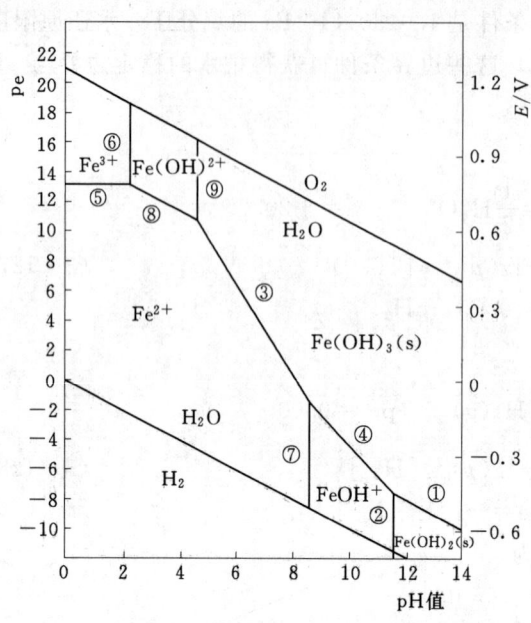

图 3-21 水中铁的 pe-pH 图
（总可溶性铁浓度为 1.0×10^{-7} mol/L）

2) $Fe(OH)_2(s)$—$FeOH^+$ 边界。根据平衡方程

$$Fe(OH)_2(s) + H^+ \rightleftharpoons FeOH^+ + H_2O$$
$$\lg K = 4.6$$
$$K = \frac{[FeOH^+]}{[H^+]}$$
$$\lg K = \lg[FeOH^+] - \lg[H^+]$$

整理后得
$$pH = 4.6 - \lg[FeOH^+] \tag{3-130}$$

将 $[FeOH^+] = 1.0 \times 10^{-7}$ mol/L 代入式 (3-130)，得 pH = 11.6。

式 (3-130) 为图 3-21 中的②，是一条与 pe 无关的边界线，边界线左边为 $FeOH^+$ 稳定区，其右边为 $Fe(OH)_2(s)$ 稳定区，边界线平行于 pe 轴。

3) $Fe(OH)_3(s)$—Fe^{2+} 边界。根据平衡方程

$$Fe(OH)_3(s) + 3H^+ + e \rightleftharpoons Fe^{2+} + 3H_2O \quad \lg K = 17.9$$

$$pe = 17.9 - \lg \frac{[Fe^{2+}]}{[H^+]^3}$$

则
$$pe = 17.9 - 3pH - \lg[Fe^{2+}]$$

将 $[Fe^{2+}] = 1.0 \times 10^{-7}$ mol/L 代入上式，得

$$pe = 24.9 - 3pH \tag{3-131}$$

式 (3-131) 为图 3-21 中的③，边界线上方为 $Fe(OH)_3(s)$ 稳定区，边界线下方为 Fe^{2+} 稳定区，其斜率为 -3。

4) $Fe(OH)_3(s)$—$FeOH^+$ 边界。按平衡方程

$$Fe(OH)_3(s) + 2H^+ + e \rightleftharpoons FeOH^+ + 2H_2O \quad \lg K = 9.25$$

有
$$pe = 9.25 - \lg \frac{[FeOH^+]}{[H^+]^2}$$

将 $[FeOH^+]$ 以 1.0×10^{-7} mol/L 代入上式，得

$$pe = 16.25 - 2pH \tag{3-132}$$

式 (3-132) 为图 3-21 中的④，斜线上方为 $Fe(OH)_3(s)$ 稳定区，斜线下方为 $FeOH^+$ 稳定区，其斜率为 -2。

5) Fe^{3+}—Fe^{2+} 边界。根据平衡方程

$$Fe^{3+} + e \rightleftharpoons Fe^{2+} \quad lgK = 13.1$$

可得
$$pe = 13.1 + lg\frac{[Fe^{3+}]}{Fe^{2+}}$$

边界条件为 $[Fe^{3+}] = [Fe^{2+}]$ 则

$$pe = 13.1 \tag{3-133}$$

式（3-133）为图 3-21 中的⑤，是一条与 pH 值无关的边界线。当 pe>13.1 时，$[Fe^{3+}] > [Fe^{2+}]$；当 pe<13.1 时，$[Fe^{3+}] < [Fe^{2+}]$。

6) Fe^{3+}—$Fe(OH)^{2+}$ 边界。其平衡式为

$$Fe^{3+} + H_2O \rightleftharpoons Fe(OH)^{2+} + H^+ \quad lgK = -2.4$$

$$K = \frac{[Fe(OH)^{2+}][H^+]}{[Fe^{3+}]}$$

边界条件为 $[Fe^{3+}] = [Fe(OH)^{2+}]$，则

$$pH = 2.4 \tag{3-134}$$

式（3-134）为图 3-21 中的⑥，表明与 pe 无关，直线左边为 Fe^{3+} 稳定区，右边为 $Fe(OH)^{2+}$ 稳定区，该直线平行于 pe 轴。

7) Fe^{2+}—$FeOH^+$ 边界。根据平衡方程

$$Fe^{2+} + H_2O \rightleftharpoons FeOH^+ + H^+ \quad lgK = -8.6$$

$$K = \frac{[FeOH^+][H^+]}{[Fe^{2+}]}$$

边界条件为 $[Fe^{2+}] = [FeOH^+]$，则

$$pH = 8.6 \tag{3-135}$$

式（3-135）为图 3-21 中的⑦，直线平行于 pe 轴，左边为 Fe^{2+} 稳定区，右边为 $FeOH^+$ 稳定区。

8) Fe^{2+}—$Fe(OH)^{2+}$ 边界。根据平衡方程

$$Fe^{2+} + H_2O \rightleftharpoons Fe(OH)^{2+} + H^+ + e \quad lgK = -15.5$$

则
$$pe = 15.5 + lg\frac{[Fe(OH)^{2+}]}{[Fe^{2+}]} - pH$$

边界条件为 $[Fe^{2+}] = [Fe(OH)^{2+}]$，得到

$$pe = 15.5 - pH \tag{3-136}$$

式（3-136）为图 3-21 中的⑧，斜线上方为 $Fe(OH)^{2+}$ 的稳定区，下方为 Fe^{2+} 稳定区，边界线斜率为 -1。

9) $Fe(OH)^{2+}$—$Fe(OH)_3$ 边界。根据平衡方程

$$Fe(OH)_3(s) + 2H^+ \rightleftharpoons Fe(OH)^{2+} + 2H_2O \quad lgK = 2.4$$

$$K = \frac{[Fe(OH)^{2+}]}{[H^+]^2}$$

将 $[Fe(OH)^{2+}]$ 以 1.0×10^{-7} mol/L 代入上式，得

$$pH = 4.7 \tag{3-137}$$

式 (3-137) 为图 3-21 中的⑨。边界线与 pe 无关。当 pH>4.7 时，$Fe(OH)_3$ 将陆续析出。

以上推导了水中简单 Fe 体系 pe-pH 图中所必需的全部边界方程，即式 (3-129)～式 (3-137)，如图 3-21 所示。由图 3-21 可以看出，这个体系在一个相对高的 H^+ 活度及高的电子活度区域（酸性还原介质），Fe^{2+} 是主要形态（在大多数天然水体系中，由于可能生成 FeS 或 $FeCO_3$ 的沉淀作用，Fe^{2+} 的可溶性范围是很窄的），在这种条件下，一些地下水中含有相当水平的 Fe^{2+}；该体系在很高的 H^+ 活度及低的电子活度区域（酸性氧化介质），Fe^{3+} 是主要形态；此体系在低酸度的氧化介质区域，固态 $Fe(OH)_3$ 是主要的存在形态；在碱性的还原介质中，具有低的 H^+ 活度及高的电子活度，固态的 $Fe(OH)_2$ 是稳定的。在常见的水体中（pH 值为 5～9），$Fe(OH)_3$ 或 Fe^{2+} 是占优势的稳定形态。在富氧水体中，由于 pe 值较高，$Fe(OH)_3$ 几乎成为唯一的无机铁形态。

(2) S 的 pe-pH 图。硫是地球上含量较丰富的元素，大多存在于岩石矿层中，水体中溶解态硫主要以 SO_4^{2-} 和少量 H_2S 存在。生物体中硫是蛋白质的基本元素之一，硫主要以 R-SH 基团存在。实际环境中如果有生物参与作用，可以使硫从 +6 价的 SO_4^{2-} 转化为 -2 价的 R-SH，得到 8 个电子，不过目前对于中间过程的作用机理尚未完全弄清。在 SO_4^{2-}—S(s)—H_2S 体系中，通过以下几个平衡式绘制 pe-pH 图，研究 S 体系在不同区域中硫存在的主要形态。

假设总溶解 S 化合态浓度为 10^{-2} mol/L。已知该体系有以下 8 个平衡式：

$SO_4^{2-} + 8H^+ + 6e \rightleftharpoons S(s) + 4H_2O$ $\lg K = 36.2$

$SO_4^{2-} + 10H^+ + 8e \rightleftharpoons H_2S(aq) + 4H_2O$ $\lg K = 41.0$

$S + 2H^+ + 2e \rightleftharpoons H_2S(aq)$ $\lg K = 4.8$

$HSO_4^- + 7H^+ + 6e \rightleftharpoons S(s) + 4H_2O$ $\lg K = 34.2$

$SO_4^{2-} + 9H^+ + 8e \rightleftharpoons HS^- + 4H_2O$ $\lg K = 34.0$

$HSO_4^- \rightleftharpoons SO_4^{2-} + H^+$ $\lg K = -2.0$

$H_2S(aq) \rightleftharpoons H^+ + HS^-$ $\lg K = -7.0$

$HS^- \rightleftharpoons H^+ + S^{2-}$ $\lg K = -13.9$

根据这些平衡关系，就可绘制出该体系的 pe-pH 图（图 3-22），其边界方程概括如下：

① $pe = 6.03 + \dfrac{1}{6}\lg[SO_4^{2-}] - \dfrac{4}{3}pH$ (3-138)

② $pe = 5.13 + \dfrac{1}{8}\lg\dfrac{[SO_4^{2-}]}{[H_2S(aq)]} - \dfrac{5}{4}pH$ (3-139)

③ $pe = 2.4 - pH - \dfrac{1}{2}\lg[H_2S(aq)]$ (3-140)

④ $pe = 5.7 + \dfrac{1}{6}\lg[HSO_4^-] - \dfrac{7}{6}pH$ (3-141)

⑤ $pe = 4.25 + \frac{1}{8}\lg\frac{[SO_4^{2-}]}{[HS^-]} - \frac{9}{8}pH$

$$(3-142)$$

⑥ $\lg\frac{[SO_4^{2-}]}{[HSO_4^-]} - pH = -2.0 \quad (3-143)$

⑦ $\lg\frac{[HS^-]}{[H_2S(aq)]} - pH = -7.0 \quad (3-144)$

3. 天然水的 pe 和决定电位

天然水中含有许多无机及有机氧化剂和还原剂。水中主要的氧化剂有溶解氧、Fe(Ⅲ)、Mn(Ⅳ) 和 S(Ⅵ)，其还原形式分别为 H_2O、Fe(Ⅱ)、Mn(Ⅱ) 和 S(-Ⅱ)。水中主要还原剂有种类繁多的有机化合物、Fe(Ⅱ)、Mn(Ⅱ) 和 S(-Ⅱ)，其中有机物的氧化产物是相当复杂的。

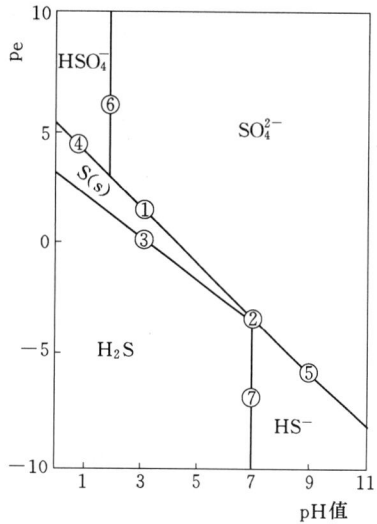

图 3-22 SO_4^{2-}—$S(s)$—H_2S 体系的 pe-pH 图（Stumm 和 Morgan，1996）

由于天然水是一个复杂的氧化还原混合体系，其 pe 值应该介于各个单体系的电位之间，并且接近于含量较高的单体系的电位。若某个单体系的含量比其他体系高得多，则此时该单体系的电位几乎等于混合复杂体系的 pe，称之为"决定电位"。在一般天然水环境中，溶解氧是"决定电位"物质，而在有机物累积的厌氧环境中，有机物是"决定电位"物质，介于两者之间者，其"决定电位"为溶解氧体系和有机物体系的结合。除氧体系与有机质体系外，铁、锰、硫等是水环境中广泛分布的变价元素，在特殊情况下，它们也可能成为决定电位的体系。至于微量的变价元素，如重金属铜、汞、钒、铬等，由于其含量甚微，对水环境体系的氧化还原电位不起多大作用，相反地，整个水体的电位制约着它们的环境行为。

从这个概念出发，可以计算天然水的 pe。

若水中 $p_{O_2} = 0.21 \times 10^5 Pa$，$[H^+] = 1.0 \times 10^{-7} mol/L$，则

$$pe = 20.75 + \lg\{(p_{O_2}/1.013 \times 10^5)^{0.25}[H^+]\} = 13.58$$

说明这是一种好氧的水，存在夺取电子的倾向。

若是有机物丰富的厌氧水，例如一个由微生物作用产生 CH_4 及 CO_2 的厌氧水，假定 $p_{CO_2} = p_{CH_4}$ 和 $pH = 7.00$，其相关半反应为

$$\frac{1}{8}CO_2 + H^+ + e \rightleftharpoons \frac{1}{8}CH_4 + \frac{1}{4}H_2O \quad pe^0 = 2.87$$

$$pe = pe^0 + \lg(p_{CO_2}^{0.125}[H^+]/p_{CH_4}^{0.125})$$
$$= 2.87 + \lg[H^+]$$
$$= -4.13$$

这个数值并没有超过水在 pH=7.00 时的还原极限 -7.00，说明这是一还原环境，有提供电子的倾向。

若把 pe=-4.13 再代入 (3-127) 式中，看看 O_2 在这种水中的压力。

$$-4.13 = 20.75 + \lg(p_{O_2}^{1/4} \times 1.00 \times 10^{-7})$$

$$p_{O_2} = 3.0 \times 10^{-72} \text{atm}$$

上述结果表明，氧的分压如此之低，显然要满足氧的这一条件是不可能的。也可证明，当水中有高水平的 CO_2 和 CH_4 时，在任何接近于平衡的条件，氧的分压很低。

从上面计算可以看到，天然水的 pe 随着水中溶解氧的减少而降低，因而表层水呈氧化性环境，深层水及底泥呈还原性环境，同时天然水的 pe 随其 pH 值减少而增大。

经过调查，各类天然水 pe 及 pH 值的情况如图 3-23 所示。此图反映了不同水质区域的氧化还原特性：氧化性最强的是上方同大气接触的富氧区，这一区域代表大多数河流、湖泊和海洋水的表层情况；还原性最强的是下方富含有机物的缺氧区，该区域代表富含有机物的水体底泥和湖、海底层水情况。在两个区域之间是基本上不含氧、有机物比较丰富的沼泽水等。

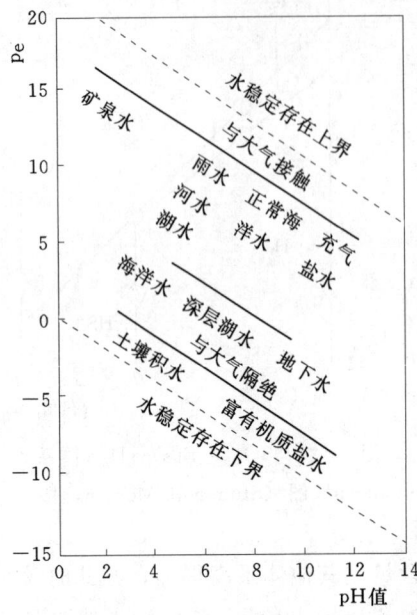

图 3-23 不同天然水在 pe-pH 图中的近似位置

3.5.4 lg$c$-pe 图

分别以下面几个体系为例，讨论 lg$c$-pe 图的做图方法。

1. 无机氮化物的氧化还原转化

水中氮主要以 NH_4^+ 或 NO_3^- 形态存在，在某些条件下，也可以有中间氧化态 NO_2^-。像许多水中的氧化-还原反应那样，氮体系的转化反应是在微生物的催化作用下完成的。下面讨论中性天然水的 pe 变化对无机氮形态分布的影响。

假设总氮浓度为 1.00×10^{-4} mol/L，水体 pH=7.00。

(1) 在较低的 pe 时（pe<5），NH_4^+ 是主要形态。在这个 pe 范围内，NH_4^+ 的浓度对数则可表示为

$$\lg[NH_4^+] = -4.00 \tag{3-145}$$

$\lg[NO_2^-]$-pe 的关系可以根据含有 NO_2^- 及 NH_4^+ 的半反应求得

$$\frac{1}{6}NO_2^- + \frac{4}{3}H^+ + e \rightleftharpoons \frac{1}{6}NH_4^+ + \frac{1}{3}H_2O \quad pe^0 = 15.14$$

在 pH=7.00 时就可以表达为

$$pe = 5.82 + \lg\frac{[NO_2^-]^{\frac{1}{6}}}{[NH_4^+]^{\frac{1}{6}}} \tag{3-146}$$

以 $[NH_4^+]=1.00\times10^{-4}$ mol/L 代入式（3-146），就可得到 $\lg[NO_2^-]$ 与 pe 的相关方程式为

$$\lg[NO_2^-]=-38.92+6\text{pe} \tag{3-147}$$

在 NH_4^+ 是主要形态并有 1.00×10^{-4} mol/L 浓度时，$\lg[NO_3^-]$-pe 的关系为

$$\frac{1}{8}NO_3^-+\frac{5}{4}H^++e\Longleftrightarrow\frac{1}{8}NH_4^++\frac{3}{8}H_2O \quad \text{pe}^0=14.90$$

$$\text{pe}=6.15+\lg\frac{[NO_3^-]^{\frac{1}{8}}}{[NH_4^+]^{\frac{1}{8}}} \quad (\text{在 pH}=7.00) \tag{3-148}$$

$$\lg[NO_3^-]=-53.20+8\text{pe} \tag{3-149}$$

（2）在一个狭窄的 pe 范围内，pe=6.5 左右，NO_2^- 是主要形态。在这个 pe 范围内，NO_2^- 的浓度对数根据方程给出：

$$\lg[NO_2^-]=-4.00 \tag{3-150}$$

用 $[NO_2^-]=1.00\times10^{-4}$ 代入式（3-146）中，得到

$$\text{pe}=5.82+\lg\frac{(1.00\times10^{-4})^{\frac{1}{6}}}{[NH_4^+]^{\frac{1}{6}}} \quad (\text{pH}=7.00) \tag{3-151}$$

$$\lg[NH_4^+]=30.92-6\text{pe} \tag{3-152}$$

在 NO_2^- 占优势的范围内，$\lg[NO_3^-]$ 的方程式可从下面的处理中得到

$$\frac{1}{2}NO_3^-+H^++e\Longleftrightarrow\frac{1}{2}NO_2^-+\frac{1}{2}H_2O \quad \text{pe}^0=14.15$$

$$\text{pe}=7.15+\lg\frac{[NO_3^-]^{\frac{1}{2}}}{[NO_2^-]^{\frac{1}{2}}} \quad (\text{pH}=7.00) \tag{3-153}$$

$$\lg[NO_3^-]=-18.30+2\text{pe} \quad (\text{当}[NO_2^-]=1.00\times10^{-4}\text{ mol/L 时}) \tag{3-154}$$

（3）当 pe>7 时，溶液中氮的形态主要为 NO_3^-，此时

$$\lg[NO_3^-]=-4.00 \tag{3-155}$$

$\lg[NO_2^-]$ 的方程式也可以在 pe>7 时获得，将 $[NO_3^-]=1.00\times10^{-4}$ mol/L 代入式（3-153）得

$$\text{pe}=7.15+\lg\frac{(1.00\times10^{-4})^{\frac{1}{2}}}{[NO_2^-]^{\frac{1}{2}}} \tag{3-156}$$

$$\lg[NO_2^-]=10.30-2\text{pe} \tag{3-157}$$

依次类似，代入式（3-148）给出在 NO_3^- 占统治区的 $\lg[NH_4^+]$ 的方程式：

$$\text{pe}=6.15+\lg\frac{(1.00\times10^{-4})^{\frac{1}{8}}}{[NH_4^+]^{\frac{1}{8}}} \tag{3-158}$$

$$\lg[NH_4^+]=45.20-8\text{pe} \tag{3-159}$$

至此，绘制水中氮系统的对数浓度图所需要的全部方程式均已求得。以 pe 对 $\lg[X]$ 作图，即可得到水中 NH_4^+—NO_2^-—NO_3^- 体系的对数浓度图（图3-24）。由图可见，在低的 pe 范围，NH_4^+ 是主要的氮形态；在中间 pe 范围，NO_2^- 是主要形态；

第 3 章 天然水中的化学平衡

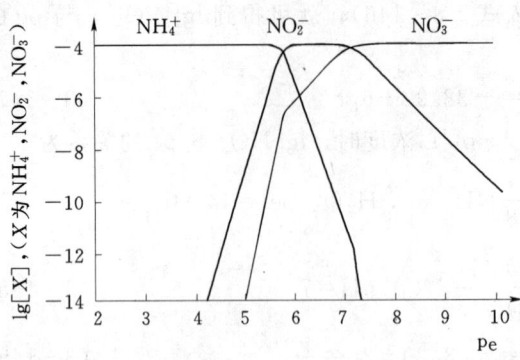

图 3-24 水中 NH_4^+—NO_2^-—NO_3^- 体系的对数浓度图（pH=7.00，总氮浓度=1.00×10⁻⁴ mol/L）
(Manahan, 2010)

在高 pe 范围，NO_3^- 是主要形态。

2. 无机铁的氧化还原转化

天然水体中的铁主要以 $Fe(OH)_3(s)$ 或 Fe^{2+} 形态存在。铁在高 pe 水中将从低价氧化成高价态或较高价态，而在低的 pe 水中将被还原成低价态或与其中的硫化氢反应形成难溶的硫化物。现以 Fe^{3+}—Fe^{2+}—H_2O 体系为例，讨论不同 pe 对铁形态浓度的影响。

设总溶解铁浓度为 1.00×10^{-3} mol/L

$$Fe^{3+} + e \rightleftharpoons Fe^{2+} \quad pe^0 = 13.05$$

$$pe = 13.05 + \frac{1}{n}\lg\frac{[Fe^{3+}]}{[Fe^{2+}]}$$

当 $pe \ll pe^0$ 时，则 $[Fe^{3+}] \ll [Fe^{2+}]$

$[Fe^{2+}] = 1.00 \times 10^{-3}$ mol/L

所以 $\lg[Fe^{2+}] = -3.0$ (3-160)

$\lg[Fe^{3+}] = pe - 16.05$ (3-161)

当 $pe \gg pe^0$ 时，则 $[Fe^{3+}] \gg [Fe^{2+}]$

$[Fe^{3+}] = 1.00 \times 10^{-3}$ mol/L

所以 $\lg[Fe^{3+}] = -3.0$ (3-162)

$\lg[Fe^{2+}] = 10.05 - pe$ (3-163)

以 pe 对 lg$c$ 作图，即得图 3-25。由图 3-25 可以看出，当 pe < 12 时，$[Fe^{2+}]$ 占优势；当 pe > 14 时，$[Fe^{3+}]$ 占优势。

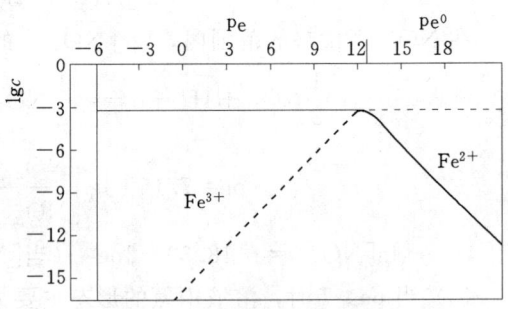

图 3-25 Fe^{3+}、Fe^{2+} 氧化还原平衡的 lg$c$-pe 图
(Stumm 和 Morgan, 1996)

习　题

3-1　请推导出封闭和开放体系碳酸平衡中 $[H_2CO_3^*]$、$[HCO_3^-]$ 和 $[CO_3^{2-}]$ 的表达式，并讨论这二个体系之间的区别。

3-2　什么是天然水的酸度和碱度？它们主要由哪些物质组成？

3-3　请导出总酸度、CO_2 酸度、无机酸度、总碱度、酚酞碱度和荷性碱度的表达式作为总碳酸量和分布系数 α 的函数。

3-4　在天然水水样（视作封闭体系）中加入少量下列物质时：HCl、NaOH、Na_2CO_3、$NaHCO_3$、CO_2、$AlCl_3$、Na_2SO_4，其碱度如何变化？

3-5　"氧气在水中溶解度"和"水中溶解氧量"这两者在概念上有何区别和联

系？影响此两者数值大小的因素分别有哪些？

3-6 请叙述溶解和沉淀作用在水环境中的意义。

3-7 说明有机配体对重金属迁移的影响。

3-8 封闭的和开放的碳酸体系有何异同？

3-9 说明天然水体中腐殖质的环境意义。阐明水中腐殖质对重金属离子的螯合作用机理。

3-10 什么是电子活度 pe？它与 pH 的区别是什么？

3-11 有一个湖泊，湖水 pe 随湖的深度增加将起什么变化？

3-12 具有 2.00×10^{-3} mol/L 碱度的水，pH 为 7.00，请计算 $[H_2CO_3^*]$、$[HCO_3^-]$、$[CO_3^{2-}]$ 和 $[OH^-]$ 的浓度各是多少？

3-13 氧在 0℃ 水中的溶解度为 14.74mg/L，在 35℃ 时为 7.03mg/L，问在 45℃ 时其溶解度又是多少？

3-14 含镉废水通入 H_2S 达到饱和并调整 pH 值为 8.0，请算出水中剩余镉离子浓度。（已知 CdS 的溶度积为 7.9×10^{-27}）

3-15 若向纯水中加入 $CaCO_3(s)$ 并将此体系暴露于含有 CO_2 的大气中（开放体系），问在 25℃ pH=8.0 时达到饱和平衡所应含有的 $[Ca^{2+}]$ 浓度是多少？（已知大气中 CO_2 含量为 0.0314%，25℃ 时其 $K_H=3.38\times10^{-2}$ mol/(L·atm)，水的蒸气压为 0.0313atm，$CaCO_3$ 的溶度积 $K_{sp}=10^{-8.32}$，$H_2CO_3^*$ 的一级、二级离解常数分别为 $K_1=10^{-6.35}$，$K_2=10^{-10.33}$）。

3-16 在河水水样中 $[Cl^-]=10^{-3}$ mol/L，$[HgCl_2(aq)]=10^{-8}$ mol/L，求水中 Hg^{2+}、$HgCl^+$、$HgCl_3^-$ 和 $HgCl_4^{2-}$ 的浓度各是多少？已知 Hg^{2+} 和 Cl^- 各级络合物的稳定常数为 $K_1=5.6\times10^6$、$K_2=3\times10^6$、$K_3=7.1$、$K_4=10$。

3-17 在一个天然水体中，若以下两个反应成立：

$$\frac{1}{2}SO_4^{2-}+5H^++4e \rightleftharpoons \frac{1}{2}H_2S(g)+2H_2O \qquad \lg K=-14$$

$$\frac{1}{4}CH_2O+\frac{1}{4}H_2O \rightleftharpoons \frac{1}{4}CO_2(g)+H^+(w)+e \qquad \lg K=8.2$$

问有机物被 SO_4^{2-} 氧化，在热力学上能进行吗？

3-18 在厌氧消化池中和 pH=7.0 的水接触的气体含 65% 的 CH_4 和 35% 的 CO_2，请计算 pe 和 E_h。

3-19 已知 Fe^{3+} 与反应生成的主要配合物及平衡常数如下：

$$Fe^{3+}+H_2O \rightleftharpoons Fe(OH)^{2+}+H^+ \qquad \lg K_1=-2.16$$
$$Fe^{3+}+2H_2O \rightleftharpoons Fe(OH)_2^++2H^+ \qquad \lg K_2=-6.74$$
$$Fe(OH)_3(s) \rightleftharpoons Fe^{3+}+OH^- \qquad \lg K_{sp}=-38$$
$$Fe^{3+}+4H_2O \rightleftharpoons Fe(OH)_4^-+4H^+ \qquad \lg K_4=-23$$
$$2Fe^{3+}+2H_2O \rightleftharpoons Fe_2(OH)_2^{4+}+2H^+ \qquad \lg K_5=-2.91$$

请用 $\lg c$-pH 图表示 $Fe(OH)_3$ 在纯水中的溶解度与 pH 值的关系。

3-20 在一个 pH 为 10.0 的 SO_4^{2-}—HS^- 体系中（25℃），其反应为

$$SO_4^{2-} + 9H^+ + 8e \rightleftharpoons HS^- + 4H_2O(1)$$

已知其标准自由能 G_f^0 值（kJ/mol） SO_4^{2-} 为 742.0kJ/mol，HS^- 为 12.6kJ/mol，$H_2O(1)$ 为 237.2kJ/mol，水溶液中质子和电子的 G_f^0 值为零。

(1) 请给出该体系的 pe^0。

(2) 如果体系化合物的总浓度为 1.0×10^{-4} mol/L，请给出下图中①、②、③ 和 ④的 lg$c$ - pe 关系式。

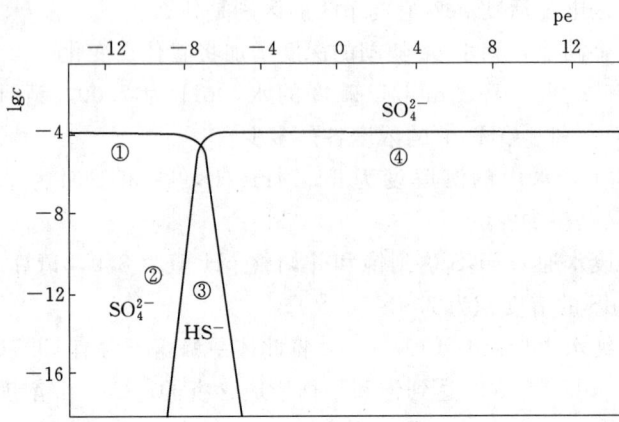

资源 3.16

资源 3.17

参 考 文 献

[1] 陈静生. 水环境化学 [M]. 北京：高等教育出版社，1987.

[2] 戴树贵. 环境化学 [M]. 北京：高等教育出版社，2006.

[3] 汤鸿霄. 用水废水化学基础 [M]. 北京：中国建筑工业出版社，1979.

[4] 王晓蓉，顾雪元，等. 环境化学 [M]. 北京：科学出版社，2018.

[5] 彭安，王文华. 水环境中的腐殖酸及与重金属的络合作用 [J]. 环境科学情报资料，1981，3：12 - 23.

[6] Pankow J F. Aquatic Chemistry Concepts [M]. Florida：CRC Press，1991.

[7] Manahan S E. Environmental Chemistry [M]. 9th Ed. Florida：CRC Press，2010.

[8] Stumm W，Morgan J J. Aquatic Chemistry [M]. 3rd Ed. New York：Wiley，1996.

[9] 彭安，王文华，孙景芳. 蓟运河中腐殖酸对汞迁移转化的影响 [J]. 环境化学，1983，2（1）：33 - 38.

[10] 韩宏英，金朝晖，安和平，等. 汞在腐殖酸影响下对浮游植物的毒性及其富集的研究 [J]. 环境科学学报，1984，4（4）：342 - 349.

[11] 陈天乙，王文华，王子健，等. 水体腐殖酸对汞对无脊椎动物毒性的影响 [J]. 环境科学丛刊，1985（7）：44 - 47.

[12] Davis J A，Leckie J O. Effect of adsorbed complexing ligands on trace metal uptake by hydrous oxides [J]. Environmental Science & Technology，1978，12 (12)：1309 - 1315.

[13] Laxen D P H. Trace metal adsorption/coprecipitation on hydrous ferric oxide under realistic conditions：the role of humic substances [J]. Water Research，1985，19 (10)：1229 - 1236.

[14] Mantoura R F C，Dickson A，Riley J P. The complexation of metals with humic materials in

natural waters [J]. Estuarine and Coastal Marine Science, 1978, 6 (4): 387-408.

[15] Matson W, Allen H, Rekshan P. Trace metal organic complexes in Great Lakes [J]. Abstracts of Papers of the American Chemical Society, 1969 (4): 38.

[16] Vuceta J. Adsorption of Pb (II) and Cu (II) on a-quartz from aqueous solutions: influence of pH, ionic strength, and complexing ligands [D]. California: California Institute of Technology, 1976.

[17] Vuceta J, Morgan J J. Chemical modeling of trace metals in fresh waters: role of complexation and adsorption [J]. Environmental Science & Technology, 1978, 12 (12): 1302-1309.

第 4 章
水环境中的界面过程

【概要】 本章主要介绍水环境中的固液、液气界面过程与相间行为。阐明天然水体中的胶体物质类型和性质；颗粒物在水环境中的吸附作用、吸附机制及影响吸附的主要因素；水环境污染物在悬浮物、沉积物和水之间的分配过程，在生物体内的浓缩过程以及挥发过程。

在各种天然水和废水中，化学反应全部为均相反应的情况是很少的。水中大多数重要的化学反应、物理化学过程和生物化学现象都涉及水中的某些成分与另一相的相互作用。例如，水中化学污染物自水面向大气的挥发过程，在颗粒物和沉积物上的吸附交换过程，被生物体的生物浓缩过程，胶体颗粒聚集和絮凝过程，以及在悬浮物、沉积物和水之间的分配过程等。

4.1 天然水中的固相物质

水环境中的相间作用涉及的固体可分为沉积物和悬浮胶体物质两类。胶体物质可以由各种气态物质或者与水不互溶的液体组成。由于单位重量的胶体具有很大的表面积（比表面），因此其活性很高，水环境化学及水处理中的许多重要过程都与胶体有关。

4.1.1 天然水中的沉积物

沉积物一般是由黏土、淤泥、砂，有机物和各种矿物质构成的混合物。它们的组成变化很大，可以是纯矿物质，也可以是有机物为主。这些物质经过许多物理、化学和生物的过程之后沉积在水体底部。

4.1.2 天然水中的胶体物质

天然水中的颗粒物主要包括各类矿物微粒，含有铝、铁、锰、硅的水合氧化物等无机高分子，含有腐殖质、蛋白质等有机高分子，还有油滴、气泡构成的乳浊液和泡沫、表面活性剂等半胶体以及藻类、细菌、病毒等生物胶体。

1. 矿物微粒和黏土矿物

天然水中常见矿物微粒为石英、长石、云母及黏土矿物等硅酸盐矿物。石英（SiO_2）、长石（$KAlSi_3O_8$）等不易碎裂，颗粒较粗，缺乏黏性。云母、蒙脱石、高岭石等黏土矿物则是层状结构，易碎裂，颗粒较细，具有黏性，可以生成稳定的聚集体。

天然水中具有显著胶体化学特性的是黏土矿物，主要为铝和镁的硅酸盐，它具有晶体层状结构，种类很多，可以按照其结构特征和成分加以分类。

2. 金属水合氧化物

铝、铁、锰、硅等金属的水合氧化物在天然水中以无机高分子及溶胶等形态存在，在水环境中发挥重要的胶体化学作用。

铝在岩石和土壤中含量丰富。但在天然水中浓度较低，一般不超过 0.1mg/L。铝在水中水解，主要形态是 Al^{3+}、$Al(OH)^{2+}$、$Al_2(OH)_2^{4+}$、$Al(OH)_2^+$、$Al(OH)_3$ 和 $Al(OH)_4^-$ 等，并随 pH 值的变化而改变形态浓度的比例。实际上，铝在一定条件下会发生聚合反应，生成多核配合物或无机高分子，最终生成 $[Al(OH)_3]_\infty$ 的无定形沉淀物。

铁也是广泛分布的丰量元素，它的水解反应和形态与铝有类似的情况。在不同 pH 值下，Fe(Ⅲ) 的存在形态是 Fe^{3+}、$Fe(OH)^{2+}$、$Fe(OH)_2^+$、$Fe_2(OH)_2^{4+}$ 和 $Fe(OH)_3$ 等。固体沉淀物可转化为 FeOOH 的不同晶型物。同样，它也可以聚合成为无机高分子和溶胶。

锰与铁类似，其丰度虽然不如铁，但溶解度比铁高，因而也是常见的水合金属氧化物。

硅酸的单体 H_4SiO_4，若写成 $Si(OH)_4$，则类似于多价金属，是一种弱酸，过量的硅酸将会生成聚合物，并可生成胶体以至沉淀物。硅酸的聚合相当于缩聚反应：

$$2Si(OH)_4 \rightleftharpoons H_6Si_2O_7 + H_2O$$

所生成的硅酸聚合物，也可认为是无机高分子，一般分子式为 $Si_nO_{2n-m}(OH)_{2m}$。

所有的金属水合氧化物都能结合水中的微量物质，同时其本身又趋向于结合在矿物微粒和有机物的界面上。

3. 水体悬浮沉积物

天然水体中各种环境胶体物质往往并非单独存在，而是相互作用结合成为某种聚集体，即成为水中悬浮沉积物，它们可以沉降进入水体底部，也可重新悬浮进入水中。

悬浮沉积物的结构组成并不是固定的，它随着水质和水体组成物质及水动力条件而变化。一般来说，悬浮沉积物是以矿物颗粒，特别是黏土矿物为核心骨架，有机物和金属水合氧化物结合在矿物微粒表面上，成为各微粒间的黏附架桥物质，把若干微粒组合成絮状聚集体（聚集体在水体中的悬浮颗粒粒度一般在数十微米以下），经絮凝成为较粗颗粒而沉积到水体底部。

4. 腐殖质

腐殖质是一种带负电的高分子弱电解质，其形态构型与官能团的离解程度有关。在 pH 值较高的碱性溶液中或离子强度低的条件下，羟基和羧基多离解，使高分子呈现的负电荷相互排斥，构型伸展，亲水性强，因而趋于溶解。在 pH 值较低的酸性溶液中，或有较高浓度的金属离子存在时，各官能团难于离解而电荷减少，高分子趋于卷缩成团，亲水性弱，因而趋于沉淀或凝聚，富里酸因相对分子质量低，受构型影响小，故仍溶解，腐殖酸则变为不溶的胶体沉淀物。

5. 其他

如湖泊中的藻类，污水中的细菌、病毒，废水中的表面活性剂、油滴等，也都存在胶体化学表现，起类似的作用。

4.2 固液界面的吸附过程

天然水体作为一个巨大的分散系统，其中的颗粒物质可以吸附水中的各种污染物质，从而显著影响污染物在水体中的赋存形态和迁移转化规律。

4.2.1 胶体粒子的性质

1. 胶体的表面电荷

水环境中各类胶体物质大多带有电荷，其电荷状况随水的组成及 pH 值而变化，在中性 pH 值附近，大部分胶粒均带有负电荷。胶体粒子可通过三条主要途径获得电荷：

资源 4.1

（1）表面电荷可来自表面的化学反应。这是氢氧化物及氧化物的典型行为，通常与 pH 值有关。在较酸性的介质中反应为

$$M(OH)_n(s) + H^+ \longrightarrow M(OH)_{n-1}(H_2O)^+(s)$$

反应可在胶体氢氧化物表面的活性位置上发生，使粒子带有净的正电荷。在较碱性的介质中，可失去 H^+ 而成为一个带负电荷的粒子：

$$M(OH)_n(s) \longrightarrow MO(OH)_{n-1}^-(s) + H^+$$

在某些中等 pH 值时，所产生的氢氧化物胶粒的净电荷为零，即

$M(OH)_{n-1}(H_2O)^+$ 的数目
$= MO(OH)_{n-1}^-$ 的数目

在该 pH 值发生的情况称为等电点或零电荷点（Zero Point of Charge，ZPC）。pH_{ZPC} 对于不同金属氧化物有不同数值，而且每种氧化物均是固定常数，与溶液中非电位离子的浓度无关。表 4-1 给出了某些典型矿物的等电点值。

所以说，胶粒表面带正电或负电主要取决于胶粒的本性，但水体的 pH 值也是具有决定意义的外因，高 pH 值可使胶粒趋向于带更多负电。例如作为黏土组分的水合 SiO_2 和 $Al(OH)_3$ 的等电点分别在 pH=2 和 pH=5，大多数细菌细胞胶体的等电点在 pH=2~3 之间，而天然水体 pH 值大致在 6~9 范围内，所以水中这类胶粒表面多带过剩的负电荷。

（2）离子吸附。胶体粒子可以通过离子吸

表 4-1　典型矿物的等电点（pH_{ZPC}）

矿　　物	等电点（pH_{ZPC}）
MgO	12.4
CuO	9.5
α-Al_2O_3（刚玉）	9.1
α-$Al(OH)_3$（水铝矿）	5.0
$Fe(OH)_3$（无定形）	8.5
α-FeOOH（针铁矿）	7.8
γ-AlOOH（薄水铝矿或勃姆石）	8.2
TiO_2（锐钛矿）	7.2
β-MnO_2（钡镁锰矿）	7.2
Fe_3O_4（磁铁矿）	6.5
高岭石	4.6
SiO_2（石英）	2.0
δ-MnO_2（钠水锰矿）	2.8
蒙脱石	2.5
钠长石	2.0
长石	2~2.4

4.2 固液界面的吸附过程

附得到电荷,这种现象包括离子黏附在胶体表面,通过氢键或范德华力相互作用的过程,但没有形成共价键。

(3) 离子置换。在一些黏土矿物中,SiO_2 是一个基本单元,$Al(III)$ 取代晶格中的一些 $Si(IV)$,便生成一个静负电荷。

$$[SiO_2] + Al(III) \longrightarrow [AlO_2^-] + Si(IV)$$

同样地,用二价金属如 $Mg(II)$ 置换黏土晶格中的 $Al(III)$,也能产生一个静负电荷。

2. 固液界面的双电层理论

当固体与液体接触时,可以是固体从溶液中选择性吸附某种离子,也可以是固体分子本身发生电离作用而使离子进入溶液,以致使固液两相分别带有不同符号的电荷,在界面上形成了双电层的结构。

资源 4.2

对于双电层的具体结构,100 多年来不同学者提出了不同的看法。最早于 1879 年 Helmholtz 提出平板模型;1910 年 Gouy 和 1913 年 Chapman 修正了平板模型,提出了扩散双电层模型;后来 1924 年 Stern 又提出了 Stern 模型。

(1) 平板模型。Helmholtz 认为固体的表面电荷与溶液中带相反电荷的(即反离子)构成平行的两层,如同一个平板电容器。整个双电层厚度为 δ。固体表面与液体内部的总的电位差即等于热力学电势 φ_0,在双电层内,热力学电势呈直线下降。在电场作用下,带电质点和溶液中的反离子向相反方向运动(图 4-1)。这种模型过于简单,由于离子热运动,不可能形成平板电容器。

(2) 扩散双电层模型。Gouy 和 Chapman 认为,由于正、负离子静电吸引和热运动两种效应的结果,溶液中的反离子只有一部分紧密地排列在固相表面附近,相距约一两个离子厚度,称为紧密层;另一部分离子按一定的浓度梯度扩散到本体溶液中,离子的分布可用玻兹曼公式表示,称为扩散层。双电层由紧密层和扩散层构成。移动的切动面为 AB 面,如图 4-2 所示。

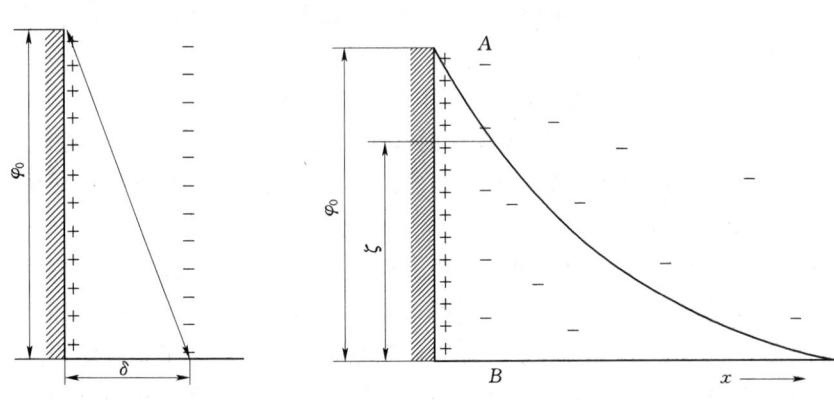

图 4-1 Helmholtz 平板双电层模型   图 4-2 扩散双电层模型

根据玻兹曼定律,x 处的电势 $\varphi = \varphi_0 e^{-\kappa x}$,其中 κ^{-1} 具有双电层厚度的物理意义。

(3) Stern 模型。Stern 对扩散双电层模型作了进一步修正。他认为吸附在固体表面的紧密层约有一两个分子层的厚度,后被称为 Stern 层;由反号离子电性中心构成的平面称为 Stern 平面。如图 4-3 所示。

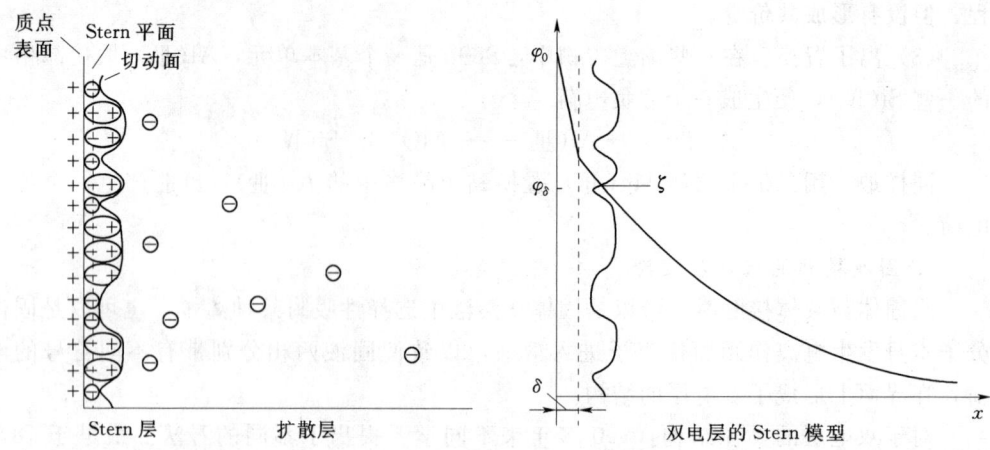

图 4-3 双电层的 Stern 模型

由于离子的溶剂化作用，胶粒在移动时，紧密层会结合一定数量的溶剂分子一起移动，所以滑移的切动面用比 Stern 层略右的曲线表示。从固相表面到 Stern 平面，电位从 φ_0 直线下降为 φ_δ。

在胶粒表面和切动面之间所形成的 ζ 电位（动电位）可用电泳法或电渗法予以测定，并可用式（4-1）表示其大小：

$$\zeta = \frac{4\pi\delta q}{D} \tag{4-1}$$

式中：q 为粒子表面电荷量；δ 为双电内层厚度；D 为水的介电常数。

3. 胶体粒子的凝聚

水环境中胶体悬浮体中粒子的凝聚或沉淀过程是很重要的。在饮用水和污水处理中常采用絮凝过程去除水中的颗粒物，而在自然环境中，底部沉积物的形成也涉及胶体粒子的聚沉过程。

胶粒凝聚的过程很复杂，一般可以分为胶体的聚沉（Coagulation）和絮凝（Flocculation）。聚沉机理为降低胶粒的静电排斥，即由于胶粒双电层间（吸附离子层和反号离子层）静电排斥的障碍，要实现聚沉，就必须把静电排斥减弱，以便于相同物质胶粒能够聚沉。

絮凝则是借助于聚合物等架桥物质，通过化学键联结胶体粒子，使凝结的粒子变得更大。在用化学方法处理废水的混凝单元操作中，能同时发生聚集和絮凝作用，所产生的絮状颗粒又进一步吸附水溶性物质和黏附水中悬浮粒子，由此构成了一个相当复杂的物理化学过程。这种过程是去除废水中胶粒和细小悬浮物的一种有效方法，所加入的化学试剂称为化学混凝剂。

胶体颗粒凝聚的基本原理。典型胶体的相互作用是以 DLVO 物理理论为定量基础。DLVO 理论把范德华吸引力和扩散双电层排斥力考虑为仅有的作用因素，它适用于没有化学专属吸附作用的电解质溶液中，并假设颗粒是球形的、粒度均等的理想状态。这种颗粒在溶液中进行布朗运动,两颗粒在相互接近时产生几种作用力,即多分子范德华力、静电斥力和水化膜阻力,这几种力相互作用的综合位能随相隔距离而变。

总的综合作用位能 V_T 为

$$V_T = V_R + V_A \tag{4-2}$$

式中:V_A 为由范德华力所产生的位能;V_R 为由静电排斥力所产生的位能。

胶粒间综合位能曲线如图 4-4 所示。其中 V_A 只随颗粒间的距离变化,与溶液中离子强度无关。V_R 和 V_T 随着离子强度的不同会有变化,V_R 随颗粒间的距离呈指数规律下降。在溶液离子强度较小时,如果以上两种相异的力中斥力大于引力时,所产生的净斥力就构成了阻碍粒子间相互聚集的能垒(V_{max}),颗粒的布朗运动能量不能超越此位能,彼此无法接近,从而使体系保持分散稳定状态。

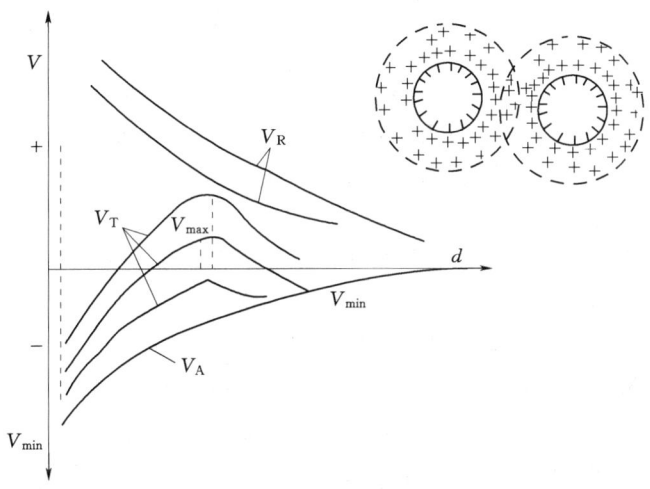

图 4-4 胶粒间综合位能曲线

向胶体溶液加入某种电解质(如铁盐、铝盐等),当离子强度增大到一定程度时,可将反离子更多地驱入双电内层,并由内层压缩而使电位降低,从而也就降低了粒子间的斥力,一部分颗粒有可能超越能垒 V_{max} 而互相靠拢;当离子强度相当高时,范德华引力进一步得到增强,可导致 V_{max} 完全消失,达到粒子间发生聚集的结果。

当颗粒超过位能后,吸引力占优势,促使颗粒间继续接近,当达到综合位能极小值(V_{min})时,两颗粒间尚隔有水化膜。在某些情况下,综合位能也会出现第二极小值,有时它也会使颗粒相互结合。

DLVO 凝聚理论说明了凝聚作用的因素和机理,但它只适用于电解质浓度升高压缩扩散层形成颗粒聚集的典型情况,可用于解释某些自然现象,如带有大量胶体粒子的河水流至河海交汇处(河口)时,由于海水中含盐较高,从而破坏河水胶体的相对稳定性,使大量胶粒经凝聚而形成河口沉积物。天然水环境或其他实际体系中的情况则要复杂得多。

异体凝聚理论适用于处理物质本性不同、粒径不等、电荷符号不同、电位高低不等之类的分散体系。异体凝聚理论的主要论点为：如果两个电荷符号相异的胶体微粒接近时，吸引力总是占优势；如果两颗粒电荷符号相同但电性强弱不等，则位能曲线上的能峰高度总是决定于电荷较弱而电位较低的一方。因此，在异体凝聚时，只要其中有一种胶体的稳定性甚低而电位达到临界状态，就可以发生快速凝聚，而不论另一种胶体的电位高低如何。

资源4.3

天然水环境和水处理过程中所遇到的颗粒聚集方式，大体可概括如下。

（1）压缩双电层凝聚：由于水中电解质浓度增大而离子强度升高，压缩扩散层，使颗粒相互吸引结合凝聚。

（2）专属吸附凝聚：胶体颗粒专属吸附异电的离子化合态，降低表面电位，即产生电中和现象，使颗粒脱稳而凝聚。这种凝聚可以出现超荷状况，使胶体颗粒改变电荷符号后，又趋于稳定分散状况。

（3）胶体相互凝聚：两种电荷符号相反的胶体相互中和而凝聚，或者其中一种电荷很低而相互凝聚，都属于异体凝聚。

（4）"边对面"絮凝：黏土矿物颗粒形状呈板状，其板面荷负电而边缘荷正电，各颗粒的边与面之间可由静电引力结合。这种聚集方式的结合力较弱，且具有可逆性，因而，往往生成松散的絮凝体，再加上"边对边""面对面"的结合，构成水中黏土颗粒自然絮凝的主要方式。

资源4.4

（5）第二极小值絮凝：在一般情况下，位能综合曲线上的第二极小值较微弱，不足以发生颗粒间的结合，但若颗粒较粗或在某一维方向上较长，就有可能产生较深的第二极小值，使颗粒相互聚集。这种聚集属于较远距离的接触，颗粒本身并未完全脱稳，因而比较松散，具有可逆性。这种絮凝在实际体系中有时是存在的。

资源4.5

（6）聚合物黏结架桥絮凝：胶体微粒吸附高分子电解质而凝聚，属于专属吸附类型，主要是异电中和作用。不过，即使负电胶体颗粒也可吸附非离子型高分子或弱阴离子型高分子，这也是异体凝聚作用。此外，聚合物具有链状分子，它也可以同时吸附在若干个胶体微粒上，在微粒之间架桥黏结，使它们聚集成团。这时，胶体颗粒可能并未完全脱稳，也是借助于第三者的絮凝现象。如果聚合物同时可发挥电中和及黏结架桥作用，就表现出较强的絮凝能力。

（7）无机高分子的絮凝：无机高分子化合物的尺度远低于有机高分子，它们除对胶体颗粒有专属吸附电中和作用外，也可结合起来在较近距离起黏结架桥作用。当然，它们要求颗粒在适当脱稳后才能黏结架桥。

（8）絮团卷扫絮凝：已经发生凝聚或絮凝的聚集体絮团物，在运动中以其巨大表面吸附卷带胶体微粒，生成更大絮团，使体系失去稳定而沉降。

（9）颗粒层吸附絮凝：水溶液透过颗粒层过滤时，由于颗粒表面的吸附作用，使水中胶体颗粒相互接近而发生凝聚或絮凝。吸附作用强烈时，可对凝聚过程起强化作用，使在溶液中不能凝聚的颗粒得到凝聚。

（10）生物絮凝：藻类、细菌等微小生物在水中也具有胶体性质，带有电荷，可以发生凝聚。特别是它们往往可以分泌出某种高分子物质，发挥絮凝作用，或形成胶团状物质。

在实际水环境中，上述凝聚、絮凝方式并不是单独存在的，往往是数种方式同时发生，综合发挥聚集作用。悬浮沉积物是最复杂的综合絮凝体，其中的矿物微粒和黏土矿物、水合金属氧化物和腐殖质、有机物等相互作用，几乎囊括了上述的10种聚集方式。

4.2.2 固液界面的吸附过程

1. 水环境中胶体颗粒的吸附作用

呈离子或分子状态的溶质在固体或天然胶体边界层相对聚集的现象称为吸附（Adsorption）。也有人认为，溶质在固体表面或天然胶体表面上浓度升高，而在液体中浓度下降的现象称为吸附。其实，这种吸附是一种表观吸附，一般称之为吸着（Sorption）。与此过程相反，被吸附的溶质从固体表面离去的现象称为解吸（Desorption）。吸附溶质的固体或胶体物质称为吸附剂（Adsorbent），被吸附的溶质称为吸附质（Adsorbate）。

在天然水环境中，悬浮粒子和沉积物都可成为吸附剂，吸附着作为吸附质的各种污染物质。从热力学观点考虑，由于吸附过程是自发发生的，自由焓变化 ΔG^0 为负值；又因为吸附质的分子或离子在过程中增大了有序度，所以熵变 ΔS^0 也为负值，因此按 $\Delta G^0 = \Delta H^0 - T\Delta S^0$ 式，焓变 ΔH^0 必须小于零，也就是说，吸附过程都是放热的过程。

根据吸附过程的内在机理，吸附作用可大体分为表面吸附、离子交换吸附和专属吸附等。

（1）表面吸附。表面吸附是一种物理吸附。这种吸附作用的发生动力来自胶体巨大的比表面和表面能，胶体表面积越大，所产生的表面吸附能也越大，胶体的吸附作用也就越强。物理吸附中的吸附质一般是中性分子，吸附力是范德华引力，吸附热一般小于40kJ/mol。被吸附分子不是紧贴在吸附剂表面上的某一特定位置，而是悬在靠近吸附质表面的空间中，所以这种吸附作用是非选择性的，且能形成多层重叠的分子吸附层。物理吸附又是可逆的，在温度上升或介质中吸附质浓度下降时会发生解吸。

（2）离子交换吸附。离子交换吸附又称极性吸附。离子交换吸附由呈离子状态的吸附质与带异种电荷的吸附剂表面间发生静电吸力而引起。离子交换作用也可归入交换吸附这一类。显然，吸附质离子带电量越大或其水合离子半径越小，则这种静电引力越大。环境中大部分胶体带负电荷，少数例外，容易吸附各种阳离子，在吸附过程中，胶体每吸附一部分阳离子，同时也放出等量的其他阳离子，它属于物理化学吸附。这种吸附是一种可逆反应，而且能够迅速地达到可逆平衡。该反应不受温度影响，有酸碱条件下均可进行，其交换吸附能力与溶质的性质、浓度及吸附剂性质等有关。对于那些具有可变电荷表面的胶体，当体系pH值高时，也带负电荷并能进行交换吸附。

（3）专属吸附。离子交换吸附对于从概念上解释胶体颗粒表面对水合金属离子的吸附是有用的，但是对于那些在吸附过程中表面电荷改变符号，甚至可使离子化合物吸附在同号电荷表面上的现象无法解释。因此，近年来有学者提出了专属吸附作用。

专属吸附是指吸附过程中，除了化学键的作用外，尚有加强的憎水键和范德华力或氢键在起作用。专属吸附作用不但可使表面电荷改变符号，而且可使离子化合物吸附在同号电荷的表面上。在水环境中，配合离子、有机离子、有机高分子和无机高分子的专属吸附作用特别强烈。例如，简单的 Al^{3+}、Fe^{3+} 高价离子并不能使胶体电荷因吸附而变号，但其水解产物却可达到这点，这就是发生专属吸附的结果。

专属吸附过程中有化学键的形成，因此属于化学吸附，吸附热一般为 120～200kJ/mol，有时可达 400kJ/mol 以上。温度升高往往能使吸附速度加快。通常在化学吸附中只形成单分子吸附层，且吸附质分子被吸附在固体表面的固定位置上，不能再作左右前后方向的迁移。这种吸附一般是不可逆的，但在超过一定温度时也可能被解吸。

专属吸附特点：①在中性表面甚至在与吸附离子带相同电荷符号的表面也能进行吸附作用。例如，水锰矿对碱金属离子（K、Na）及过渡金属离子（Co、Cu、Ni）的吸附特性就很不相同。对于碱金属离子，在低浓度时，当体系 pH 值在水锰矿等电点（ZPC）以上时，发生吸附作用。这表明该吸附作用属于离子交换吸附。而对于 Co、Cu、Ni 等离子的吸附则不相同，当体系 pH 值在 ZPC 处或小于 ZPC 时，都能进行吸附作用，这表明水锰矿不带电荷或带正电荷均能吸附过渡金属元素。表 4-2 列出水合氧化物对金属离子的专属吸附机理与非专属吸附的区别。②这种吸附作用发生在胶体双电层的 Stern 层中，被吸附的金属离子进入 Stern 层后，不能被通常提取交换性阳离子的提取剂提取，只能被亲和力更强的金属离子取代，或在强酸性条件下解吸。

表 4-2　　水合氧化物对金属离子的专属吸附机理与非专属吸附的区别

项　目	非专属吸附	专属吸附
发生吸附的表面净电荷符号	-	-、0、+
金属离子所起的作用	反离子	配位离子
吸附时发生的反应	阳离子交换	配位体交换
发生吸附时体系的 pH 值	>零电位点	任意值
吸附发生的位置	扩散层	内层
对表面电荷的影响	无	负电荷减少，正电荷增多

上述三种吸附在机理上各不相同，但对于某一实际的吸附过程，很难判定它究竟属于哪一种类型吸附。在固-液吸附中，其速度和程度一般由吸附剂性质（特别是它的比表面积大小）以及吸附质和溶剂的性质所决定，因溶剂的大量存在，一般可将这方面因素忽略不计。

2. 吸附等温线和等温式

吸附是指溶液中的溶质在界面层浓度升高的现象。在一定温度下，当吸附达到平衡时，颗粒物表面上的吸附量（G）与溶液中溶质平衡浓度（c）之间的关系可用吸附等温线或等温式来表达（图 4-5）。用于阐明水体中吸附平衡的吸附等温线方程有三种基本类型，即 Henry 型、Freundlich 型、Langmuir 型，简称为 H 型、F 型、L 型。

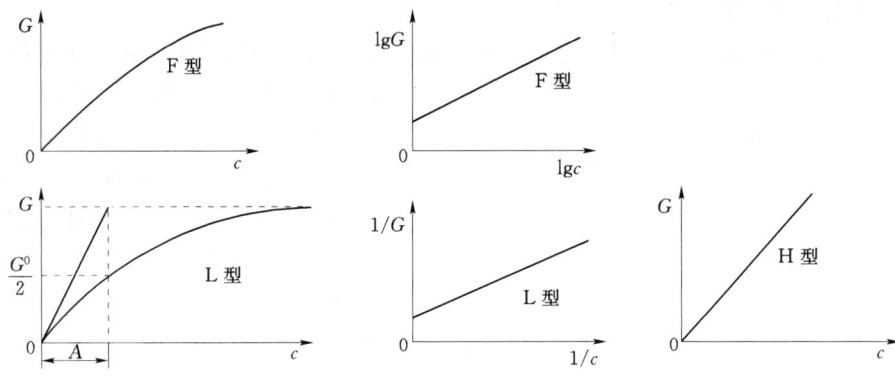

图 4-5 常见吸附等温线（汤鸿霄，1984）

（1）H 型等温线为直线型，其等温式为

$$G = kc \tag{4-3}$$

式中：k 为分配系数。

（2）F 型等温式为

$$G = kc^{\frac{1}{n}} \tag{4-4}$$

若两侧取对数，则有

$$\lg G = \lg k + \frac{1}{n}\lg c \tag{4-5}$$

（3）L 型等温式为

$$G = G^0 c/(A+c) \tag{4-6}$$

该式可转换为如下形式：

$$\frac{1}{G} = \frac{1}{G^0} + \frac{A}{G^0}\frac{1}{c} \tag{4-7}$$

L 型等温线中，浓度持续升高后 G 将趋于饱和吸附量 G^0，常数 A 值实际相当于吸附量达到 $1/2G^0$ 时溶液的平衡浓度。Langmuir 等温线常用于描述单分子层吸附，当 G 接近于 G^0 时表示吸附剂表面覆盖率 θ 已接近于 100%。

这些等温线一定程度上反映吸附剂与吸附质的特性，但在不少情况下是与实验所用浓度区段有关。浓度甚低时，可能在初始区段中呈现 H 型，在浓度更高时，曲线表现可能是 F 型，但统一起来仍属于 L 型的不同区段。此外，还有一种 BET（布朗诺尔-埃麦特-特勒）等温线方程，常用于多分子层吸附，其表达式远比上面几种等温线方程复杂。

在自然环境介质中，如土壤和沉积物，也许不止一种吸附剂存在，因此，总的吸附等温线是不同吸附剂所产生的不同吸附等温线的叠加。

3. 吸附作用的影响因素

（1）金属离子的形态。以汞为例，在水环境中的胶体对甲基汞的吸附作用与对氯化汞的吸附作用大致相同。由于作用机制的不同，在天然水体中，含硫沉积物对甲基汞的吸附能力比对无机汞的吸附能力小得多，造成实际河、湖系统在好氧条件下汞的

资源 4.6

资源 4.7

甲基化速度大于厌氧条件下的速度。

(2) 溶液 pH 值。在一般情况下,颗粒物对重金属离子的吸附量随 pH 值的升高而增加。pH 值降低,导致碳酸盐和氢氧化物的溶解,H^+ 的竞争作用也会增加金属离子的解吸量(图 4-6)。对以配位体交换进行的专性吸附,由于 H^+ 和 OH^- 都可与金属水合氧化物表面的水合基进行反应,被专性吸附的阴离子在较宽的 pH 值范围内解吸程度都得以加强。

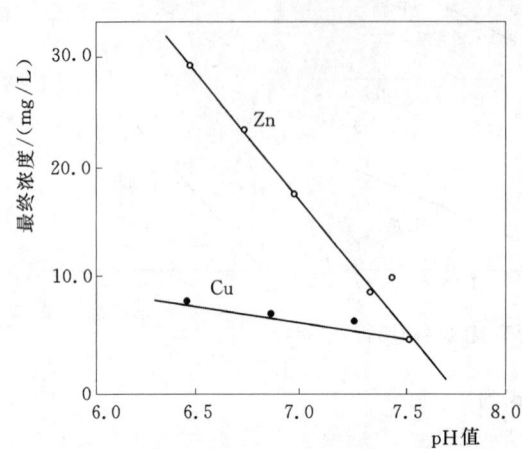

图 4-6 美国 White 河中 Zn 和 Cu 释放量与 pH 值间的关系

(3) 盐浓度。碱金属和碱土金属离子可将吸附在固体颗粒上的金属离子交换出来,这也是金属离子从沉积物中释放出来的主要途径之一。水体中的 Ca^{2+}、Na^+ 和 Mg^{2+} 对悬浮物中 Cu^{2+}、Pb^+ 和 Zn^{2+} 的交换释放即是很好的例子。在 0.5mol/L Ca^{2+} 作用下,悬浮物中的 Cu^{2+}、Pb^{2+} 和 Zn^{2+} 可以解吸出来,但三种金属离子被 Ca^{2+} 交换的能力不同,其顺序为 $Zn^{2+}>Cu^{2+}>Pb^{2+}$。

(4) 氧化还原条件。在湖泊、河口及近岸沉积物中一般均有较多的耗氧物质,使一定深度以下沉积物中的氧化还原电位急剧下降,并使铁、锰氧化物部分或全部溶解,被其吸附的重金属离子也同时释放出来。

(5) 配合剂的存在。在水体中添加天然或合成的配合剂,能使重金属形成可溶性的配合物,有时这种配合物稳定性较大,可以溶解态存在,导致重金属从固体颗粒上解吸下来。若沉积物为有机-无机的复合胶体,当其去除有机质之后,原先被沉积物吸附的重金属离子也会释放出来。如砖红壤胶体在去除有机质后,其对 Cd^{2+} 的吸附量比原来下降了 50% 左右。

(6) 吸附温度。在一般情况下,吸附作用为放热反应,温度升高有利于金属离子从颗粒物上解吸。如针铁矿对硼的吸附量在 25℃ 时为 400mg/kg,而在 35℃ 时为 94mg/kg。当然,吸附作用受温度的影响还与吸附剂与吸附质的作用机制有关。如蒙脱石具有较大的内表面,在温度升高时,蒙脱石层间膨胀,其内表面外露,反而对溶质的吸附加强。

4. 氧化物表面吸附的配合模式

这一模式的基本点是把氧化物表面对 H^+、OH^-、金属离子、阴离子等的吸附看作是一种表面配合反应。水相中金属氧化物表面一般都含有 $\equiv$MeOH 基团(图 4-7),这是由于其表面离子的配位不饱和,在水溶液中与水配位,水发生离解吸附而生成羟基化表面。通常,氧化物表面羟基数量为 $4\sim10$ 个$/nm^2$,总量可观。

在水环境中,硅、铝、铁的氧化物和氢氧化物是悬浮沉积物的主要成分,对这类物质表面上发生的吸附机理,特别是对金属离子的吸附,曾有许多学者提出过各种模

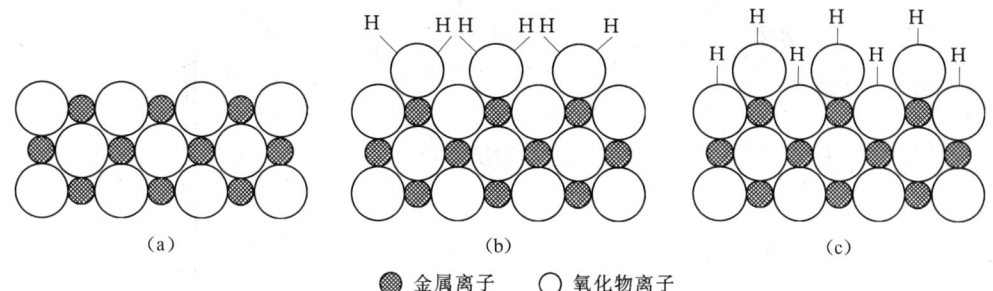

图 4-7 金属氧化物表层横断面示意图
(a) 表面层中金属离子配位数不足；(b) 有水存在时，表面金属离子首先趋向于同 H_2O 分子配位；
(c) 大多数氧化物强烈趋向于水分子的离解化学吸附

型来说明，并试图建立定量计算规律，例如，离子交换、水解吸附、表面沉淀等。20世纪70年代初期，由Stumm、Shindler等提出的表面配合模型逐步得到了承认和推广应用，目前，已成为水环境化学的主流吸附理论之一，意义重大。

表面羟基在溶液中可发生质子迁移，其质子迁移平衡可具有相应的酸度常数，即表面配合常数

$$\equiv MeOH_2^+ \rightleftharpoons \equiv MeOH + H^+$$

$$K_{a1}^s = \frac{\{\equiv MeOH\}[H^+]}{\{\equiv MeOH_2^+\}} \tag{4-8}$$

$$\equiv MeOH \rightleftharpoons \equiv MeO^- + H^+$$

$$K_{a2}^s = \frac{\{\equiv MeO^-\}[H^+]}{\{\equiv MeOH\}} \tag{4-9}$$

式中：[ ] 和 { } 分别表示溶液中化合态的浓度和表面化合态的浓度。

表面的 $\equiv MeOH$ 基团在溶液中可以与金属阳离子和阴离子生成表面配位配合物，表现出两性表面特性及相应的电荷变化。其相应的表面配合反应为

$$\equiv MeOH + M^{z+} \rightleftharpoons \equiv MeOM^{(z-1)+} + H^+ \qquad {}^*K_1^s$$

$$2\equiv MeOH + M^{z+} \rightleftharpoons (\equiv MeO)_2 M^{(z-2)+} + 2H^+ \qquad {}^*\beta_2^s$$

$$\equiv MeOH + A^{z-} \rightleftharpoons \equiv MeA^{(z-1)-} + OH^- \qquad K_1^s$$

$$2\equiv MeOH + A^{z-} \rightleftharpoons (\equiv Me)_2 A^{(z-2)-} + 2OH^- \qquad \beta_2^s$$

表面配合反应使其电荷随之变化增减，平衡常数则可反映出吸附程度及电荷与溶液pH值和离子浓度的关系。如果可以求出平衡常数的数值，则由溶液pH值和离子浓度可求得表面的吸附量和相应电荷。图4-8为水合氧化物与酸、碱和阳离子、阴离子的相互作用。该模式的吸附剂已被扩展到黏土矿物和有机物，吸附离子已被扩展到许多阳离子、阴离子、有机酸、高分子物等，成为广泛的吸附模式。

表面配合模式的实质内容就是把具体表面看作一种聚合酸，其大量羟基可以产生表面配合反应，但在配合平衡过程中需将邻近基团的电荷影响考虑在内，由此区别于溶液中的配合反应。这种模式建立了一套实验和计算方法。可以求得各种固有平衡常数。这样就把原来以实验求得吸附等温式的吸附过程转化为可以定量计算的过程，使吸附从经验方法走向理论计算方法有了很大的进展。

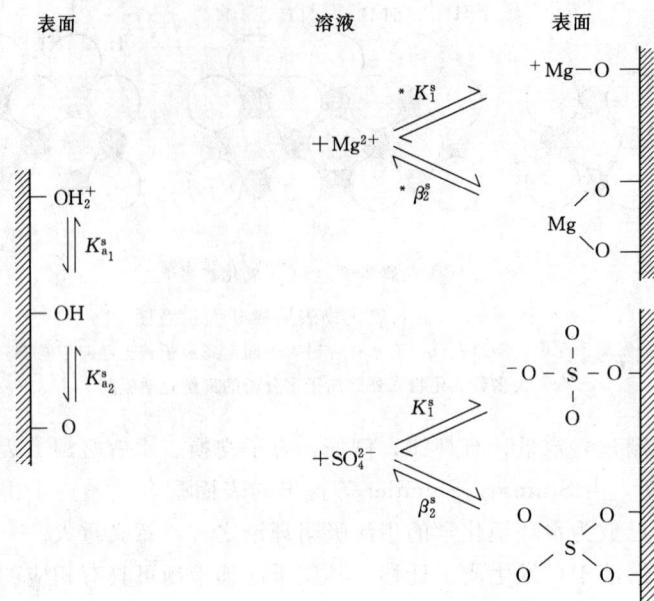

图 4-8 水合氧化物与酸、碱和阳离子、阴离子的相互作用

求定表面配合常数是比较复杂而精密的实验与计算过程。为了考察表面配合常数与溶液中配合常数的相关性，有关学者进行了一系列的实验，其实验结果如图 4-9 和图 4-10 所示。从图 4-9、图 4-10 中可看出，无论对金属离子还是对有机阴离子的吸附，表面配合常数与溶液中的吸附常数之间都存在有较好的相关性。表面吸附中对金属离子的配合为

$$\equiv MeOH + M^{z+} \rightleftharpoons \equiv MeOM^{(z-1)+} + H^+ \qquad *K_1^s$$

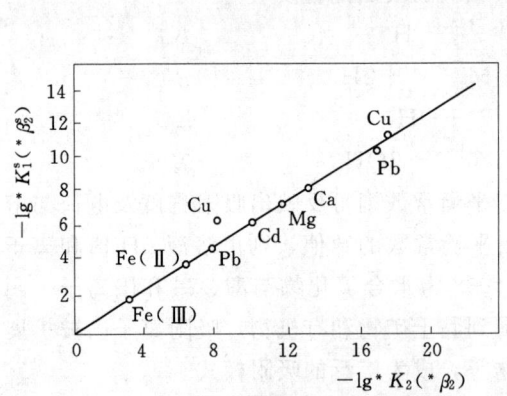

图 4-9 金属离子表面配合与
溶液配合的比较（汤鸿霄，1984）

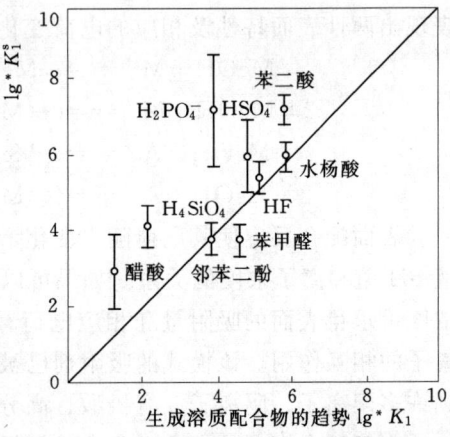

图 4-10 有机物表面配合与溶液配合的
比较（Stumm 和 Morgan，1996）

它与溶液中金属离子的水解是相对应的

$$H_2O + M^{z+} \rightleftharpoons MOH^{(z-1)+} + H^+ \qquad *K_1$$

图 4-9 表明，$-\lg{}^*K_1^s({}^*\beta_2^s)$ 与 $-\lg{}^*K_1({}^*\beta_2)$ 是线性相关的。同样，有机酸和无机酸的表面配合反应

$$\equiv MeOH + H_2A \rightleftharpoons \equiv MeHA + H_2O \qquad {}^*K_1^s$$

与溶液中有机酸和无机酸的反应

$$MeOH^{2+} + H_2A \rightleftharpoons MeHA^{2+} + H_2O \qquad {}^*K_1$$

也是相互对应的。图 4-10 中 $\lg{}^*K_1^s$ 与 $\lg{}^*K_1$ 也有明显的相关性。这样，就有可能近似地应用溶液中已求得的大量配合常数来求得表面配合常数，大大扩展了表面配合模式的数据库及应用的广泛性。

表面配合模式及其实验计算方面尽管存在着表面配合的固有平衡常数不能精确地确定、电荷与平衡常数之间的相关性难以清楚表达及实验时平衡难以达到或只能达到介稳状态等局限性，但应用此模式所得的结果可以半定量地反映吸附量和电荷随 pH 值及溶液参数、表面积、浓度等变化的关系。

4.3 水-固体系中的分配作用

4.3.1 分配作用

1. 分配系数

有机化合物进入水环境后，除进行各种转化行为外，在水-悬浮物、水-沉积物、水-土壤、水-生物、水-气不同相之间也有分配的过程，即分配作用，如同有机物在水-有机溶剂不同相间的分配作用一样。在一定条件下，水环境中的有机化合物在固-水之间达到分配平衡时，往往可用分配系数 K_p 表示：

$$K_p = c_s/c_w \tag{4-10}$$

资源 4.8

式中：c_s、c_w 分别为有机化合物在沉积物上和水中的平衡浓度。

在水环境中，有机化合物溶解于水、固两相，要计算有机化合物在水体中的含量，需考虑固相（悬浮颗粒物或沉积物）在水中的浓度。对于有机化合物，其在水与颗粒物之间平衡时总浓度可表示为

$$c_T = c_s[p] + c_w \tag{4-11}$$

式中：c_T 为单位体积溶液中颗粒物上和水中有机毒物质量的总和，μg/L；c_s 为有机毒物在颗粒物上的平衡浓度，μg/kg；$[p]$ 为单位体积溶液中颗粒物的浓度，kg/L；c_w 为有机毒物在水中的平衡浓度，μg/L。

根据分配系数的物理意义

$$\begin{aligned} c_w &= c_T - c_s[p] \\ &= c_T - K_p c_w[p] \end{aligned}$$

此时水中有机物的浓度 c_w 为

$$c_w = \frac{c_T}{K_p[p]+1} \tag{4-12}$$

2. 标化分配系数

在水体中，有机化合物在颗粒物中的分配与颗粒物中的有机质含量有密切关系。

研究表明，分配系数 K_p 与沉积物中有机碳含量成正相关。为了在类型各异、组分复杂的沉积物或土壤之间找到表征吸着的常数，引入标化的分配系数 K_{oc}：

$$K_{oc} = \frac{K_p}{X_{oc}} \quad (4-13)$$

式中：K_{oc} 为标化的分配系数，即以有机碳为基础表示的分配系数；X_{oc} 为沉积物中有机碳的质量分数。

这样，对于每一种有机化合物可得到与沉积物特征无关的一个 K_{oc}。因此，某一有机化合物，不论遇到何种类型沉积物（或土壤），只要知道其有机质含量，便可求得相应的分配系数。杨坤等（2001）研究了杭州茹溪、西湖、运河（杭州段）和嘉兴南湖 4 个不同水体的 18 个沉积物对硝基苯酚的吸附作用及机理，结果表明分配作用在沉积物吸附对硝基苯酚的过程中占主导地位，其分配系数 K_p 与有机碳含量显著正相关，同一来源的沉积物，有机碳标化的分配系数为常数。

资源 4.9

3. 颗粒物大小对分配系数的影响

考虑到固相颗粒大小及其有机碳对分配系数的影响，其分配系数 K_p 则可表示为

$$K_p = K_{oc}[0.2(1-f)X_{oc}^s + f X_{oc}^f] \quad (4-14)$$

式中：f 为细颗粒的质量分数（$d<50\text{pm}$）；X_{oc}^s 为粗沉积物组分的有机碳含量；X_{oc}^f 为细沉积物组分的有机碳含量。

式（4-14）包含的物理意义有：①所谓细颗粒，是指直径小于 $50\mu m$ 的沉积物，很显然，这部分的沉积物与粗颗粒沉积物相比，其对有机污染物的分配作用较大；②粗颗粒对有机污染物的分配能力只有细颗粒的 20%。故在考虑颗粒物对分配系数的影响时，对其不同粒径的作用要分别对待。

4. K_{oc}、K_{ow} 和 S_w（溶解度）与分配系数的关系

在众多的有机化合物中，逐个测定其 K_p 显然不大可能，有些还不易测定。那么，一般憎水有机化合物的某一溶解特征与其在水中溶解度之间究竟有无规律可循？如果有，就可以用一般规律来解决个性问题。

由于颗粒物对憎水有机物的吸着是分配机制，可运用 K_{oc} 与水-有机溶剂间的分配系数的相关关系。Karichoff 等（1979）揭示了 K_{oc} 与憎水有机物在辛醇-水分配系数 K_{ow} 间的相关关系：

$$K_{oc} = 0.63 K_{ow} \quad (4-15)$$

式中：K_{ow} 为辛醇-水分配系数，即化学物质在辛醇中浓度和在水中浓度的比例：

$$K_{ow} = K_s / K_w \quad (4-16)$$

式中：K_s、K_w 分别为有机物在正辛醇中和水中的平衡浓度。

辛醇-水被认为是研究分配系数比较好的相组合，因为正辛醇分子本身含有一个极性羟基和一个非极性的脂肪烃链。另外，绝大部分有机物都溶解于辛醇。

K_{ow} 已成为环境科学的一个重要参数，它是目前应用最广泛的宏观结构参数之一，能够表征化学污染物在水环境中的分布和迁移特性、污染物在生物体内的富集和累积以及污染物分子本身的聚合和卷曲特性，显示了与生物活性的较好联系。

4.3 水-固体系中的分配作用

Karichoff 等（1979）和 Chiou 等（1979）曾广泛地研究化学物质包括脂肪烃、芳烃、芳香酸、有机氯和有机磷农药、多氯联苯等在内的辛醇-水分配系数和水中溶解度之间的关系，结果如图4-11所示，可适用于大小8个数量级的溶解度和6个数量级的辛醇-水分配系数。辛醇-水分配系数 K_{ow} 和溶解度的关系可表示为

$$\lg K_{ow} = 5.00 - 0.67 \lg(S_w \times 10^3/M) \qquad (4-17)$$

式中：S_w 为有机物在水中的溶解度，mg/L；M 为有机物的分子量。

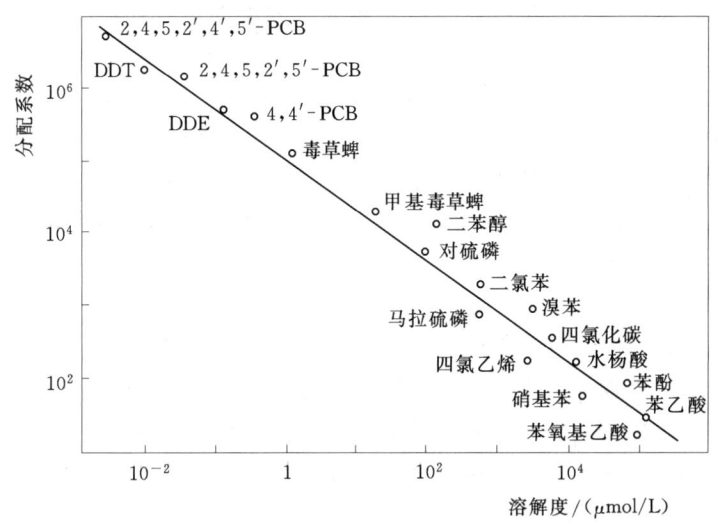

图4-11 有机物在水中的溶解度与辛醇-水分配系数的关系（Chiou，1981）

所以可从以下过程求得某一种有机污染物的分配系数：

$$S_w \rightarrow K_{ow} \rightarrow K_{oc} \rightarrow K_p$$

例如，某有机物的分子量为192，溶解在含有悬浮物的水体中，若悬浮物中85%为细颗粒，有机碳含量为5%，其余粗颗粒物有机碳含量为1%，已知该有机物在水中溶解度为0.05mg/L，那么，其分配系数（K_p）就可计算出：

$$\lg K_{ow} = 5.00 - 0.67\lg(0.05 \times 10^3/192)$$

则
$$K_{ow} = 2.46 \times 10^5$$
$$K_{oc} = 0.63 \times 2.46 \times 10^5 = 1.55 \times 10^5$$
$$K_p = 1.55 \times 10^5 [0.2(1-0.85) \times 0.01 + 0.85 \times 0.05]$$
$$= 6.63 \times 10^3$$

4.3.2 生物-水间的生物浓缩系数（K_B 或 BCF）

1. 生物浓缩、积累与放大

生物浓缩（Bioconcentration）是指生物机体或处于同一营养级上的许多生物种群，从周围环境中蓄积某种元素或难分解的化合物，使生物体内该物质的浓度超过环境中浓度的现象，又称生物学浓缩、生物学富集。水环境中各种污染物都可能经多种途径进入生物体内，经过体内的分布、循环和代谢，其中的生命必需物质，部分参与生物体内的构成，多余的必需物质和非生命所需物质，易分解的经代谢作用很快排出

资源4.10

体外，不易分解、脂溶性较强、与蛋白和酶有较高亲和力的，就会经生物浓缩作用长期残留在生物体内。如 DDT 和狄氏剂等农药、多氯联苯（PCBs）、多环芳烃（PAHs）等，性质稳定，脂溶性很强，被摄入生物体内后即溶于脂肪，很难分解。随着摄入量的增大，这些物质在生物体内的浓缩程度逐渐增大。生物浓缩的程度用浓缩系数或富集因子（Bioconcentration Factor，BCF）来表示。

生物积累（Bioaccumulation）是指生物在其整个代谢活跃期通过吸收、吸附、吞食等各种过程，从周围环境中蓄积有些元素或难分解的化合物，以致随着生长发育，浓缩系数不断增大的现象，又称生物学积累。生物积累程度也用浓缩系数表示。

生物放大（Biomagnification）是指在生态系统中，由于高营养级生物以低营养级生物为食物，某种元素或难分解化合物在生物机体中的浓度随着营养级的提高而逐步增大的现象，又称为生物学放大。生物放大的结果使食物链上高营养及生物机体中这种物质的浓度显著地超过环境浓度。生物放大的程度，同生物积累和生物浓缩一样，也用浓缩系数表示。

2. 生物浓缩系数

污染物在生物体内浓度与水中浓度之比定义为生物浓缩因子，用符号 K_B 或 BCF 表示。生物浓缩有机物的过程很复杂，然而在某些控制条件下所得平衡时的数据也是很有用的，可以看出不同有机物向各种生物内浓缩的相对趋势。

一般采用平衡法和动力学方法来测量 BCF，或估算法获得 K_B 或 BCF。平衡法求得水生生物中某种物质的浓缩系数有两种方式：实验室饲养法和野外调查法，两者各有优缺点。实验室饲养条件易于控制，但是，在人工环境下所求得的数值，同在自然情况下求得的数值往往不符合，因为人工环境几乎不可能在自然条件下出现。如果长寿的生物与环境之间达到物质平衡，需要饲养很长时间，一般难以做到。所以实验室方法求得的浓缩系数数值通常比用野外调查法所求得的偏小。野外调查法的一个很大优点是生物的整个生活周期都处在稳定的环境中，机体的构成成分与环境是平衡的，能够得出标准的浓缩系数值。但是，野外环境中有些物质在水环境中的浓度很低，会因分析技术的限制而难以准确测出，因而难以精确求得浓缩系数。

除了平衡法以外，也有人采用动力学的方法来测量 BCF，这样做可以节省试验的时间，可能对于大的生物体更合适。Neely 等测量了生物摄取有机污染物速率常数 K_1 与生物释放有机物的速率常数 K_2，此时 K_1 与 K_2 之比即为 BCF。Neely 发现一些稳定的化合物在虹鳟鱼肌肉中积累的 lgBCF 与 lgK_{ow} 有关，回归方程为

$$\lg BCF = 0.542 \lg K_{ow} + 0.124 \quad (r = 0.948, n = 8)$$

或

$$\lg BCF = 0.802 \lg S_w - 0.497 \quad (r = 0.977, n = 7)$$

如同较高等生物一样，低等生物微生物 K_B 也是与 K_{ow} 相关的方程，即

$$\lg K_B = 0.907 \lg K_{ow} - 0.361 \quad (r = 0.954, n = 14)$$

除有机物水溶性等性质外，生物对污染物的吸收和积累随着生物机体的生理因素和外界环境条件而发生变化，因此，生物浓缩系数随之而变。影响生物浓缩的生理因素主要包括生物的生长、发育、大小、年龄等。例如，在生长发育旺盛时，生物摄取量大，摄取的污染物也多，浓缩系数相应的也大。影响生物浓缩系数的环境因素主要

有温度、pH 值、硬度、DO 等。

4.4 挥 发 作 用

挥发作用是有机物质从溶解态转入气相的一种重要迁移过程。在自然环境中，需要考虑许多有机物质的挥发作用。挥发速率依赖于有机物质的性质和水体的特征。如果有机物质具有"高挥发"性质，那么显然在影响有机物质的迁移转化和归趋方面，挥发作用是一个重要的过程。然而，即使化合物的挥发较小，挥发作用也不能忽视，这是由于化合物的归趋是多种过程贡献的综合。

对于有机化合物挥发速率的预测方法，可以根据以下关系得到

$$\frac{\partial c}{\partial t} = \frac{-K_v\left(c - \frac{p}{K_H}\right)}{Z} = -K'_v\left(c - \frac{p}{K_H}\right) \tag{4-18}$$

式中：c 为溶解相中有机化合物的浓度；K_v 为挥发速率常数；K'_v 为单位时间混合水体的挥发速率常数；Z 为水体的混合深度；p 为在所研究的水体上面，有机化合物在大气中的分压；K_H 为亨利常数。

在许多情况下，化合物的大气分压是零，所以方程可简化为

$$\frac{\partial c}{\partial t} = -K'_v c \tag{4-19}$$

根据总污染物浓度 c_T 计算时，则式（4-19）可改写为

$$\frac{\partial c_T}{\partial t} = -K_{vm} c_T \tag{4-20}$$

$$K_{vm} = -\frac{K_v \alpha_w}{Z}$$

式中：α_w 为有机化合物可溶解相分数。

1. 亨利常数计算

在文献报道中，可以用很多方法确定亨利常数，常用的方法是

$$K'_H = \frac{c_a}{c_w} \tag{4-21}$$

式中：c_a 为有机物在空气中的摩尔浓度，mol/m^3；K'_H 为亨利常数的替换形式，无量纲。

根据式（4-21）及亨利定律可得

$$K'_H = \frac{K_H}{RT} = \frac{K_H}{8.31T} = 4.1 \times 10^{-4} K_H \quad （在 20℃） \tag{4-22}$$

式中：T 为水的绝对温度，K；R 为气体常数。

对于微溶化合物（摩尔分数不大于 0.02），亨利常数的估算公式为

$$K_H = \frac{p_s M_w}{s_w} \tag{4-23}$$

式中：p_s 为纯化合物的饱和蒸汽压，Pa；M_w 为分子量；s_w 为化合物在水中的溶解

度，mg/L。

也可将 K_H 转换为无量纲形式，此时亨利常数为

$$K'_H = \frac{0.12 p_s M_w}{s_w T} \tag{4-24}$$

例如二氯乙烷的蒸气压为 2.4×10^4 Pa，20℃ 时在水中的溶解度为 5500mg/L，可分别计算出亨利常数 K_H 或 K'_H：

$$K_H = 2.4 \times 10^4 \times 99/5500 = 432 (\text{Pa} \cdot \text{m}^3/\text{mol})$$

$$K'_H = 0.12 \times 2.4 \times 10^4 \times 99/5500 \times 293 = 0.18$$

2. 挥发作用的双膜理论

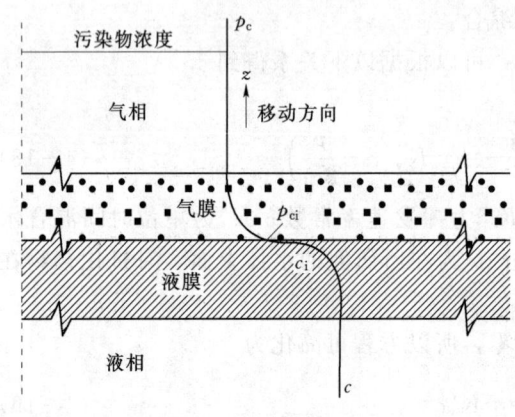

图 4-12 双膜理论示意图

双膜理论是基于化学物质从水中挥发时必须克服来自近水表层和空气层的阻力而提出的。这种阻力控制着化学物质由水向空气迁移的速率。图 4-12 显示了某化学物质从水中挥发时的质量迁移过程。

在大量水体中，化学物质的浓度是 c，当化学物质向上移动通过一个薄的"液膜"时，由于扩散限制迁移速率，产生一个浓度梯度，溶解的化学物质挥发然后通过一个薄的"气膜"，同样迁移也受到限制，这是因为之前富集着大量蒸气。

在气膜和液膜之间的界面上，用 c_i 表示液相浓度，p_{ci} 则表示气相分压，平衡时遵循亨利定律，即

$$p_{ci} = K_H c_i \tag{4-25}$$

若在界面上不存在净积累，则一个相的质量通量必须等于另一相的质量通量。因此，化学物质在 Z 方向的通量 F_Z 可表示为

$$F_Z = -\frac{K_{gi}}{RT}(p_c - p_{ci}) = K_{li}(c - c_i) \tag{4-26}$$

式中：K_{gi} 为在气相通过气膜的传质系数；K_{li} 为在液相通过液膜的传质系数；$(c - c_i)$ 为从液相挥发时存在的浓度梯度；$(p_c - p_{ci})$ 为在气相一侧存在一个气膜的浓度梯度。

根据式（4-26）可得

$$c_i = \frac{K_{li}c + \dfrac{K_{gi} p_c}{RT}}{K_{li} + \dfrac{K_{gi} K_H}{RT}} \tag{4-27}$$

若以液相为主时，气相浓度为零，将 c_i 代入式（4-26），则

$$F_Z = K_{li}(c - c_i) = \left[\frac{K_{li} K_{gi} K_H}{RT} \bigg/ \left(K_{li} + \frac{K_{gi} K_H}{RT}\right)\right] c$$

$$K_{vi} = \frac{K_{1i}K_{gi}K_H}{RT} \Big/ \left(K_{1i} + \frac{K_{gi}K_H}{RT}\right) \quad (4-28)$$

并可改写为

$$\frac{1}{K_{vi}} = \frac{1}{K_{1i}} + \frac{RT}{K_{gi}K_H} \quad (4-29)$$

由于所分析的污染物是在水相，因而方程可写为

$$\frac{1}{K_v} = \frac{1}{K_1} + \frac{RT}{K_g K_H} \quad (4-30)$$

或

$$\frac{1}{K_v} = \frac{1}{K_1} + \frac{1}{K'_H K_g} \quad (4-31)$$

由此可看出，挥发速率常数依赖于 K_1、K'_H 和 K_g。这里有两种依赖于亨利定律常数的情况是：

$$K_v = \begin{cases} K_1 & \text{（当 } K'_H \text{ 大时，受液膜控制，属易挥发物质）} \\ K'_H K_g & \text{（当 } K'_H \text{ 小时，受气膜控制，属难挥发物质）} \end{cases}$$

当亨利定律常数大于 $1.13 \times 10^2 \text{Pa} \cdot \text{m}^3/\text{mol}$ 还大时，挥发作用主要受液膜控制；当亨利定律常数小于 $1.013 \text{Pa} \cdot \text{m}^3/\text{mol}$，主要受气膜控制，此时均可使用 $K_v = K_1$ 或 $K_v = K'_H K_g$ 这个简化方程。如果亨利定律常数介于两者之间，则式中这两项都是重要的。表4-3列出地表水中污染物挥发速率的典型值。

表4-3　　　　　　　　　　地表水中污染物挥发速率的典型值

$K_H/(\text{Pa} \cdot \text{m}^3/\text{mol})$	K_H（无量纲）	$K_v/(\text{cm/h})$①	$K_v/(\text{d}^{-1})$②	
1.013×10^5	41.6	20	4.8	
1.013×10^4	4.2	20	4.8	液膜控制
1.013×10^3	4.2×10^{-1}	19.7	4.7	
1.013×10^2	4.2×10^{-2}	17.3	4.2	
10.13	4.2×10^{-3}	1.7	1.8	
1.013	4.2×10^{-4}	1.2	0.3	
0.1013	4.2×10^{-5}	0.1	0.02	气膜控制
0.01013	4.2×10^{-6}	0.01	0.02	

① $K_g = 3000 \text{cm/h}$，$K_1 = 20 \text{cm/h}$。
② 水深 1m。

根据双膜理论有两种方法可以用来估算挥发速率，第一种方法是一种比较简单的方法，使用"典型"的 K_1 和 K_g 值，仅 K_H 值是独立变量，允许至少有七个数量级的变化。第二种方法是分别求出 K_1 和 K_g，而不是用假定的典型值。Mills(1981)根据水的蒸发速率，找到气相迁移速率，Mills 提出

$$K'_g = 700v \quad (4-32)$$

式中：K'_g 为水蒸气的气体迁移速率，cm/h；v 为风速，m/s。

另外，Linsley 等 (1979) 对于水的蒸发作用，也从经验关系式推导出式(4-32)。Liss(1973) 在一个实验测量时也发现：

$$K'_g = 1000v \tag{4-33}$$

式（4-32）和式（4-33）所使用的研究方法不同的，但是结果吻合得较好。根据 Bird 等（1960）的渗透理论（Penetration Theory），K_g 和 K'_g 的相关性为

$$K_g = \left(\frac{D_a}{D_{wv}}\right)^{\frac{1}{2}} K'_g \tag{4-34}$$

式中：D_a 为污染物在空气中的扩散系数；D_{wv} 为水蒸气在空气中的扩散系数。

扩散系数值可以在 Perry 和 Chilton（1973）的文献中找到，或者用 Wilke-Chang 的方法估算。在许多情况下，一个近似的扩散系数比值可以采用

$$\frac{D_a}{D_{wv}} = \left(\frac{18}{M_w}\right)^{\frac{1}{2}} \tag{4-35}$$

式中：M_w 为污染物的分子量。

表 4-4 显示出使用 Perry 和 Chilton 文献中的数据和使用式（4-35）计算所得的扩散数据的比值之间的差别，比值之间差别的百分数从 1% 到 27%，平均为 15%，这种一致性表明式（4-35）可以用来计算扩散系数的比值。

表 4-4　　若干污染物扩散系数列出值和预测值的比较

污染物	分子量	Perry 和 Chilton 扩散系数 /(cm²/s)	预测值 /(cm²/s)	Perry 和 Chilton $(D_a/D_{wv})^{\frac{1}{2}}$	预测值 $(D_a/D_{wv})^{\frac{1}{2}}$	相差的百分数 /%
氯苯	113	0.075	0.088	0.58	0.63	9
甲苯	92	0.076	0.097	0.59	0.66	12
氯仿	119	0.091	0.086	0.64	0.63	1
萘	123	0.051	0.083	0.48	0.61	27
蒽	178	0.042	0.070	0.44	0.56	27
苯	78	0.077	0.106	0.59	0.69	17

把式（4-32）、式（4-34）和式（4-35）合并，就可以得到 K_g 的最终表达式：

$$K_g = 700 \left(\frac{18}{M_w}\right)^{\frac{1}{2}} v \tag{4-36}$$

这个表达式对于江、湖和河口都是适用的。

液相传质系数（K_l）可以根据该体系的复氧速率（K_a）来预测，Smith 等（1981）提出如下关系式：

$$K_l = \left(\frac{D_w}{D_{O_2}}\right)^n K'_a \quad (0.5 \leqslant n \leqslant 1) \tag{4-37}$$

式中：D_w 为水中污染物的扩散系数；D_{O_2} 为水中溶解氧的扩散系数；K'_a 为溶解氧的表面迁移速率，单位和 K_l 相同。

$$K_a = \frac{K'_a}{Z}$$

式中：Z 为水体的混合深度。

对于河流，混合深度就是总深度。对于河口，如果河口混合很好的话，混合深度就是总深度。对于湖泊，混合深度可以比总深度小，并且可以选择湖面层这个深度。

指数 n 随研究方法而变化，如果使用双膜理论，则 $n=0.5$。研究者发现在所使用的实验方法中，n 在 0.5～1.0 之间变化。由于天然水体中水的流动一般是扰动，可以选择 $n=0.5$。同样，根据近似的扩散系数比值，给出 K_1 的近似表达式为

$$K_1 = \left(\frac{32}{M_w}\right)^{\frac{1}{4}} K'_a \tag{4-38}$$

由上述可知，只要求出 K_g 或 K_1，就可以算出挥发速率常数。

3. 挥发作用的半衰期

挥发作用的半衰期是指污染物浓度减少一半所需的时间，通常用式（4-39）计算

$$t_{1/2} = 0.693 \frac{Z}{K_v} \tag{4-39}$$

如果体系中有悬浮固体存在时，则式（4-40）可改写为

$$t_{1/2} = 0.693 \frac{Z(1+K_p c_p)}{K_v} \tag{4-40}$$

式中：K_p 为分配系数；c_p 为悬浮物的浓度。

吸着至沉积物的有机物质对挥发作用没有直接的可利用性。因此，在讨论有机污染挥发总通量时，吸着对 K_v 和总通量的影响甚微。

习　题

4-1　解释下列名词：分配系数，标化分配系数，辛醇水分配系数，生物浓缩因子，亨利定律常数。

4-2　请叙述天然水体中存在哪几类胶体？

4-3　天然水体中发生的吸附作用有哪几种类型？各自的吸附机理为何？

4-4　表征吸附平衡的常用等温线方程有哪几种类型？

4-5　说明水合氧化物对金属离子的专属吸附和非专属吸附的区别。

4-6　请叙述氧化物表面吸附配合模型的基本原理。

4-7　用 Langmuir 方程描述悬浮物对溶质的吸附作用，假设溶液平衡浓度为 5×10^{-3} mol/L，溶液中每克悬浮物所吸附的溶质量为 0.5×10^{-3} mol/L，当平衡浓度降至 3×10^{-3} mol/L 时，每克悬浮物的吸附量为 3.75×10^{-4} mol/L，试求吸附剂的饱和吸附量。

4-8　某水体中含有 300mg/L 的悬浮颗粒物，其中 70% 为细颗粒（$d<50\mu m$），有机碳含量为 10%，其余的粗颗粒有机碳含量为 5%。已知苯并[a]芘的 K_{ow} 为 10^6。请计算该有机物的分配系数。

4-9　某有机污染物排入 pH=8.0，$T=20℃$ 的江水中，该江水中含悬浮颗粒物 500mg/L，其有机碳含量为 10%。

第4章 水环境中的界面过程

资源 4.12

(1) 若该污染物分子量为 129，溶解度为 611mg/L，饱和蒸汽压为 1.21Pa (20℃)，请计算该化合物的亨利定律常数（Pa·m³/mol），并判断挥发速率是受液膜控制还是气膜控制。

(2) 假定 K_g=3000cm/h，求该污染物在水深 1.5m 处挥发速率常数（K_v）。

参 考 文 献

资源 4.13

[1] 王晓蓉，顾雪元，等. 环境化学 [M]. 北京：科学出版社，2018.

[2] 戴树桂. 环境化学 [M]. 北京：高等教育出版社，2006.

[3] 汤鸿霄. 天然水体中的环境胶体化学，环境化学专题报告文集 [Z]. 中国环境学会环境化学专业委员会，1984.

[4] 杨坤，朱利中，许高金，等. 分配作用对沉积物吸附对硝基苯酚的贡献 [J]. 中国环境科学，2001，21：297-300.

[5] Chiou C T. Partition coefficient and water solubility in environmental chemistry, hazard assessment of chemicals: Current development (Vol.1) [M] // Saxena J, Fisher F. New York: Academis Press, 1981.

[6] Chiou C T, Peters L J, Freed V H. A physical concept of soil-water equilibria for non-ionic compounds [J]. Science, 1979, 206 (16): 831-832.

[7] Karickhoff S W, Brown D S, Scott T A. Sorption of hydrophobic pollutants on natural sediments [J]. Water Research, 1979, 13: 241-248.

[8] Stumm W, Morgan J J. Aquatic Chemistry [M]. 3rd Ed. New York: Wiley, 1996.

第 5 章
水环境中的微生物化学过程

【概要】 本章主要介绍天然水体中的主要微生物生境及其微生物特征，有机污染物在水环境中的生物降解过程，以及金属在水体中的微生物转化过程。

微生物是天然水环境中的初级生产者（大约占有地球全部生产力的50%），也是初级消费者。栖息在水环境中的微生物种类繁多，包括细菌、病毒、真菌、藻类和其他微型生物等，以它们为主体便构成了一个水生生态系统的子系统——微生物生态系统。越来越多的研究表明，微生物生态系统对于天然水环境的质量控制起到了决定性的作用，因此，掌握其中的微生物化学过程与原理成为水环境污染治理的重要理论环节。

资源 5.1

5.1 天然水体中的微生物生境

要对水体微生物生态系统进行全面的了解，最基本的一步是确认其中的微生物生态特征，即微生物的组成和分布状况，这和微生物的生境（Habitat）密切相关，不同生境中的微生态特征是不同的。一般地，生境是指生物生活的空间和其中全部生态因子的总和。

5.1.1 浮游生物环境

悬浮在水体中的微生物群落被称为浮游生物。这个群落中包括真核生物（藻类）和原核生物（蓝细菌）两类生物在内的光自养生物统称为浮游植物。悬浮的异养细菌群体被称为浮游细菌（Bacterio plankton），原生动物种群组成浮游动物。这三类生物组成浮游微生物群落。图5-1显示了一般浮游食物链中各种微生物组成成分的相互关系和相互依赖性。浮游植物是食物链中的初级生产者，通过光合作用固定CO_2将其转化成有机物。在浮游微生物群落中，这种初级生产是有机碳和能源的主要来源，它可以被转移到食物链中的其他营养级。浮游植物生产的有机物按它们的大小分成颗粒性或溶解性的两类。颗粒性有机物（Particulate Organic Matter，POM）是巨大的高分子化合物（如多

资源 5.2

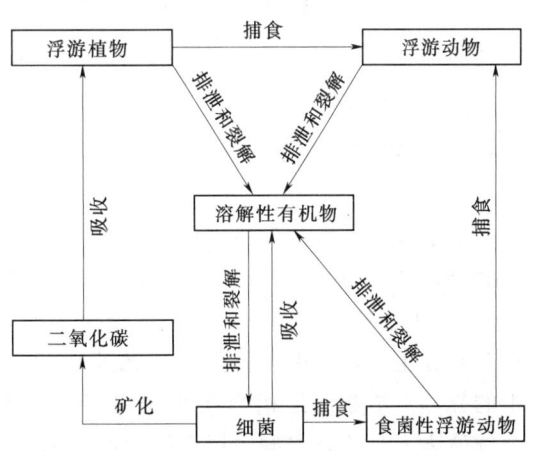

图 5-1 浮游食物链的微生物成分关系示意图

聚物），它组成了细胞结构（包括细胞壁和细胞膜）成分。溶解性有机物（Dissolved Organic Matter，DOM）包括了氨基酸、碳酸盐、有机酸和核酸这样的小分子化合物，它们可以被微生物快速吸收和再循环。

5.1.2 底栖生物生境

海（河、湖）底是水体与地表之间的一个过渡区。这个界面聚集从水体沉淀和从陆生环境沉积而来的有机物。界面是含有有机物、矿物颗粒物质以及水的一个扩散和松散型的复合体。与浮游环境相比，这个区的特征是微生物浓度显著增加（多达五个数量级）。然而，实际的微生物浓度取决于有机物和氧的可利用性。在界面区的下部，微生物数量由于氧的消耗而下降。利用硝酸盐、硫酸盐和铁作为末端电子受体的厌氧微生物过程显示了较深的沉积物层特征，即使在较深的底层也有产甲烷菌菌群（*Methanogenic Consortium*）。

底栖生物生境是水环境的一个重要特征。这个区域内的基本营养物（如碳、氮、硫）的循环取决于好氧与厌氧微生物转化的结合。底栖环境一般能提供好氧和厌氧微生境的结合条件。在富含有机物的界面，由于微生物活动而产生厌氧微环境，这种微环境能支持兼性和严格的厌氧微生物的活性。厌氧—好氧界面上衔接有特定生理类型的微生物，它们在这种微环境生态位中占据了生存优势。这样，沉积物层支持众多生理特性各异的水生微生物群落生长且相互关联。例如，发酵细菌将DOM代谢成为有机酸（如乙酸）和CO_2。有机酸可以作为严格的厌氧细菌电子供体。这类细菌在厌氧呼吸过程中利用CO_2作为最终电子受体，因此产生甲烷。反过来，产甲烷菌的活动又支持甲烷氧化菌的活性。在好氧条件下，这部分细菌能利用甲烷和其他一碳化合物作为能源，再产生CO_2。甲烷营养型微生物的活动位于沉积物—水界面区以便利用厌氧区释放的CH_4和水体中的溶解氧。

5.2　天然水环境的微生态特征

微生物在水域中的数量和分布受水体类型与层次、污染情况、季节等各种因素影响。在水体与空气的交界面及水体与底泥的交界面由于环境条件的不同也生活着不同类型和数量的微生物。下面介绍几种主要水环境的微生态特征。

5.2.1 淡水环境

1. 泉

一般而言，在光合群体占优势的泉环境中，光合细菌和藻类群体范围为$10^2 \sim 10^8$个生物体/mL，这些初级生产者在泉的较浅边缘和相连的岩石表面以最高浓度（$10^2 \sim 10^8$个生物体/mL）存在，在那里光能可被利用且无机营养达最高浓度。尽管也存在异养生物，但由于营养水平尤其是DOM浓度较低，与其他表面水环境相比，泉中的异养生物数量是相当低的（$10^1 \sim 10^6$个生物体/mL），当它们成熟和死亡时，光合群体为下游的异养群体提供最初的有机物来源。然而，表面淡水中大部分DOM来源于周围的陆地。

5.2 天然水环境的微生态特征

2. 河流和溪流

当一条溪流发展并成为较大的溪流时,它倾向于积累有机物和异养群体。这些异养群体来源于周围的陆地环境,且河水中的微生物组成结构常常类似于相关的陆地微生物群落。河流和溪流的多数物理特征(如温度、容积、流速和化学组成)取决于河流流经区域的地理和气候条件。例如,山区溪流(由于流过陡峭的区域)流速快且温度低,而河流流经平原时,其流速较低且温度较高。河流通常不是很深(仅几米),但大河流可能有超过50m深的深潭。河流和溪流的流量大小取决于季节变化。所有这些变化影响着河流和溪流中的微生物群体。例如,流动影响浮游群落的发展。在流动的生境中,仅仅当局部流速非常慢或无流动时,这些群落才增生发展。在大多数情况下,河流中稳定的和固定的浮游群落仅仅在深潭中可以见到。

溪流,像多数地表水环境一样,含有初级生产者群落,尤其是当光能透射到溪流的底部时。由于水体的流动特性,光合群体倾向于以生物膜相联系的吸附群落的形式存在,其范围为 $10^0 \sim 10^8$ 个生物体/mL。浮游植物(游离)群落也存在于溪流中,但由于总是存在水的移动,在空间上它们不是稳定群体。

当溪流汇入河流时,它们有获得更多DOM的趋势。DOM的增加限制了光的透过,并因此开始限制光自养群体。然而,异养群体相应于DOM的增加而增加。由于它们的流动模式,溪流和河流大部分有良好的通气性。因此,异养群体中好氧和兼性厌氧菌是优势群体。一般地,异养的浓度在溪流和河流中范围为 $10^4 \sim 10^9$ 个生物体/mL,随着DOM的增加,异养数量也会增加。污水排放区域是特别明显的地方,这些排污点的下游,异养群体常常增加2~3个数量级。虽然河流中隔离的深水潭可提供DOM和POM并支持相对稳定的异养浮游群体,但是在溪流和河流的流动生境中,唯一稳定的群体是生物膜和沉积物(底层)群落。

3. 湖泊

湖泊是被广泛研究的水环境,其中的微生物群落及其相互作用往往最为复杂。由于光线能够穿透水体表层,湖泊中生活着除藻类之外的光合细菌;在有氧浅水层有大量的好氧细菌;在氧气浓度比较低的水层中主要是兼氧细菌;而在深水层和底泥,主要是各种厌氧细菌,如图5-2所示。

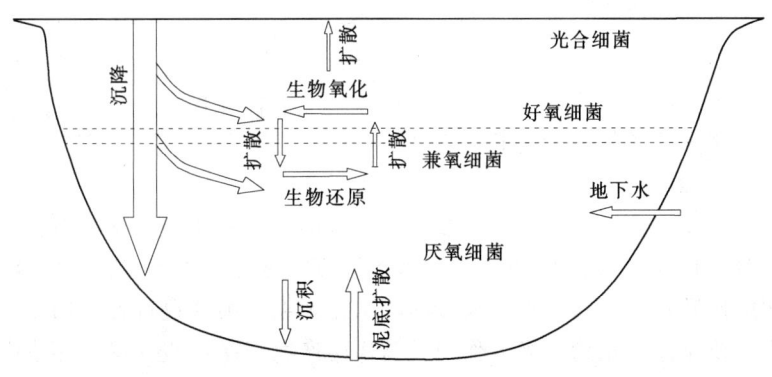

图5-2 湖泊微生物生态关系示意图

湖泊中的微生物分为清水型水生微生物和腐生型水生微生物两种。在洁净的湖泊和水库中，有机物含量低，因此微生物数量很少，只有 10～1000 个/mL，主要是化能自养和光能自养菌的清水型微生物。它们能在低浓度营养条件下生长，耐氧的要求也低，倍增时间较长，一般属于土著微生物，如硫细菌、铁细菌和球衣菌等，以及蓝细菌、绿色硫细菌和紫色硫细菌等光合细菌（Photo Synthetic Bacteria，PSB）。在湖泊生态系统中化能自养和光能自养的微生物在碳、氮、硫、磷和铁的循环中发挥着重要的作用。贫营养湖中也有部分腐生细菌，如色杆菌属等在营养物浓度低的清水中生长，属于贫营养细菌。霉菌也有一些水生性的种类，如水霉属和绵霉属的一些种类可生长于腐烂的外来有机残体上。单细胞和丝状的藻类也可在清洁的水体中生长，它们是水体生态系统中的光能自养生物，在大而深的湖泊中，它们是有机碳的主要生产者，为异养生物提供碳源。藻类的种类和数量随湖泊的类型、地理位置和营养水平的不同而有很大的变化，绿藻、硅藻和裸藻是常见的种类，湖泊中还有原生动物，它们以浮游植物和细菌为食，常见的有鞭毛虫和纤毛虫类等。

在湖泊中，除了表层光合细菌起着初级生产者的作用外，湖泊水体中的细菌主要扮演分解者的角色。好氧细菌通过好氧呼吸作用将溶解状态的有机物转化为简单的无机物，例如将有机态碳转化为无机态二氧化碳，将有机态氮转化为无机态氨氮或硝酸盐氮，将有机态金属转化为无机态离子等，使其重新进入自然界的光合循环。深水层和底泥中的厌氧细菌能够将沉积下来的不溶性的或者颗粒态的有机物转化为溶解态的有机物，这些溶解态的有机物能够经过扩散进入有氧水层参与好氧细菌的代谢。在比较深的湖泊，存在着一个比较明显的好氧反应与厌氧反应的分界层，又称为活性区，是生物氧化与还原交替反应最活跃的区域。活性区随着季节的转换而不断上下迁移。

当生活污水或各种面源污染物进入湖泊后，由于有机物和营养盐的浓度大大增加，水中腐生性细菌和原生动物大量繁殖，如变形杆菌属、大肠杆菌和原生动物中的纤毛类、鞭毛类和根足虫类。营养盐的增加同时使湖水中的蓝细菌和藻类大量繁殖，有的蓝细菌还能固定分子态的氮进一步提高水体中氮素的含量，从而使水体中有机物的数量急剧上升，腐生型细菌也随之大量增加。因此湖泊中异养细菌的数量随着湖泊营养水平的增加或受有机物和无机物营养盐污染程度的上升而增加（表 5-1）。

表 5-1　各种类型湖泊的异养细菌数量

湖泊类型	活菌数/mL	总菌数/mL
贫营养湖	$<10^4$	10^5
富营养湖	$10^4 \sim 10^5$	10^6
养鱼塘	$10^5 \sim 10^6$	10^7

远离岸边的湖泊中心表层，细菌数量随季节的变化和浮游生物的消长而变动，细菌数的垂直分布也随季节而变动。在夏季停滞期，表层和变温层菌数多，下层菌数少，而底泥中菌数最多，在春季、秋季的湖水循环期，细菌数目各层均一。夏季表层菌多的原因主要是浮游植物的光合作用及其代谢产物羟基乙酸分泌到环境中，相应地促进了利用羟基乙酸的细菌大量增殖所致。在这个层次中，羟基乙酸利用细菌几乎占好氧性细菌的 100%。在变温层附近，积聚着浮游生物的遗体及其分解过程中的残留

物质，因此，刺激了变温层附近好氧细菌的大量增殖，形成了又一个数量高峰。

湖泊底泥中微生物和水体中微生物有很大的差异。在浅水湖泊中，光合细菌常常生长在底泥的表面，从而使水体呈现一定的颜色，同时也有真菌包括丝状真菌生长在底泥的表面。在底泥中数量最多的是厌氧微生物，包括反硝化细菌、反硫化细菌和产甲烷菌等。

5.2.2 河口水环境

河口水环境是一种高度可变的环境，其盐度的时空变化跨度很大。例如，对于河口区的某一点，潮汐发生时海水进入该区，其含盐量增加，而降雨、冰雪融化等则降低其含盐量。为了能在这样的环境中存活，微生物必须适应盐度的剧烈波动。河口是明显的生产性环境，一般地，其初级生产 $10\sim45mg/(m^3 \cdot d)$ 不是总能支持次级群体。由于河流带来大量的有机物，加上潮汐作用，使得光穿透量有限。初级生产者的数量处于变化中，范围为 $10^0\sim10^7$ 个生物体/mL。这些群体随相应的深度和邻近存在的沿岸区而变化。尽管初级生产力低，由于底物利用不受限制，异养活性并不低，可达 $150\sim230mg/(m^3 \cdot d)$。实际上，河流提供的营养物如此之多，以至于大多数情况下河口实际上在全年的所有季节都成为厌氧环境。稳定和丰富的碳的供应结果，使次级生产者数量下降到更加窄小的范围（$10^6\sim10^8$ 个生物体/mL）。

5.2.3 海水

海洋的广大辽阔决定了海水环境呈现出高度的多样性，因而海洋中存在多样的微生物生境，各种生境可能具有显著不同的优势微生物群体，其具体特征取决于区域或地点的差异。

以近海区和远海区做比较。在近海地带，特别是在海湾，由于沿海人类活动，大量工农业废水和生活污水进入海洋，使海洋中含有大量的有机物和无机盐，这种陆地环境有机输出的结果，使得近海区水中的总细菌数细菌的含量可达 10^5 个/mL，平均比远海区高一个数量级，在海岸口和居民区附近尤其明显。同时，无机营养盐引起单细胞藻类大量繁殖，在夏秋季很容易发生赤潮。在远海区，受人类活动的影响小，含菌数低。当然，海水中微生物的数量分布还会受到气候、雨量和潮汐等的影响。

垂直分布上，距海面 $0\sim10m$ 时，由于阳光的照射，细菌数量较低，浮游藻类的数量较高，如绿藻、硅藻和甲藻，它们成为海洋生产者，为浮游动物和鱼类提供饵料。$5\sim10m$ 以下至 $25\sim50m$，微生物数量较多，而且随海水深度增加而增加，$50m$ 以下微生物的数量随深度的增加而减少。在海洋深处，由于水温较低和含盐量较高，故存在着嗜冷、嗜盐菌，有的深海微生物还能耐很高的静水压或嗜压。

另外，在海洋动物的体内外，栖息着大量发光细菌。在洋流的交界处细菌的数量也较多。海洋细菌以革兰氏阴性和运动型为主，通常是好氧或兼性厌氧的，常见海洋细菌有假单胞菌、弧菌属、黄色杆菌属、无色杆菌属及 G^+ 芽孢杆菌属等，按栖息地可分为底栖细菌、浮游细菌和附着细菌。海洋中原生动物也是浮游动物的重要组成部分，包括纤毛类、鞭毛类和根足类，它们以细菌和浮游植物为食，然后又被其他高级消费者所食,成为海洋食物链中的一个环节。

5.2.4 地下水

地下水环境位于内陆地表之下,包括浅部和深部含水层。简单地说,微生物是这些环境中唯一的栖息者,细菌是其中的优势类型。与其他一些有着大量生物群落的水环境不同的是,在地下水环境中多数细菌群体被吸附或仅仅短暂地悬浮。地下水环境中微生物的活性水平较低,一般比其他水生境低几个数量级,尤其是深部含水层,如图 5-3 所示。这种低活性是由于地下水中营养水平低的缘故,从这个角度来看,许多地下环境甚至可以划归为极端环境之列。

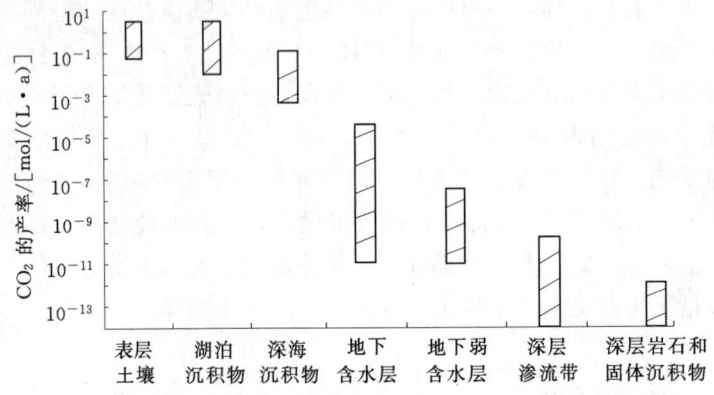

图 5-3 地表和地下水中微生物的代谢活性(以 CO_2 产率表示)

5.3 有机污染物在水体中的生物降解过程

5.3.1 有机化合物的生物降解

环境中污染物质多种多样,其中存在着大量的有机物。利用微生物降解作用可以去除水体、固体废物、废气等介质内的有机污染物,达到无害化的目的。生物降解是有机污染物转化为简单有机物和无机物的最重要的环境过程之一,是影响污染物的归宿和环境效应的最主要因素。水环境中有机物的生物降解依赖于微生物通过酶催化反应分解有机物。当微生物代谢时,一些有机污染物作为食物源提供能量和提供细胞生长所需的碳;另一些有机物,不能作为微生物的唯一碳源和能源,必须由另外的化合物提供。因此,有机物生物降解存在两种代谢模式:生长(Growth Metabolism)和共代谢(Cometabolism)。许多有机物可以作为微生物的生长基质。只要用这些有机物作为微生物的唯一碳源便可以鉴定是否属于生长代谢。在生长代谢过程中微生物可对有机物进行较彻底的降解或矿化,因而是解毒生长基质。去毒效应和相当快的生长基质代谢意味着与那些不能用这种方法降解的化合物相比,对环境威胁小。某些有机污染物不能作为微生物的唯一碳源与能源,必须由另外的化合物存在提供微生物碳源或能源时,该有机物才能被降解,这种现象称为共代谢。它在一些难降解的化合物代

资源 5.3

资源 5.4

谢过程中起着重要作用,展示了通过几种微生物的一系列共代谢作用,使某些特殊有机污染物彻底降解的可能性。

根据微生物对有机物的降解能力大小,可将有机物分为易生物降解的、难生物降解的、不可生物降解的三类。

易生物降解的有机物,主要指生物代谢过程中产生的物质及生物残体,如蛋白质、脂类、糖类、核酸等。这些有机物在微生物酶的作用下,易被最终分解成 CO_2、H_2O、NH_3 等。

难生物降解的有机物,主要指工农业活动中排出的有机污染物,如纤维素、烃类、农药等。微生物对它们能够降解,但降解的速度很慢。

资源 5.5

不可生物降解的有机物,如塑料等一些高分子合成有机物。对于这类化合物应严格控制其生产和排放。

环境中污染物的微生物转化速率,取决于物质的结构特征和微生物本身的特性,同时也与环境条件有关。环境条件(如温度、pH 值、营养物质、溶解氧和共存物质等)关系微生物的生长、代谢等生理活动,对于微生物降解有机污染物的速率也有很大影响。温度是影响有机污染物生物降解的一个十分重要的因素,特别是位于土壤表层和水体表层污染物的降解速率受温度的影响尤为显著。有研究表明,河流沉积物中十六烷和萘在夏季(8~21℃)的降解速率是冬季时(0~4℃)的 4.5 倍和 40 倍。

就有机污染物的微生物降解速率来说,有机物化学结构的影响呈现如下定性规律(戴树桂,2006)。

(1)链长规律:是指脂肪酸、脂族碳氢化合物和烷基苯等有机物,在一定范围内碳链越长,降解也越快的现象,以及有机聚合物降解速率随分子的增大呈现减小趋势的现象。

(2)链分支规律:是指烷基苯磺酸盐、烷基化合物(R_nCH_{4-n})等有机物中,烷基支链越多,分支程度越大,降解也越慢的现象。

(3)取代规律:是指取代基的种类、位置及数量对有机物降解速率的影响规律。以芳香族化合物来说,羟基、羧基、氨基等取代基的存在会加快其降解,而硝基、磺酸基、氯基等取代基的存在则使其降解变慢;一氯苯降解快于二氯苯,二氯苯降解快于三氯苯,随取代基增加,降解速率下降;苯酚的一氯取代物中,邻、对位的降解比间位的快,取代基位置不同,对降解速率产生的影响不尽相同。

微生物可以通过以下几个方面降解与转化污染物。

1. 产生诱导酶

微生物能合成各种降解酶,酶具有专一性,又有诱导性,在正常代谢的情况下,许多酶以痕量存在于细胞内,但是在有特殊底物(诱导物)存在时,会诱导酶的大量合成,酶的数量至少会增加 10 倍。脂酶是微生物体内物质转化过程中不可缺少的催化剂,其催化活性和存在量受到底物的诱导。石油开采过程中产生的油泄漏、食品加工过程中产生的含脂废物及饮食业产生的废物,都可以用亲脂微生物进行处理。

底物的存在会诱导适应性的酶产生。这一过程最好的例证是乳糖酶的产生过程。将乳糖加到大肠杆菌的培养基中可以诱导大肠杆菌产生出 β-半乳糖苷透性酶、β-半乳糖苷酶和半乳糖苷转乙酰酶的合成。

2. 形成突变菌株

资源 5.6

微生物在生长过程中偶尔会发生遗传物质变化，从而引起个体性状的改变，形成了突变菌株。可以通过定向驯化或诱变技术获得具有高效降解能力的变种，使得难降解的、不可降解的有机物得到转化。例如，印染废水的处理中所利用的微生物多数来自生活污水处理厂的活性污泥。

3. 利用降解性质粒

质粒是细菌等原核生物体内一种环状的 DNA 分子，是染色体以外的遗传物质。质粒上携带着某些染色体上所没有的基因，使细菌等原核生物拥有了不少特殊功能：接合、产毒、抗药、固氮、产特殊酶或降解性等。有些质粒能与染色体整合，这类质粒被称为附加体，如大肠杆菌的 F 因子（决定性别的因子）。常见的细菌质粒有如下几种：F 因子、R 质粒（抗药性质粒）、Col 因子（产大肠杆菌素因子）、Ti 质粒（诱癌质粒）、巨大质粒、降解性质粒等。

一般情况下，质粒的有无对原核生物的生存和生长繁殖并无影响。但在有毒物存在情况下，质粒携带着具有选择优势的基因，对原核生物生存环境的选择具有极其重要的意义。质粒携带基因并能复制、转移，获得质粒的细胞同时获得供体细胞所具有的性状。

降解性质粒能编码生物降解过程中的一些关键酶类，从而能利用一般细菌难以分解的物质作为碳源。如假单胞菌属中存在降解某些特殊有机物的因子：恶臭假单胞菌有分解樟脑的质粒、食油假单胞菌有分解正辛烷的质粒、铜绿假单胞菌有分解萘的质粒等。金属的微生物转化，也是由质粒控制的，主要与质粒所携带的抗性因子有关。

降解性质粒被应用于基因工程中，其重组菌株在环境治理方面有着广阔的发展前景。质粒可以转移，因而可以作为基因工程的载体。美国的基因工程技术已将降解2,4-二氯苯氧乙酸的基因片段组建到质粒上，将质粒转移到快速生长的受体菌体内，构建具有快速高效降解能力的功能菌，减少土壤中 2,4-二氯苯氧乙酸的累积量。有人将自然界中可以分解尼龙的三种细菌的质粒提取出来，与大肠杆菌的质粒进行两次重组后，得到了生长繁殖快、含有高效降解尼龙寡聚物 6-氨基己酸环状二聚体质粒的大肠杆菌。中国科学院武汉病毒所分离到一株在好氧条件下能以农药六六六为唯一碳源和能源的菌株，经检测发现，该菌携带一个质粒。凡丧失了质粒的菌株，对六六六的降解能力随即消失；将该质粒转移到大肠杆菌细胞内，便获得了能降解六六六的大肠杆菌。

4. 组建超级菌

现代微生物学研究发现，许多有毒化合物，尤其是复杂芳烃类化合物的生物降解，往往需要多种质粒参与。将各供体细胞的不同降解性质粒转移到同一个受体细胞中，可构建多质粒超级菌株。有人将降解芳烃、降解核烃和降解多环芳烃的质粒，分别移植到一降解脂烃的假单胞菌体内，构成的新菌株只需几个小时就能降解原油中40%的烃，而天然菌株需1年以上。

通过细胞融合技术构建环境工程超级菌已取得了可喜的成果。将两株脱氢双香草醛降解菌进行原生质体融合后，其降解纤维素的能力由混合培养时的30%提高到80%。将融合细胞原生质体与具有纤维素分解能力的革兰阳性白色瘤胃球菌进行融合，获得的革兰阳性超级菌株，具有分解纤维素和脱氢双香草醛的能力。

产碱假单胞菌Co可以降解苯甲酸酯和3-氯苯甲酸酯，但不能利用甲苯。恶臭假单胞菌R5-3可降解苯甲酸酯和甲苯，但不能利用3-氯苯甲酸酯。将两种细胞原生质融合，获得了可以降解以上四种化合物的融合体。

将乙二醇降解菌和甲醇降解菌的DNA转移至苯甲酸和苯的降解菌的原生质体中，获得的菌株可以降解苯甲酸、苯、甲醇和乙二醇，降解率分别为100%、100%、84.2%、63.5%。这种超级菌株用于化纤废水的处理，对COD的去除率可以达到67.0%，高于三组混合培养时的降解能力。以上结果表明经原生质融合基因工程技术产生的超级菌，可以高效地降解一些难以降解的、不可降解的有机物，为人类解决污染问题开辟了新的途径。

5. 利用共代谢（Cometabolism）方式

微生物在可用作碳源和能源的基质上生长时，能将另一种非生长基质有机物作为底物进行降解或转化。共代谢通常是由非专一性酶促反应完成的，与完全降解不同，共代谢的有机物本身不能促进微生物的生长，即微生物需要可作为能源和碳源的基质存在，以保证其生长和能量的需要。共代谢使得有机物得到转化，但不能使其分子完全降解。有人通过观察靠石蜡烃生长的诺卡菌在加有芳香烃的培养液中对芳香烃的有限氧化作用发现，这种菌靠十六烷作为唯一碳源和能源时能长得很好，但却不一定能利用甲基萘。把甲基萘加进含十六烷培养液中，氧化作用就使这两种芳香族化合物分别生成羧酸、萘酸和对异苯丙酸。目前对微生物共代谢的原理尚不是十分清楚。

在纯培养情况下，共代谢只是一种截止式转化，局部转化的产物会聚集起来。在混合培养和自然环境条件下，这种转化可以为其他微生物所进行的共代谢或其他生物降解铺平道路，共代谢产物可以继续降解。许多微生物都有共代谢能力，因此，如若微生物不能依靠某种有机污染物生长，并不一定意味着这种污染物抗微生物攻击。因为在有合适的底物和环境条件时，该污染物就可通过共代谢作用而降解。一种酶或微生物的共代谢产物，也可以成为另一种酶或微生物的共代谢底物。

研究表明，微生物的共代谢作用对于难降解污染物的彻底分解起着重要的作用。例如，甲烷氧化菌产生的单加氧酶是一种非特异性酶，可以通过共代谢降解多种污染物，包括对人体健康有严重威胁的三氯乙烯（TCE）和多氯联苯（PCBs）等。

给微生物生态系统添加可支持微生物生长的、化学结构与污染物类似的物质，可富集共代谢微生物，这种过程称为"同类物富集"。共代谢作用以及利用不同底物的微生物的合作转化，最终导致顽固性化合物再循环。环境中顽固化合物的主要来源是石油烃以及人工合成的多氯联苯、洗涤剂、塑料和农药等。

5.3.2 主要有机污染物的微生物降解途径
5.3.2.1 天然大分子有机物的降解

以生物作为原材料的各种生产工业废水中,往往含有大量的大分子有机物或中间代谢产物,如碳水化合物、蛋白质、脂肪、氨基酸、脂肪酸等。这些天然大分子有机物虽然不具有毒性,容易被微生物降解,但降解过程中会消耗水体的溶解氧,从而改变水生生态,可能引起水环境的恶化。

在自然生态系统中,来自生物体的每一种天然有机物几乎都有相对应的降解微生物。只要具备合适的条件,微生物就可以沿着一定的途径降解这些有机物。

1. 多糖类的生物降解途径

多糖类有机物是异养微生物的主要能源,也是生物细胞重要的结构物质和储藏物质。这类有机物广泛地存在于动植物的尸体及废料中,如纤维素、半纤维素、淀粉、果胶质等。

(1) 纤维素的降解途径。纤维素为葡萄糖的高分子聚合物,是植物细胞壁的结构物质。印染、造纸废水中均含有纤维素。在有氧的条件下,经微生物的纤维素酶作用,先将纤维素降解为纤维二糖,然后在纤维二糖酶作用下,降解为葡萄糖,进入三羧酸(TCA)循环彻底降解为 CO_2 和 H_2O。在无氧的条件下,经微生物厌氧发酵,其降解产物为小分子有机物(丙酮、丁醇、丁酸和乙酸等)和无机物(CO_2、H_2)。

分解纤维素的微生物种类很多,有细菌、放线菌和真菌。需氧细菌中有嗜纤维菌属,生孢嗜纤维菌属、纤维弧菌属、纤维单胞菌属等,厌氧菌以梭状芽孢菌为主。真菌中分解纤维素的有青霉、曲霉、镰刀霉、木霉及毛霉。放线菌中分解纤维素的是链霉属。

(2) 半纤维素的降解途径。半纤维素存在于植物的细胞壁中,其含量仅次于纤维素。半纤维素的组成中含有聚戊糖、聚己糖及聚糖醛酸,在微生物酶的作用下,半纤维素的降解途径如图 5-4 所示。

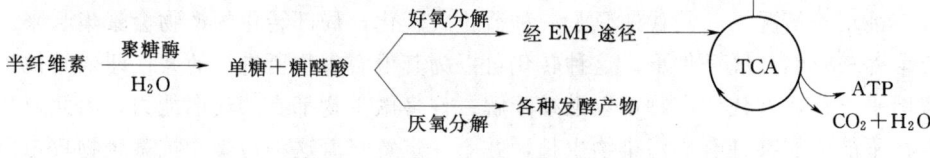

图 5-4 半纤维素的降解途径

分解半纤维素的微生物在细菌、放线菌、真菌中都存在。分解纤维素的微生物大多都能分解半纤维素。细菌中许多芽孢杆菌、假单胞菌、节细菌及放线菌中的一些种类,真菌中根霉、曲霉、小克银汉霉、青霉及镰刀霉等都能分解半纤维素。

(3) 淀粉的降解途径。淀粉广泛地存在于植物的种子和果实中。食品、粮食加工、纺织、印染废渣和废水中含有大量的淀粉。淀粉有直链淀粉和支链淀粉之分,直链淀粉中葡萄糖基以 $\alpha-1,4$ 糖苷键结合成长链,支链淀粉中除 $\alpha-1,4$ 糖苷键结合外,还含有 $\alpha-1,6$ 糖苷键。微生物能产生水解淀粉的各种酶类,在有氧的条件下,这些酶可以将淀粉水解为葡萄糖,然后进入 TCA 循环被彻底地分解为 CO_2 和 H_2O。

在无氧的条件下，微生物进行厌氧发酵，将淀粉分解为小分子有机物（丙酮、丁醇、丁酸和乙酸等）和无机物（CO_2、H_2）。

分解淀粉的微生物在细菌、放线菌、真菌中都有存在。细菌中主要有芽孢杆菌属的某些种；真菌中有根霉、曲霉、镰孢霉、层孔菌等属的某些种类；放线菌分解淀粉的能力比前两种要差一些，但放线菌中的小丹孢菌、诺卡菌及链霉菌等属的某些种类具有分解淀粉的能力。

（4）果胶质的降解途径。天然的果胶质不溶于水，称为原果胶，是高等植物细胞间质和细胞壁的主要成分。由D-半乳糖醛酸以α-1,4糖苷键构成的高分子化合物，其羧酸与甲基酯化形成甲基酯。可在微生物的作用下进行水解

$$原果胶 + H_2O \xrightarrow{原果胶酶} 可溶性果胶 + 聚戊糖$$

$$可溶性果胶 + H_2O \xrightarrow{果胶甲酯酶} 果胶酸 + 甲醇$$

$$果胶酸 + H_2O \xrightarrow{聚半乳糖酶} 半乳糖醛酸$$

分解果胶质的微生物有好氧的芽孢杆菌，厌氧的蚀果胶梭菌、费新尼亚浸麻菌，真菌中的霉菌及放线菌中的某些种类等。

2. 木质素的降解

木质素在细胞中的含量仅次于纤维素和半纤维素，但其化学结构比纤维素和半纤维素复杂得多，是由苯丙烷亚基组成的不规则的近似球状的多聚体，不溶于酸性、中性溶剂中，只溶于碱性溶剂中，是植物组分中最难分解的部分。木质素的微生物降解过程十分缓慢，玉米秸秆进入土壤后6个月，木质素仅减少1/3，在厌氧的条件下降解得更慢。真菌降解木质素的速度比细菌更快，真菌中担子菌降解木质素的能力最强，另外有木霉、曲霉、镰孢霉的某些种。细菌中有假单胞菌等个别的种类能降解木质素。

3. 脂类的生物降解

生物体内的脂类物质主要有脂肪、类脂和蜡质。它们都不溶于水，但能溶于非极性有机溶剂。它们存在于生物体内，以生物残体为原料的生产过程如毛纺厂、油脂厂、制革厂废水中含有大量的脂类。

脂肪是由高级脂肪酸和甘油合成的酯，在环境中微生物脂肪酶的作用下分解较快。类脂包括磷脂、糖脂和固醇，蜡质由高级脂肪酸和高级单元醇化合而成，这两者必须有特殊的脂酶才能降解，所以在环境中分解较慢。脂类的降解过程可以简化如下

$$脂肪 + H_2O \xrightarrow{脂肪酶} 甘油 + 高级脂肪酸$$

$$类脂质 + H_2O \xrightarrow{磷脂酶类} 甘油(或其他醇类) + 高级脂肪酸 + 磷酸 + 有机碱类$$

$$蜡质 + H_2O \xrightarrow{脂酶类} 高级醇 + 高级脂肪酸$$

水解产物甘油可以被环境中的大多数微生物通过TCA循环降解为CO_2，脂肪酸较难氧化。在有氧的条件下经过β-氧化途径氧化分解为CO_2和H_2O，在缺氧的条件下容易累积。

降解脂类的微生物主要是需氧的种类。细胞中的荧光假单胞菌、铜绿假单胞菌等较活跃的菌种，真菌中的青霉、曲霉、枝孢霉和粉孢霉等，放线菌中的有些种类也有分解脂类的能力。亲脂微生物在环境污染治理中得到了广泛的应用，见表5-2。

表 5-2　　　　　　　　　亲脂微生物在环境污染治理中的应用

亲脂微生物	处 理 对 象	亲脂微生物	处 理 对 象
米曲霉	废毛发	米根霉	棕榈油厂废物
假单胞菌	石油污染土壤、有毒气体	酵母	食品加工废水

4. 蛋白质的降解

蛋白质是构成生物细胞原生质的主要部分，具有重要的生物学意义，它可以供给细胞生长、更新、修复所需的氨基酸，是微生物的良好氮源，有时也可用于提供能量。

（1）蛋白质的分解。能够分解蛋白质的微生物种类繁多，降解能力却参差不齐。假单胞菌、变形杆菌、梭菌、芽孢杆菌、小球藻、毛霉、曲霉和许多放线菌分解蛋白质能力较强，大肠杆菌则不能分解蛋白质，只能分解蛋白质的降解物。费氏链霉菌能够降解动物毛发、角、蹄中的角蛋白，枯草杆菌可降解明胶和酪蛋白。蛋白质被微生物蛋白酶水解为肽，再经肽酶水解为氨基酸。

（2）氨基酸的转化。分解蛋白质得到的氨基酸除了被用来合成微生物组分中的蛋白质以外，可代谢成氨和各种代谢中间产物，如乙酰辅酶A、丙酮酸或TCA循环的中间产物。由此氨基酸可转变为糖、脂肪酸、酮体或被完全氧化。脱下的氨可被微生物用于合成其他含氮物质或直接排出体外。

微生物分解利用氨基酸主要有3种方式：脱羧作用（Decarboxylation）、脱氨作用（Deamination）和转氨作用（Transamination）。

1）脱羧作用。部分氨基酸可在脱羧酶的催化下进行脱羧基作用而生成相应的一级胺，脱羧酶具有高度的专一性，且只对L型氨基酸起作用。人们常利用这一点来分析混合氨基酸中单种氨基酸的含量。

2）脱氨作用。在有氧条件下氧化酶对氨基酸进行氧化脱氨，在严格无氧条件下氢化酶对氨基酸进行加氢还原脱氨，也可以直接脱氨、水解脱氨，含有巯基的氨基酸可以在脱巯基酶作用下脱氨，两个氨基酸还互相发生氧化还原反应，分别生成有机酸、酮酸，同时放出氨，达到氧化还原脱氨的目的。

（3）转氨作用。转氨基作用是α-氨基酸和酮酸之间氨基的转移作用。α-氨基酸的α-氨基在转氨酶（Transaminase）的作用下转移到酮酸的酮基上，使得原来的α-氨基酸生成相应的酮酸，而原来的酮酸则生成相应的氨基酸。转氨作用是氨基酸脱去氨基的一种重要的方式，微生物可以利用这一方式调整体内氨基酸的数量和种类。

5.3.2.2　石油的微生物降解

石油是由数百万年前的海洋生物遗骸积累，经过地质变迁而形成的。在石油的开采、运输、加工等过程中都可能对环境造成污染。微生物学家经过50多年的研究表明，在自然界净化石油污染的过程中，微生物降解起着最重要的作用。比如，我国沈抚灌区 20 余万亩水稻田，主要以炼油厂含油废水灌溉，历时 40 余年，未发现石油显著积累导致的损害，主要是由于在石油污灌区形成的微生物生态系统的降解作用。目前已经了解有细菌、丝状真菌、酵母菌中，有 75 个属中的 200 多种可以生活在石油中，并经过生物氧化降解石油，其中有细菌 39 个属、真菌 19 个属、酵母菌 17 个属。微生物降解石油会受到多重因素影响，如海洋细菌及丝状真菌降解石油，在某些情况下降解速率受现有的硝酸盐及磷酸盐的限制，通过提供氮、磷、钾营养元素则可以起到促进降解的作用。

资源 5.7

石油是由链烷烃、环烷烃、芳香烃以及少量非烃化合物所组成的复杂混合物。有些石油中还含有烯烃等少量不饱和碳氢化合物。石油的生物降解性因其所含烃分子的类型和大小而异。烯烃最易分解，烷烃次之，芳烃难降解，多环芳烃更难，脂环烃类对微生物的作用最不敏感。烷烃中 $C_1 \sim C_3$ 化合物如甲烷、乙烷、丙烷只能被少数专一性微生物所降解，直链烃容易降解，支链烃抗性较强。芳香烃常与沉积物结合，降解较为复杂。所以石油含有的烃类物质组成不同，其降解的速度和过程有较大的差异。

降解石油的微生物很多，细菌有假单胞菌属（*Pseudomonas*）、棒杆菌属（*Corynebacterium*）、微球菌属（*Micrococcus*）、产碱杆菌属（*Alcaligenes*）、黄杆菌属（*Flavobacterium*）、无色杆菌属（*Achromobacter*）、节杆菌属（*Arthrobacter*）、不动杆菌属（*Acinetobacter*）等；放线菌主要是诺卡菌属（*Nocardia*）和分枝杆菌属（*Mycobacterium*），酵母菌主要是解脂假丝酵母（*Candida lipolytica*）和热带假丝酵母（*Candida tropicalis*）以及红酵母菌属（*Rhodotorula*）、球拟酵母菌（*Torulopsis*）和酵母菌属（*Saccharomyces*）的某些种；霉菌有青霉属（*Penicillium*）、曲霉属（*Aspergillus*）、穗霉属（*Spicaria*）等。此外，蓝细菌和绿藻也都能降解多种芳烃。

1. 烷烃类的微生物降解

微生物对直链烷烃的降解主要有两种机理：

（1）微生物攻击链烷烃的末端甲基，由混合功能氧化酶催化，生成伯醇，再进一步氧化为醛和脂肪酸，脂肪酸接着通过 β-氧化进一步代谢，产物进入 TCA 循环被彻底降解为 CO_2 和 H_2O。反应式为

$$\text{R—CH}_2\text{—CH}_3 \xrightarrow[+O_2]{+2H} \text{R—CH}_2\text{—CH}_2\text{OH} + H_2O$$
$$\downarrow -2H$$
$$\beta\text{-氧化} \longleftarrow \text{R—CH}_2\text{COOH} \xleftarrow[+H_2O]{-2H} \text{R—CH}_2\text{—CHO}$$

当然也可以是双末端氧化，称之为 ω-氧化。

（2）有些微生物攻击链烷烃的亚末端，在链内的碳原子上插入氧。这样，首先生成仲醇，再进一步氧化，生成酮，酮再代谢为酯，酯键裂解生成伯醇和脂肪酸。醇接着继续氧化成醛、羧酸，羧酸则通过 β-氧化进一步代谢。反应式如下：

$$R-CH_2-CH_2-CH_3 \xrightarrow[-H_2O]{+O_2+2H} R-CH_2-\underset{\underset{\displaystyle -2H}{\downarrow}}{\overset{\displaystyle OH}{CH}}-CH_3$$

$$R-CH_2-O-\underset{\underset{\displaystyle +H_2O}{\downarrow}}{\overset{\displaystyle OH}{CH}}-CH_3 \xleftarrow[+O_2+2H]{-H_2O} R-CH_2-\overset{\displaystyle O}{\overset{\displaystyle \|}{C}}-CH_3$$

$$R-CH_2-OH + CH_3COOH$$
$$\downarrow -2H$$
$$R-CHO \xrightarrow[-2H]{+2H_2O} RCOOH \longrightarrow \longrightarrow \beta-\text{氧化}$$

带支链的烷烃对微生物来讲其降解难度比直链烷烃大,但可以通过 α-氧化、β-氧化、ω-氧化的途径进行降解。

2. 脂环烃类的微生物降解

脂环烃较难进行生物降解,自然界几乎没有利用脂环烃生长的微生物,但可以通过共代谢途径进行降解。脂环烃被一种微生物代谢形成的中间产物,可以作为其他微生物的生长基质。以环己烷为例,虽然已发现能够在环己烷上生长的微生物,但是能转化环己烷为环己酮的微生物不能内酯化和开环,而能将环己酮内酯化和开环的微生物却不能转化环己烷为环己酮。可见微生物之间的互生关系和共代谢在环烷烃的生物降解中起着重要作用。环己烷的降解过程是,环己烷先转化成环己醇,后者脱氢生成酮,再进一步氧化,一个氧插入环而生成内酯,内酯开环,一端的羟基被氧化成醛基,再氧化成羧基,生成的二羧酸通过 β-氧化进一步代谢,如图 5-5 所示。

3. 芳香烃的微生物降解

芳香烃在双加氧酶的作用下氧化为二羟基化的芳香醇,之后失去两个氢原子形成邻苯二酚。邻苯二酚在邻位或间位开环。邻位开环生成己二烯二酸,再氧化后的产物进入 TCA 循环。间位开环生成 2-羟己二烯半醛酸,进一步代谢生成甲酸、乙醛和丙酮酸。芳香烃的代谢途径如图 5-6 所示。

4. 烯烃类的微生物降解

大多数烯烃都比烷烃、芳烃容易被微生物降解,微生物对烯烃的代谢途径有多种可能。若双键在中间部位,可能按烷烃类的方式降解。若双键在 1 或 2 碳位时,则有三种可能:

(1) 在双键部位与 H_2O 加成反应,生成醇。

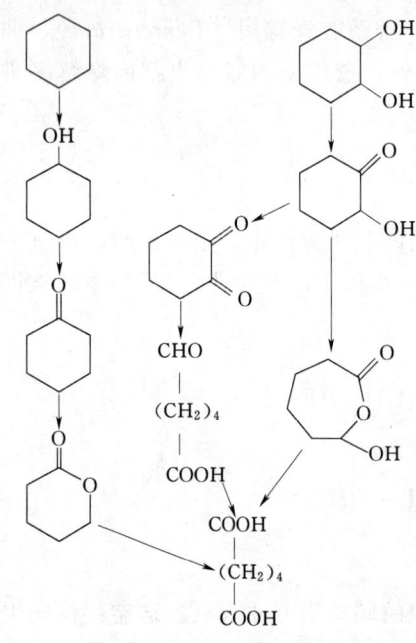

图 5-5 环己烷的降解途径

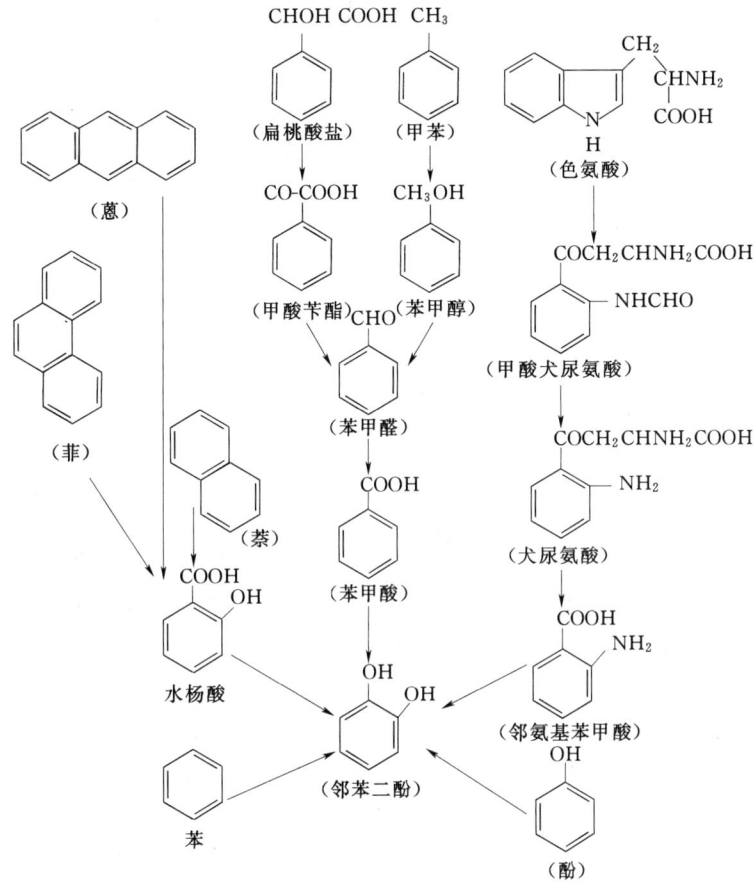

图 5-6 芳香烃的代谢途径

(2) 受单氧酶的作用生成一种环氧化物,再氧化成一个二醇。

(3) 在分子饱和端发生反应。

以上三种途径的代谢产物为饱和或不饱和脂肪酸,然后经过 β-氧化进入 TCA 循环被完全分解。如图 5-7 所示。

5.3.2.3 人工合成有机物的微生物降解

人工合成的有机化合物形形色色,多种多样,其中大多与天然存在的化合物结构极其类似。但它们是外源性化学物质,如稳定剂、表面活性剂、合成聚合物、农药以及各工艺过程中的废物等。它们有些可以通过生物的或非生物的途径进行降解,有些则抗微生物攻击或被不完全降解,因为微生物已有的降解酶不能识别这些物质的分子结构。这里介绍几种常见的人工合成有机物的降解过程。

1. 农药的微生物降解

人工合成的农药杀虫剂、除草剂、杀菌剂等物质的出现,确实给人类的生活带来了许多的方便。但是这些物质有的能迅速降解,有的则在环境中长期存留,从而给人

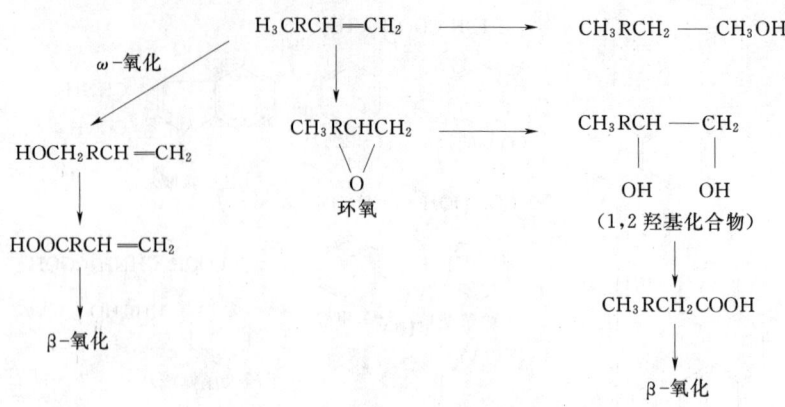

图 5-7 烯烃的微生物降解途径

类和生态环境带来不利的影响。各种化学农药进入环境后,有着共同的危害特性:①有毒性,对侵害农作物的虫、菌、草等有杀灭或抑制作用;②多数在自然界中比较稳定,不易分解,如有机氯农药,具有很长的半衰期;③具有脂溶性,易于被虫、菌、草吸收并在体内累积,沿食物链传递到人或其他生物体内,在脂肪、肝、肾等部位沉积。

降解农药的微生物,细菌主要有假单胞菌属(*Pseudomonas*)、芽孢杆菌属(*Bacillus*)、产碱菌属(*Alcaligens*)、黄杆菌属(*Flavobacterium*)、节杆菌属(*Arthrobacter*)等;放线菌主要是诺卡菌属(*Nocardia*);霉菌以曲霉属(*Aspergillus*)为代表(表 5-3)。能够直接降解农药的微生物种类和数目在自然界还为数不多,主

表 5-3　　　　　　　　能降解农药的优势微生物属

序号	微 生 物	农　药
1	黄杆菌属(*Flavobacterium*)	氯苯氨灵、2,4-D、茅草枯、二甲四氯、毒莠灵、二氯乙酸
2	镰刀菌属(*Fusarium*)	艾氏剂、莠去津、滴滴涕、七氯、五氯硝基苯、西马津
3	节杆菌属(*Arthrobacter*)	2,4-D、茅草枯、二嗪农、草藻灭、二甲四氯、毒莠定、西马津、三氯乙酸
4	曲霉属(*Aspergillus*)	莠去津、MMDD、2,4-D、草乃敌、狄氏剂、利谷隆、二甲四氯、毒莠定、西马津、季草隆、朴草隆、敌百虫、碳氯灵
5	芽孢杆菌属(*Bacillus*)	MMDD、茅草枯、滴滴涕、狄氏剂、七氯、甲基对硫磷、利谷隆、灭草隆、毒草定、三氯乙酸、杀螟松
6	棒状杆菌属(*Corynebaterium*)	MMDD、茅草枯、滴滴涕、地乐酚、二硝甲酚、百草枯
7	木霉属(*Trichoderma*)	艾氏剂、丙烯醇、莠去津、滴滴涕、敌敌畏、二嗪农、狄氏剂、草乃敌、七氯、马拉松、毒莠定、五氯酚钡

要途径是对农药进行转化,通过产生适应性酶、利用降解性质粒、组建超级菌株、共代谢等方式将农药转化,再经联合代谢的方式进行降解。

苯氧乙酸是一大类除草剂,在自然界中几乎都可以被彻底降解。例如 2,4-二氯苯氧乙酸(2,4-D)是高效低残留的除草剂,有 10 多种细菌可将其降解,包括球形节杆菌、聚生孢嗜纤维菌、绿色产色链霉菌、黑曲霉等,降解途径如图 5-8 所示。

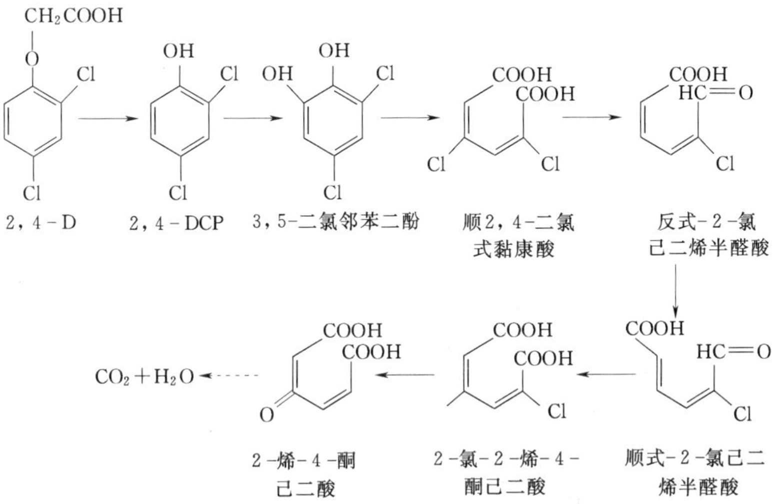

图 5-8 2,4-D 的降解途径

DDT(4,4'-二氯二苯三氯乙烷)是环境残留性很高的一种农药,半衰期在半年以上,至今尚未分离到一株能以 DDT 为唯一碳源和能源进行生长的微生物。已有证据表明产气杆菌和一种氢单胞菌可通过共代谢作用,将 DDT 转变为对氯苯乙酸,后者可被水中其他微生物通过联合代谢继续降解。可能的降解途径如图 5-9 所示。

有机磷类的农药通常比有机氯类农药容易降解,降解微生物主要包括施氏假单胞菌、嗜中温假单胞菌等假单胞菌属微生物,地衣芽孢杆菌、蜡状芽孢杆菌等芽孢杆菌属微生物,华丽曲霉、鲁氏酵母菌等真菌微生物。国内研究较多的是对硫磷、甲基对硫磷和甲胺磷等的降解。近来研究表明,从很多对硫磷降解菌中提取的对硫磷水解酶结构极为相似,这被证明与对硫磷的降解密切相关。*Flavobacterium* sp ATTCC27551,*Pseudomonas diminuta* MG 是对硫磷降解菌中研究最多的菌株。

甲胺磷是一种水溶性的广谱剧毒农药,作为有机磷农药的早先代表性品种,其在环境中的残留受到越来越多的关注,成为我国优先监测的十大农药品种之一。甲胺磷的结构表明以甲胺磷为底物的微生物必定为甲基营养型菌,可以分为两类,一是不能利用甲胺磷为唯一氮源,二是能够利用甲胺磷为唯一氮源,无疑后种类型的菌对于消除甲胺磷更为有利。目前国内已见报道的甲胺磷降解菌株有地衣芽孢杆菌、蜡形芽孢杆菌、嗜中温假单胞菌等。甲胺磷可能的降解途径如下:

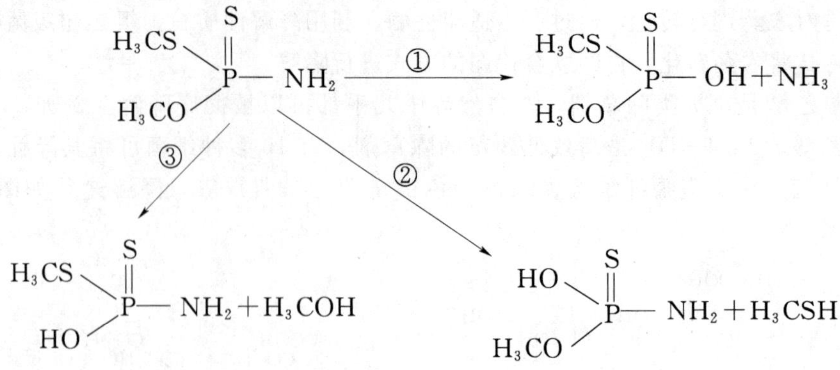

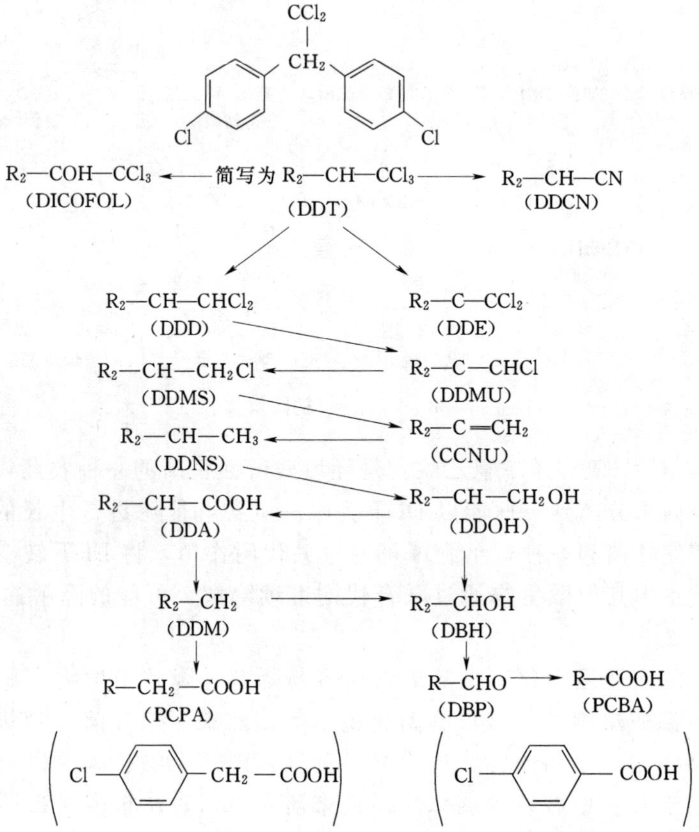

图 5-9 DDT 的降解途径

氨基甲酸酯类农药（Carbamates）包括杀虫剂、除草剂和杀菌剂等，可具体分为五大类：①萘基氨基甲酸酯类，如西维因；②苯基氨基甲酸酯类，如叶蝉散；③氨基甲酸肟酯类，如涕灭威；④杂环甲基氨基甲酸酯类，如呋喃丹；⑤杂环二甲基氨基甲酸酯类，如异索威。除少数品种如呋喃丹等毒性较高外，大多数属中、低毒性，不易在生物体内蓄积，易被微生物降解。如最常用的西维因，可先被降解为 1，2-二羟基萘，进一步降解为邻苯二酚，接下来经过一些大多有机物的降解步骤，最终由丙酮酸进入 TCA 循环彻底分解为 CO_2 和 H_2O。涕灭威（硫醚）的好氧生物降解首先是氧化为涕灭威硫氧化物，然后氧化为涕灭威砜。厌氧条件下涕灭威的降解明显高于好氧条件。呋喃丹在农业上广泛使用,它在碱性条件下发生化学水解,在42h内可被无色杆菌(Achromobacter)水解,添加葡萄糖作为碳源,呋喃丹为唯一氮源,其最初的水解是在氨基甲酸酯键上。

拟除虫菊酯类农药是近50年来迅速发展的一类高效、安全、新型杀虫剂,大多数在好氧和厌氧条件下均可降解。氯菊酯的好氧降解过程如图5-10所示。能降解菊酯类农药的微生物主要有产碱菌(Alcaligenes)、荧光假单胞菌(Pseudomonas fluorescens)和蜡样芽孢杆菌(Bacillus cereus)。

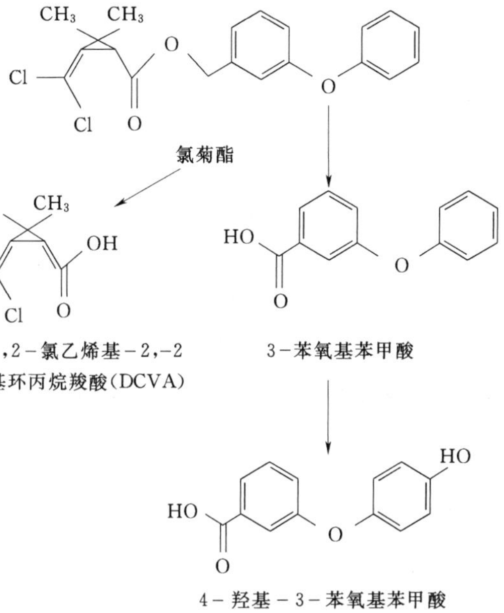

图 5-10 氯菊酯的好氧降解

目前我国使用的农药主要是有机磷、有机氮和有机氯农药。有机氯农药不易降解,最具危险性。有机磷农药和有机氮农药一般都具有水溶性,因此在环境中容易被降解,在土壤中残留的时间只有几天或几周。但有关资料显示,有机磷和有机氮农药经微生物转化的中间产物可长期残留于环境中,其中有些种类具有致畸、致癌、致突变的作用。

2. 多氯联苯和二噁英的微生物降解

(1) 多氯联苯的微生物降解。多氯联苯(Poly Chlorinated Biphenyls,PCBs)是联苯被若干氯原子取代后的产物,由于取代位置和取代数目的不同,异构体多达210个,因此PCBs是一类混合物,其结构示意图如下:

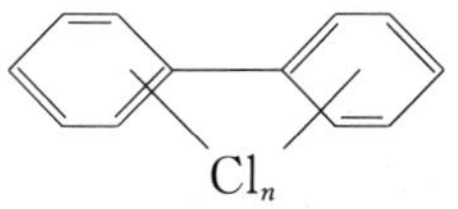

($n=1\sim10$)

PCBs几乎没有天然源,1881年首次由德国人合成。作为稳定剂,PCBs的用途很广,润滑油、绝缘油、增塑剂、热载体、油漆、油墨等都含有。PCBs有毒,对皮肤、肝脏、神经、筋骨等都有不良影响,且是一种致癌因子。1968年日本的"米糠油事件"即是由于食用了 PCBs 污染的米糠油而引起的。PCBs 化学性质极其稳定，在环境中很难分解，由于它是脂溶性的，很容易在脂肪中大量累积。

大量证据表明，微生物能降解顽抗性污染物 PCBs。日本科学家从湖泊底泥中分离到两种能降解 PCBs 的细菌，它们是产碱杆菌和不动杆菌。它们都能分泌一种特殊的酶，把 PCBs 转化为联苯或对氯联苯，然后吸收这些分解产物，排出苯甲酸或取代苯甲酸，再由环境中其他微生物继续降解。现已发现厌氧细菌可以进行好氧条件下不能进行的特殊脱毒反应，而且厌氧微生物降解方法已经被发展用于混合培养体系中去除有毒有机物。通过共代谢作用、降解性质粒以及微生物之间的互生关系等途径，也可使 PCBs 降解、转化。PCBs 作为一种自然选择因子，能诱导微生物群落的结构和机能发生变化。有的微生物学家对假单胞菌、沙雷菌、芽孢杆菌等的野生型菌株进行诱变处理，获得了能把 PCBs 矿化为 CO_2 和 H_2O 的突变菌株。有研究者已从降解 PCBs 的细菌中分离到了编码降解酶的质粒。

(2) 二噁英的微生物降解。人们对二噁英（Dioxin）的深入研究始于 20 世纪 90 年代，1999 年比利时发生的二噁英毒鸡事件使其成为人们瞩目之焦点。二噁英毒性相当强，可以沿河流、海洋、大气和土壤向地表或地下到处扩散迁移，对人类的危害程度较其他环境污染物严重。

二噁英是两类化合物质的总称，化学名称为：多氯二苯并二噁英（Poly - o - Chlorinated Dibenzodioxin，PCDD）和多氯二苯并呋喃（Poly - o - Chlorinated Dibenzofuran，PCDF）。PCDD 和 PCDF 是两组化合物，均为氯代三环芳香族化合物，由于取代氯原子的数量和位置不同，它们各有 75 个和 135 个同族体。凡是在 2，3，7，8 位置有氯原子的 17 种二噁英都是有毒的，其中 2，3，7，8 -四氯二苯并二噁英和 2，3，7，8 -四氯二苯并呋喃是最毒的二噁英。

其化学结构如下：

2，3，7，8 -四氯二苯并二噁英

2，3，7，8 -四氯二苯并呋喃

多氯联苯类化合物 (PCBs) 有 209 种，其中某些化合物具有类似二噁英的毒性，因此也称为类似二噁英化合物，如 3，3′，4，4′，5，5′-六氯联苯。

3，3′，4，4′，5，5′-六氯联苯

二噁英是对人体最毒的化合物之一。对大鼠的半致死毒性（LD_{50}）：皮肤接触为

1~100μg/kg 体重（比 DDT 毒 20000 倍），摄入为 10~20μg/kg 体重（比 DDT 毒 4000 倍）。2，3，7，8-TCCD 在人体中的半衰期 7~10 年。普通人群无法接触到二噁英纯品，所以，急性中毒致死的可能性几乎没有。针对长期低剂量暴露对人体损伤的毒理研究发现，慢性中毒症状为：体重减轻、胸腺萎缩、免疫系统受损、肝损伤、卟啉病、氯痤疮、生殖发育和智力影响，以及致畸、致癌、致突变等。二噁英已被公认是干扰人类内分泌系统类雌激素的一种。

环境中的 PCDD 和 PCDF 主要来源于农药 5-氯酚、2，4-D、2，4，5-T 以及多氯联苯的生产和使用过程。二噁英并非有意生产出来的，而是生产上述农药和化工产品的杂质和副产品，随着这些产品的生产和使用而进入环境，如由三氯苯酚和氯乙烯合成三氯苯氧乙酸（2，4，5-T）时，就直接副产剧毒的 2，3，7，8-TCCD。另外，城市垃圾焚烧也会产生二噁英。研究表明，有机物在不完全燃烧的情况下，700℃左右可生成芳烃，若同时还有少量氯化物和催化剂存在，就会在 300~700℃ 互相反应生成微量的二噁英，它会附着在焚烧垃圾产生的烟雾颗粒上，或扩散进入大气中，或飘落到土地上，或受雨水冲刷而进入江河湖海，沉积于水底。值得注意的是二噁英具有相当稳定性，在环境中很难降解，可稳定存在于大气、土壤、水体和生物体中。因此，人类不可避免的暴露于二噁英的污染中，给自身健康带来严重威胁。

在自然状态下 PCDD 很难降解，在土壤中可保留 15 个月以上。在一定条件下也可被微生物降解，其可降解性随取代氯的增多而减弱。一氯代和二氯代二噁英比较容易被某些二噁英降解菌株降解并作为唯一的碳源和能源生长。某些研究表明选择适当的初级营养共代谢物，如邻二氯苯可以增强微生物对高氯代二噁英（如三氯代和四氯代二噁英）的降解能力。高氯代二噁英（如 P-CDD，H6-CDDH7-CDD 和 OCDD 等）可被菌体强烈吸收并累积，极难被微生物降解。早在 1980 年即有人提出用微生物法破坏二噁英；到 1989 年才分离出能矿化二苯-p-二噁英（DD）、氧芴（DF）、二苯醚（Diphenyl Ether，DE）及其卤代物的好氧菌，并对其降解机制进行分析。这些细菌利用分子氧和新颖的、区域选择性的角双加氧酶（Angular Dioxygenase）把顽固的二羟基醚（Dihydroxy Ether）转化成在正常代谢中容易降解的苯酚中间产物，并进一步矿化为二氧化碳、水和无机盐。

利用微生物处理二噁英及其相关化合物的污染已经有了一些探索性研究。对有矿化作用并含有 DF4，4α-双加氧酶的鞘氨醇单胞菌（*Sphingomonas* sp.）RWI 进行的研究表明，它能降解几种一氯代和二氯代二噁英，但不能降解多氯代二噁英，一氯代和二氯代二噁英分别降解为相应的一氯代和二氯代水杨酸及邻苯二酚水杨酸和邻苯二酚。鞘氨醇单胞菌（*Sphingomonas* sp.）RWI 被加到填充土壤的试验生态系统中，研究其去除 10mg/L DF、DD 和 2-氯二苯-p-二噁英的效果。当细菌的起始密度为 4×10^7 菌落形成单位（CFU）/g(土壤干重)、21℃黑暗培养 7 天，即可将 DF 完全去除。当细菌密度较低，培养 28 天后也未将 DF 完全去除。去除 DD 要求细菌的起始密度较高，在 10^9 CFU/g 时，24h 内即将 90% DD 降解掉。2-CDD 在土壤中的存留时间比 DD 长。当该菌的起始密度为 10^9 CFU/g 干土、土壤有机物含量（SOM）分别为土壤干重的 0～5.5%时，2-CDD 的半衰期从 5.8h 延长到 26.3h。由此可见，该菌去除这三种毒物的速度和程度与该菌的起始密度和土壤的 SOM 有明显的依赖关系。杜秀英等（2001）从氯苯生产车间附近和施用五氯酚除草剂的湖底底泥中的分离和筛选出 8 种菌种，均能降解一氯代二噁英，3 周内最多可降解 45%，但随着氯取代基的增多，降解效果减弱，而且多数菌种不能降解高氯代二噁英；研究还发现，适当的共代谢物（如邻二氯苯）可以改善微生物对高氯代二噁英的降解性能。某些真菌也可降解二噁英，其中以一些木材腐朽菌的降解能力最为突出。1992 年，Valli 等最早运用木材腐朽菌白腐真菌中的黄孢原毛平革菌（*Phanerochaete chrysosporium*）进行二噁英的生物降解研究，在 $25\mu mol/L$ 的浓度下培养 27 天，使 2，7-二氯二苯并-二噁英（2，7-DCCD）的分解率达到 50%。Takada 等报道了利用白腐真菌菌株（*Phanerochaete sordida* YK-624）在稳定的低氮介质中，降解了 10 种 PCDD 和 PCDF 的混合物（含四至八氯代二噁英），降解率约为 40%（四氯代二噁英）～76%（六氯代二噁英），2，3，7，8-四氯代及八氯代二噁英的降解产物分别为 4，5-二氯邻苯二酚和 4-氯邻苯二酚。日本的部橘灿郎根据木质素的化学结构的一部分与二噁英相似这一特点，认为水解木质素能力强的细菌也能分解二噁英，并且用筛选法从 195 种试验材料中筛选出 3 种（V1、V2、563）作为优势菌。接着，又用黄孢原毛平革菌（*Phanerochaete chrysosporium*）和腐皮镰孢（*Fusarium solani*）对 2，7-DCDD 进行了分解试验，结果表明，以 0.25mmol/L、1.25mmol/L 经 15 天和 30 天培养，可分解 2，7-DCDD 的量达 24%～85%。这种分解效果已是 Valli 等所试验结果的 10～50 倍，分解时间也减少了一半。因此，从自然界中筛选和分离能降解 PCDD 的菌种，是很有应用前景的。

3. 酚类化合物

酚类是指苯环或稠环上带有羟基的化合物。酚及其衍生物组成了有机化合物中的一个大类，其总数达几百种之多。最简单的是苯酚 C_6H_5OH，它的浓溶液对细菌有高度毒性，广泛用作杀菌剂、消毒剂。甲酚有 3 种异构体，比苯酚有更强杀菌能力，可用作木材防腐剂和家用消毒剂等。在用氯气氧化处理饮用水时，水中酚类容易被次氯酸氯化生成氯酚，这种化合物具有强烈的刺激性，对饮用水的水质影响很大。天然水中的腐殖酸组分是一种多元酚，其分子能吸收一定波长的光量子，使水呈黄色，并降低水生生物生产力。丹宁和木质素都是植物组织中的成分，也都是多酚化合物，分别在制革工业和造纸工业中经废水载带进入天然水系。以上述及的这些都是天然水体中常见的酚类化合物。

酚类化合物的微生物降解是处理工业废水中研究得最早的课题。采用活性污泥法易于分解一元酚和二元酚，三元酚难于分解。氯代或硝基代一元酚大多容易生物降解，五氯酚则需较长时间才能降解完全，而 4，6-二硝基-邻甲苯酚是在实验条件下唯一难降解的化合物。一般情况下，当导入甲基时，分解性能变得良好。甲基在对位比在邻位和间位者分解更迅速。具有分解酚能力的微生物种类很多，有细菌中的多个属及酵母、放线菌等。通常经过富集和选择培养进行分离，可获得能应用于水处理工艺的高降解性菌株。苯酚在好氧条件下以下面过程降解：

5.3 有机污染物在水体中的生物降解过程

$$\text{苯酚} \longrightarrow \text{邻苯二酚} \longrightarrow \text{邻苯醌} \longrightarrow \text{己二烯二酸} \longrightarrow$$

$$\text{顺丁烯二酸} \longrightarrow CH_3COOH \longrightarrow CO_2 + H_2O$$

4. 塑料

塑料制品是人工合成的一类聚合物，具有密度小、强度高、耐腐蚀、价格低等特性，所以应用十分广泛，但塑料制品具有生物学惰性，在环境中可长期存留并造成危害。目前塑料垃圾以每年 2500 万 t 的速度在自然界中累积，严重破坏着人类和其他生物的生存环境。据海洋学家报道，每年死于废弃塑料的海鸟和海洋哺乳动物，数量之多让人触目惊心。

自然界中能够直接以塑料为碳源生长的微生物不多。真菌、细菌和放线菌中的某些成员，对合成塑料的生物降解有重要意义。它们的分解作用有三种方式：①生物物理作用——微生物细胞的生长引起塑料制品的机械破坏；②生物化学作用——微生物的代谢产物作用于聚合物；③直接酶作用——微生物分泌的酶对聚合物内的某些组分起作用，引起氧化分解等。

塑料聚合物先经光解，再进行微生物降解就容易得多。不过，自然土壤中能利用光降解残体中的碳作为碳源而生长的微生物为数不多，主要是曲霉等。

由于对塑料进行填埋或焚烧会造成二次污染，所以世界各国十分重视可降解塑料的开发研究：

(1) 在塑料聚合物中增加许多脆弱化学键，在遇阳光照射或某种特殊溶液时，这些脆弱化学键首先断裂，从而使塑料制品在短期内自行分解。

(2) 用脂肪族聚酯酯化合物（PHB）原料制造新型塑料，这种塑料丢弃后可被微生物一个键一个键地"吞吃"掉，生成无害产物 CO_2 和 H_2O。PHB 能被土壤和海水中的许多微生物降解，一般在厌氧污水中降解最快，在海水中降解最慢的粪产碱杆菌（*Alcaligenes faecalis*）、勒氏假单胞菌（*Pseudomonas lemoignei*）、食酸丛毛单胞菌（*Comamons acidovorans*）、睾丸酮丛毛单胞菌（*Comonas testosteroni*）、淡紫拟青霉菌（*Paecilomyces lilacinus*）等微生物能产生 PHB 解聚酶。

(3) 利用微生物生产 PHB。细菌中产碱杆菌属（*Alaligenes*）、固氮菌属（*Azotobacter*）和红螺菌属（*Rhodospirillum*）等 300 多个种类可以合成 PHB，再经一定工艺制造出一系列具有不同强度、柔性、韧性的可生物降解塑料。日本东京工业大学资源化学研究所给产碱杆菌改变食料，使之合成聚酯。美国 Madison 大学获取产碱菌的控制多羟酯生成的三种基因，转移给普通的大肠杆菌（*E.coli*），使后者能制造多羟酯。通过发酵的方法生产可生物降解塑料成本很高，因此人们把目光转向转基因产品。Michigan 州立大学一植物学家把有关基因从产碱杆菌移植到拟南芥菜后，可以在转基因拟南芥菜中产生大量的 β 羟基丁酯，其产量达到干重的 14%，使植物能制造塑料。目前，这方面的研究仍在进行中。预计到 21 世纪末，可实现以田地生产的塑料取代用石油制造的塑料。

5. 合成洗涤剂的微生物降解

合成洗涤剂的基本成分是人工合成的表面活性剂。根据表面活性剂在水中的电离性状，可分为阴离子型、阳离子型、非离子型和两性电解质四大类，以阴离子型洗涤剂的应用最为普遍，其中又以烷基苯磺酸盐类的使用最为广泛。

最早的洗涤剂是非线性的丙烯四聚物型烷基苯磺酸盐（ABS）：

$$NaSO_3-\underset{}{\bigcirc}-\underset{CH_3}{\underset{|}{\overset{CH_3}{\overset{|}{C}}}}-CH_2-\left[\overset{CH_3}{\underset{|}{CHCH_2}}\right]_3-\underset{CH_3}{\underset{|}{\overset{CH_3}{\overset{|}{C}}}}-CH_3$$

ABS 可以在天然水体中长时间存留，其烷链中的甲基分支不利于微生物降解的进行，而末端的季碳原子抗攻击能力最强。

洗涤剂污染的废水会存在大量不易消失的泡沫，废水一般偏碱性。洗涤剂在水中的分解速度，主要取决于微生物的作用条件和洗涤剂中表面活性剂的化学结构。阴性表面活性剂小，高级脂肪链最易被微生物分解。其途径是，最初高级脂肪链经微生物作用形成高级醇类，然后进一步氧化为羧酸，再在微生物的作用下分解为 CO_2 和 H_2O。整个过程在有氧条件下进行。

现已分离到能以表面活性剂为唯一碳源和能源的微生物，主要是假单胞菌属、邻单胞菌属的革兰阴性杆菌、黄单胞菌属的革兰阴性杆菌、产碱杆菌、微球菌、诺卡菌等，固氮菌属除拜氏固氮菌外，其他都是表面活性剂的积极分解者。在含洗涤剂的污水中培养固氮菌是很有意义的，因为它们固定了大气中的氮，水中含有机氯化物，就可促进其他微生物生长，从而提高洗涤剂的降解速率。

微生物对洗涤剂的降解能力还依赖于共代谢途径和降解性质粒的存在，与 LAS 降解有关的酶如脱磺基酶和芳香环裂解酶的编码基因均位于质粒上。

6. 染料的降解

染料是能使其他物质获得鲜明而坚实颜色的有机物。根据其化学结构，可以分为偶氮类染料、蒽醌染料、硫化染料、三芳基甲烷染料和杂环染料等，大部分为芳香族化合物。人工合成的染料种类繁多，其结构很大程度上决定了染料的脱色与降解方式。一般来讲，染料的生产废水用常规的处理方法难以有效去除。

在实际使用的染料中，偶氮染料是重要的一种，加之偶氮染料的前体及其降解产物芳香胺具有致癌性，因此在对染料降解和脱色研究中，偶氮染料的研究备受重视。偶氮染料的分子结构较复杂（图 5-11），其发色基是偶氮键，助色基是氨基、羟基、甲基和磺酸基等。当光线射入后发生选择性吸收而导致产生出视觉所感受到的各种颜色。很多研究表明，偶氮键的断裂是脱色的主要步骤。活性偶氮染料厌氧生物降解过程是非常重要的，尤其是最初的脱色过程。脱色反应是偶氮键的断裂，偶氮双键还原是偶氮染料生物降解的关键步骤（也是脱色反应的关键步骤），其中多数还原酶是厌氧的。偶氮键断裂产生的中间产物是芳香胺类化合物。偶氮染料的脱色反应为偶氮染料双键的还原裂解并形成芳香伯胺类化合物，氧对脱色有抑制作用。利用藻菌系统对偶氮染料的降解机制进行了研究，结果表明藻菌系统对偶氮染料的降解过程与细菌相类似，染料的偶氮双键断裂产生芳香类化合物是降解（脱色）的关键步骤，藻类的偶氮还原酶可能对氧不敏感。

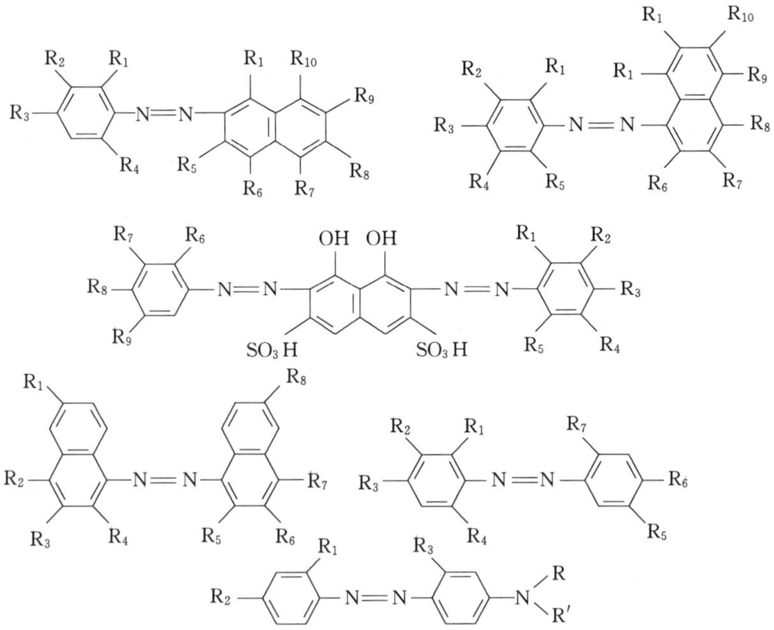

图 5-11 典型偶氮染料化学结构

综上所述，偶氮染料的最初脱色反应是在偶氮还原酶的催化作用下进行的。脱色过程可以在好氧条件下进行，但厌氧条件能显著促进脱色过程。多数偶氮还原酶是对氧敏感的，即氧抑制此酶的活性，这就是厌氧条件下有利于偶氮染料脱色的原因。

厌氧降解产物芳香胺类化合物的进一步降解也有研究，研究结果表明好氧条件下芳香胺能被矿化，但程度依赖于其结构，一些磺酸基芳香胺类化合物则不能被降解。也有研究发现芳香胺类化合物分子在有氧条件下脱氨生成酚类化合物，酚类化合物继而被降解开环直至矿化。

染料的生物可降解性与染料的结构有关。偶氮染料的生物降解性主要与苯环上的取代基的性质、数目、位置及染料的分子量有关，如羟基、氨基和胺基等促进偶氮染料的生物降解，而甲氧基、磺酸基、硝基、甲基和羧基等基团可抑制偶氮染料的生物降解性；染料芳香环上促进基团的数目越多，染料越易被降解，反之，抑制基团越多，越不易被降解；对于不同的取代基，它在苯环上的位置（对位、邻位或间位）也会影响该偶氮染料的生物降解性，含羧基的偶氮染料其脱色率顺序为邻位＞间位＞对位，而含羟基和磺酸基的偶氮染料其脱色顺序为对位＞间位＞邻位，含硝基的偶氮染料其脱色率不受硝基位置的影响；在染料分子结构基本相似的情况下，分子量越大越不易降解，但是，也有例外。有研究认为偶氮染料分子中偶氮键的最低未占据轨道能量是控制染料生物降解的主要因素，而染料的分子量与其脱色率无关。

另外，有大量文献对芳香胺的生物降解途径作了研究，结论相似。综上所述，偶氮染料的完全降解途径可以表示为

$$R-C_6H_4-N=N-C_6H_4-R' \xrightarrow[\text{偶氮还原酶}]{NADH \to NAD^+} [R-C_6H_4-NH-NH-C_6H_4-R'] \to R-C_6H_4-NH_2 + NH_2-C_6H_4-R' \xrightarrow{+O_2} R-C_6H_4-OH + OH-C_6H_4-R' \dashrightarrow \text{进入 TCA 循环}$$

目前发现能降解染料的微生物种类很多，主要有细菌、真菌和藻类3类。细菌主要有磷酸盐还原菌、硫酸盐还原菌、反硝化菌、芽孢杆菌、梭菌、产碱杆菌、柠檬酸菌、肠道细菌等。这些菌株只能在厌氧环境下不完全降解染料，应用上有许多限制。链霉菌和白腐真菌的一些菌株能够以某些染料作为唯一碳源，在有氧条件下将其降解为 CO_2 和 H_2O。藻类不仅能通过光合作用为好氧菌提供氧气，而且也能够降解某些偶氮染料，如普通小球藻、蛋白核小球藻、斜生珊藻均能利用偶氮染料作为其生长的唯一碳源和氮源，使染料脱色。

从20世纪70年代末以来，人们采用白腐真菌在好氧条件下对TNT废水、造纸废水和偶氮染料进行生物脱色和降解，获得了较好的效果，如前所述，它也是使二噁英类物质生物降解的一类希望菌种。许多白腐真菌，比如研究最多的黄孢原毛平革菌，被证实为废水处理中很有前景的微生物，能够降解许多难降解的有机污染物，尤其是那些含有芳环的毒性大的物质。白腐真菌中的细胞外酶（包括木质素过氧化物酶Lip和锰过氧化物酶MnP）被认为是降解木质素和其他难降解物质的特殊酶系。这些酶具有非特异性的、无需底物诱导的独特性能，对许多结构不同的高毒性、分子量大的难降解有机物具有广谱的降解能力（如杀虫剂、染料、硝基炸药、

杂酚油等)。

白腐真菌降解染料的机制十分复杂,与上述细菌与藻类降解过程不同,白腐真菌通过分泌胞外过氧化物酶系实现对染料的降解,主要包括两大类:木质素过氧化物酶和锰过氧化酶。这一酶系专一性较差,都可氧化染料。同其他过氧化物酶一样,这两种酶与过氧化氢作用产生的·OH在降解芳香化合物中起着重要作用。

对于含苯环的染料,中间产物分析表明,醌类及醛类物质可能是其中间产物。白腐真菌对于含苯环染料的降解过程是这样的:脱去苯环上的取代基、醌的形成、羟基化、甲基化、再形成醌,接着发生脱甲基反应形成醌,再羟基化,最终发生苯环开环反应。培养过程同时产生的·OH、H_2O_2及超氧化物等,起到辅助脱色和降解的作用。Mn-过氧化物酶以Mn^{2+}为电子递体,木质素过氧化物酶则以藜芦醇为电子递体,藜芦醇通过提高羟自由基的产量来提高木质素过氧化物酶的活性。过氧化物酶只提供电子的转移而非直接与化合物结合,因此该菌的使用具有广泛性而且不易受化合物的毒性影响。

5.4 天然水体中的生物自净过程

水体自净(Self-purification of Water Body)是指水体受到污染后,内部发生一系列物理、化学、生物等方面的作用,使污染物浓度逐渐降低,经过一段时间后恢复到污染前的状态。广义地讲,水体自净包括沉淀、稀释、混合等物理过程,氧化还原、分解化合、吸附凝聚等化学或物理化学过程,以及生物化学过程。一般来讲,生物降解过程在水体对有机污染物的自净过程中占了绝对的主要地位,也就是水体的生物自净过程。

天然水体无时无刻不在进行着生物自净,在这个过程中,氧气的补充(复氧)和消耗同时进行。溶解氧(DO)的变化状况反映了水体中有机污染物的净化过程,因而DO成为水体自净的重要标志,其变化可用氧垂曲线表示。

水中有机物可以通过微生物的作用,逐步降解为无机物。有机物进入水体后,微生物利用水中的溶解氧对有机物进行有氧降解,其反应式可表示为

$$\{CH_2O\} + O_2 \xrightarrow{微生物} CO_2 + H_2O$$

如果进入水体有机物不多,其耗氧量没有超过水体中氧的补充量,则溶解氧始终保持在一定的水平上,表明水体有自净能力,经过一段时间有机物分解完毕,水体可迅速恢复至原有状态。如果进入水体的有机物很多,溶解氧来不及从大气补充,则水体中溶解氧将迅速下降,导致缺氧甚至无氧,有机物转而进行厌氧分解。对于前者,分解产物为H_2O、CO_2、NO_3^-、SO_4^{2-}等,不会造成水质恶化,而后者的分解产物为NH_3、H_2S、CH_4等,将使水质进一步恶化。

一般来讲,有机物大量进入天然水体后,水体的溶解氧会发生阶段性的变化。以河流为例,其变化可用一条氧垂曲线来表示(图5-12),河流被分成相应的几个区段。

如图 5-12 所示，可将一条受有机耗氧物污染的河流按其流向分成三个区域：分解区、腐化区、恢复区。对在分解区以下的腐化区又可顺次分为 α-中腐区、β-中腐区和低腐区。在分解区，溶解氧降低，大气中氧又不能及时补足，氧垂曲线开始下垂，在开始区段还进行着好氧分解，但在水体底层逐渐转入厌氧分解状态，产生 NH_3、H_2S、CH_4 等还原性气体。这种情况进一步向中层和表层发展，逐渐导致水质整体恶化。同时，由于 P 值低下（水藻类的光合作用因生长条件

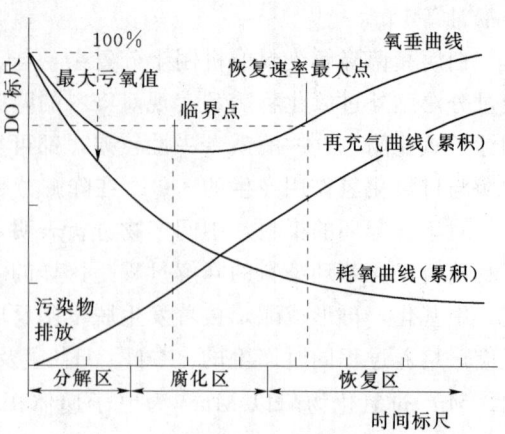

图 5-12 河流生物自净过程的氧垂曲线

恶化而减弱）R 值增大（细菌大量繁殖），R 远大于 P，水生生物的种类和数量也发生相应变化。腐化区和恢复区的环境特性见表 5-4。

表 5-4　　　　　　　　　水体中腐化区和恢复区的环境特性

环境特性	分 解 区	腐 化 区		低腐区
		α-中腐区	β-中腐区	
化学过程	进行还原分解过程，整个水体发生腐臭	水和底泥中发生氧化过程	氧化过程进一步进行	氧化过程结束，达到有机化
DO 值	近于零	小	略大	大
BOD 值	非常大	大	略小	小
生成 H_2S	大多有 H_2S 臭	略有臭味	无	无
水中有机物	含高分子碳、氮有机化合物及其初始降解产物	丰富的氨基酸	含氨基酸	有机物分解完全
底泥	含有黑色 FeS	FeS 氧化产生氢氧化铁	多数氢氧化铁	近于氧化状态
细菌数	大于 100 万个/mL	近 10 万个/mL	小于 10 万个/mL	小于 100 万个/mL
栖息生物的生态特征	都是细菌摄食者，厌氧并能耐受 pH 值悬殊变化 对 H_2S、NH_3 有耐受能力	对 pH 值和 DO 值变化有大的适应性。对 NH_3 有耐受力，但对 H_2S 耐受力弱	不能忍受 pH 值和 DO 值变动 不能长时间耐受 H_2S、NH_3	不能忍受 pH 值和 DO 值变动 不能长时间耐受 H_2S、NH_3
藻类	无硅藻、绿藻及高等植物	藻类大量发生、出现蓝藻、绿藻、硅藻	出现多种类的硅藻、绿藻	少藻，个别种类数量增多
动物	微型动物为主，原生动物占优势	微型动物占优势	种类多样	种类多样，有鱼

综上所述，由有机物引起水体污染的两种效应即微生态学效应和溶解氧降低效应是相互关联的。河流水体的自净能力表现为在两种效应的交互作用下，河水经过一段流程之后能恢复到受污染之前的状况。

5.5 水体中金属的微生物转化

各种金属元素可由多种来源进入环境，包括燃烧燃料、施用农药、采矿、冶金等。全球每年由矿物燃料进入空气的镍近7万t，砷约4000t。金属也作为地壳的天然结构成分而以多种形式存在于环境中。当今人们关心的金属元素主要是：汞、砷、铅、锡、锑、硒、镉、铬、镍和钒等，这些元素相当大一部分以溶解形态存在于各种天然水环境中。

金属在一定浓度时对微生物有毒害作用。重金属在很低浓度时，对大多数微生物即有明显毒性。金属对微生物的毒性强度除与其浓度有关，但更取决于其化学形态。例如，六价铬比三价铬毒得多；在各种汞化物中，甲基汞的毒性最强；有机锡比无机锡毒，烷基锡比芳基锡毒，三烷基锡比四烷基锡更毒。

资源5.8

微生物具有适应金属化合物而生长并代谢这些物质的活性。微生物的代谢活动可改变环境中金属的状态，从而改变它们的性质，包括生物效应。微生物质粒携带的抗性因子与金属的微生物转化有关。利用微生物对金属的转化，可处理含重金属的工业废水。例如，用抗汞的假单胞菌株处理含汞工业废水，可将废水中汞的转化成元素汞而回收利用。有的微生物还能将金属浓集于自身细胞内，这些对于减轻环境污染，维持生态平衡有着重要意义。

天然水环境中微生物对金属的转化，主要是氧化还原作用和甲基化作用。

5.5.1 铁的氧化和还原

铁通常以两种易变的价态存在，即Fe^{2+}和Fe^{3+}。在自然界，铁的存在状态受环境酸碱度（pH）和氧化还原电位（Eh）影响。

1. 铁的氧化

pH>4.5时，Fe^{2+}可自发氧化为Fe^{3+}并形成$Fe(OH)_3$沉淀，当环境中pH<4.5时，Fe^{2+}的化学氧化极慢，在这种情况下，Fe^{2+}的氧化主要是铁氧化菌的作用。

铁氧化菌按形态可分为三类：

(1) 菌体单个的细菌——氧化亚铁硫杆菌（*Thiobacillus ferrooxidans*）是最重要的铁氧化菌。该菌从氧化亚铁转化为高铁的过程中获得能量同化CO_2，严格好氧，自养，嗜酸，在pH值为1.4甚至更低时仍能生长，从而溶浸出矿石中的金属。在含铁的酸性水中以及含铁矿砂的土壤中常可见此菌。

(2) 具鞘细菌——细胞在鞘内排列成链。

1) 球衣菌-纤发菌类群。其鞘宽度均匀，最适生长的pH值为5.8～8.5。在此pH值范围内，铁进行快速化学氧化，所以生物氧化无多大生态学意义。球衣菌（*Sphaerotilus*）、纤发菌（*Leptothrix*）有很多相似之处：细胞杆状，在鞘内排列成链，游离细胞以鞭毛运动，革兰氏阴性，严格好氧，化能异养，都含有聚-β-羟基丁酸颗粒作为细胞内储藏物质。

2) 泉发菌属（*Crenothrix*）。其鞘很薄，游离端可能膨大，细胞圆柱形到盘状，在正常丝状体中以横隔分裂。在膨大了的丝状体末端顶部以横隔和纵隔分裂，细胞较小并可能成为圆形。鞘的顶端可能无色，基部嵌以铁或锰的氧化物，化能异养，发现于积滞的或流动的含有机质和铁盐的水中。这种细菌大量生长时可使池塘变成红棕色。

(3) 具柄细菌。

1) 嘉利翁氏铁柄杆菌属（*Gallionella*）。其细胞着生于丝状长柄的顶端，由两个丝状体的柄交织成螺旋状，长柄包裹厚厚的 $Fe(OH)_3$ 沉积物（可占细胞干重的90%），不沉积锰化物。化能自养，从氧化 Fe^{2+} 为 Fe^{3+} 的反应中获取能量同化 CO_2，微需氧（氧浓度约1mg/L）。在含氧量极低的环境中，铁的氧化作用是由这类细菌引起的。这类细菌可在营养贫乏的天然冷水中生长，其嗜热株也可分布在含亚铁的土壤和水中。常与赭色纤发菌联合在一起，并同大量氢氧化铁的沉淀有关。这些细菌的生长可引起水工程的问题。

2) 生金菌属（*Metallogenium*）。这是一类有柄而无明显细胞体的铁氧化菌，菌体形成扭曲在一起的丝状菌体团块，包有厚厚的高铁。异养，在 pH 值为 3~5 的范围内氧化 Fe^{2+} 为 Fe^{3+}，也能氧化锰。

3) 生丝微菌属（*Hyphomicrobium*）。其小柄生于细胞末端，能氧化铁、锰，有独特的营养特性，适宜的碳源是甲醇、甲醛、甲胺等一碳化合物。

2. 铁的还原

微生物引起铁的还原有两种情况：

(1) 微生物好氧代谢消耗 O_2，使生境中 Eh 下降。在缺 O_2 情况下，某些微生物以 Fe^{3+} 为电子受体，Fe^{3+} 被还原为 Fe^{2+}。因此，在缺 O_2 环境中，如沼泽、湖底或深井中，铁以可溶的还原态存在。

(2) 微生物生命活动所产生的 NO_3^-、CO_3^{2-}、SO_4^{2-} 以及有机酸，使 $Fe^{3+} \longrightarrow Fe^{2+}$。

另外，有些微生物可产生螯合剂，使铁变成可溶性，从而成为有效态的铁。

5.5.2 锰的氧化和还原

锰最常见的价态为二价和四价。Mn^{2+} 是水溶性的。pH 值较高时，Mn(Ⅱ) 自发氧化为四价，形成不溶性的 MnO_2。在中性水体中，表层的可溶性 Mn^{2+} 氧化为不溶性的 MnO_2，由生长在表面的具柄细菌所催化，主要是生金菌属和生丝微菌属。真菌则对酸性土壤中锰的氧化起着重要作用。

5.5.3 汞的氧化、还原和甲基化

环境中的无机汞可以下列三种形式存在：Hg_2^{2+}，Hg^{2+} 和 Hg^0。

1. 汞的氧化和还原

在有氧条件下，某些细菌，如柠檬酸细菌（*Citrobacter*）、枯草芽孢杆菌（*Bacil-*

lus subtilis)、巨大芽孢杆菌（*Bacillus megaterium*），可使元素 Hg 氧化（Hg→Hg^{2+}）。另外，自然界的一些微生物，如铜绿假单胞菌（*Pseudomonas aeruginosa*）、大肠埃希氏菌（*Escherichia coli*）、变形杆菌（*Proteu*）等，可使无机或有机汞化合物中的 Hg^{2+} 还原为元素 Hg，形成 Hg 蒸汽挥发至大气从而减轻 Hg 在环境中的毒性。这类微生物统称为抗汞微生物。其还原过程为

$$CH_3Hg^+ + 2H \longrightarrow Hg + CH_4 + H^+$$
$$HgCl_2 + 2H \longrightarrow Hg + 2HCl$$

酵母菌也有这种还原作用，在含 Hg 培养基上的酵母菌菌落表面呈现 Hg 的银色金属光泽。

2. 汞的甲基化

在微生物的作用下，汞、砷、镉、碲、硒、锡和铅等重金属离子，均可被转化成毒性很强的甲基化合物，尤其是甲基汞化合物。震惊世界的日本水俣病以及瑞典马群的大量死亡，均为甲基汞中毒所致。1953—1960 年，日本水俣湾的渔民先后有 116 人因食用含 Hg 的鱼、贝类而发生不可逆转的中毒，其中 43 人死亡，成为氯乙烯工厂排放含 Hg 废水的受害者。

金属 Hg 和 Hg^{2+} 等无机汞在生物特别是微生物的作用下会转化成甲基汞和二甲基汞，这种转化称为生物甲基化作用。排入环境的 Hg 大多为无机汞，经过微生物的甲基化作用后毒性增强，使 Hg 的危害大大加剧。

Hg 的生物甲基化往往与甲基钴氨素有关。甲基钴氨素是钴氨素（即维生素 B$_{12}$）的衍生物（图 5-13），它是一种辅酶，许多微生物细胞都含有。甲基钴氨素中的甲基是活性基团，易被亲电的 Hg 离子夺取而形成甲基汞。Hg 的甲基化分两步。甲基钴氨素（或其他产甲基的媒介物）把甲基转移给 Hg 等重金属离子后，即生成甲基汞，本身成为还原态（B$_{12}$-r）（图 5-14）。

因微生物类群的不同，Hg 的甲基化作用可在需氧或厌氧条件下进行，其转化机理主要有酶促反应和非酶促反应两种。非酶促反应是指在微生物体外发生的甲基化过程，即某些微生物如产甲烷菌（*Methanogens*），将环境中的钴胺素转化成甲基钴胺素，在有三磷酸腺苷（ATP）和中等还原剂存在的条件下，与无机 Hg 转化成甲基汞或二甲基汞，同时甲基钴氨素转化成羟基钴氨素。由于是纯化学反应，在有氧和厌氧条件下，非酶促反应都能快速而定量地进行。

自然界中 Hg 的生物甲基化过程基本都是在微生物的酶促作用下进行的。细菌利用培养基中丰富的维生素，在细胞内产生甲基转移酶，促使甲基钴胺素上的甲基转移给 Hg 离子而形成甲基汞，但酶的种类还不清楚。从底泥、土壤和鱼的内脏、鱼鳃中发现，能使 Hg 甲基化的微生物种类很多，厌氧菌中有匙形梭状芽孢杆菌（*Clostridium cochlearium*），需氧菌中有荧光极毛杆菌（*Pseudomonas fluorescens*）、草分枝杆菌（*Myco bacterium phlei*）、大肠杆菌（*Escherichia coli*）等，真菌中有粗糙链孢霉（*Neurospora crassa*）、黑曲霉（*Aspergillus niger*）、短柄寻霉（*Scopulariopsis brevicaulis*）以及酿酒酵母（*Saccharomyces cerevisiae*）等。甲基化速度取决于酶的活性，并与营养环境以及半胱氨酸和维生素 B$_{12}$ 等因素有关。厌氧条件下硫化物的存

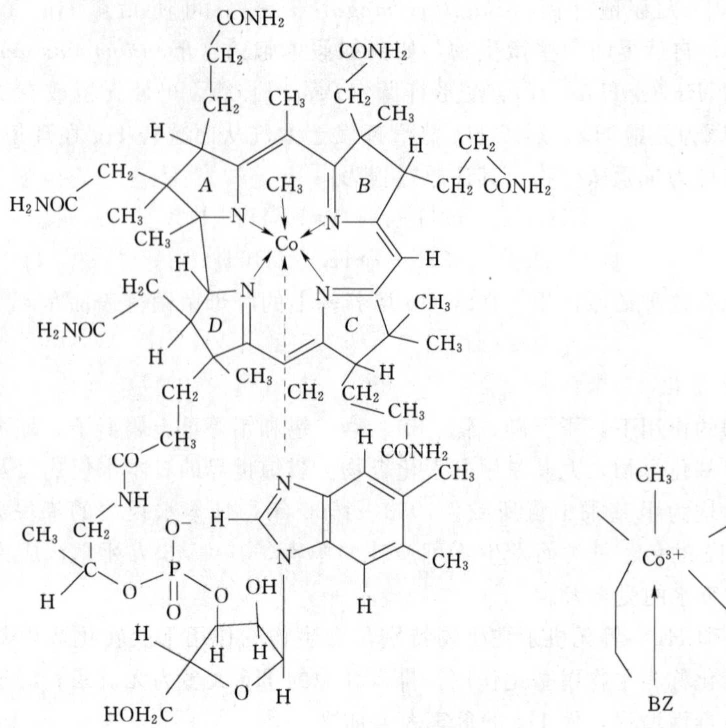

图 5-13　甲基钴氨素的结构式及简式

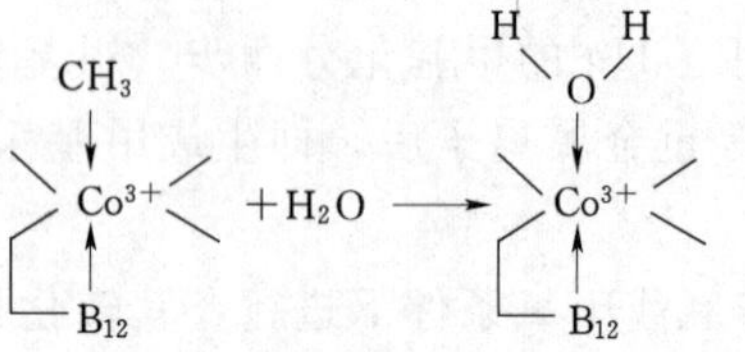

$$Hg^{2+} + CH_3 \dashrightarrow HgCH_3^+$$

$$HgCH_3^+ + CH_3 \dashrightarrow CH_3-Hg-CH_3$$

图 5-14　汞的生物甲基化途径

在往往会抑制 Hg 的甲基化程度。

水体中酶促甲基化的速率受 pH 值的影响。在中性和碱性条件下，微生物的转化产物主要是二甲基汞，易挥发进入大气。在弱酸性条件下，微生物的转化产物主要是甲基汞（二甲基汞也易分解为甲基汞）。由于溶于水，甲基汞可在水中长期滞留而被鱼、贝类水生生物吸收。室内研究与野外调查都证实，酸性水域中捕获的鱼体含汞量较高，反之则低。

水体中酶促甲基化的速率也受通气的影响。虽然在厌氧及有氧条件下微生物均可进行甲基化作用，但在缺氧时，水体会产生大量硫化氢，Hg 与硫离子结合生成难溶的硫化汞，使 Hg 的甲基化反应难以进行。在自然水体中，微生物的甲基化作用限于底泥表层，这与通气有关。如果底泥中有动物搅动，底泥层的甲基化区域可向下深入。

水体中酶促甲基化的速率还受微生物种类的影响。在含有 10μg/mL 氯化汞（相当于 Hg 7μg/mL）的培养液中培养 60h，匙形梭状芽孢杆菌可产生 0.14μg/mL 甲基汞（相当于汞 0.13μg/mL），无机汞的转化率约为 2%。在另一种菌的培养液里，经过 44h 转化，2μg 氯化汞只产生 6ng 甲基汞，转化率仅为 0.3%。

自然界的生物是相互作用和相互制约的。受 Hg 污染的底泥中还存在着另一类抗汞微生物，它们有还原汞的作用，能去除甲基汞的毒性，称为反甲基作用。这两种作用构成了 Hg 的微生物循环。1968 年以来已发现抗汞菌 200 多株，典型菌株为假单胞杆菌 K62（Pseudomo nas K62）。这些微生物能把氯化汞还原成金属汞，也可使有机汞如甲基汞、乙酸汞和苯基汞等转化成金属汞或相应的化合物，如甲烷、乙烷和苯。

在自然界水体的淤积物中，甲基化和反甲基化过程保持动态平衡。因此，在一般情况下，环境中甲基汞浓度维持在最低水平。但是，在有机污染严重、pH 值较低的水体中，容易形成和释放甲基汞，对水生生物的危害较大。一甲基汞溶于水，易为鱼贝吸收而浓缩；二甲基汞则逸出水体进入大气，污染得到扩散。

利用微生物还原 Hg 的功能，可使金属 Hg 沉淀回收，挥发的 Hg 可用活性炭吸附。微生物除 Hg 方法主要有：①选育高效抗汞微生物处理含 Hg 废水。如应用选育的高效抗汞菌——假单胞杆菌 K62 可处理含甲基汞、乙基汞、硝酸汞、乙酸汞、硫酸汞、氧化汞和氯化汞等废水，金属 Hg 回收率达 80% 以上，菌体能重复利用三次。②采用活性污泥法除 Hg。依靠活性污泥中的抗汞菌将 Hg 还原为金属 Hg，活性污泥系统本身还可吸附 Hg。③采用滤池法除 Hg。用驯化活性污泥挂膜处理生化需氧量（BOD）低的含 Hg 废水。④使用硫化氢沉淀汞。借助于其他微生物产生的硫化氢与水溶性 Hg 结合成硫化汞，硫化汞溶度积很小，可以在沉淀后除去。

Hg 的生物循环如图 5-15 所示。

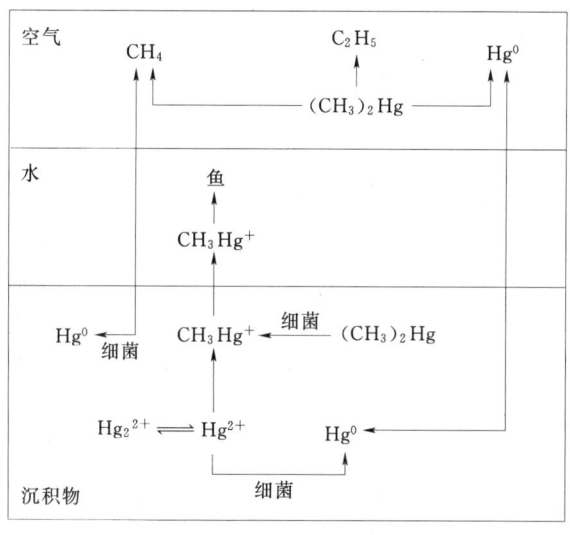

图 5-15　Hg 的生物循环

5.5.4　砷的氧化、还原和甲基化

砷是介于金属和非金属之间的两性元素，性质活泼，俗称类金属。它又是高等动物维持生命所必需的微量元素。与其他微量元素一样，砷有严格的剂量效应关系，低浓度砷有利于机体的生长和繁殖，过量则有毒性并致癌。元素砷不溶于水和强酸，因

此几乎无毒。砷的有机、无机化合物有毒，As^{3+} 毒性比 As^{5+} 大，如砒霜 As_2O_3。

1. 砷的氧化和还原

假单胞菌、黄单胞菌、节杆菌、产碱菌等细菌氧化亚砷酸盐为砷酸盐，使之毒性减弱。微生物的这种活性是湖泊中亚砷酸盐氧化为砷酸盐的主要原因。土壤中也进行着砷的氧化作用。当土壤中施入亚砷酸盐后，As^{3+} 逐渐消失而产生 As^{5+}。而另外有些细菌如微球菌以及某些酵母菌、小球藻等可使砷酸盐还原为更毒的亚砷酸盐，海洋细菌也有这种还原作用。所以尽管 As^{5+} 被认为是热力学上最稳定的形式，实际上海水中 As^{3+} 的氧化作用很缓慢。

2. 砷的甲基化

砷化物加到颜料中可使色彩特别鲜艳，因而早被采用。许多年前，在用含砷颜色纸糊墙壁的房间里，人会发生中毒。后经研究才弄清楚，致命因子不是颜料本身，而是墙纸上生长的霉菌的代谢产物——三甲基砷，一种挥发性的、有大蒜气味的剧毒物质。土壤里也会发生这种砷的转化和挥发作用，所以对于用砷化物作为杀虫剂和除草剂的系统而言，那里的工作人员需预防潜在的危害。

细菌如甲烷杆菌（*Methanobacterium*）和脱硫弧菌（*Desulfovibrio*），酵母菌如假丝酵母（*Candida*），尤其霉菌如镰刀霉（*Fusarium*）、曲霉（*Aspergillus*）、帚霉（*Scopulariopsis*）、拟青霉（*Paecilomyces*）都能转化无机砷为甲基砷。砷生物甲基化中的甲基供体也是甲基钴氨素。

砷的生物循环如图 5-16 所示。

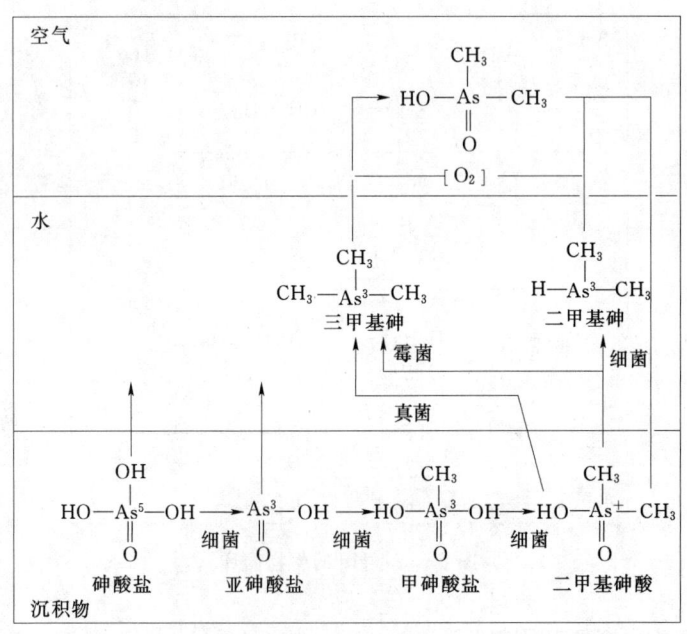

图 5-16 砷的生物循环

挥发性甲基砷有许多生物来源，而这种化合物在一般情况下与大气中的氧反应缓慢，容易累积到危险浓度，因此，对于甲基砷在环境中的迁移转化应加强关注和研究。

5.5.5 硒的氧化、还原和甲基化

硒是细菌、温血动物及人体的必需元素，但它又是剧毒元素，需要量与中毒剂量之间的安全幅度很小。在植物含硒丰富的地方，牛、羊、猪、马等家畜常发生中毒，甚至死亡。微生物具有代谢硒化物的能力，因此而发生的转化作用可改变元素硒的毒性或利用价值。紫色硫细菌把元素硒氧化为硒酸盐，毒性增强。氧化亚铁硫杆菌代谢 CuSe，生成元素硒，毒性减弱。土壤中大部分细菌、放线菌和真菌都能还原硒酸盐和亚硒酸盐为元素态。

微生物还能把元素硒和无机或有机硒化物转化成二甲基硒化物，毒性明显降低。有这种作用的真菌有：裂褶菌（*Schizophyllum commune*）、黑曲霉（*Aspergillus niger*）、短柄帚霉（*Scopulariopsis brevicaulis*）、青霉（*Penicillium*）等，细菌有棒杆菌（*Corynebacterium*）、气单胞菌（*Aeromonas*）、黄杆菌（*Flavobacterium*），还有假单胞菌（*Pseudomonas*）等。代谢途径分为以下几个步骤

$$H_2SeO_3 \xrightarrow{-H^+} SeO(OH)O^- \xrightarrow{CH_3^+} CH_3SeOH \xrightarrow{离解+氧化} (CH_3)_2SeO \xrightarrow{还原} (CH_3)_2Se$$

5.5.6 其他重金属的微生物转化

1. 铅

从铅矿表面可分离到在那里生长的节杆菌和生丝微菌和从煤渣中分离出来的一株梭状芽孢杆菌可溶解 PbO 和 $PbSO_4$，由 Pb 含量和细菌生物量的关系，可知 Pb 对该菌有生物活性。Pb 也可以被细菌甲基化。从安大略湖分离到的假单胞菌、产碱杆菌、黄杆菌和气单胞菌的纯培养物，在化学成分限定的培养基中可使三甲基醋酸铅生成四甲基铅。湖泊的水—沉积物体系在厌氧条件下，也可由微生物生成四甲基铅。

2. 锡

Sn 与有机基团结合时，毒性会明显增强。微生物对 $(CH_3)_2SnCl_2$ 比对 $SnCl_4 \cdot 5H_2O$ 更为敏感。

Sn 能被生物甲基化。一株能由醋酸苯汞生成元素汞的假单胞菌，极能耐受 Sn^{4+} 而不耐 Sn^{2+}。存在 Sn^{4+} 时，生成挥发性的甲基锡。这些被生物甲基化了的 Sn，又能通过非生物途径使 Hg^{2+} 甲基化而生成甲基汞。在严重污染 Sn^{4+} 和 Hg^{2+} 的水环境中，存在这种交替形成甲基汞的机制。

3. 镉

某些细菌和真菌在有 Cd^{2+} 的情况下生长时，能积累大量 Cd。微生物也能使 Cd 甲基化。一株能使锡甲基化的假单胞菌在有 VB_{12} 时，能把无机 Cd^{2+} 转化成微量挥发性的镉化物，后者把甲基非生物地转移给 Hg^{2+}，生成甲基汞。

4. 锑

从锑矿中分离到一种能氧化锑并以此作为能源的专性好氧细菌。该菌在含锑的液体培养基中生成 Sb_2O_5 胶体；在含 Sb_2O_3 的固体培养基上形成不规则的菌落，菌落中央有 Sb(V) 的结晶。

此外，在研究钒的毒性时，发现其也能被微生物转化，纯培养的大肠杆菌等以及

土壤混合菌都能使五价钒转化成四价或三价。在转化过程中，培养液颜色发生明显的变化，由无色变为蓝色或绿色，最后变为黄色。以标准平板计数法测五价钒及其经微生物转化后产物对细菌存活的影响，表明后者毒性明显大于前者。

<h1 style="text-align:center">习　　题</h1>

资源 5.9

5-1　简述天然水体的生物自净过程。

5-2　微生物一般通过哪些方式降解与转化污染物？影响微生物降解污染物的因素有哪些？

5-3　简述汞的生物甲基化过程。

资源 5.10

<h1 style="text-align:center">参 考 文 献</h1>

［1］Raina M. Maier, Ian L. Pepper, Charles P. Gerba. Environmental microbiology [M]. Elsevier Science, USA, 2000.

［2］戴树桂. 环境化学 [M]. 北京：高等教育出版社，2006.

［3］贺延龄，陈爱侠. 环境微生物学 [M]. 北京：中国轻工业出版社，2001.

［4］李铁民，马溪平，刘宏生，等. 环境微生物资源原理与应用 [M]. 北京：化学工业出版社，2005.

［5］马文漪，杨柳燕. 环境微生物 [M]. 南京：南京大学出版社，1998.

［6］史家樑，徐亚同，张圣章. 环境微生物学 [M]. 上海：华东师范大学出版社，1993.

［7］王晓蓉，顾雪元，等. 环境化学 [M]. 北京：科学出版社，2018.

［8］杨柳燕，肖琳. 环境微生物技术 [M]. 北京：科学出版社，2003.

［9］张锡辉. 高等环境化学与微生物学原理及应用 [M]. 北京：化学工业出版社，2001.

第 6 章
水环境中的光化学过程

【概要】 本章主要介绍化学物质在天然水体中发生的主要光化学过程，论述光化学反应的基本特征、机理及其效应和影响因素，并以石油烃的光化学氧化过程为例介绍光化学降解在水体有机污染修复方面的作用。

对于生态系统而言，光是一种重要的外部环境因子。在光的作用下进行的反应，统称为光化学反应（Photochemical Reaction）。光化学反应可以说是地球上涉及面最广、产量最高、与人类生活及物质文明关系最大的一类化学反应。植物的光合作用即是一种最典型的光化学过程。由光化学反应参与的可逆反应所达到的平衡，称为光化学平衡（Photochemical Equelibrium）。与热力学平衡态（在暗室中进行的同一可逆反应平衡）不同的是，移去光源后光化学反应平衡将向热力学平衡转移，因此光化学平衡又称为光稳定态（Photostationary State）。

资源 6.1

作为环境光化学的分支学科，水环境光化学（Photochemistry of Aquatic Environment）或天然水光化学（Photochemistry of Natural Waters）主要研究淡水（湖泊、河流）或海洋（海湾、海、洋）中太阳光引发的光化学反应及其对化合物在天然水中迁移、转化、归宿以及对水生生态系统的影响。长期以来，这一研究领域没有受到足够的重视，直到 20 世纪 80 年代初，水环境光化学开始成为研究热点。通过二十多年的努力，现在人们对天然水的光化学反应有了较多的了解，但是，相对于大气光化学来说这一领域还存在许多疑问和空白，许多问题有待探索研究。

6.1 天然水中的光化学过程

1984 年，Zafiriou 对天然水中有代表性的光化学过程作了汇总（表 6-1），实际水环境中的光化学过程当然远不止这些，但上述光化学过程足以描述主要水体的光化学反应特征。

水生系统（淡水系统和海水系统）的化学组成和物理性质等对在其中发生的光化学过程有很大影响。水生系统都含有大量具生色团的有机物，它们与水生系统中发生的初级光化学过程和能量的转化有密切关系；氧和水合电子普遍存在，并参与诸多次级光化学反应。但是，淡水的透光层比海水的透光层薄，并且变动较大；海水的 pH 值变化较小，一般为 8±0.5，淡水的 pH 值变化较大，一般为 7±3；海水的离子强度为 0.7，淡水的离子强度为 0.001；海水中阴离子的组成恒定，占优势的是氯离子和硫酸根离子，淡水阴离子的组成易变，一般占优势的是碳酸氢根离子。这些性质差异也导致淡水系统光化学与海水系统有一定差异。在下面的论述中会具体加以区别。

第6章 水环境中的光化学过程

表6-1　天然水中有代表性的光化学过程

环　境	反 应 物	产　　物	可能的机理	可能的影响
海洋与淡水	天然有机生色团与色素,C NO_2^- Br^-,CO_3^{2-},RH R·	C·+HO_2 或 C·+AH C^1+·O_2 C+O_2 HOOH ·NO+OH ·Br_2,·CO_3,R· ROO·	H 转移到 O_2 或 A 电子迁移到 O_2 能量转移到 O_2·O_2^- 直接光解 ·OH 自由基参与 O_2 的加成	改变氮的形态 NO 进入大气 氧化有机自由基
海洋	CH_3I MnO_2（胶体） Cu(Ⅱ) Cu(Ⅱ)—有机配合物	·CH_3+I· $Mn_{(aq)}^{2+}$ Cu(Ⅰ)Cl	直接光解 Cu(Ⅱ)被 HO_2/O_2^- 还原 电荷迁移至金属元素	改变碘的形态,大气-海洋交换生物有效性 Mn；改变铜毒性循环
淡水	Fe(Ⅲ)—有机配合物 Fe(Ⅲ)—有机物—PO_4 配合物	Fe(Ⅲ)+CO_2 Fe(Ⅲ)+PO_4^{3-}	耗氧	有机质的氧化；胶体态铁的溶解；P 的生物有效性
被石油污染的水体	RH,ArH,R_2S Ar($CH_2)_n CH_3$	R=O RCO_2^-,ArOH, R_2SO 苯基烷基酮、醇	自由基,单线态氧参与反应,直接光解蒽醌光敏化	

6.1.1 主要活性物质生成的光化学过程

天然地表水中，存在着许多天然的化合物和人工合成的化学品，太阳光可使这些化合物发生初级光化学过程，生成各种活性物种，从而引发各种光化学次级过程。这里主要讨论水合电子和活性氧类物质。

1. 水合电子（e_{aq}^-）生成的光化学过程

20 世纪 60 年代，许多学者研究发现含有可溶性有机化合物的水溶液，在光的作用下可生成水合电子。1963 年，Grossweiner 和 Swenson 等在同一期 Science 杂志发表了他们研究水溶液中水合电子光化学生成的结果。同年，JoMncr 等研究了含酚水溶液的光化学行为，他们用一些特殊的清除剂获得了瞬间溶剂化电子生成的化学证据。1966 年，Joschek 等用闪光光解技术研究丁酚和甲酚水溶液的光化学现象，得到了这些水溶液的闪光光谱。他们认为在 400nm 附近的一系列吸收带是酚氧自由基的吸收产生的，而可见区的宽吸收带则是水合电子产生的，这一研究结果进一步证实了水合电子的存在。

Dobson 提出含芳香化合物的 e_{aq}^- 光化学产生的基本过程，其中 $(C_6H_5O^-)^*$ 表示过渡态。

$$C_6H_5OH \xrightleftharpoons{h\upsilon} (C_6H_5O^-)^* + H^+$$
$$\downarrow$$
$$C_6H_5O\cdot + e^- H_2O$$

1966 年，Joschek 对含芳香化合物水溶液中 e_{aq}^- 光化学的产生作了较详细的研究，考察了含氧芳香烃 27 种、含氮芳香烃 9 种、含硫芳香烃 6 种等共 74 种芳香化合物，某些类型的芳香化合物可以产生 e_{aq}^-（表 6-2），而某些芳香化合物则产生自由基（表 6-3）。

表 6-2 取代苯 e_{aq}^- 的光化学产生

母体分子	e_{aq}^- 的产生	
	+	−
HO—C₆H₄—R	CH_3	OC_6H_5
	OH	Br
	·OCH_3	NO_2
CH_3O—C₆H₄—R	C_6H_4OH	
	OCH_3	Br
H_2N—C₆H₄—R	OH	
	NH_2	

表 6-3 取代苯自由基的光生成

取代基		产生的自由基
OH	OCH_3	O·
OH	CH_2COO^-	O·
OH	$CH_2CH_2COO^-$	O·
O·CH_3	OCH_2COO^-	O·CH_2
OH	Br	C−Br 键断裂
OH	NO_2	未观察到
OCH_3	Br	C−Br 键断裂
OCH_3	Br	未观察到

2. 活性氧

天然水系统发生的光化学过程可以产生各种活性氧（表 6-4）。

表 6-4 天然水系统中的活性氧

天然水成分	自由基和三线态							氧化剂		
	OH	O_2	ROO	RO	R	NO	^3UPC	O_3	$^1O_2$	HOOH/ROOH
H_2O	—	—	—	—	—	—	—	—	2×10^5	—
Cl^-	$<6\times10^4$	—	—	—	—	—	—	10^{-3}	—	—
Br^-	8×10^6	—	x	—	—	—	x	0.13	—	—
HCO_3^-	2×10^3	—	—	—	—	—	—	—	—	—
CO_3^{2-}	3×10^4	—	—	—	—	—	—	—	—	—
O_2	—	—	—	—	—	4×10^3	4×10^5	—	—	—
I	$0\sim2\times10^3$	x	$0\sim200$	x	—	—	x	$0\sim400$	x	慢
NO_2^-	$0\sim20\times10^3$	x	x	x	—	—	x	$0\sim0.2$	x	慢
DOM	2×10^4	x	≤3	6	—	$<10^4$	x	<0.00003	<10	x
HOOH	$<10^2$	慢	<0.1	≤40	—	—	—	—	—	—
$(CH_3)_2S$	<1	—	<10	x	—	—	—	2	0.2	x
Me 还原	<10	—	<10	<110	x	—	x	x	x	<10
主要产物	$BrOH, CO_3^{2-}$	x	I、DOM	x	—	ROO	x	$^1O_2$	HOI	$^3O_2$
总速率/s^{-1}	10^6	x	200	x	—	2×10^{-2}	2×10^5	$2\sim400$	2×10^5	x

注 表中 x 表示不确定。

(1) $^1O_2$（单线态氧）生成的光化学过程。$^1O_2$ 是一种重要的活性氧，天然地表水富含氧，含有多种生色团，易发生光敏化反应，存在的时间长（6μs）。1977 年，Zepp 等研究发现，天然水在阳光的照射下有单线态氧生态。这是因为水中一些光敏物质（用 S 表示）吸光后变为激发态单线态，然后与水中氧作用生成单线态氧，其生成可以用下列反应表示：

$$S + h\upsilon \longrightarrow {}^1S$$
$$^1S \longrightarrow {}^3S$$
$$^3S + O_2 \longrightarrow S + {}^1O_2$$

在天然水中 $^1O_2$ 的浓度很低，一般在 $10^{-14} \sim 10^{-15}$ mg/L 范围内，寿命短，半衰期仅为 $2\mu s$。单线态氧同氧化氨基酸、硫醇、硫化物和多环芳烃等化合物反应的半衰期在 $1 \sim 10h$ 范围内。

1984 年，Haag 等测定了不同波长下，腐殖酸产生 $^1O_2$ 的量子产率（表 6-5）。

表 6-5　　　　　　　　　腐殖酸产生 $^1O_2$ 的量子产率

溶解性有机质(DOM) 的来源	λ/nm	DOM/(mg/L)	[FFA]/(mmol/L)	pH 值	Φ^1O_2/($\times 10^{-3}$)	测定次数
Fluk 腐殖酸	366	100~200	3.4~10	8.0	4.9±1.4	3
	405		3.4~34		5.0±2.0	3
	436		3.4~34		4.8±1.6	3
	546		10		5.0	1
Black 湖腐殖酸	366	100	10~34	7.2	10±4	4
	405				13±3	4
	436				12±5	3
	546				5.1±2.2	4
	366	280	51	7.3	26	1
	405				23±7	2
	436				20±9	2
	546				11	1

注　FFA（Furfuryl alcohol）为探针化合物呋喃甲醇。

(2) O_2^-（超氧自由基阴离子）生成的光化学过程。O_2^- 的生成可以由水中的溶解氧结合电子而实现，例如前面讲到的水合电子与氧分子的反应。由溶解氧参与的其他光化学诱导的电子迁移过程是很多的，像半导体类氧化物表面光化学过程、过渡金属离子 [$Fe(Ⅲ)$、$Cu(Ⅱ)$] 的光解过程、腐殖质光解过程等，都可以产生 O_2^-。

(3) H_2O_2 生成的光化学过程。H_2O_2 是天然水中一种重要的活性氧类物质，其生成与去除的机理很复杂，基本过程如图 6-1 所示。

(4) ·OH（羟自由基）生成的光化学过程。天然水中的 H_2O_2 是 ·OH 的一个主要来源，因为 ·OH 的生成过程更为复杂。后面将具体讨论一些有关 H_2O_2 和 ·OH 生成的光化学过程及次级反应。

除了上述重要的活性氧物质外，天然水体中的光化学过程还产生 RO_2、R 等自由

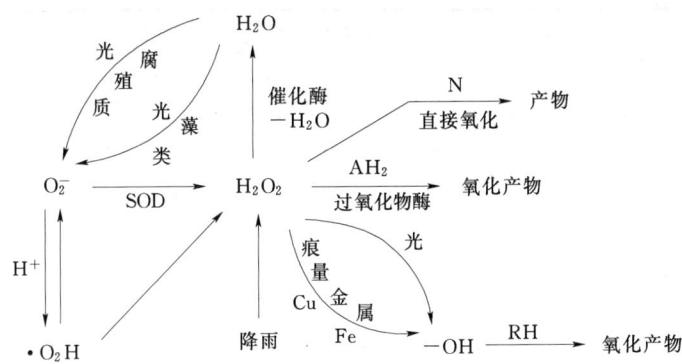

图 6-1　水生环境中过氧化氢的生成与去除
SOD—超氧化物歧化酶；N—与 H_2O_2 反应的亲核试剂；AH_2—能被
过氧化物酶、H_2O_2 氧化的底物；RH—有机化合物

基。表 6-6 列出了天然水中 $RO_2\cdot$ 和 $\cdot OH$ 的浓度。

表 6-6　　　　　　　　天然水中 $RO_2\cdot$ 和 $\cdot OH$ 的浓度

水体	$[RO_2\cdot]/(\times 10^{-9}\,mol/L)$	$[\cdot OH]/(\times 10^{-12}\,mol/L)$
Aucilla 河	2.8	1.8
Boronda 湖	9.5	0.15
Coyote 溪流	9.1	1.6

6.1.2　天然水系统光化学过程发生的机制

光解反应是指化学物在水环境中吸收了太阳辐射波长大于 290nm 的光能所发生的分解反应。天然水环境中的光解反应是一种十分重要的过程，因为大部分天然水环境都会暴露在太阳光下，从太阳光获得光解反应所需要的光能。如前所述，在天然水中，化学品发生的光化学过程可以分为两大类：直接光解和间接光解，由此而产生各种活性物种和短寿命的氧化剂如 HO、O_2^-、HO_2、R、ROO、NO 等自由基和 $^1O_2$、O_3、H_2O_2、$ROOH$ 等分子。这些物质具有较强的反应活性，使得水体中能够发生复杂多变的化学反应。

资源 6.2

1. 直接光解

直接光解是具有生色团的化合物吸收光辐射后发生化学变化，产生的产物能够进一步参与次级化学过程。这类反应是天然水系统中最简单的光化学过程。表 6-7 列出了一些化合物在水中直接光解的量子产率和半衰期。

(1) 有机化合物的直接光解。在天然水系统中，能够发生直接光解的有机化合物很少。羰基化合物、碘甲烷和多氯酚可以发生这类反应：

$$CH_3I + h\upsilon \longrightarrow CH_3 + I$$
$$C_6Cl_5OH + h\upsilon \longrightarrow C_6Cl_4OH + Cl$$

表 6-7 一些化合物在水中直接光解的量子产率和半衰期

化合物		光解波长/nm	量子产率	半衰期
农药	西维因	313	0.005	50h
	2,4-D,丁氧乙酯	313	0.05	12d
	2,4-D,甲基酯	290	0.06	62d
	DDE	阳光	0.30	22h
	甲氧氯	>280	0.30	29d
	甲基对硫磷	313	0.00017	30d
	N-硝基阿特拉津	阳光	0.30	30d
	对硫磷	313	0.0002	10d
	对硫磷	>280	<0.001	9.2d
	对硫磷	阳光	0.00015	
	氟乐灵	阳光	0.0020	0.94h
	马拉硫磷	阳光		0.94h
多环芳烃 (PAHs)	蒽	366	0.003	0.75h
	苯并[a]蒽	313/366	0.0033	3.3h
	苯并[a]芘	313	0.00089	1h
	9,10-二甲基蒽	366	0.004	0.35h
	荧蒽	313	0.0002	21h
	萘	313	0.015	70h
	菲	313	0.010	8.4h
	芘	313/366	0.002	0.68h
其他	苯并[f]喹啉	313	0.014	1h
	二苯甲酮	>300	0.02	
	对甲酚	313	0.079	35d
	3,4-二氯苯胺	313	0.052	
	9H-二苯并咔唑	366	0.0028	0.3h
	9H-咔唑	阳光	—	3h
	二苯并噻吩	313	0.00050	4.8h
	喹啉	313	0.00033	5.21d

有些亲水性的有机化合物如叶绿素、类胡萝卜素、多不饱和脂肪酸等，可能在颗粒相上发生直接光解。

(2) 无机化合物的直接光解。目前,对天然水系统中无机化合物的直接光解研究很少,已知道 NO_2^- 可以发生直接光解:

$$NO_2^- + h\upsilon \longrightarrow NO + OH$$

反应可使海洋表面 NO_2^- 每年损失约 10%。

(3) 过渡金属元素离子配合物的直接光解:

$$Fe(Ⅲ)-OH\ 配合物 + h\upsilon \longrightarrow Fe(Ⅱ) + OH$$

$$Fe(Ⅲ)-有机配合物 + h\upsilon \longrightarrow Fe(Ⅱ) + CO_2$$

2. 间接光解

间接光解是通过生色团吸收光辐射的,如果生色团重新产生,生色团起光催化剂的作用,如果生色团吸收光辐射后的变化不可逆转,自身则发生光解,同时引发其他成分发生间接光解。在天然水系统中,间接光解过程是普遍存在的,而且是特别重要的,因为这一过程可以使原来不能发生光解的化合物发生化学变化。间接光解的主要途径如图 6-2 所示。

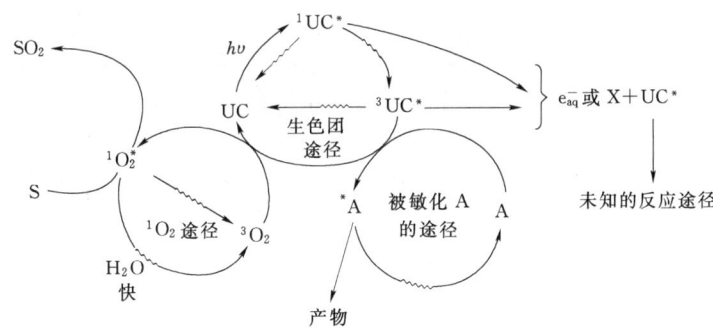

图 6-2 间接光解的主要途径

UC—未知生色团;S—能够与单线态氧反应的化合物;
A—非氧的能量受体,波浪线表示辐射能量迁移

6.1.3 天然水中有机化合物的光氧化降解

由天然水中吸光物质(天然产物或人工合成化合物)吸收太阳辐射,从而引发一系列的次级光化学过程,生成各种活性物种(OH 自由基、单线态氧等)使水中的化合物被氧化。在水环境中自由基氧化的速率公式可以表达为

$$R_{OX} = k_{RO_2}[C][RO_2] + k_{OH}[C][OH] \tag{6-1}$$

资源 6.3

1977 年,Mill 等估算了水环境中 RO_2 和 OH 的浓度,并给出了式(6-1)所对应的半衰期。表 6-8 列出部分数据。

表 6-8 中的数据说明,同 RO_2 相比,尽管 OH 的绝对反应活性较 RO_2 大 5~10 个数量级,OH 与许多有机物的反应活性仍相当小;由于 OH 在水环境中的浓度很低,所以 OH 对多数有机物的氧化作用可以忽略不计。RO 自由基的选择性和活性介于 RO_2 和 OH 之间。

表 6-8　部分有机化合物被 RO_2、RO 和 OH 氧化的速率和半衰期

化合物	$k/[\text{mol}/(\text{L}\cdot\text{s})]$	半衰期 $t_{1/2}$	化合物	$k/[\text{mol}/(\text{L}\cdot\text{s})]$	半衰期 $t_{1/2}$
被 RO_2 氧化		RO_2 浓度 10^{-9}mol/L	烯烃	24	334d
			苯甲基类	10	801d
烯烃类	0.09	9×10^4d	醇类	1	22a
苯甲基类	1	8×10^3d	芳香胺	3000	64h
醛类	0.1	8×10^4d	酚类	1000	192h
醇类	0.01	8×10^5d	被 OH 氧化		OH 浓度 10^{-7}mol/L
酚类	1×10^4	0.8d			
芳香胺	1×10^4	0.8d	醇类	1×10^{-9}	800d
氢醌	1×10^6	12min	醚类	2×10^{-9}	400d
烯烃羟胺	1×10^2	120min	酮类	$(0.9\sim2.0)\times10^{-9}$	400~900d
过氧化氢	1×10^3	120min	芳香烃	$(1\sim5)\times10^{-4}$	160~800d
多环芳烃	1×10^3	8	烯烃	$(0.5\sim2)\times10^{-9}$	400~1600d
被 RO 氧化		RO 浓度 10^{-4}mol/L	二烯烃	10×10^{-9}	80d
烷烃	0.3	73a	氢醌	12×10^{-4}	67d

目前对脂肪烃、芳香烃和多环芳烃的光氧化过程有了一定的了解。

1. 脂肪烃的光氧化

脂肪烃通常是通过光敏化反应而发生光氧化，例如正构烷烃的光氧化：

$$X+h\nu \longrightarrow X^*$$
$$X^*+RH \longrightarrow XH\cdot+R\cdot$$
$$XH\cdot+O_2 \longrightarrow X+HO_2$$
$$R\cdot+O_2 \longrightarrow RO_2\cdot$$
$$RO_2\cdot+RH \longrightarrow RO_2H+R\cdot$$
$$RO_2\cdot+XH \longrightarrow RO_2H+X$$
$$RO_2H \longrightarrow RO\cdot+\cdot OH$$
$$RO\cdot+RH \longrightarrow ROH+R\cdot$$
$$RO_2H+R\cdot \longrightarrow RO\cdot+ROH$$

式中：X 为甲氧杂蒽酮；X^* 为甲氧杂蒽酮的三线态；RH 为十六烷。

2. 芳香烃的光氧化

在氧和酚的存在下，烷基苯的光氧化按下面的反应进行：

$$\text{C}_6\text{H}_6 \xrightarrow[O_2]{h\nu} \text{C}_6\text{H}_5\text{OH}$$

3. 多环芳烃（PAHs）的光氧化

在水环境中，多环芳烃通过不同的过程进行降解，最重要的降解过程是光氧化、化学氧化和生物转化。水环境中多环芳烃的光氧化是通过光引发生成的单线态氧、

OH 自由基等进行的。例如 9，10-二甲基蒽：

又如：

上述反应所生成的产物还可以进一步发生反应而降解。

6.2 天然水中阳离子的光化学反应

6.2.1 Fe 的光化学反应

铁是浮游植物生长所必需的一种微量元素，也是限制浮游植物初级生产力的重要因素。Fe(Ⅲ) 的光还原反应是控制酸性天然水体中铁的氧化还原反应的重要过程。

6.2.1.1 天然水中不同形态铁（Ⅲ）/铁（Ⅱ）的光化学氧化还原循环

1. Fe(Ⅲ)/Fe(Ⅱ)-OH 在 UV 和可见光作用下的光化学氧化还原循环反应

水溶液中，Fe(Ⅲ) 的光化学还原生成 Fe(Ⅱ)，Fe(Ⅱ) 再被氧化剂重新氧化为 Fe(Ⅲ)。在 pH=3~5 的 Fe(Ⅱ) 无机盐的水解产物中，$Fe(OH)^{2+}$ 是主要的 Fe(Ⅲ) OH 配合物形态，其光化学还原反应可表示为

$$Fe(OH)^{2+} \xrightarrow{h\upsilon} Fe^{2+} + \cdot OH \tag{6-2}$$

其实，在 pH≤4 的条件下，至少有 4 种不同形态的 Fe(Ⅲ) 配离子共存于 Fe(Ⅲ) 盐溶液中，即 Fe^{3+}、$Fe(OH)^{2+}$、$Fe(OH)_2^+$ 和 $Fe_2(OH)_4^{4+}$。除了最具活性的 $Fe(OH)^{2+}$[最大吸收波长为 295nm，ε=2050L/(mol·cm)]外，其他 Fe(Ⅲ)OH 配合物也各自具有一定的光化学活性。

在 $Fe(H_2O)_6^{3+}$ 的吸收光谱中，只有一个主峰，约在 λ=240nm 处 [ε=4350L/(mol·cm)]，相应于水——Fe(Ⅲ) 离子的电荷转移带的能量。1975 年，Langford 和 Carry 利用 254nm 紫外光源（电荷转移辐射），获得 $Fe(H_2O)_6^{3+}$ 光解生成·OH 的量子产率为 0.065，其光化学反应可以表示为

$$Fe^{3+} + H_2O \xrightarrow[254nm]{h\upsilon} Fe^{2+} + \cdot OH + H^+$$

1995 年，有作者给出了相似的结果（光源的波长小于 300nm，$\varPhi_{OH}=0.05$）。虽然六水合络离子 $Fe(H_2O)_6^{3+}$ 也可以光解产生·OH 自由基，但其吸收波长明显与太阳光谱不重叠，而且在 pH≥2.5 时，它并不是主要的 Fe(Ⅲ) 物种。因此，其光化学还原反应所生成的·OH 自由基的贡献可以忽略。

pH≤3 的 Fe(Ⅲ) 盐水溶液的吸收光谱，主要取决于两种 Fe(Ⅲ) 离子形态，即 Fe^{3+} 和 $Fe(OH)^{2+}$，以及一级水解平衡常数 K_1。可能是由于 $Fe(OH)_2^+$ 的浓度太低，以至于不影响溶液的吸收光谱；或是由于 $Fe(OH)_2^+$ 的吸收光谱与 $Fe(OH)^{2+}$ 的吸收光谱根本就区分不开，所以表明 $Fe(OH)_2^+$ 这一形态存在的光谱学证据未能给出。为了克服低浓度的限制，有人做过一些通过提高 pH 值（pH>3）来增加 $Fe(OH)_2^+$ 浓度的试验，均失败了。因为在该 pH 值下，溶液不能较长时间保持稳定。基于以上限制，$Fe(OH)_2^+$ 的光化学特性尚未见报道。但是可以推测，由于 $Fe(OH)_2^+$ 的前体 Fe^{3+} 和 $Fe(OH)^{2+}$，及其进一步水解聚合的产物 $Fe_2(OH)_4^{4+}$ 均具有光化学活性，因此 $Fe(OH)_2^+$ 可能也具有光化学活性，并且能够光解产生·OH。

光还原反应生成的 Fe(Ⅱ) 经过氧化剂（如水中溶解氧等）的作用，重新氧化成 Fe(Ⅲ)：

$$O_2 + Fe^{2+} \longrightarrow Fe^{3+} + O_2\cdot$$

或经由反应式（6-2）的逆反应生成 Fe(Ⅲ)：

$$Fe^{2+} + \cdot OH \longrightarrow Fe(OH)^{2+}$$

如此，水溶液中 Fe(Ⅱ)/Fe(Ⅲ) 的氧化还原循环就基本形成了（图 6-3）。

2. Fe(Ⅲ) 氧化物表面的 Fe(Ⅲ)/Fe(Ⅱ) 光化学循环

Fe(Ⅲ) 氧化物及其氢氧化物的种类较多（天然存在的或人工合成的），各种氧化物结构之间的转变可能通过水合-脱水方式和部分氧化还原反应进行。考虑到 Fe(Ⅲ) 氧化物固体的基本性质，光化学家们早就开始将其与半导体的光电化学性质作对比研究。

1991 年，Wells 等研究了海水中铁氧化物胶体的光溶解，指出太阳光可以增强 Fe(Ⅲ) 氧化物分解并释放不稳定的 Fe(Ⅲ) 离子，并且认为这些光化学过程明显形成一个循环：Fe(Ⅲ) 光还原溶解—快速重新氧化—Fe(Ⅲ) 沉淀。循环反应涉及有机发色团，并生成无定形、不稳定性较大的 Fe(Ⅲ) 沉淀，而 Fe^{2+} 只是过渡形态。由此

可以推断，Fe(Ⅲ)氧化物的光化学机制与普通的半导体不同。

把有机物引入 Fe(Ⅲ)氧化物的多相光化学反应体系，才能更好地体现 Fe(Ⅲ)氧化物的光化学性能，及其对有机物的光催化氧化降解作用。1984年，Waite 和 Morel 研究了天然水体中胶态 Fe(Ⅲ)氧化物（γ-FeOOH）的光还原性溶解，提出了以下反应模型（图6-4）。

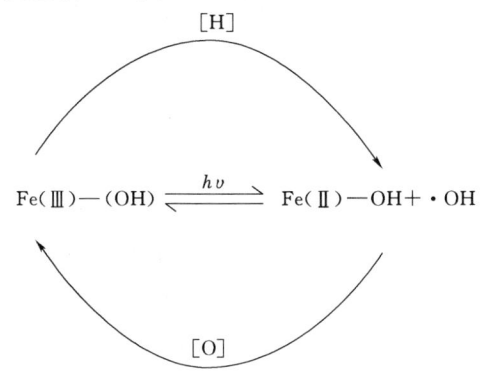

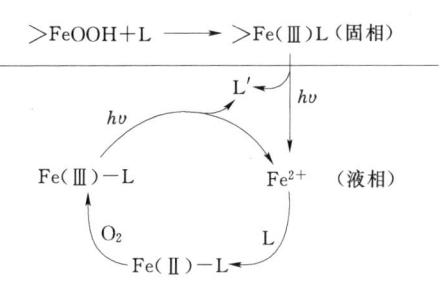

图6-3 Fe(Ⅲ)/Fe(Ⅱ)—OH 配合物光氧化还原循环

[H]—还原剂，如 S^{2-}、低价金属、有机质等；[O]—氧化剂，如溶解氧、高价金属等

图6-4 Fe(Ⅲ)OOH 的光还原性溶解及 Fe(Ⅲ)有机配体配合物的光氧化还原循环

>FeOOH—铁氧和氢氧化物；L—有机配体；L′—有机配体的氧化产物

这一模型基本上表明了 Fe(Ⅲ)—有机配体配合物在胶体表面的光还原，同时生成 Fe(Ⅱ)进入溶液的反应历程。

3. Fe(Ⅲ)—多羧酸盐配合物的光化学性质

较早以前就有研究指出 Fe(Ⅲ) 离子对羧酸的光氧化有敏化作用，但直到20世纪60年代，人们才注意到其中可能涉及某些形态的铁—有机配体配合物。多羧酸（如柠檬酸、乙二酸、草酸等）能与 Fe^{3+} 形成稳定常数大的配合物，其在阳光下经历快速光化学反应。

Fe(Ⅲ)—草酸盐配合物广泛存在于环境中，尤其在天然水相中的存在，构成了天然水相的常见成分。由于它所具有的光化学还原性，在光化学研究中常常用作光量子剂，测定光源的辐射剂量和强度。近些年来，大气化学的研究表明，大气水相中 Fe(Ⅲ)—草酸盐配合物的光解能生成 H_2O_2，是大气水相中的重要来源。因此，大气水相中 Fe(Ⅲ)—草酸盐配合物的存在对于大气中 SO_2 的液相氧化形成酸沉降有着重要作用。同时，H_2O_2 生成后引发的次级光化学反应对整个大气环境中的氧化还原体系和环境中各种污染物的降解均有重要影响。同样对于地表水而言，除了溶解态的 Fe(Ⅲ) 与草酸盐形成配合物外，一些形态的 Fe(Ⅲ) 氧化物（包括水合氧化物）在草酸盐存在下，可以形成 Fe(Ⅲ)—草酸盐表面配合物，在阳光作用下发生光解，增强了 Fe(Ⅲ) 氧化物的溶解。同时共存体系中的有机物也得到降解。可以说，Fe(Ⅲ)—草酸盐配合物的存在对于天然水相的光化学氧化还原反应有重要贡献。

从20世纪50年代起，大量研究表明，Fe(Ⅲ)—草酸盐配合物具有较高的光解速率。在无氧溶液中，以配位数为 3 的 Fe(Ⅲ)—草酸盐配离子为例，光化学反应如下：

$$Fe(C_2O_4)_3^{3-} + h\upsilon \longrightarrow Fe(C_2O_4)_2^{2-} + C_2O_4^- \cdot$$

$$C_2O_4^- \cdot + Fe(C_2O_4)_3^{3-} \longrightarrow Fe(C_2O_4)_2^{2-} + C_2O_4^{2-} + 2CO_2$$

草酸根离子自由基 $C_2O_4^- \cdot$ 也可经下面的歧化反应清除：

$$C_2O_4^- \cdot \longrightarrow CO_2 \cdot + CO_2$$

$$2CO_2 \cdot \longrightarrow C_2O_4^{2-}$$

$$2C_2O_4^- \cdot \longrightarrow C_2O_4^{2-} + 2CO_2$$

总反应为

$$2Fe(C_2O_4)_3^{3-} + h\upsilon \longrightarrow 2Fe(C_2O_4)_2^{2-} + C_2O_4^{2-} + 2CO_2$$

根据这些反应可以知道 Fe(Ⅲ)—草酸盐配离子光解反应的理论 Fe(Ⅱ) 量子产率为 2.0，然而实际测得的值在波长 250~450nm 范围内为 1.0~1.2，且随入射光波长变化较小；随着入射光波长的进一步增大，Fe(Ⅱ) 量子产率降低。Fe^{2+} 的量子产率对温度、$K_3Fe(C_2O_4)_3$ 浓度和光强度的变化是不敏感的。因此，$K_3Fe(C_2O_4)_3$ 常被用作化学光量计。

6.2.1.2 天然水中 Fe(Ⅲ)/Fe(Ⅱ) 光化学循环的环境效应

铁的光化学氧化还原循环伴随着有机配体的氧化降解，不仅是小分子还包括腐殖质。对于难降解有机物的破坏和降解，生成小分子，可增强其生物有效性。此外，光氧化不仅降低了溶解有机物的浓度，还减少了这类物质特有的光吸收。可见，铁的循环不仅影响小分子有机物质的归宿，同时改变了难降解或有色溶解有机物的转化，对水生生态系统有重要影响。

(1) 亚铁离子是浮游植物可直接利用的铁形态。在中性有氧条件下，易于被氧化成热力学稳定性高而溶解度低的 Fe(Ⅲ)(氢)氧化物；而快速的氧化还原循环强烈干扰缓慢的铁(氢)氧化物的聚合与沉淀，促进其还原与溶解，因而能增强无机 Fe(Ⅲ) 形态和胶体的反应性和生物有效性。

(2) 铁作为限制性营养元素和影响因子，其形态和生物有效性对于藻类的生长和不同藻类间的竞争有选择性影响，可能限制初级生产者的数量，减弱光合作用，影响水生生态系统的基础生产力；同时生物异化作用以及非生物质氧化作用产生的 CO_2 或其他含碳气体的累积，对 CO_2 的全球循环和碳元素的生物地球化学循环都有影响。

(3) 水生生物直接或间接地受 UV 辐射的强烈影响，间接影响主要包括光化学反应生成的活性氧类物质。而铁光化学循环对于活性氧类物质的生成起到催化作用，如果铁循环是足够快的，它可能很大程度上决定了水体中 H_2O_2、OH 等活性物种的浓度，也就间接影响到水生生物。

此外，铁的光化学反应对水体颗粒物（铁的氧化物和有机质等）的浓度、颗粒粒径和表面性质等均有影响，仅就颗粒物表面的吸附作用而言，对重金属、营养物和生物残骸等许多物质的生物地球化学循环都有一定影响。

6.2.2 Mn 的光化学反应

锰在天然水体中主要以不溶的 Mn(Ⅲ) 和 Mn(Ⅳ) 的氧化物及可溶性的 Mn(Ⅱ)

存在。在 pH 值为 8.0 和 pe 值为 12.5 的条件下，锰的热力学稳定状态为 Mn(Ⅳ)，不溶于海水。不稳定的还原态的 Mn(Ⅱ) 主要以 Mn^{2+} 存在，在海水中是可溶的。一些稳态的 Mn(Ⅲ) 同 Mn(Ⅳ) 一样，在海水中是不溶的且与 Mn(Ⅳ) 以混合固体氧化物的形式共同存在。天然水体中锰的氧化性颗粒可与含羟基、羰基、酚、醇等基团的有机物发生配合反应，反应生成的配合物因发生光化学或热力学的还原反应而溶解，锰被还原，相应的有机物被氧化。海洋中锰的垂直分布表明，海水真光层中含有最高浓度的溶解态锰和最低浓度的颗粒态锰就是发生还原反应的结果。用人工及天然的锰的氧化物进行实验都表明，表层海水中溶解速率的提高证实了阳光辐射下氧化还原速率的提高。

资源 6.4

由于锰在光合作用方面（在光反应体系中作为一种还原催化剂），在有氧呼吸产生的氧化物的去毒作用方面和在生产 ATP 方面的作用，使它在生物学上占有重要地位。该元素只有在还原状态下才能被生物群吸收。因此，似乎可以这样认为：光化学诱导的还原反应与微生物的光化学氧化作用共同作用使得世界大洋表层海水中存在可被生物吸收的 Mn(Ⅱ)。

1. 锰的光化学反应的控制因素

影响锰的光化学反应的因素有很多，光照、搅拌和加入的有机物都会影响溶液中 Mn(Ⅳ) 到 Mn(Ⅱ) 的还原反应速率。其中，有机物对锰的光化学反应的影响尤为重要。有机物存在下，锰与其反应生成可发生表面电子转移的配合物，光还原反应的速率直接与生成的表面配合物的浓度有关。Spokes 和 Liss 的结果表明：加入腐殖酸的溶液在光照下，Mn(Ⅳ) 到 Mn(Ⅱ) 的还原反应速率随着光照时间的增加而增加，Horváth 等的研究也表明，锰的光化学反应速率正比于锰与有机物间形成的可发生表面电荷转移的配合物浓度。

Spokes 和 Liss 的研究表明，在同样时间内，随着加入腐殖酸浓度的增加，Mn(Ⅳ) 到 Mn(Ⅱ) 的还原反应速率相应增加。受到光照的溶液由于吸收了入射光而发生反应，因此反应速率与吸收光的光强、波长，即给定波长范围内氧化还原反应的光量子产率有关。受到晴天日光照射的烧杯中溶液的转化率明显比实验室条件下弱光强的试管中溶液的转化率高。

Spokes 和 Liss 的实验结果表明：搅拌对 MnO_X 转化为可溶态的 Mn(Ⅱ) 的速率也有影响。对于人工合成的 MnO_X，在不含腐殖酸的海水中，光照下未搅拌过的烧杯中的 Mn(Ⅳ) 到 Mn(Ⅱ) 的还原反应速率较搅拌过的烧杯中的高；加入腐殖酸后，搅拌过的烧杯中的 Mn(Ⅳ) 到 Mn(Ⅱ) 的还原反应速率大大提高，超过了未搅拌过的烧杯中的反应速率。而 Waite 等的研究则认为，搅拌不会对反应产生影响。因此，有关搅拌的影响还有待于进一步研究。

2. 反应机理的讨论

关于锰的光还原反应的机理目前还不是十分清楚，可能包括光化学反应提高了锰的氧化物及其吸附有机物间的金属—配位体间电子转移速率。Waite 等的实验表明，无论催化剂和氧气是否存在，MnO_X 具有相同的还原反应速率。因此，他们提出反应中间物如过氧化氢在 MnO_X 的反应中起不到什么重要作用。Waite 等指出，对过氧化氢不具有依赖性是由于 MnO_X 的表面被有机物覆盖，从而阻止了自由的 MnO_X 同光反应产生的过氧化氢发生反应。这表明在海洋有机物浓度低的环境中，由于形成反应中间产物如过氧化氢等促进了光还原反应。但在有机物浓度高的海水中，光还原反应通过生成表面配合物促进其发生。

6.2.3 Cu 的光化学反应

铜是生物必需的一种重要的微量元素，但过量的铜对人和动物都有害。在大多天然水中，铜的浓度为 $1.00\sim5.00\mu g/L$，$Cu(II)$ 主要被生物有机体配合。$Cu(II)$ 的形态控制着生物对其的承受力，而表层天然水中的光化学作用影响着铜的氧化还原反应。铜的光反应可能会导致对水生生物产生毒性。对铜的光化学反应的研究主要集中在铜的配合对光反应的作用，而对于铜的光反应过程的研究则较少。

研究表明，$Cu(I)$ 和 $Fe(II)$ 在天然水中被 H_2O_2 氧化的过程是天然水中氢氧自由基的主要来源之一，绝对不亚于亚硝酸盐的光反应过程。铜在表层水中发生光反应生成氢氧自由基的反应式为

$$Cu(I) + H_2O_2 \longrightarrow Cu(II) + OH + OH^-$$

$Cu(I)$ 可与特定的有机物发生配合反应。生成的配合物在光照下发生还原反应生成金属铜沉淀。反应被认为是通过电子在金属—配位体之间的传递导致的。该反应作为生产金属铜的一个新方法被人们普遍重视。Kunkely 等对 $Cu(I)$ 的 DMP（2,9-二甲基—1,10 菲啉）配合物进行光照表明：在 $\lambda > 380nm$ 时，$(DMP)Cu^I(BH_4)$ 发生光还原反应生成金属铜。

$$(DMP)Cu^I(BH_4) \xrightarrow{h\upsilon} DMP + Cu^0 + H_2 + 1/2 B_2H_6$$

该反应主要分三步完成：

$$(DMP)Cu^I(BH_4) \xrightarrow{h\upsilon/LLCT} (DMP^-)Cu^I + BH_4$$
$$2BH_4 \longrightarrow H_2 + B_2H_6$$
$$(DMP^-)Cu^I \longrightarrow DMP + Cu^0$$

6.2.4 Hg 的光化学反应

Hg 在水体中的光化学还原曾在元素的物理化学性质的研究中被提出过。但到目前为止，关于天然水中 Hg 的光化学反应仍没有给予足够的重视，关于这方面的研究相对较少。

Hg 在与其他物质反应生成化合物时，其 d 层的电子会达到饱和，因此，通常被认为是非过渡金属。$Hg(II)$ 的配合物常常都表现出强热力学稳定性。但在水溶液和有机溶剂中，Hg 的卤素和拟卤素的单体配位配合物会发生光化学反应。其反应性质通常由金属—配位体间的电子转移表现出来。在含有 Al 和 Fe 的三核配合物中，$Hg(II)$ 在光照下也会通过金属—金属间的电子转移发生还原反应。

1. 溶解有机碳（DOC）的影响

Costa 等用腐殖酸的形态来代表 DOC 的浓度进行实验，结果表明 Hg 的光还原反应是由于存在着的溶解有机生色团引起的。在含腐殖酸浓度高的样品中观察到 Hg 的

产率较其他低浓度腐殖酸样品中的产率高,但产率的提高并不直接正比于腐殖酸浓度。对于光照的研究结果显示,Hg 元素的生成率在实验中总的趋势随样品有机物量的增加而增加。Hg^0 的生成会随时间下降,有可能是随着实验的进行引起 DOC 光化学褪色,导致其还原能力降低的结果。

2. 光强及波长的影响

Costa 等的实验结果表明,生成 Hg^0 的量随光强的增加而增加。在不同的光区,产率有明显的区别。由于云和不同纬度的影响,不同地区不同深度的水中 Hg 的光还原反应有所不同。

Hg 的光化学还原反应对波长具有依赖性。随着波长的增加,Hg(Ⅱ) 的还原率有明显的降低。Costa 等通过计算不同波长下的相对量子产率证明了这一点,但在哪一波长下反应降到空白值还有待于进一步确定。

6.3 天然水中的过氧化氢及其光化学反应

过氧化氢(H_2O_2)既是一种强氧化剂又是强还原剂。可与天然水中多种化学物质发生反应。在天然水中,相对于单线态氧和羟基自由基等活性氧来说,H_2O_2 的浓度较高也较稳定,因而其生成、积累和光化学转化更能引起人们的关注。

6.3.1 天然水中 H_2O_2 生成的影响因素

在河水、海水和水库等天然水体的表层存在着不同浓度的 H_2O_2,浓度通常较低,在纳摩尔每升至微摩尔每升范围内。除了大气沉降是水体中 H_2O_2 的重要来源以外,天然水中 H_2O_2 的主要来源是光化学对溶解有机物的氧化,由此,天然水中 H_2O_2 的生成主要受到有机物浓度、光强等因素的影响。

1. 有机物浓度的影响

由于 H_2O_2 的主要来源是光化学对溶解有机物的氧化,有机物浓度对 H_2O_2 的光化学反应起重要作用。Miller 等指出 H_2O_2 在有机物浓度较高的富氧水中产率较高。南部和中部大西洋表层海水中 TOC 的浓度(70~110μmol/L)明显低于 Seto Inland Sea 表层海水中 TOC 的浓度(120~300μmol/L),该点导致了 H_2O_2 产率的降低。但到目前为止,很少有数据描述两者之间的确定关系。

2. 光强的影响

Miller 等对 Sargasso Sea 中 H_2O_2 浓度变化的研究表明,H_2O_2 在 1m 深度处的浓度大于其在 3m 深度处的浓度,在 200m 以下随深度的增加 H_2O_2 的浓度不再有大的变化,该结果同随深度增加光强降低是一致的。Yuan 等的研究表明,在南部和中部大西洋表层海水中,H_2O_2 的浓度在近早晨时达最低值(由于黑暗条件下,H_2O_2 发生衰减而浓度降低),在午后浓度达最高值。此外,纬度变化对 H_2O_2 浓度的影响,部分原因也是由于太阳辐射的强度不同引起的。

6.3.2 天然水中 H_2O_2 的光化学反应

天然水中 H_2O_2 的光化学反应包括初级光化学过程和次级光化学过程。

1. H_2O_2 的初级光化学过程——H_2O_2 的光解

水溶液中 H_2O_2 的光解已有较多的研究。研究结果表明，波长低于 380nm 的光辐射可使 H_2O_2 光解：

$$H_2O_2 + h\upsilon \xrightarrow{\lambda<380nm} 2HO\cdot$$

产生的羟基自由基可发生自由基的链传递和链终止反应：

$$HO\cdot + H_2O_2 \longrightarrow H_2O + HO_2\cdot$$
$$HO_2\cdot + H_2O_2 \longrightarrow O_2 + H_2O + HO\cdot$$
$$HO_2\cdot + HO\cdot \longrightarrow O_2 + H_2O$$
$$2HO_2\cdot \longrightarrow O_2 + H_2O_2$$
$$2HO\cdot \longrightarrow H_2O + O \; (2O \rightarrow O_2)$$
$$2HO\cdot \longrightarrow H_2O_2$$
$$HO\cdot + X \longrightarrow 链中止$$

还有两种可能的初级光化学过程：

$$H_2O_2 + h\upsilon \longrightarrow H_2O + O$$
$$H_2O_2 + h\upsilon \longrightarrow H\cdot + HO_2\cdot$$

2. H_2O_2 的次级光化学过程

过氧化氢光化学反应机理的一般特征是通过初级光化学过程生成的羟基自由基继续反应，一般可有三种类型的反应。

(1) 氢的脱除：

$$RH + HO\cdot \longrightarrow H_2O + R\cdot$$

(2) 双键或三键的加成：

$$\mathrm{C{=}C} + HO\cdot \longrightarrow HO-\mathrm{C-C}\cdot$$

(3) 电子转移：

$$Me^{n+} + HO\cdot \longrightarrow Me^{(n+1)+} + OH^-$$

上述反应产生的有机自由基随后可发生下列反应。

1) 二聚化：

$$R\cdot + R\cdot \longrightarrow R-R$$

2) 与氧反应：

$$R\cdot + O_2 \longrightarrow RO_2\cdot$$
$$RO_2\cdot + RH \longrightarrow RO_2H + R\cdot$$

3) 与过渡金属离子反应

① 自由基 $R\cdot$ 的氧化：

$$R\cdot + Me^{n+} \longrightarrow R^+ + Me^{(n-1)+}$$
$$R\cdot + H_2O \longrightarrow ROH + H\cdot$$

② 自由基 $R\cdot$ 的还原：

$$R\cdot + Me^{n+} \longrightarrow R^- + Me^{(n+1)+}$$

6.4 天然水体中溶解性腐殖质的光化学反应

$$R^- + H_2O \longrightarrow RH + OH^-$$

1987 年，Moffett 等研究了海水中过氧化氢与铁离子和铜离子的反应动力学，提出了以下反应机理。

对于 Cu^+ 和 Fe^{2+} 可发生以下反应

$$M^{n+} + H_2O_2 \longrightarrow M^{(n+1)+} + HO\cdot + OH^-$$

$$M^{n+} + HO\cdot \longrightarrow M^{(n+1)+} + OH^-$$

对于 Cu^{2+} 和 Fe^{3+} 可发生以下反应

$$H_2O_2 \longrightarrow H^+ + HO_2^-$$

$$M^{(n+1)+} + HO_2^- \longrightarrow M^{n+} + HO_2$$

$$HO_2 \longrightarrow H^+ + O_2^-$$

$$M^{(n+1)+} + O_2^- \longrightarrow M^{n+} + O_2$$

Fe^{2+} 与 H_2O_2 的暗反应和光反应都可产生羟自由基，这是大家熟知的 Fenton 和光-Fenton 反应，1992 年，Haag 等给出了由臭氧分解、Fenton 和光-Fenton 反应产生的羟自由基与饮用水中几十种有机污染物的反应速率常数（表 6-9）。

表 6-9　Fenton 和光-Fenton 反应产生的羟自由基与有机污染物的反应速率常数

化 合 物	溶液 pH 值	浓度 /(mmol/L)	·OH 产生方式	k_{OH} /[mol/(L·s)]
二溴甲烷	3	0.34	光—Fenton	$(9.9\pm0.2)\times10^7$
1,1,2-三氯乙烷	2.8	0.22	光—Fenton	$(1.3\pm0.4)\times10^8$
1,2-二氯丙烷	2.8	0.12	光—Fenton	$(3.8\pm1.9)\times10^8$
1,2-二溴-3-氯丙烷	2.7	0.045	光—Fenton	$(3.2\pm0.4)\times10^8$
二溴乙醇	2.7	0.5	光—Fenton	$(3.5\pm2.3)\times10^8$
1,1,1-三氯-2-甲基-林丹（农）	3	0.031	Fenton	$(2.7\pm0.5)\times10^8$
	2.9	0.007	Fenton	$(5.8\pm1.9)\times10^8$
	2.9	0.004	光—Fenton	$(5.2\pm0.9)\times10^8$
	2.8	0.004~0.008	Fenton	$(1.1\pm0.2)\times10^8$
	2.8	0.012	Fenton	$(9.2\pm0.4)\times10^8$
异狄氏剂	2.8	0.0009	Fenton	$(2.7\pm0.7)\times10^8$
	3.4	0.0010	光—Fenton	$(1.1\pm0.2)\times10^8$
	2.8	0.0005	Fenton	$(1.3\pm0.4)\times10^8$
氯丹	3.3	0.0009	光—Fenton	$(6\sim170)\times10^8$
毒杀芬（农）	1.9	0.003	Fenton	$(1.2\sim8.1)\times10^8$
阿特拉津（农）	3.6	0.020	光—Fenton	$(2.6\pm0.4)\times10^8$
西玛莱（农）	3.5	0.020	光—Fenton	$(2.8\pm0.2)\times10^8$
氨基己二酰	3.4	0.013	Fenton	$(2.0\pm0.2)\times10^8$
茅草枯（农）	2.4	0.1	光—Fenton	$(7.2\pm0.3)\times10^7$
敌草快（农）	3.1	0.064	Fenton	$(8.0\pm1.8)\times10^8$

6.4 天然水体中溶解性腐殖质的光化学反应

资源 6.7

腐殖质的光化学性质比较活泼，能够逐渐光解为小分子物质。同时，腐殖质具有光诱导性质，能够产生活性氧（ROS），从而引起自身和有机污染物的光解，因此，研究腐殖质的光化学过程，有助于深入了解有机污染物在天然水体中的降解机理，对于探讨水体修复机理和发展修复技术也具有重要意义。

天然水环境和腐殖质结构的复杂性决定了腐殖质的光化学反应机理非常复杂。目前腐殖质的光化学研究主要包括两个方面：①研究腐殖质自身的光解规律，包括降解历程、结构特征的变化、有机小分子产物的鉴定等；②以腐殖质作为光敏化剂，研究水体中典型有机污染物的降解机理、产物分布以及涉及的 ROS 反应历程。

6.4.1 腐殖质的自身光解

腐殖质分子中含有大量的羟基、羰基、羧基等基团，它们之间以氢键、范德华力等作用力相互结合在一起，因此很容易被各种氧化剂、活性物质等分解。腐殖质的光解是指腐殖质分子吸收光子能量后，通过复杂的物理化学反应，形成小分子的过程。腐殖质分子能够直接吸收光子能量，形成不稳定的激发态，通过断裂与重排生成其他小分子化合物。此外水体中存在多种光敏化剂，能在光辐射的作用下生成活性中间体，如 e_{aq}^-、·OH、$^1O_2$ 等，这些活性中间体具有很高的能量，能够将腐殖质分子中的化学键打断，从而形成小分子（图 6-5）。

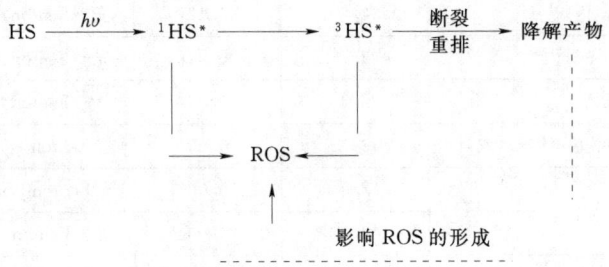

图 6-5 腐殖质光解过程示意图

腐殖质难以被生物降解，但它在紫外辐射或自然光照下的降解过程却非常迅速。腐殖质在光解过程中芳环、不饱和键等因吸收光子而发生断裂或重排，从而导致体系的光谱性质在光解过程中也发生变化。目前对于腐殖质自身结构和光解产物结构的了解还不多，主要是由于腐殖质的分子量在 2000～300000 之间，同时含有各种基团，使得对其降解产物的定性、定量描述非常困难，一般采用紫外-红外光谱特征峰、总有机碳（TOC）或溶解有机碳（DOC）等指标。

TOC（或 DOC）的变化可以说明腐殖质光降解过程中的一些问题。如研究发现，在 300nm 以上波长的光照下，锐钛型 TiO_2 光催化降解腐殖质过程中腐殖酸的浓度和 TOC 均随着时间的推移而逐渐下降，两者之间存在良好的相关性。许多研究均发现，腐殖质溶液中 TOC（或 DOC）值随光照时间不断下降，这说明腐殖质溶液中不断形成各种小分子,同时不断被矿化。

紫外—红外光谱则是最常用的定性定量手段,从腐殖酸(HA)降解产物的紫外—红外光谱特征发现,其光解可能存在两种机制:首先是光脱羧反应的机制,这或许是光解 HA 的主要反应;其次为脱色反应,即 HA 的生色团被破坏,与此同时伴随着另外一些苯环及酚类化合物的含量减少。

1995 年,李君文等对经紫外线(253.7nm)照射后的腐殖酸理化性质进行了比较系统的研究。试验结果表明 HA 在紫外线照射下发生了较大的变化:它的紫外、红外及核磁共振光谱图形均发生明显改变。光照氧化后的 HA 溶液有机物的组成也发生比较明显的变化,随着光照时间的增长,溶液的总有机碳不断下降。部分有机碳转化为无机碳的形式,但溶液中依然保持较高的有机碳含量,这说明紫外线可使 HA 部分分解。原来 HA 溶液为较淡的棕黄色,

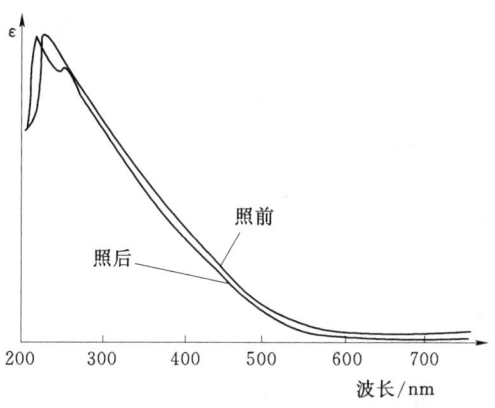

图 6-6 照射前后 HA 紫外光谱的变化

照射后溶液颜色明显变淡,当照射时间超过 2h 时溶液颜色基本消失。这个现象说明紫外线有很强的破坏 HA 中生色团的能力。对样品的紫外光谱分析表明(图 6-6),在接受照射前后 HA 的紫外光谱中最大吸收峰出现了飘移现象,并出现了两条吸收带。这说明 HA 结构中的共轭生色团可能发生了结构的变化,如化学键的断裂或分子内重排等。从 HA 溶液的颜色变化可以看出,除最大吸收波长发生变化外,在 230~800nm 范围内光照后紫外吸收强度有所下降,这与光照前后 TOC 的变化基本一致。

图 6-7 是照射前后 HA 红外光谱的变化情况。经 2h 照射后,在 1730cm^{-1} 处的吸收峰明显减弱,甚至消失,而 1620cm^{-1} 处的峰有所增强。这说明 HA 经紫外线照射后,发生了脱羧基反应,使一部分有机碳转变成了无机碳,这与照射前后 HA 溶液中 TOC 变化的情况基本一致。从 1000~1400cm^{-1} 峰的变化情况看,芳烃、不饱和脂肪烃或醚类等结构也发生了改变。HA 照射前后的核磁共振氢谱也表明在 HA 中的芳

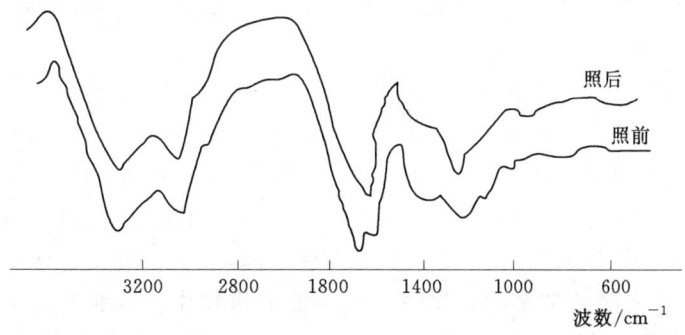

图 6-7 照射前后 HA 红外光谱的变化

香结构出现了变化,但在谱图中未发现游离的醛、酸的质子信号。结合溶液中酚类化合物的减少,可认为酚类化合物是 HA 中主要的生色团。通过在溶液中加入自由基捕获剂 DMSO(二甲亚砜),经短时间的紫外照射后(不超过 20min),使用电子自旋共振仪测定发现样品溶液中即有自由基的产生,该自由基主要为半醌类自由基,且随着光照时间的增长而增加。

随着分析手段的进步与成熟,可以通过质谱等技术更清楚的研究水相中腐殖质的光降解产物。Schnitzer 研究发现光解富里酸的主要产物是羧酸和酚酸;Chen 等得到光解腐殖质的产物主要为苯、一元至六元的羧酸及 C_{16} 结构的脂肪酸;Corin 在降解天然湖水及水溶液的腐殖质发现降解产物中主要为一元、二元羧酸,酮酸,芳香族羟基羧酸和醛类;Kuloraara 也发现光照 HA 和 FA 48h 后,产物中主要是羧酸、甲酸、乙酸、丙酸、乙醇酸、草酸、丙二酸、苯甲酸。此后所报道的研究结果与此非常相似。

6.4.2 腐殖质的光敏化反应

许多难以生物降解的有机污染物,可以发生直接降解或间接光解。判断何种光解机理更重要,可以将相同光照条件下该化合物在蒸馏水(或光化学惰性溶剂)和天然水中的光解速率进行比较。由于天然水体中腐殖质的存在可能改变了有机污染物的降解机制,因此研究实际条件(或接近实际条件)下有机污染物的光解更有意义。

某些有机污染物并不直接吸收光,例如艾氏剂对 $\lambda > 250nm$ 的光不产生吸收,因而在水中不发生光解。当水体中含有 $\mu mol/L$ 级 H_2O_2 时,艾氏剂可快速光氧化生成狄氏剂及其他产物;而黑暗中 H_2O_2 并不能氧化艾氏剂。有机污染物在天然水体中的光解速率不同于纯水体系中的光解速率,主要归因于 DOM 的影响,尤其是腐殖质的光敏化作用。

激发三重态的腐殖质($^3HA^*$)主要通过 3 种机制使有机物发生光敏化反应:①$^3HA^*$ 直接将能量转移给污染物分子,例如顺-1,3-戊二烯可以吸收 $^3HA^*$ 的能量;②污染物分子中的 H 原子转移到 $^3HA^*$ 上形成自由基,如苯胺将氨基上的 H 原子转移到 $^3HA^*$ 上,生成苯胺自由基;③$^3HA^*$ 与水中的溶解氧作用生成 $^1O_2$、O_2^- 等活性氧,从而导致有机物的光氧化降解。例如,Vialaton 等提出了 4-氯-2-甲基苯酚分别在有、无腐殖质时的降解机理(图 6-8)。从图 6-8 中可以看出底物在有、无腐殖质的情况下降解机理是完全不同的,降解产物也是不同的,在腐殖质存在下,甚至发生了开环反应。

腐殖质对不同有机污染物光解速率的影响是不同的,这可能是由于腐殖质的不同性质之间对有机物光解存在着竞争效应。腐殖质的来源、浓度、吸附性等会对活性中间体和体系中的能量转移产生较大影响,从而使得溶液中各物质的形态不同于单一有机污染物体系,并改变了污染物的光解速率。Sakkas 等研究了不同水体中腐殖质对 IRGAROL 1051 [N-环丙基-N′-(1,1-二甲基乙基)-6-(甲基硫代)-1,3,5-三嗪-2,4-二胺] 光降解的影响,发现在经过滤的水体中加入腐殖质可加速其降解,而在天然水体中腐殖质则会抑制其降解。此外水体中还存在各种无机离子、悬浮物等,它们的存在可改变水体中活性氧的分布和能量转移方式,从而改变水体中有机污染物的降解速率。可见，对于结构各异的有机污染物，不同水环境条件下的光解历程可能不同，腐殖质在其中所起的作用也比较复杂。

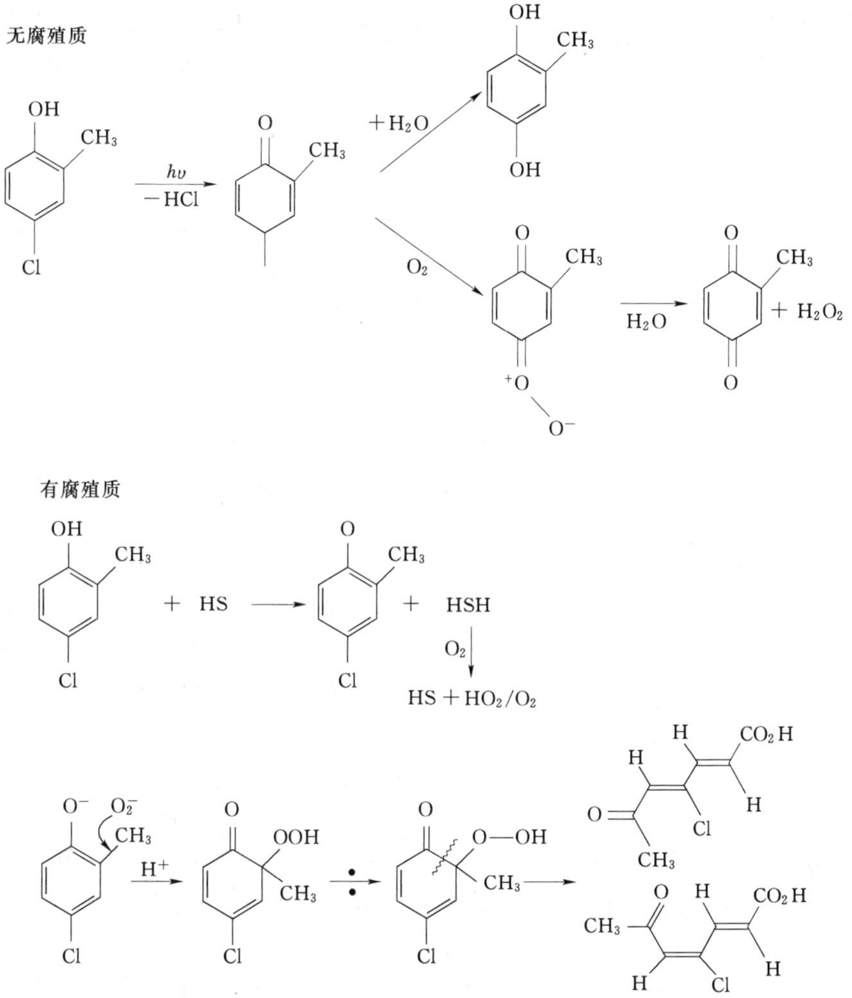

图 6-8　水体中 4-氯，2-甲基苯酚的光解机理

6.4.3　影响腐殖质光化学反应的因素

影响腐殖质光化学反应的因素非常多，腐殖质的来源、溶液的 pH 值、温度等都可能影响腐殖质光化学反应的历程。下面主要讨论腐殖质浓度、光照条件、金属离子、曝气等动力学因素。

1. 腐殖质浓度

在光强一定时，单位时间内光源能够提供给水体的能量是一定的，如 1m 深的水体在 300~500nm 的阳光照射下，获得能量为 0.025Ei/(L·h)，因此能被激发的腐殖质分子数有个上限。此外腐殖质浓度过高，水体透光性下降，使得到达水体的光强下降。Palmer 和 Aguer 证实，随着腐殖质浓度的增加，腐殖质、有机污染物的矿化速率有一个极大值,因此腐殖质对有机污染物的敏化作用也就有一个极限,腐殖质浓度增高不一定能增加污染物的降解效率,甚至会抑制其光解效率。Sakkas 等研究了不同浓度腐殖质对 IRGAROL 1051 的降解效率,发现随着浓度的增加,IRGAROL 1051 的光解效率逐渐下降,这可能是由于腐殖质对 IRGAROL 1051 产生了强烈的吸附作用,腐殖质浓度越高,吸附的 IRGAROL 1051 分子就越多,从而阻止了 IRGAROL 1051 的降解。

2. 光照条件

分子只有吸收特定波长的光才能形成激发态,但激发不同结构单元所需要的能量不同。由于短波长的光能量更高,所产生的激发态能量也可能越高。Aguer 等研究了不同波长对腐殖质的激发效应,发现在 254nm 和 365nm 光照条件下都会产生活性中间体,但在 254nm 光照下腐殖质产物中脂肪酸的含量较高。

除了辐射波长外,光强也会影响腐殖质的光化学反应,因为有机物的光吸收往往是光解历程中的速率决定步骤。Palmer 等的研究表明,在不同光强下,腐殖质的光解速率和矿化速率的增加幅度是不同的。开始时光解速率和矿化速率随着光强的增加而大幅度增加,但到一定程度后,其增加的幅度开始下降。这可能是由于单位时间内可激发的分子数或发色团数目有限所致。

3. 共存离子

由于腐殖质的官能团能够与金属阳离子形成配合物,改变腐殖质原有的结构特性,因而其光化学特性会发生改变。体系加入金属离子后,腐殖质的光解速率加快,目前认为其历程与 Photo-Fenton 反应类似。也有研究发现金属离子能抑制 ROS 的形成。Liao 等在 254nm 辐射和 H_2O_2 存在的条件下研究了铜离子对腐殖酸矿化和 ROS 形成的影响,发现铜离子能够抑制腐殖酸的矿化速率。原因可能是 HA-Cu(Ⅱ) 配合物的光活性比 HA 弱,体系中残留更多的 HA 竞争吸收光子,从而导致 H_2O_2 吸收较少的光子发生分解,即抑制了光解过程中形成活性较高的 OH 自由基。

水体中值得关注的阴离子主要是硝酸根 (NO_3^-)。硝酸根是水体中羟基自由基的一个重要来源,其光化学反应生成羟基自由基的量子产率为 0.01。Stangroom 等研究了 4-氯,2-甲基苯酚在硝酸根和腐殖质存在下的光降解,结果表明腐殖质对羟基自由基起了猝灭的作用,相对地使腐殖质对于 4-氯,2-甲基苯酚的光敏化作用增加。除 NO_3^- 外,水体中的 HCO_3^- 和 CO_3^{2-} 也是目前关注比较多的阴离子。Wang 等研究发现 HCO_3^-/CO_3^{2-} 体系的浓度越高,腐殖酸 (HA) 的矿化速率就越低。但当加入 H_2O_2 后,HCO_3^-/CO_3^{2-} 体系却能加速 HA 的光降解,这是由于 HCO_3^-/CO_3^{2-} 体系除了是活性氧的猝灭剂外,还能促进 H_2O_2 分解形成活性氧。

4. 曝气条件

由于活性中间体主要是 ROS,而 ROS 的形成与 O_2 密切相关,故在不同的曝气条件下腐殖质的光解效率会有所不同。O_2 除了作为电子受体生成 H_2O_2 外,还可以形成其他活性中间体(如有机过氧自由基)引发链反应。在 H_2O_2 的光化学反应中可以生成 O_2,通氧可能使溶液中溶解氧过量,抑制 ROS 的形成,降低腐殖质的降解。例如,Wang 等研究了不同曝气条件下 HA 的光解效率,通过对通 N_2、空气和不通气实验的对比，发现在最初的 60min 内 HA 的残留没有太大的差别，但在通空气足够长时间的样品中 HA 残留较高。

6.5 水环境中石油烃的光化学反应

资源 6.8

当前，日益严重的石油污染引起了人类的广泛关注，尤其是海洋水环境中，石油污杂物的进入量约 $1 \times 10^7 t/a$。漂浮或溶解于水体表层的石油烃，经过太阳光的照射，可以通过不同的方式与水中的溶解氧作用而发生光化学氧化。到目前为止，国内外对石油烃的光化学氧化降解进行了一些研究，对石油烃的光化学反应机理及其动力学规律有了一定的了解。

6.5.1 光化学氧化降解机理

石油在水体中发生的光化学氧化，其反应机理主要在于接受日光照射所给予的光子能量，然后与水体中的溶解氧结合以促使石油烃分解。

在吸收光能过程中，石油烃可以自身吸收光能发生反应，也可能通过另一种活性吸光物质（光敏剂）吸收能量后，再将其传给反应体系，使石油烃间接获得能量。接受能量的方式之不同取决于石油烃不同组分自身的性质，如正烷烃、烷基苯等，它们在太阳光辐射波长范围内吸光效果不好（表 6-10），通常需要借助光敏剂来获得引发光反应所需的能量。

表 6-10　　　　　　　一些典型生色团的特征吸收波长

发色团	λ_{max}/nm	发色团	λ_{max}/nm
C—C	<180	C=C—C=C	220
C—H	<180	苯	260
C=C	180	蒽	310

在吸收能量之后，与溶解氧结合并继续反应直至石油烃完全降解的途径有多种。从机理上讲，主要有两种：一种是吸光后的激发态物质先与氧作用，生成反应活性很强的激发单线态氧，以它来氧化石油烃；另一种是激发态物质先转变为自由基，而自由基再与氧结合，生成过氧自由基，从而引发链反应。一般在石油烃光反应中，两种机理都可能存在，至于哪一种机理占主导地位，同样取决于石油的成分特点以及反应条件等。

在过去的研究成果中，许多研究者针对各自的研究对象讨论了其光反应历程，并以自己的反应条件和反应产物提出了不同的光化学氧化降解途径。然而，目前还没有一个能正确反映石油所有组分光反应的机理。石油组分的差异、中间产物的复杂性、光反应的发生程度以及光产物的多样性，这些都为确定反应机理增加了难度。

6.5.2 光化学氧化产物

水体表层石油烃的光化学氧化产物大多是挥发性或不活泼的物质，它们不再与溶解氧结合或生成自由基继续进行链反应，从而使光氧化反应中止。

在以往的石油烃光氧化研究中,有不少研究者把光产物的检测也作为实验的一个研究内容。但石油的种类繁多、光氧化反应进行的程度不同以及各自实验条件的差异等因素,使得研究者们得到的光氧化产物也不尽相同。研究者只能将光产物定性地归为几类,提出这些光氧化产物生成的可能性。

检测产物从石油光化学降解研究初期就已经开始了,Kawaham 曾通过红外光谱(IR)定性地显示出醇、羰基化合物、芳基醚与烷基醚以及亚砜存在的可能性。Hansen 在实验中发现,烷烃一般只能被氧化成羧酸,羧酸生成后脱离表面油膜溶解进入水体,之后则抑制了羧酸的进一步氧化,Thominette 等也证明,十六烷、姥鲛烷光氧化后只能生成直链脂肪酸。而且 Hansen 还认为,苯甲酸可能来源于一些烷基取代苯的光氧化,但水杨酸或苯二甲酸是从含氧的前身化合物反应得来,还是由烷基苯的二次氧化生成,结果还不十分清楚。因为水杨酸具有制菌活性,所以其在水体中的形成十分重要。Payne 等将各种纯石油、风化石油和水相萃取物的元素组成逐一比较发现,各原油间的风化行为存在差别,但生成的光产物大多可确定为包括酚、萘酚、菲酚、醚等在内的氢氧化合物,红外分析数据还显示出羧酸的存在。Andersson 等通过模拟天然环境条件下硫杂稠环芳烃的典型化合物苯并噻吩的光化学氧化反应,用反相液相色谱、气相色谱对产物进行了分析,得出结论认为,苯并噻吩会氧化生成苯并噻吩-2,3-醌,它水解生成 2-磺基苯甲酸,除上述报道的光氧化产物外,还有一些研究者虽然也已发现有光产物存在,但因其反应的复杂性而难以确定出它们的准确结构。

对于光氧化产物的研究,在确定其结构、性质等的同时,一些研究者对它们可能存在的毒性也做了相应的探讨。Lazace 等曾讨论了石油的光氧化产物对微藻的影响,实验结果说明石油在光照和无光条件下产物毒性明显不同,其毒性随着照射时间的增加而增大。Payne 等和 Andersson 等也都提出过,光氧化过程对溢油风化十分重要,但其产物的毒性会有所提高,比反应前化合物的毒性更大,Andersson 等还进一步指出,石油经光化学转化后的毒性增加,这是因为存在含有极性官能团的被氧化的芳香烃。最近 Pelletier 等专门研究了稠环芳烃(PAHs)及石油对海洋无脊椎幼虫的光毒性。实验证明 3 种石油产品具有光毒性,其毒性大小取决于油品中光毒性 PAHs 的组成和浓度。

总之,由以往石油烃光化学氧化降解产物的研究结果来看,主要产物一般为羧酸、醇、醚、羰基化合物等几类,还有另外一些产物不能确定其结构。目前人们对光氧化产物的研究还不完善,在产物结构确定、毒性评价以及光产物的进一步降解等方面还留有一些空白,有待于更深一层的探索。

6.5.3 光化学氧化动力学

在石油烃光降解研究中,光氧化反应动力学也是重要的研究内容。对某种石油产品来讲,组成的多样性导致了光反应行为的复杂,已经有研究者以单一组分为对象,确定了其光氧化反应为一级反应动力学行为,并定量地得出了反应速率常数(k)和半衰期($t_{1/2}$)。

石油烃在水体表层发生光化学氧化过程中,天然水环境所具备的各种条件(如光照、溶解氧、酸碱度、金属离子等）都会对反应产生影响，目前国内研究者在光氧化试验中验证了一些影响氧化速率因素的存在，如光强、溶解氧、金属离子的催化以及反应介质等。

Berry 等（1994）在研究中比较了光源、催化剂、溶解氧对石油组分（甲苯、1-癸烯）光反应的作用。他们从污水处理方法中借用了加入光催化剂 TiO_2 的方法，并得到了良好的降解效果，而且含有 TiO_2 时，紫外光比天然日光的照射条件更为适宜。同时，他们也证实了溶解氧在加速光反应中的重要作用。这种方法应用于小范围的污染十分有效，对于大面积的海上溢油则有一定的局限性。

从动力学角度来看，目前对石油烃光化学氧化反应速率及影响因素的研究还处于初级阶段，而如何加快石油烃的降解速率是去除污染的关键所在，此方面的研究有待于进一步加强。

习 题

6-1 简述天然水系统光化学过程发生的机制。
6-2 简述天然水中不同形态 $Fe(Ⅲ)/Fe(Ⅱ)$ 的光化学氧化还原循环。
6-3 简述天然水中 $Fe(Ⅲ)/Fe(Ⅱ)$ 光化学循环的环境效应。
6-4 天然水中 H_2O_2 生成的影响因素有哪些？
6-5 简述天然水中过氧化氢的光化学反应。
6-6 影响腐殖质光化学反应的因素有哪些？

资源 6.9

资源 6.10

参 考 文 献

[1] 邓南圣，吴峰. 环境光化学 [M]. 北京：化学工业出版社，2003.
[2] 王玉珏，杨桂明. 海水中无机物的光化学反应 [J]. 海洋通报，2004，23（2）：73-81.
[3] Payne J R, Philips C R. Photochemistry of petroleum in water [J]. Environ. Sci. Technol., 1985, 19 (7): 569-579.
[4] Berry R J, Mueller M R. Photocatalytic decomposition of crude oil slicks using TiO_2 on a floating substrate [J]. Microchem J, 1994, 50: 28-32.
[5] Andersson J T, Bebinger S. Polycyclic aromatic sulfur heterocycles Ⅱ. Photchemical oxidatinn of benzo [b] thiophene in aqueous solution [J]. Chemosphere, 1992, 24 (4): 393-389.
[6] Andersson J T, Bebinger S. Polycyclic aromatic sulfur heterocycles. Ⅵ. Photochemical degradation of crude oil components: 2methyl - 3 - methyl - and 2, 3 - dimethyl benzo [b] thiophene [J]. Polycyclic Aromatic Compounds, 1996, 11 (1-4): 145-1511.
[7] Hansen H P. Photochemical degradation of petroleum hydrocarbon surface film on seawater [J]. Mar. Chem, 1975, 3: 183-195.
[8] Thominette F, Verdu J. Photo - oxidative behaviour of crude oils relative to sea pollution. I. Comparative study of various crude oils and model systems [J]. Mar. Chem., 1984, 15: 91-104.
[9] Lazace J C. Influence of ilumination on phololoxic of crude oil [J]. Mar. Pollut. Bull., 1976,

7 (6): 73-76.

[10] Pelletier M C, Burgess R M, Ho K T, et al. Phototoxicity of individual polycylic aromatic hydrocarbons and petroleum to marine invertebrate larvae and juveniles [J]. Environ. Toxicol. Chem., 1997, 16 (10): 2190-2199.

[11] Kawaham F K. Identification and differentiation of heavy residual oil and asphalt pollutants in surface water by comparative ratios of infrared absorbances [J]. Environ. Sci. Technol., 1969, 3 (2): 150-153.

第 7 章
水环境化学的主要研究方法

【概要】 本章主要介绍水环境化学研究中常用的几种方法和手段，阐述它们的基本内容、特点以及国内外的应用状况与发展趋势。

7.1 野外调查研究

野外现场调查研究是区域水环境化学调查研究中最重要和最基本的工作。现场调查研究的目的在于查明该水域水质现状，结合历史资料分析，探明该区域水环境化学状况的演变特征。

野外现场调查研究的内容按研究目的和研究特点而定。在野外现场调查研究中，科学地确定采样点最为重要，即采样点必须足够多且有代表性。样品的采集与保存、分析测试以及测试结果的分析都是野外现场调查研究的有机组成部分。这里重点阐述采样点的布设准则和样品的采集与保存方法。

7.1.1 采样点的布设
7.1.1.1 地表水采样点布设
1. 采样断面的设置

采样断面布设的原则包括：①充分考虑本河段（地区）取水口、排污（退水）口数量和分布及污染物排放状况、水文及河道地形、支流汇入及水工程情况、植被与水土流失情况、其他影响水质及其均匀程度的因素等；②力求以较少的监测断面和监测点获取最具代表性的样品，全面、真实、客观地反映该区域水环境质量及污染物的时空分布状况与特征；③避开死水及回水区，选择河段顺直、河岸稳定、水流平缓、无急流湍滩且交通方便处；④尽量与水文断面相结合；⑤断面位置确定后，应设置固定标志，不得任意变更，需变动时应报原批准单位同意。

(1) 河流采样断面按下列方法与要求布设：

1) 城市或工业区河段，应布设对照断面、控制断面和消减断面。

2) 污染严重的河段可根据排污口分布及排污状况，设置若干控制断面，控制的排污量不得小于本河段总量的 80%。

3) 本河段内有较大支流汇入时，应在汇合点支流上游处，及充分混合后的干流下游处布设断面。

4) 出入境国际河流、重要省际河流等水环境敏感水域，在出入本行政区界处应布设断面。

5) 水质稳定或污染源对水体无明显影响的河段，可只布设一个控制断面。

6) 河流或水系背景断面可设置在上游接近河流源头处，或未受人类活动明显影响的河段。

7) 水文地质或地球化学异常河段，应在上、下游分别设置断面。

8) 供水水源地、水生生物保护区以及水源型地方病发病区、水土流失严重区应设置断面。

9) 城市主要供水水源地上游 1000m 处应布设断面。

10) 重要河流的入海口应布设断面。

11) 水网地区应按常年主导流向设置断面；有多个岔路时应设置在较大干流上，控制径流量不得少于总径流量的 80%。

(2) 潮汐河流采样断面布设另应遵守下列要求：

1) 设有防潮闸的河流，在闸的上、下游分别布设断面。

2) 未设防潮闸的潮汐河流，在潮流界以上布设对照断面；潮流界超出本河段范围时，在本河段上游布设对照断面。

3) 在靠近入海口处布设消减断面；入海口在本河段之外时，设在本河段下游处。

4) 控制断面的布设应充分考虑涨潮、落潮水流变化。

(3) 湖泊（水库）采样断面按以下要求设置：

1) 在湖泊（水库）主要出入口、中心区、滞流区、饮用水源地、鱼类产卵区和游览区等应设置断面。

2) 主要排污口汇入处，视其污染物扩散情况在下游 100～1000m 处设置 1～5 条断面或半断面。

3) 峡谷型水库，应在水库上游、中游、近坝区及库层与主要库湾回水区布设采样断面。

4) 湖泊（水库）无明显功能分区，可采用网格法均匀布设，网格大小依湖、库面积而定。

5) 湖泊（水库）的采样断面应与断面附近水流方向垂直。

2. 采样垂线和采样点布设

(1) 河流、湖泊（水库）的采样垂线布设方法与要求：

1) 河流（潮汐河段）采样垂线的布设应符合表 7-1 的规定。

2) 湖泊（水库）采样垂线布设要求：①主要出入口上、下游和主要排污口下游断面，其采样垂线按表 7-1 规定布设；②湖泊（水库）的中心，滞流区的各断面，可视湖泊（水库）大小水面宽窄，沿水流方向适当布设 1～5 条采样垂线。

(2) 河流、湖泊（水库）的采样点布设要求：

1) 河流采样垂线上采样点布设应符合表 7-2 规定，特殊情况可按河流水深和待测物分布均匀程度确定。

2) 湖泊（水库）采样垂线上采样点的布设要求与河流相同，但出现温度分层现象时，应分别在表温层、斜温层和亚温层布设采样点。

3) 水体封冻时，采样点应布设在冰下水深 0.5m 处；水深小于 0.5m 时，在 1/2 水深处采样。

资源 7.1

表 7-1 河流采样垂线布设

水面宽 /m	采样垂线布设	岸边有污染带	相对范围
<50	1条（中泓处）	如一边有污染带增设1条垂线	
50~100	左、中、右3条	3条	左、右设在距湿岸 5~10m处
100~1000	左、中、右3条	5条（增加岸边两条）	岸边垂线距湿岸边陲 5~10m处
>1000	3~5条	7条	

表 7-2 采样点布设

水深 /m	采样点数	位置	说明
<5	1	水面下0.5m	1. 不足1m时，取1/2水深
5~10	2	水面下0.5m，河底上0.5m	2. 如沿垂线水质分布均匀，可减少中层采样点
>10	3	水面下0.5m，1/2水深，河底以上0.5m	3. 潮汐河流应设置分层采样点

7.1.1.2 地下水采样井布设

1. 地下水采样井布设原则

（1）全面掌握地下水水资源质量状况，对地下水污染进行监视、控制。

（2）根据地下水类型分区与开采强度分区，以主要开采层为主布设，兼顾深层和自流地下水。

（3）尽量与现有地下水水位观测井网相结合。

（4）采样井布设密度为主要供水区密，一般地区稀；城区密，农村稀；污染严重区密，非污染区稀。

（5）不同水质特征的地下水区域应布设采样井。

（6）专用站按监测目的与要求布设。

2. 地下水采样井布设方法与要求

（1）在布设地下水采样井之前，应收集本地区有关资料，包括区域自然水文地质单元特征、地下水补给条件、地下水流向及开发利用、污染源及污水排放特征、城镇及工业区分布、土地利用与水利工程状况等。

（2）在下列地区应布设采样井：

1）以地下水为主要供水水源的地区。

2）饮水型地方病（如高氟病）高发地区。

3）污水灌溉区，垃圾堆积处理场地区及地下水回灌区。

4）污染严重区域。

（3）平原（含盆地）地区地下水采样井布设密度一般为1眼/200km^2，重要水源地或污染严重地区可适当加密；沙漠区、山丘区、岩溶山区等可根据需要，选择典型代表区布设采样井。

(4) 采样井布设方法与要求如下：

1) 一般水资源质量监测及污染控制井根据区域水文地质单元状况，视地下水主要补给来源，可在垂直于地下水流的上方向，设置一个至数个背景值监测井。

2) 根据本地区地下水流向及污染源分布状况，采用网格法或放射法布设。

3) 根据表7-3中产生地下水污染来源与分布特征，采用网格法或放射法布设。

(5) 多级深度井应沿不同深度布设数个采样点。

表7-3　　　　　　　　　　地下水污染来源与分布特征

生产地下水污染的活动类型		污染负荷的特征		
		分布类型	污染主要类型	污染指标
城市区	无下水设施的任意排污 (a)	u/r P-D	nfos	NO_2^-，NH_4^+，Fc(s)
	河道渗漏 (a)	u P-L	ofns	NO_3^-，NH_4^+，Fc(s)
	生活污水氧化塘渗漏 (a)	u/r P	nfos	NO_3^-，DOC，Cl，Fc(s)
	生活污水直接排向地面 (a)	u/r P-D	niofs	NO_3^-，Cl，DOC
	废弃物处置不当引起的渗漏	u/r P	oihs	NO_3^-，NH_4^+，DOC，Cl，B，VOC
	燃料储蓄罐泄漏	u/r P-D	o	Hc，DOC
	高速公路旁的排水沟渗漏	u/r P-D	iso	Cl，VOC
工业区	储罐或管道的渗漏 (b)	u P-D	osh	变化较广 (Hc，VOC，DOC)
	事故性泄漏	u P-D	osh	变化较广 (Hc，VOC，DOC)
	废水处理池泄漏	u P	oshi	变化较广 (VOC，DOC，Cl^-)
	废水的地面	u P-L	oshi	变化较广 (DOC，Cl^-)
	排放排向入渗河流	u P-L	oshi	变化较广 (DOC)
	残渣堆积场的下渗	u/r P	osih	变化较广 (DOC，VOC，Cl^-)
	排水沟的下渗	u/r P	osh	变化较广 (DOC，Hc)
	大气降落物	u/r D	sio	SO_4^{2-}
农业污染区	土地耕植 使用农业化学品并具有灌溉设施 使用垃圾/淤泥	r D	nos	NO_3
	土地耕植 耕植	r D	nois	NO_3^-，Cl^-
	土地耕植 用污水灌溉	r D	noifs	NO_3^-，Cl^-，Fc(s)
	家禽喂养污水等 排水氧化塘	r P	fon	DOC，NO_3^-，Cl^-
	家禽喂养污水等 排向地面	r P-L	niof	DOC，NO_3，Cl^-
	家禽喂养污水等 排入渗河	r P-L	onf	DOC
采选矿区	污水直接排向地面	u/r P-D	hi	变化较广
	污水/淤泥处理氧化塘下渗	u/r P	hi	变化较广
	残渣堆积场的下渗	u/r P-D	hi	变化较广

注　(a) 为可能包括有工业活动的成分；N为营养性化合物；(b) 为在非工业区也可能出现；VOC为挥发性有机碳；u/r为城市/乡村；F为粪病菌源；P、L、D为点源、线源、扩散源；o为微量有机物；DOC为可溶性有机碳；i为无机物；B为苯；S为盐度；Hc为烃；Fc(s)为大肠杆菌（粪链球菌）。

7.1.2 水样的采集与保存

7.1.2.1 地表水样的采集

1. 采样前的准备

采样前,要根据监测项目的性质和采样方法的要求,选择适宜材质的储样容器和采样器,并清洗干净,此外,还需准备好交通工具。交通工具常使用船只。对采样器具的材质要求化学性能稳定,大小和形状适宜,不吸附待测组分,容易清洗并可反复使用。

2. 采样方法和采样器(或采水器)

采集水样时,应根据当地实际情况,选用合适类型的水质采样器。

采样器应有足够强度,且使用灵活、方便可靠,与水样接触部分应采用惰性材料,如不锈钢、聚四氟乙烯等制成。采样器在使用前,应先用洗涤剂洗去油污,用自来水冲净,再用10%盐酸洗刷,自来水冲净后备用。

采集表层水时,可用桶、瓶等容器直接采取。一般将其沉至水面下0.3~0.5m处采集。

直立式采样器适用于水流平缓的河流、湖泊、水库的水样采集。采集深层水时,可使用如图7-1所示的带重锤的采样器沉入水中采

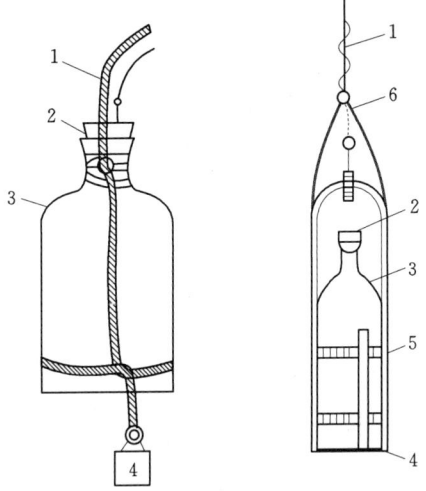

图 7-1 常用采样器
1—绳子;2—带有软绳的橡胶塞;
3—采样瓶;4—铅锤;5—铁筐;
6—挂钩

资源 7.2

集。将采样容器沉降至所需深度(可从绳上的标度看出),上提细绳打开瓶塞,待水样充满容器后提出。对于水流急的河段,宜采用急流采样器(图7-2)。它是将一根长钢管固定在铁框上,管内装一根橡胶管,其上部用夹子夹紧,下部与瓶塞上的短玻璃管相连,瓶塞上另有一长玻璃管通至采样瓶底部。采样前塞紧橡胶塞,然后沿船身垂直伸入要求水深处,打开上部橡胶管夹,水样即沿长玻璃管流入样品瓶中,瓶内空气由短玻璃管沿橡胶管排出。这样采集的水样也可用于测定水中溶解性气体,因为它是与空气隔绝的。采集急流水样时也常常将采样器与适当重量的铅鱼与绞车配合使用。

测定溶解气体(如溶解氧)的水样,常用双瓶采样器采集(图7-3)。将采样器沉入要求水深处后,打开上部的橡胶管夹,水样进入小瓶(采样瓶)并将空气驱入大瓶,从连接大瓶短玻璃管的橡胶管排出,直到大瓶中充满水样,提出水面后迅速密封。

有机玻璃采水器由桶体、带轴的两个半圆上盖和活动底板等组成,主要用于水生生物样品的采集,也适用于除细菌指标与油类以外水质样品的采集。

自动采样器。利用定时开启的电动采样泵抽取水样,或利用进水面与表层水面的水位差产生的压力采样,或可随流速变化自动按比例采样等。此类采样器适用于采集时间或空间混合积分样,但不适宜于油类、pH值、溶解氧、电导率、水温等项目的

测定。

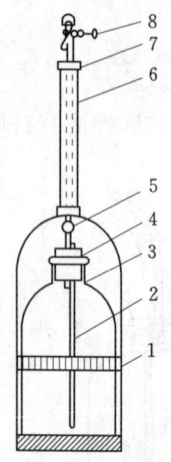

图 7-2 急流采样器
1—铁筐；2—长玻璃管；3—采样瓶；
4—橡胶塞；5—短玻璃管；
6—钢管；7—橡胶管；8—夹子

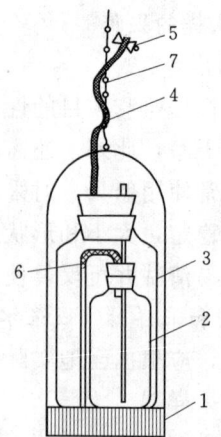

图 7-3 溶解氧采样器
1—带重锤的铁筐；2—小瓶；3—大瓶；
4—橡胶管；5—夹子；
6—塑料管；7—绳子

3. 储样容器材质及选择与使用要求

(1) 容器材质的化学稳定性要好，不会溶出待测组分，且在储存期内不会与水样发生物理化学反应。

(2) 对光敏性组分，应具有遮光作用。

(3) 用于微生物检验用的容器能耐受高温灭菌。

(4) 测定有机及生物项目的储样容器应选用硬质（硼硅）玻璃容器。

(5) 测定金属、放射性及其他无机项目的储样容器可选用高密度聚乙烯或硬质（硼硅）玻璃容器。

(6) 测定溶解氧及五日生化需氧量（BOD_5）应使用专用储样容器。

(7) 容器在使用前应根据监测项目和分析方法的要求，采用相应的洗涤方法洗涤。

4. 水样的类型

(1) 瞬时水样。瞬时水样是指在某一时间和地点从水体中随机采集的分散水样。当水体水质稳定，或其组分在相当长的时间或相当大的空间范围内变化不大时，瞬时水样具有很好的代表性；当水体组分及含量随时间和空间变化时，就应隔时、多点采集瞬时水样，分别进行分析，摸清水质的变化规律。

(2) 混合水样。混合水样是指在同一采样点于不同时间所采集的瞬时水样的混合水样，有时称"时间混合水样"，以与其他混合水样相区别。这种水样在观察平均浓度时非常有用，但不适用于被测组分在储存过程中发生明显变化的水样。

(3) 综合水样。把不同采样点同时采集的各个瞬时水样混合后所得到的样品称综合水样。这种水样在某些情况下更具有实际意义。例如，当为几条废水河、渠建立综合处理厂时,以综合水样取得的水质参数作为设计的依据更为合理。

7.1.2.2 废水样品的采集

1. 采样方法

(1) 浅水采样。可用容器直接采集,或用聚乙烯塑料长把勺采集。

(2) 深层水采样。可使用专制的深层采水器采集,也可将聚乙烯筒固定在重架上,沉入要求深度采集。

(3) 自动采样。采用自动采样器或连续自动定时采样器采集。例如,自动分级采样式采水器,可在一个生产周期内,每隔一定时间将一定量的水样分别采集在不同的容器中;自动混合采样式采水器可定时连续地将定量水样或按流量比采集的水样汇集于一个容器内。

2. 废水样类型

(1) 瞬时废水样。对于生产工艺连续、稳定的工厂,所排放废水中的污染组分及浓度变化不大,瞬时水样具有较好的代表性。对于某些特殊情况,如废水中污染物质的平均浓度合格,而高峰排放浓度超标,这时也可间隔适当时间采集瞬时水样,并分别测定,将结果绘制成浓度-时间关系曲线,以得知高峰排放时污染物质的浓度;同时也可计算出平均浓度。

(2) 平均废水样。工业废水的排放量和污染组分的浓度往往随时间起伏较大,为使监测结果具有代表性,需要增大采样和测定频率,但这势必增加工作量,此时比较好的办法是采集平均混合水样或平均比例混合水样。前者系指每隔相同时间采集等量废水样混合而成的水样,适于废水流量比较稳定的情况;后者系指在废水流量不稳定的情况下,在不同时间依照流量大小按比例采集的混合水样。有时需要同时采集几个排污口的废水样,并按比例混合,其监测结果代表采样时的综合排放浓度。

7.1.2.3 地下水样的采集

从监测井中采集水样常利用抽水机设备。启动后,先放水数分钟,将积留在管道内的杂质及陈旧水排出,然后用采样容器接取水样。对于无抽水设备的水井,可选择适合的专用采水器采集水样。

对于自喷泉水,可在涌水口处直接采样。

对于自来水,也要先将水龙头完全打开,放水数分钟,排出管道中积存的死水后再采样。

地下水的水质比较稳定,一般采集瞬时水样,即能有较好的代表性。

资源 7.3

7.1.2.4 底质(沉积物)样品的采集

水、底质和水生生物组成了一个完整的水环境体系。底质能记录给定水环境的污染历史,反映难降解物质的积累情况,以及水体污染的潜在危险。底质的性质对水质、水生生物有着明显的影响,是天然水是否被污染及污染程度的重要标志。所以,底质样品的采集监测是水环境监测的重要组成部分。

底质监测断面的设置原则与水质监测断面相同,其位置应尽可能与水质监测断面相重合,以便于将沉积物的组成及物理化学性质与水质监测情况进行比较。

资源 7.4

由于底质比较稳定,受水文、气象条件影响较小,故采样频率远较水样低,一般每年枯水期采样1次,必要时可在丰水期增采1次。

底质样品采集量视监测项目、目的而定,一般为1~2kg,如样品不易采集或测定项目较少时,可予以酌减。

采集表层底质样品一般采用挖式(抓式)采样器或锥式采样器。前者适用于采样量较大的情况,后者适用于采样量少的情况。管式泥芯采样器用于采集柱状样品,以供监测底质中污染物质的垂直分布情况。如果水域水深小于3m,可将竹竿粗的一端削成尖头斜面,插入床底采样。当水深小于0.6m时,可用长柄塑料勺直接采集表层底质。

资源7.5

7.1.2.5 流量的测量

在采集水样的同时,还需要测量水体的水位(m)、流速(m/s)、流量(m³/s)等水文参数,因为在计算水体污染负荷是否超过环境容量、控制污染源排放量、评价污染控制效果等工作中,都必须知道相应水体的流量。

对于较大的河流,水文部门一般设有水文监测断面,应尽量利用其所测参数。下面介绍小河流、明渠和废水、污水流量的测量方法。

1. 流速仪法

对于水深大于0.05m,流速大于0.015m/s的河、渠,可用流速仪测定水流速度,然后按式(7-1)计算流量:

$$Q = \overline{V} S \tag{7-1}$$

式中:Q 为水流量,m³/s;$\overline{V}$ 为水流断面平均流速,m/s;S 为水流断面面积,m²。

目前流速仪有多种规格,如 LS45 型旋杯式浅水低流速仪,其测速范围为0.015~0.5m/s,工作水深为0.05~1.0m;XKC-3型信控测流仪,其测速范围为0.1~4.0m/s,工作水深大于0.1m 等。

资源7.6

2. 浮标法

浮标法是一种粗略测量流速的简易方法。测量时,选择一平直河段,测量该河段2m间距内水流横断面的面积,求出平均横断面面积。在上游投入浮标,测量浮标流经确定河段(L)所需时间,重复测量几次,求出所需时间的平均值(t),即可计算出流速(L/t),再按式(7-2)计算流量:

$$Q = 60 \overline{V} S \tag{7-2}$$

式中:Q 为水流量,m³/min;$\overline{V}$ 为水流平均流速,m/s,其值一般取 0.7L/t;S 为水流平均横断面面积,m²。

3. 堰板法

适用于不规则的污水沟、污水渠中水流量的测量。该方法是用三角形或矩形、梯形堰板拦住水流,形成溢流堰,测量堰板前后水头和水位,计算流量。

图7-4为用三角堰法测量流量的示意图,流量计算式如下:

$$Q = Kh^{\frac{5}{2}} \tag{7-3}$$

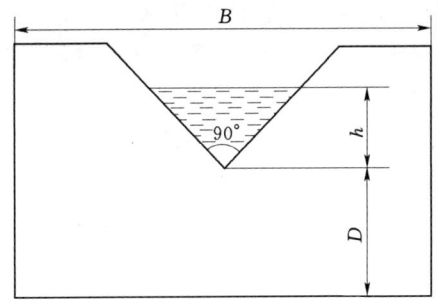

图 7-4 三角堰

其中
$$K = 1.354 + \frac{0.004}{h} + \left(0.14 + \frac{0.2}{\sqrt{D}}\right)\left(\frac{h}{B} - 0.09\right)^2 \quad (7-4)$$

式中：Q 为水流量，m^3/s；h 为过堰水头高度，m；K 为流量系数；D 为从水流底至堰缘的高度，m；B 为堰上游水流宽度，m。

在下述条件下，式（7-3）误差小于 $\pm 1.4\%$：$0.5m \leqslant B \leqslant 1.2m$；$0.1m \leqslant D \leqslant 0.75m$；$0.07m \leqslant h \leqslant 0.26m$。

4. 其他方法

用容积法测定污水流量也是一种简便方法。即将污水导入已知容积的容器或污水池、污水箱中，测量流满容器或池、箱的时间，然后用其除受纳容器的体积便可求知流量。

现已生产多种规格的污水流量计，测定流量简便、准确。例如，WML 型污水流量计的测量范围为 $1\sim6000m^3/h$；WMJ-Ⅱ型污水流量计测量范围为 $10\sim400m^3/h$ 等。此外，还可以用压差法、根据工业用水平衡计算法或排水管径大小测量法估算污水流量。

7.1.2.6 水样的运输和保存

各种水质的水样，从采集到分析测定这段时间内，由于环境条件的改变，微生物新陈代谢活动和化学作用的影响，会引起水样某些物理参数及化学组分的变化。为将这些变化降低到最低程度，需要尽可能地缩短运输时间、尽快分析测定和采取必要的保护措施，有些项目必须在采样现场测定。

1. 水样的运输

对采集的每一个水样，都应做好记录，并在采样瓶上贴好标签，运送到实验室。在运输过程中，应注意以下几点：

（1）要塞紧采样容器器口塞子，必要时用封口胶、石蜡封口（测油类的水样不能用石蜡封口）。

（2）为避免水样在运输过程中因震动、碰撞导致损失或沾污，最好将样瓶装箱，并用泡沫塑料或纸条挤紧。

（3）需冷藏的样品，应配备专门的隔热容器，放入制冷剂，将样品瓶置于其中。

（4）冬季应采取保温措施，以免冻裂样品瓶。

2. 水样的保存

储存水样的容器可能吸附欲测组分，或者沾污水样，因此要选择性能稳定、杂质含量低的材料制作的容器。常用的容器材质有硼硅玻璃、石英、聚乙烯和聚四氟乙烯。其中，石英和聚四氟乙烯杂质含量少，但价格昂贵，一般常规监测中广泛使用聚乙烯和硼硅玻璃材质的容器。

不能及时运输或尽快分析的水样，则应根据不同监测项目的要求，采取适宜的保存方法。水样的运输时间，通常以 24h 作为最大允许时间；最长储放时间一般为：

清洁水样　　　　　　　72h；
轻污染水样　　　　　　48h；
严重污染水样　　　　　12h。

保存水样的方法有以下几种：

(1) 冷藏或冷冻法。冷藏或冷冻的作用是抑制微生物活动，减缓物理挥发和化学反应速度。

(2) 加入化学试剂保存法。

1) 加入生物抑制剂。如在测定氨氮、硝酸盐氮、化学需氧量的水样中加入 $HgCl_2$，可抑制生物的氧化还原作用；对测定酚的水样，用 H_3PO_4 调至 pH 值为 4 时，加入适量 $CuSO_4$，即可抑制苯酚菌的分解活动。

2) 调节 pH 值。测定金属离子的水样常用 HNO_3 酸化至 pH 值为 1~2，既可防止重金属离子水解沉淀，又可避免金属被器壁吸附；测定氰化物或挥发性酚的水样加入 NaOH 调至 pH 值为 12，使之生成稳定的酚盐等。

3) 加入氧化剂或还原剂。如测定汞的水样需加入 HNO_3（至 pH<1）和 $K_2Cr_2O_7$（0.05％），使汞保持高价态；测定硫化物的水样，加入抗坏血酸，可以防止被氧化；测定溶解氧的水样则需加入少量硫酸锰和碘化钾固定溶解氧（还原）等。

应当注意，加入的保存剂不能干扰以后的测定；保存剂的纯度最好是优级纯的，还应做相应的空白试验，对测定结果进行校正。

水样的储存期限与多种因素有关，如组分的稳定性、浓度、水样的污染程度等。表 7-4 列出了我国《水质采样》（GB 12998—91）标准中建议的水样保存方法。

表 7-4　　　　　　　　　常用水样保存技术

	待测项目	容器类别	保存方法	分析地点	可保存时间	建　议
A 物理、化学分析	pH 值	P 或 G		现场		现场直接测试
	酸度及碱度	P 或 G	在 2~5℃暗处冷藏	分析室	24h	水样注满容器
	溴	G		分析室	6h	最好在现场测试
	电导率	P 或 G	冷藏于 2~5℃	分析室	24h	最好在现场测试
	色度	P 或 G	在 2~5℃暗处冷藏		24h	
	悬浮物	P 或 G		分析室	24h	单独定容采样
	浊度	P 或 G		现场		现场直接测试
	臭氧	G		现场		

续表

待测项目		容器类别	保存方法	分析地点	可保存时间	建议
A 物理、化学分析	余氯	P 或 G		现场		最好现场分析。否则，应在现场用过量 NaOH 固定，保存不应超过 6h
	二氧化碳	P 或 G		见酸碱度		
	溶解氧	（溶解氧瓶）	现场固定并存放暗处	现场、分析室	数 h	碘量法加 1mL 1mol/L 硫酸锰和 2mL 1mol/L 碱性碘化钾
	油脂、油类、碳氢化合物、石油及其衍生物	G	现场萃取冷冻至 $-20℃$	分析室	24h 至数月	建议使用分析时所用的溶剂冲洗容器，采样后立即加入萃取剂，或进行现场萃取
	离子型表面活性剂	G	在 2~5℃ 下冷藏硫酸酸化至 pH<2	分析室	尽快至 48h	
	非离子型表面活性剂	G	加入 40%(V/V) 的甲醛，使样品成为含 1%(V/V) 的甲醛溶液，在 2~5℃ 下冷藏，并使水样注满容器	分析室	1 个月	
	砷	P 或 G	加 H_2SO_4，使 pH<2 加碱调节 pH=12	分析室	数月	不能用硝酸酸化。生活污水及工业废水应使用加碱保存方法
	硫化物	G	每 100mL 水样先加 2mL 2mol/L 醋酸锌后，再加入 2mL 2mol/L 的 NaOH 并冷藏	分析室	24h	必须现场固定
	总氰化物	P	用 NaOH 调节至 pH>12	分析室	24h	
	高锰酸盐指数化学需氧量	G	在 2~5℃ 暗处冷藏用 H_2SO_4 酸化至 pH<2	分析室	尽快~1 周	如果 COD 是因为存在有机物引起的，则必须加以酸化
	生化需氧量	G	在 2~5℃ 暗处冷藏	分析室	尽快	最好使用专用玻璃容器
	基耶达氮氨氮	P 或 G	用 H_2SO_4 酸化至 pH<2，并在 2~5℃ 冷藏	分析室	尽快	为了阻止硝化细菌的新陈代谢，应考虑加入杀菌剂如丙烯基硫脲或氯化汞或三氯甲烷等

续表

	待测项目		容器类别	保存方法	分析地点	可保存时间	建议
A 物理、化学分析	硝酸盐氮		P 或 G	酸化至 pH<2 并在 2~5℃冷藏	分析室	24h	有些废水样品不能保存，需要现场分析
	亚硝酸盐氮		P 或 G	在 2~5℃冷藏	分析室	尽快	
	有机氯农药		G	在 2~5℃冷藏	分析室	1 周	建议于采样后立即加入萃取剂，或在现场进行萃取
	有机磷农药		G	在 2~5℃冷藏	分析室	24h	
	"游离"氰化物		P		分析室	24h	保存方法取决于分析方法
	酚		BG	用 $CuSO_4$ 抑制生化作用，并用 H_3PO_4 酸化，或用 NaOH 调节至 pH>12	分析室	24h	保存方法取决于所用的分析方法
	叶绿素 a		P 或 G	2~5℃下冷藏，过滤后冷冻滤渣	分析室	24h~1个月	
	汞		P 或 BG		分析室	2 周	保存方法取决于分析方法
	镉	可过滤镉	P 或 BG	在现场过滤，硝酸酸化滤液至 pH<2	分析室	1 个月	滤渣用于测定不可过滤镉，滤液用于该项测定
		总镉	P 或 BG	硝酸酸化至 pH<2	分析室	1 个月	取均匀样品消解后测定
	铜		P 或 G	见镉			
	铅		P 或 BG	见镉			酸化时不能使用 H_2SO_4
	锰		P 或 BG	见镉			
	锌		P 或 BG	见镉			
	总铬		P 或 G	酸化使 pH<2	分析室	尽快	不得使用磨口及内壁已磨毛的容器，以避免对铬的吸附
	六价铬		P 或 G	用 NaOH 调节使 pH=7~9			
	钙		P 或 BG	过滤后将滤液酸化至 pH<2	分析室	数月	酸化时不要用 H_2SO_4，酸化的样品可同时用于测其他金属
	总硬度		P 或 BG	见钙			
	镁		P 或 BG	见钙			
	氟化物		P		分析室	中性样品可保存数月	
	氯化物		P 或 G		分析室	数月	

续表

待测项目		容器类别	保存方法	分析地点	可保存时间	建 议
A 物理、化学分析	总磷	BG	用 H_2SO_4 酸化至 pH<2	分析室	数月	
	硒	G 或 BG	用 NaOH 调节至 pH>11	分析室	数月	
	硫酸盐	P 或 G	于 2~5℃ 冷藏	分析室	一周	
B 微生物分析	细菌总数 大肠菌总数 粪大肠菌 粪链球菌 沙门氏菌等	灭菌容器 G	2~5℃ 冷藏	分析室	尽快（地表水、污水及饮用水）	取氯化或溴化过的水样时，所用的样品瓶中应在消毒前加入硫代硫酸钠［一般每 125mL 样品加入 0.1mL 的 10%（W/W）硫代硫酸钠溶液］，以消除氯或溴对细菌的抑制作用。对重金属含量高于 0.01mg/L 的水样，应在容器消毒之前，按每 125mL 容积加入 0.3mL 的 15%（W/W）EDTA 溶液
C 生物学分析	鉴定和计数： （1）底栖类无脊椎动物 　大样品 　小样品（如参考样品） （2）浮游植物 　浮游动物	P 或 G	加入 70%（V/V）乙醇或加入 40%（V/V）的中性甲醛（用硼酸钠调节）使水样成为含 2%~5%（V/V）的溶液	分析室	1 年	应先倒出样品中的水以使防腐剂的浓度最大
		G	转入防腐溶液，含 70%（V/V）乙醇、40%（V/V）甲醛和甘油，其三者比例为 100：2：1 1 份体积样品加入 100 份卢戈耳溶液：每升用 150g 碘化钾、100g 碘、18mL 乙酸 ρ=1.04g/mL，配成水溶液，存放在冷暗处。加 40%（V/V）甲醛，使成 4%（V/V）的福尔马林或加卢戈耳溶液			当心甲醛蒸气，工作地点不应大量存放 若发生脱色，则加更多的卢戈耳溶液

续表

待测项目		容器类别	保存方法	分析地点	可保存时间	建议
C 生物学分析	湿重和干重： （1）底栖大型无脊椎动物 （2）大型植物 （3）浮游植物 （4）浮游动物 （5）鱼		于2~5℃冷藏	现场或分析室	24h	尽快分析
	灰分重量： （1）底栖大型无脊椎动物 （2）大型植物 （3）悬垂植物 （4）浮游植物	P 或 G	过滤后冷藏于2~5℃ —20℃保存 —20℃保存 过滤并冷藏，—20℃保存	分析室	6个月	
	热值测定： （1）浮游植物 （2）浮游动物	P 或 G	过滤后于2~5℃冷藏，保存于干燥器皿中	分析室	24h	尽快分析

注 P 为聚乙烯容器；G 为玻璃容器；BG 为硼硅玻璃容器。

7.2 实　验　模　拟

作为区域水环境研究中最基本和最重要的工作，野外现场调查只能反映该区域水环境中各种物理、化学和生物作用的结果，并不能确切地阐明这些作用的过程和机理。自然界中的变化过程是相当复杂的，多方面的影响因素、多种作用交织在一起。因此，如果要深入地研究一些水环境化学的问题，光靠现场取样调查分析是远远不够的，必须在实验室内或者现场进行合理的模拟实验，从而揭示内在的一些规律。

水环境化学的研究工作者都十分重视模拟实验。水环境化学的模拟实验，就是指在现场模拟观测某一水环境化学过程，或者在实验室内模仿自然水环境，并且在人工控制的条件下，通过改变一些环境参数，理想地再现实际水环境中的一些变化过程，得出环境因子间的相互作用规律及其定量关系，或者其他一些机理性、应用性的结果。

水环境化学研究中的模拟实验按试验场合可分为现场实验模拟与实验室实验模拟；按研究问题的性质可分为"过程模拟""影响因素模拟""形态分布模拟""动力学模拟"以及"生态效应模拟"等；按模拟的精确性可分为"比例性模拟"和"非比例性模拟"；按实验的规模和复杂程度可分为"简单模拟"和"复杂模拟"（或综合模拟）；还可以作其他一些划分。

7.2.1　模拟实验的意义

设计合理、操作规范并且误差较小的模拟实验研究能在揭示客观规律和推动科学发展方面发挥巨大的作用,历史上许多重大的科技革命都是源于实验室的模拟研究,尤其是现代科技高度发达的今天,先进的仪器设备使得实验模拟精度更高,更能代表实际情况。同样,在水环境化学研究领域,科研人员的理论基础加上完善的监测设施以及精良的机械制造技术等,给实验模拟的科学性提供了强有力的技术支撑,实验结果往往具有很强的理论和应用价值。

比如,针对我国湖泊与河流等流域水环境富营养化的严峻形势,江苏省环境科学研究院联合南京大学和南京师范大学的有关环境科研人员,在江苏省科技厅和环保厅的资助下,先后投资550万元,利用技术和人才优势,从2002年10月起,经过两年多的科技攻关,建成了具有国内领先水平的中试平台,并对一系列关键技术进行了开发和研究,取得了突破性进展。在$650m^2$的水环境生态修复中试平台建设中,科研人员成功借鉴了国内外相关实验室建设的经验,并充分考虑到平台的实用性,相继建成了集人工河流、温室、微宇宙、自动监控系统于一体的研究平台。依托该中试平台,可以研究探讨湖泊富营养化的形成机理、开发湖泊富营养化治理与生态修复技术,对生态修复技术进行中试规模的验证试验。在该中试平台建设中,科研人员相继开发出以微生物-植物为主的多级串联系统水质强化净化和水生植被修复等关键技术,取得了十分理想的效果,为大规模开展湖泊与河流的生态修复提供了较为可靠的技术支撑。

这个例子就是一个成功的大规模实验模拟,该水环境生态修复中试平台具有可调控、可组装、可全程连续监测等特点,可模拟富营养化水体生态系统的主要生态因子,能广泛用于同类新技术的中试研究、参数优化及实际过程的模拟研究,可为富营养化水体的生态修复提供重要的理论和实践依据。研发的中试平台总体达到国内领先水平,人工模拟湖泊在规模、生态控制等方面达到国际先进水平。

7.2.2 模拟实验设计

模拟实验设计是指研究人员在进行模拟实验之前,根据一定的实验目的和要求,运用有关的知识和技能,对实验所需的仪器设备、装置、步骤和方法等在头脑中所进行的一种规划和预演。实验设计在科学研究中具有极其重要的作用,它直接关系到实验效率的高低,乃至实验的成败。科学、合理、周密、巧妙的实验设计,往往能导致一些重大发现。卢瑟福的原子结构"行星模型",就是根据他精心设计的α粒子散射实验的结果提出来的。

从研究对象来讲,水环境模拟实验设计可分为地表水环境模拟实验设计与地下水模拟实验设计。相对而言,由于地下水系统的复杂性及其与地表水环境的显著差异,前者比较容易实现较好的模拟程度;后者则模拟性较差。

从实验场地来讲,水环境模拟实验设计可分为室内模拟实验设计及现场(原位)模拟实验设计。前者是通过模拟单一或综合环境参数对水环境进行人工模拟,既可借助于物理模型来获取机理分析的数据,又可以设计多种边界条件并在较短时间内重现以加速试验,便于观测过程,其试验技术的水平体现在试验方法的模拟性、重现性和试验结果分析的确切性、先进性等方面。后者是将研究对象、污染物或系统暴露在自然水环境条件下进行实验,实验结果较为真实可靠,但时间较长,代价较大。

总之，在水环境化学领域，其科学研究实验设计的合理性、可行性往往需要多方面的科学知识及专业技能来保证，比如水化学、水文地质学、环境科学、生物科学、自然地理学等。多和老一辈水环境科学家及专业研究人员交流学习，增强国际学术合作交流，往往会开拓灵感澄清思路，达到事半功倍的效果。

7.3 水 质 模 型

水质模型（Water Quality Model）是根据物质守恒原理用数学的语言和方法描述参加水循环的水体中水质组分所发生的物理、化学、生物化学和生态学诸方面的变化、内在规律和相互关系的数学模型。

研究水质模型的目的主要是为了描述环境污染物在水中的运动和迁移转化规律，为水资源保护服务。最初主要是用于点源排放的污染问题。随着社会的发展和水处理技术的进步，点源污染的影响相对变得越来越小，而非点源污染，例如农业和城市污染变得越来越重要，水质模型也朝着预测非点源污染问题发展。它可用于实现水质模拟和评价，进行水质预报和预测，制定污染物排放标准和水质规划以及进行水域的水质管理等，是实现水污染控制的有力工具。

7.3.1 水质模型的建立、求解及分类

一般来讲，建立一个实用的水质模型需5个步骤：

（1）模型概化。针对所研究污染物的性质选择关心的变量，明确这些变量的变化趋势以及变量的相互作用；收集建模所必需的资料，如水文、水力、水质、气象等资料和所涉及的反应动力学常数等，否则要现场监测和实验获取。在保证能够反映实际状况的同时，力求所建模型尽可能简单。

（2）模型性质研究。对模型的稳定性、平衡性以及灵敏性进行考察。其中稳定性是指模型是否收敛，而灵敏性是指模型中参数变化时，其结果变化是否在允许范围之内。

（3）参数估计。对于模型中的一些需要通过实验或者实测数据进行确定的参数，要考虑这些实测资料能否全面、正确反映参数值，以及这些实测数据是否齐全，是否容易得到，对于无法通过实测数据反算的参数，需要重新设立参数，或者寻找其间接依赖关系。确定模型的参数（常数）并使其代入模型后能较好地重现一组观测数据，称为率定模型，这是水质模型中重要的一环。

（4）模型验证。若只用一套数据确定模型，则该模型不具有预测功能，因此，需要检查率定好的模型计算值同另一套或者几套实测数据的拟合度，衡量模型的预测能力，如果拟合良好，则该模型具有预测功能，否则需要重新返回到第三步，调整参数。

（5）模型应用。衡量模型能否满足建模目的。可以用所建模型，对研究区域及类似区域的污染进行模拟和预测。如果所建模型后来被实际数据证明是正确的，则说明水质模型的方法是正确的，可以更广泛地用于污染预测。反之，需要修改模型，以便解决问题。

以上各步若不能满足需求，均需从头做起。

水质模型是一个用于描述污染物质在水环境中混合、迁移过程的数学方程或方程组，求解方法很多。对于简单情况，可以求出其解析解；对于复杂情况，则一般采取数值解法。因此水质模型解的精度及可靠性不会超过其方程本身。水质模型主要有如下求解方法：

（1）理论解析解。将问题简化后，方程变为低维、低阶、线性的形式，可以用数理方程中的标准方法进行求解，包括量纲分析方法、变量替换法、镜像法等。

（2）数值解法（数值模拟方法）。如果问题本身无法简化，则可以将连续的方程离散化，采用差分法、有限元方法、有限体积法等，求解有限个网格节点上的函数值。数值模拟方法有许多优点，例如：可解决高阶非线性问题，不受场地和比尺限制，可在短时间内测试各种可能方案等。由于计算机技术的高度发展，数值模拟方法有着广阔的前景和应用范围。

（3）物理模型。这是传统的解决流体力学问题的方法，同样适用于水环境问题的解决。在实物模型中，可以直接观测流动和扩散现象，测量所关心的污染物浓度分布。物理模型方法比较直观，而且对于一些未能建立数学方程的复杂问题，只要抓住支配扩散的主要因素，即可得到较为符合实际的结果。该方法的不足之处在于对概化的灵敏度较高，而且物理模型往往需要大量的试验材料，经费开支可能会较多。

（4）原型观测、类比分析。在天然流场中，对实际的污染物形成的浓度场进行观测。由于该方法较之前面几种方法缺乏预测性，因此，一般用来确定解析方法或者数值模拟方法中需要的扩散系数等参数，或用于验证物理模型和数学模型的可靠性及类似水环境问题的类比分析。

现代水质模型因其复杂性一般要采用各种数值解法，应用计算机来完成。一个好的水质模型需要有水文学、水力学、化学、生物化学、数学以及计算机等多方面学科的专家通力合作才能完成。

根据具体用途和性质，水质模型的分类标准如下：

（1）以管理和规划为目的，水质模型可分为四类，即河流水质模型、河口水质模型（包括潮汐作用）、湖泊（水库）水质模型以及地下水水质模型。其中河流水质模型比较成熟，有较多研究成果，且能更加真实地反映实际水质特征，因此应用比较普遍。

（2）根据水质组分，水质模型可以分为单一组分、耦合组分和多重组分的三类。其中 BOD-DO 耦合模型能够较成功地描述受有机污染的水质变化情况。多组分水质模型比较复杂，它考虑的水质因素更多，例如水生生态模型等。

（3）根据水体的水力学和排放条件是否随时间变化，可以把水质模型分为稳态模型和非稳态模型。对于这两类模型，其研究的主要任务是模型的边界条件，即在何种条件下水质能够尽可能处于较好状态。稳态水质模型可以用于模拟水质的物理、化学和水力学过程；而非稳态模型则用于计算径流、暴雨过程中水质的瞬时变化。

（4）根据研究水质维度，可把水质模型分为零维、一维、二维、三维水质模型。其中零维水质模型较为粗略，仅为对流量的加权平均，因此常常用作其他维度模型的初始值和估算值,而三维水质模型虽然能够精确反映水质变化,但是受到紊流理论研究的局限,还在继续理论研究当中。一维和二维模型则可根据研究区域的情况适当选择,并可以满足一般应用要求的精度。

7.3.2 水质模型的发展

水质模型至今已有80多年的历史。最早的水质模型是于1925年在美国俄亥俄河上开发的斯特里特-菲尔普斯模型,它是一个BOD-DO模型。之后,水质模型不断研究与发展,大致分为以下3个阶段:

(1) 第一阶段是1925—1980年。这一阶段模型研究对象仅是水体水质本身,被称为"自由体"阶段。也就是说,在这一阶段模型的内部规律只包括水体自身的各水质组分的相互作用,其他如污染源、底泥、边界等的作用和影响都是外部输入。

(2) 第二阶段是1981—1995年。这个阶段可以作为水质模型研究快速发展的第二阶段,这一阶段模型有如下的发展:①在状态变量(水质组分)数量上的增长;②在多维模型系统中纳入了水动力模型;③将底泥等作用纳入了模型内部;④与流域模型进行连接以使面污染源能被连入初始输入。

(3) 第三阶段是1996年至今。随着发达国家控制面污染源措施的不断增强,面源污染相对减少了。而大气中污染物质沉降的输入,如有机化合物、金属(如汞)和氮化合物等对河流水质的影响日益重要。虽然营养物质和有毒化学物质由于沉降直接进入水体表面已经被包含在模型框架内,但是,大气的沉降负荷不仅直接落在水体表面,也落在流域内,再通过流域转移到水体,这已成为日益重要的污染负荷要素。从管理的发展要求看,增加这个过程需要建立大气污染模型,即对一个给定的大气流域(控制区),能将动态或静态的大气沉降连接到一个给定的水流域。所以,在模型发展的第三阶段,增加了大气污染模型,能够对沉降到水体中的大气污染负荷直接进行评估。

7.3.3 几种常见的水质模型

7.3.3.1 地表水水质模型

1. BOD-DO耦合模型

斯特里特(H. Streeter)和费尔普斯(E. Phelps)于1925年提出了描述一维河流中BOD和DO变化规律的模型(S-P模型)。经过五十几年的发展,已出现许多修正的模型。

(1) S-P(Streeter-Phelps)模型。建立S-P模型,有以下基本假设:①河流中BOD的衰减和溶解氧的复氧都是一级反应;②反应速度是恒定的;③河流中的耗氧是由BOD衰减引起的,而河流中的溶解氧来源则是大气复氧。

S-P模型是关于BOD和DO的耦合模型,可以写作

$$\frac{dL}{dt} = -k_1 L \tag{7-5}$$

$$\frac{dD}{dt} = k_1 L - k_2 D \tag{7-6}$$

式中：L 为河水中的 BOD 值；D 为河水中的氧亏值；k_1 为河水中的 BOD 衰减（耗氧）系数；k_2 为河流复氧系数；t 为河水的流行时间。

其解析解为

$$L = L_0 e^{-k_1 t} \tag{7-7}$$

$$D = \frac{k_1 L_0}{k_2 - k_1}(e^{-k_1 t} - e^{-k_2 t}) + D_0 e^{-k_2 t} \tag{7-8}$$

式中：L_0 为河流起始点的 BOD 值；D_0 为河流起始点的氧亏值。

式（7-8）表示河流的氧亏变化规律。如果以河流的溶解氧来表示，则

$$c(O) = c(O_s) - D = c(O_s) - \frac{k_1 L_0}{k_2 - k_1}(e^{-k_1 t} - e^{-k_2 t}) + D_0 e^{-k_2 t} \tag{7-9}$$

式中：$c(O)$ 为河流中的溶解氧值；$c(O_s)$ 为饱和溶解氧值。

式（7-9）称为 S-P 氧垂公式，根据式（7-9）可绘制出氧垂曲线。

一般来讲，人们最关心的是溶解氧浓度的最低点——临界氧亏点。在临界氧亏点，河水的氧亏值最大，且变化速率为零，则

$$\frac{dD}{dt} = k_1 L - k_2 D = 0$$

由此得

$$D_c = \frac{k_1}{k_2} L_0 e^{-k_1 t_c} \tag{7-10}$$

式中：D_c 为临界点的氧亏值；t_c 为由起始点到达临界点的流行时间。

临界氧亏发生的时间 t_c 可以由式（7-11）计算：

$$t_c = \frac{1}{k_2 - k_1} \ln \left\{ \frac{k_2}{k_1} \left[1 - \frac{D_0(k_2 - k_1)}{L_0 k_1} \right] \right\} \tag{7-11}$$

S-P 模型在水质影响预测中应用最广，也可用于计算河段的最大排污容量。在 S-P 模型基础上，结合河流自净过程中的不同影响因素，后来又提出了一些修正模型。

（2）托马斯（Thormas，1937）模型。托马斯在 S-P 模型的基础上引进了悬浮物沉降作用对 BOD 去除的影响，适用于沉降作用明显的河流：

$$\frac{dL}{dt} = -(k_1 + k_3) L \tag{7-12}$$

$$\frac{dD}{dt} = k_1 L - k_2 D \tag{7-13}$$

式中：k_3 为沉淀作用去除 BOD 的速度常数。

托马斯方程的解是

$$L = L_0 e^{-(k_1 + k_3) t} \tag{7-14}$$

$$D = \frac{k_1 L_0}{k_2 - (k_1 + k_3)}(e^{-(k_1 + k_3) t} - e^{-k_2 t}) + D_0 e^{-k_2 t} \tag{7-15}$$

（3）多宾斯-坎普（Dobbins-Camp，1939）模型。多宾斯-坎普是在 S-P 模型的基础上提出了考虑底泥耗氧和光合作用复氧的模型：

$$\frac{dL}{dt}=-(k_1+k_3)L+B \qquad (7-16)$$

$$\frac{dD}{dt}=-k_2D+k_1L-P \qquad (7-17)$$

式中：B 为底泥的耗氧速率；P 为河流中光合作用的产氧速率。

解式（7-16）和式（7-17）得

$$L=\left(L_0-\frac{B}{k_1+k_3}\right)e^{-(k_1+k_3)t}+\frac{B}{k_1+k_3}$$

$$D=\frac{k_1}{k_2-(k_1+k_3)}\left(L_0-\frac{B}{k_1+k_3}\right)[e^{-(k_1+k_3)t}-e^{-k_2t}]$$

$$+\frac{k_1}{k_2}\left(\frac{B}{k_1+k_3}-\frac{P}{k_1}\right)(1-e^{-k_2t})+D_0e^{-k_2t}$$

如果 k_3，B，P 为零，式（7-16）和式（7-17）就简化为 S-P 模型。

(4) 奥康纳（D. O'Conner 1961）模型。一个污染较重的河段，一般是先发生有机物的炭化过程，然后再进行含氮化合物的硝化过程。但是，对于一个污染程度较轻的河段，两个过程可能同时发生。奥康纳在托马斯模型基础上考虑了硝化过程对溶解氧过程的影响。

$$\frac{dL}{dt}=-(k_1+k_3)L \qquad (7-18)$$

$$\frac{dL_n}{dt}=-k_NL_n \qquad (7-19)$$

$$\frac{dD}{dt}=k_1L+k_NL_n-k_2D \qquad (7-20)$$

式中：L 为有机碳化 BOD 值；L_n 为含氮化合物的硝化 BOD 值；k_N 为含氮化合物的衰减速率系数。

若给定初始条件为：当 $x=0$ 时，$L=L_0$，$L_n=L_N$，$D=D_0$，则式（7-18）～式（7-20）的解为

$$L=L_0e^{-(k_1+k_3)t} \qquad (7-21)$$

$$L_n=L_Ne^{-k_Nt} \qquad (7-22)$$

$$D=D_0e^{-k_2t}-\frac{k_1L_0}{k_2-(k_1+k_3)}[e^{-(k_1+k_3)t}-e^{-k_2t}]+\frac{k_NL_N}{k_2-k_N}(e^{-K_Nt}-e^{-k_2t}) \qquad (7-23)$$

2. 湖泊富营养化预测模型

随着工农业的迅速发展和人民生活水平的提高，大量的工业废水、农业污水流入湖泊，使湖泊污染程度日益严重，已导致一些著名的湖泊富营养化。因此，建立湖泊水质污染预测模型，对于预测湖泊水质发展趋势及提出相应的防治对策有着重要的意义。

目前常采用的有多元相关模型、输入输出模型、富营养化预测模型和扩散模型。前两种模型实际上只能预测未来湖泊水质的平均发展趋势，而扩散模型可反映湖泊水质的空间变化，预测污水入湖口附近局部水域可能出现的严重污染程度；实际应用时

可根据湖泊的污染特征和基础资料等情况选用相应模型。现以富营养化预测模型为例作一简单介绍。

当入湖污染物为氮、磷等营养物时，根据质量守恒原理，湖水中污染物浓度的变化不仅与进出湖泊的数量有关，而且还受其沉降速率的影响。预测模型的基本表达式如下

$$V\left(\frac{dc}{dt}\right) = I_p - qc - \lambda_p Vc \tag{7-24}$$

简化后得

$$\frac{dc}{dt} = \frac{I_p}{V} - (P_w + \lambda_p)c \tag{7-25}$$

其中

$$P_w = \frac{q}{V}$$

式中：c 为湖水年平均总磷浓度，mg/L；I_p 为输入湖泊磷的总量，g/d；P_w 为水力冲刷系数，d^{-1}；q 为出湖河道流量，m^3/d；V 为湖泊容积，m^3；λ_p 为磷的沉降速度常数，d^{-1}；t 为河水入湖时间，d。

该方程解为

$$c = \frac{I_p}{V(P_w + \lambda_p)} - \left[1 - \frac{V(P_w + \lambda_p)c_0}{I_p}\right] e^{-(P_w + \lambda_p)t} \tag{7-26}$$

式中：c_0 为入湖河水的磷浓度，mg/L；其他符号的意义同前。

为了求得在均匀混合条件下，V 为稳定时上述方程的解，Vollenweider、Dillon、合田健和国际经济合作与发展组织（OECD）还分别求得以下湖水总磷浓度的计算公式。

(1) Vollenweider 公式

$$c = c_1 (1 + \sqrt{\overline{Z}/Q^*})^{-1} \tag{7-27}$$

式中：c 为湖水按容积加权的年平均总磷浓度，mg/L；c_1 为流入湖泊水量按流量加权的年平均总磷浓度（包括入湖河道，湖区径流和湖面降水的总量），mg/L；$\overline{Z}$ 为湖泊的平均水深，可用湖泊容积 V 除以湖泊相应的表面积求得，m；Q^* 为湖泊单位面积上的水量负荷，可用湖泊的年流入水量 Q 除以湖泊的表面积 A 来求得，$m^3/(m^2 \cdot a)$。

(2) Dillon 公式

$$c = \frac{L(1 - R_p)}{\overline{Z}QV} \tag{7-28}$$

其中

$$R_p = 1 - \frac{\text{年输出总磷量}}{\text{年输入总磷量}}$$

式中：c 为湖水总磷的预测浓度，mg/L；L 为湖泊单位面积上年度总磷的负荷量，$g/(m^2 \cdot a)$；Q 为年入湖水量，m^3/a；V 为湖泊的容积，m^3；R_p 为磷的滞留系数。

(3) 合田健公式

$$c = \frac{L}{\overline{Z}\left(\frac{Q}{V} + \alpha\right)} \tag{7-29}$$

式中：α 为湖水中总磷的沉降系数，a^{-1}。

合田健根据日本 25 个湖泊的调查资料，求得总磷的沉降系数与平均水深之间的关系式为

$$\alpha = \frac{10}{\overline{Z}}$$

(4) OECD 的计算公式。OECD 根据浅水湖泊总磷浓度的变化规律，提出了如下公式

$$c = c_1 \left[1 + \frac{7}{\overline{Z}^{0.5}}\left(\frac{V}{Q}\right)^{0.6}\right]^{-1} \tag{7-30}$$

式 (7-30) 中符号意义同前。

按照上述各方程要求，应用于玄武湖水质中总磷、总氮浓度的预测和验算，结果表明，用 Vollenueider 模型预测总磷、合田健模型预测总氮，预测精度最高。

3. 有机毒物的归趋模式

对于一种有机物，仅仅看它的毒性是不够的，还必须考察它进入环境分解为无害物的速度如何。一个毒性大而分解较快的有机物未必比毒性小但分解慢的有机物危害大，许多有毒有机物在受到控制（例如进行治理）的情况下未必绝对不能使用。只有那些持久性（难分解）的优先污染物才在禁用或严格控制之列。其他有机物，如果控制处置得当，不但不是污染物，而且是工农业生产的资源。因此研究水、土壤环境中各种有机毒物的预测模型十分重要。它可以预测污染物在环境中浓度的时空分布及通过各种迁移转化过程后的归趋。

水质模型的研究已有很大的发展。但是对于迁移转化过程所取的参数，往往是经验性的，这种参数只适用于当地的同种污染物，不能适用于其他地区和其他污染物。如果设想在模型中只出现表征化合物固有性质的参数（这些参数可脱离具体环境而从实验室测得，如化合物的溶解度、蒸汽压、辛醇-水分配系数、消光系数以及不随环境特征参数而变化的速率常数等）和表征环境特征所测量的参数（如水流量、流速、pH 值、沉积物和水的质量比、水温、风速、细菌总数、光强等），则该模型将可以适用于广泛的化合物和不同类型的环境。

要建立这种模型只有充分研究化合物的各种迁移转化过程的机理，并且要特别着重动力学的研究。图 7-5 显示了有机毒物在水环境中的迁移转化过程。可以把图中这些迁移、转化过程归纳为如下几个重要过程：

(1) 负载过程（输入过程）。污水排放速率、大气沉降以及地表径流引入有机毒物至天然水体均将直接影响污染物在水中的浓度。

(2) 形态过程。

1) 酸碱平衡。天然水中 pH 值决定着有机酸或碱以中性态或离子态存在的分数，因而影响挥发及其他作用。

7.3 水质模型

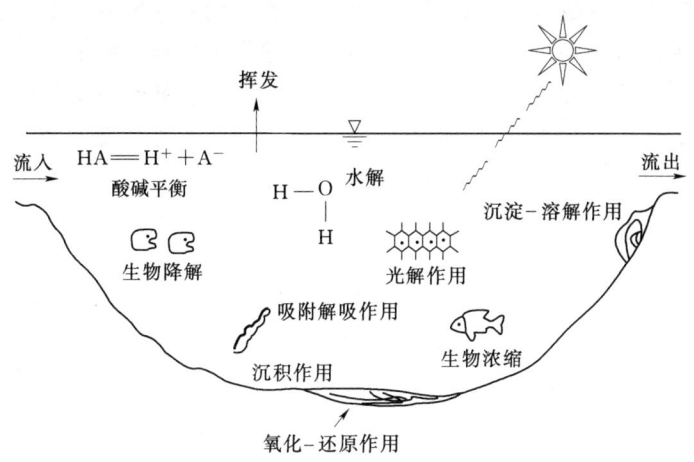

图 7-5 有机污染物在水环境中的迁移转化过程

2) 吸着作用。疏水有机化合物吸着至悬浮物上，由于悬浮物质的迁移而影响它们的迁移。

(3) 迁移过程。

1) 沉淀-溶解作用。污染物的溶解度范围可限制污染物在迁移、转化过程中的可利用性或者实质上改变其迁移速率。

2) 对流作用。水力流动可迁移溶解的或者被悬浮物吸附的污染物进入或排出特定的水生生态系统。

3) 挥发作用。有机污染物可能从水体进入大气，因而减少其在水中的浓度。

4) 沉积作用。污染物被吸附沉积于水体底部或从底部沉积物中解吸，均可改变污染物的浓度。

(4) 转化过程。

1) 生物降解作用。微生物代谢污染物并在代谢过程中改变它们的毒性。

2) 光解作用。污染物对光的吸收有可能导致影响它们毒性的化学反应的发生。

3) 水解作用。一个化合物与水作用通常产生较小的、简单的有机产物。

4) 氧化还原作用。涉及电子减少或增加的有机污染物以及金属的反应都强烈地影响环境参数。对于有机污染物中几乎所有重要的氧化-还原反应都是由微生物催化的。

(5) 生物累积过程。

1) 生物浓缩作用。通过可能的手段如鱼鳃的吸附作用，将有机污染物摄取至生物体内。

2) 生物放大作用。高营养级生物以消耗摄取有机毒物进入生物体的低营养级生物为食物，使生物体中有机毒物的浓度随营养级的提高而逐步增大。

了解水中有机物的这些主要迁移转化过程后，就可讨论有机毒物归趋模型的基本思路。其中包括一些假定：

(1) 从研究单个的主要迁移转化过程着手，单个过程的模型是整个模型的基础，并认为各单个过程使某种化合物从水环境中消失速率之和是该化合物在水环境中消的总速率。再假定每种过程速率都是一级反应过程,因而总速率也是一级反应。这基本上与在天然水环境中距离污染源较远、污染物浓度很低地方的实际情况是吻合的。

(2) 模型中既要有化合物固有性质的参数,又要有表征环境特征的参数,这样似乎应为二级反应式。但如果一旦环境定下来了,则速率的方程就又变成准一级反应式了。为此,假定有机物的存在并不改变环境参数,例如不会改变水体的 pH 值、对光的吸收系数和细菌总数等。出于污染物在水环境中的浓度很低,这个假定也是合乎实际情况的。

(3) 假定吸着速率远快于挥发和各种转化的速率。虽然一般讲,吸着过程比各转化过程快,但实际上吸着过程并非瞬时完成的。因此这种模型不能适用于污染源附近的浓度分布,它只反映长时间的大范围的环境情况。因此,这种模型只采用一维和稳态的处理方法。

根据以上基本思路,用简单的公式叙述归趋模型,大体可分以下三个步骤:①计算有机物因挥发和转化过程而从水环境中消失的速率;②吸着过程对有机物消失过程的影响;③对于一个被研究的水生态系统,考虑有机物的输入、稀释及最终从系统中输出的速率,从而计算在系统内的浓度和半衰期。有机物从大气返回到水体包括在输入项内。

(1) 有机物的消失速率。有机物由于各种转化过程和挥发过程消失的总速率 R_T 是各消失速率 R_i 的总和。

$$R_T = \sum R_i = c \sum (K_i E_i) \tag{7-31}$$

式中:K_i 为第 i 过程的速率常数;E_i 为对于第 i 过程在动力学上起重要作用的环境参数(水体 pH 值、光强、细菌总数等);c 为化合物的浓度。

应该指出,有机物消失速率 R_T 的表示式是按有机物浓度的一级反应来描述的,这对于在环境浓度高度稀释的情况下,应该说是符合事实的。式(7-31)还要求环境参数也是一级的。这样 R_i 可当作是按二级反应动力学行为来处理,如果假定环境中有机物浓度很低,不对环境产生影响(即不改变环境 pH 值、生物量、溶解氧等),那么环境参数在一定的环境地区和时间内就保持不变,这样 $K_i(E_i)$ 就可以用准一级反应速率常数来表示,则

$$R_T = c \sum K_i \tag{7-32}$$

$$K_T = \sum K_i = K_{vm} + K_b + K_h + K_p \tag{7-33}$$

式中:K_T 为污染物由于转化和挥发消失的总准一级反应速率常数;K_{vm} 为挥发速率常数;K_b 为生物降解速率常数;K_p 为光降解速率常数;K_h 为水降解速率常数。

由上述过程所造成的污染物消失的半衰期为

$$t_{\frac{1}{2}} = \frac{1}{K_T} \ln 2 \tag{7-34}$$

(2) 吸着的影响。除了转化和挥发会使有机物消失外,在颗粒物上的吸着也能降低有机物在水中的浓度。颗粒物可以是悬浮的沉积物,也可以来源于生物。当然最终颗粒物将沉降至水体的底部。无论是悬浮的或底部的颗粒物,当溶液中的污染物在水体中因转化或挥发而消失时,它们就可通过吸着-解吸的平衡过程作为化合物的一种来源向水中释放。如果在生物群(例如细菌、藻类或鱼类)中没有生物转化,那么有

机毒物又可在生物死亡或分解时重新返回溶液。至今对吸着在颗粒物上的生物转化过程了解得还很不充分。下面讨论的前提是，假定在颗粒物上不存在转化过程，而且吸着是完全可逆的，或比溶液中的转化速率快得多。

前面已经介绍，当有机物浓度很低时，它在水与颗粒物（沉积物或生物群）之间的分配，往往可用分配系数 K_p 来表示。因此，在一个水-颗粒物体系中有机物在水中的浓度 c_W 就可表达为

$$c_W = \frac{C_T}{K_p[p]+1} \tag{7-35}$$

将式（7-35）代入式（7-32），得

$$R_T = \frac{K_T C_T}{K_p[p]+1} \tag{7-36}$$

这一关系说明，除非在颗粒物上有机物转化过程的速率大于水中的转化速率，吸着的净效应是降低有机毒物从水中消失的总速率。从式（7-37）还可以看出，颗粒物的吸着将使半衰期增加

$$t_{1/2} = \frac{\ln 2}{K_T}(c_p K_p + 1) \tag{7-37}$$

（3）稳态时的浓度。上述方程仅仅描述了水体没有输入和输出时有机毒物的归趋。实际上有机毒物总是以一定的速率 R_I 输入水体的。这时，有机毒物在水环境中消失的总速率为 R_L，它是 R_T、稀释的速率 R_D 和输出的速率 R_O 之和。在一定范围的水体内，当 $R_I = R_L$ 时，有机毒物就达到了稳态浓度。

$$R_I = R_L = R_T + R_D + R_O \tag{7-38}$$

$$R_I = \frac{K_T}{K_p c_p + 1} C_T + R_D + R_O \tag{7-39}$$

那么有机物的稳态浓度即为

$$C_T = \frac{(R_I - R_O - R_D)(K_p c_p + 1)}{K_T} \tag{7-40}$$

由式（7-40）可见，除了速率常数 K_T 外，起始浓度、吸着和稀释都决定水环境中有机毒物的最终浓度。化合物的持久性则往往以 $t_{1/2}$ 表示。对于一级过程来讲，此值与浓度无关。

美国环保局开发了一套名为 EXAMS (Exposure Analysis Modeling System) 的计算程序。下面介绍以 5 种邻苯二甲酸酯类化合物为例，利用 EXAMS 计算程序，预测其在不同类型水环境中的迁移和归趋情况。

5 种化合物的名称是邻苯二甲酸二甲酯（DMP）、二乙酯（DEP）、二正丁酯（DNBP）、二正辛酯（DNOP）、二（α-乙基己基）酯（DEHP）。它们的生产量都比较大，在美国 1976 年总产量超过了 10 万 t。

为了比较不同类型的水体，将环境规定为在空间上均匀分布的水体，这些环境包括一个 $1hm^2$ 面积的池塘，水的停留时间为 80 天；一个贫营养化（弱热分层）和一个富营养化（分层）的湖泊，面积均为 $85hm^2$，停留时间均为 200 天；另一水体为一河段，宽 100m，长 8km，停留时间为 1h。决定反应条件的环境参数选择为美国东南

部夏季常见的数值。表 7-5 列举了一些物理、化学和生物特征的数据。

表 7-5　　一些物理、化学和生物特征值

项目	河流（3km）	池塘	富营养湖泊	贫营养湖泊
体积/m^3	9×10^5	2×10^4	8×10^6	8×10^6
水输出/(m^3/h)	9×10^5	2.8×10^3	1.7×10^3	1.7×10^3
悬浮沉积物/(mg/L)	100	30	50	10
pH 值	7.0	8.0	8.0	6.0
细菌群体（水）/(CFU/mL)	1×10^3	1×10^3	1×10^5	1×10^2
细菌群体（沉积物）/(CFU/mL)	1×10^3	1×10^8	1×10^{10}	11×10^7
沉积物的有机碳/%	1	4	4	1

所有生态系统的天顶光衰减系数 α 均取 $3.0m^{-1}$，只有贫营养湖取 $0.3m^{-1}$。光的分布函数（即水中光程与水深之比）对所有情况均取 1.19。用这些数据来计算因光解而使有机物浓度降低的百分数。各系统底部沉积物的密度都是 $1.85g/cm^3$，含水量 150%，能起作用的深度为 5m；对于底部沉积物与上覆水之间的平衡，底部停留时间除河段取 10 天外，其余均取 75 天。吸着在底部沉积物或悬浮沉积物上的邻苯二甲酸酯假定可延缓转化过程。对所有水系水体中的自由基浓度取 $10^{-9}mol/L$，并忽略其在底部沉积物中的浓度。对所有水系水面上 10cm 处的风速均为 2cm/s（此值相当于气相传质系数 2291cm/h）。氧速率对池塘为 $0.0072h^{-1}$，湖泊为 $0.012h^{-1}$，河段为 $0.0168h^{-1}$。邻苯二甲酸酯的挥发按双膜理论所推演出来的方法计算。富营养化湖泊斜温层之间混合的边界扩散系数取 $0.08m^2/h$，用此值可算出下层滞水带的停留时间为 52 天。对用于弱分层的贫营养湖，从选取的边界扩散系数可以推算出下层滞水带的停留时间为 10 天。

表 7-6 列出了 5 种邻苯二甲酸酯的过程数据。5 个酯的酸催化二级水解速率常数是假设的值，没有发现这些酯的中性水解转化途径。碱催化水解速率常数引自文献；

表 7-6　　5 种邻苯二甲酸酯归趋与迁移作用的常数

常数	DMP	DEP	DNBP	DNOP	DEHP
$K_h/[L/(mol\cdot h)]$	0.04	0.04	0.04	0.04	0.04
$K_{OH}/[L/(mol\cdot h)]$	2.5×10^2	7.9×10^1	8.8×10^1	5.8×10^1	4.0×10^1
K_d/h^{-1}	2×10^{-4}	2×10^{-4}	2×10^{-4}	2×10^{-4}	2×10^{-4}
$K_b/[mL/(cell\cdot h)]$	5.2×10^{-6}	8.2×10^{-9}	2.9×10^{-8}	3.1×10^{-10}	4.2×10^{-12}
$K_{ox}/[L/(mol\cdot s)]$	18	18	18	18	18
$K_H/(atm\cdot m^3/mol)$	1.1×10^{-6}	2.0×10^{-8}	1.3×10^{-6}	5.0×10^{-6}	4.4×10^{-7}
K_B	2.6×10^1	7.3×10^1	8.0×10^3	2.9×10^3	8.9×10^3
K_{OC}	1.6×10^2	4.5×10^2	6.4×10^3	1.9×10^4	5.7×10^4
$S_w/(mg/L)$	4.3×10^3	8.9×10^2	1.3×10^1	3.0	4.0×10^{-1}

注　K_h 及 K_{OH} 为酸碱催化水解速率常数；K_d 为准一级直接光解速率常数；K_b 为生物转化速率常数；K_{ox} 为氧化速率常数；K_H 为亨利常数；K_B 为生物-水间分配常数；S_w 为溶解度；K_{OC} 为沉积物-水间分配常数，中性水解反应速率很小，未列出。

直接光解速率常数（K_d）是由 Zeep 提供；自由基氧化速率常数是根据伯仲叔基与过氧自由基作用所报道的平均值加以估算的。用测量的溶解度蒸汽压值计算出亨利常数。K_{OC} 及 K_B 均可从 K_{OW} 算出来。

污染负荷以各系统的水中含酯 0.1mg/L 计算，用 EXAMS 计算了各有机物的稳态行为和外部负荷停止后酯类逐渐消失的情形。计算结果列于表 7-7 和表 7-8。

表 7-7　5 种邻苯二甲酸酯在 4 种水生环境中的归趋与迁移的计算模拟结果

化合物	生态系统	负荷降低/%	积累因子/d	分配/% 水体	分配/% 底部沉积物	恢复时间
DMP	河流	0.55	0.04	99.99	0.01	3h
DMP	池塘	80.5	5.3	99.98	0.02	20d
DMP	富营养湖	100.0	0.08	100.0	0.0	6.7h
DMP	贫营养湖	73.2	52.0	100.0	0.0	184d
DEP	河流	0.01	0.05	91.8	8.2	67h
DEP	池塘	9.9	39.0	69.7	30.3	7 月
DEP	富营养湖	62.4	65.0	99.8	0.2	8 月
DEP	贫营养湖	14.8	174.0	98.3	1.7	20 月
DNBP	河流	0.07	0.09	45.7	54.3	18d
DNBP	池塘	42.4	130.0	13.3	86.7	19 月
DNBP	富营养湖	93.3	11.7	96.4	3.6	40d
DNBP	贫营养湖	24.7	186.0	81.0	19.0	23 月
DNOP	河流	0.04	0.20	20.7	79.3	30d
DNOP	池塘	27.4	521.0	4.2	95.8	67 月
DNOP	富营养湖	51.0	316.0	28.3	71.7	47 月
DNOP	贫营养湖	33.3	235.0	57.2	42.8	32 月
DEHP	河流	0.0	0.50	8.3	91.7	35d
DEHP	池塘	4.8	1910.0	1.5	98.5	19a
DEHP	富营养湖	11.4	1564.0	11.2	88.8	19a
DEHP	贫营养湖	16.0	544.0	31.0	69.0	6a

注　所有结果都以输入负荷大小无关的方式来表示，这是为了有利于在各酯类、各生态系统之间进行比较。

在畅通的河流中由水载带的负荷稳态消失最少，其消失百分数对任何一个酯类化合物都不超过 0.6%，因此，河流负荷的 99% 以上流至下游。具有较长停留时间的系统（池塘与湖泊）正如所预料的那样，其污染负荷消失显著。污染负荷的消失与停留时间并非简单的成正比关系。在一些情况下，如对于 DMP、DNBP，池塘系统（停留时间 30 天）消耗的负荷较贫营养湖（停留时间 200 天）多。

这些生态系统受邻苯二甲酸酯污染程度的大小以积累因子来表示。用积累因子（单位是 d），乘以每日质量负荷（即 kg/d），就得到稳态系统内残留的总量（表 7-7）。有两个因素可以有效地限制污染的程度：一个是快速的冲刷（河流），另一个是大量的降解。例如，在富营养化湖中预报 DMP 和 DNBP 分别衰减 100％ 和 93.3％，因此它们的积累因子最小（0.08 和 11.7），但是积累因子与底部沉积物对酯类的亲和力有关，K_{OC} 增加使底部沉积物中存留的污染负荷比例增高。例如，在池塘生态系统中 DEHP 的积累因子最大（1910），在那里，有 4.8％ 的负荷被降解，98.5％ 的污染物存在于底部沉积物中。

被污染的生态环境的恢复时间是用 5 倍于准一级反应的半衰期来估算。对于底部沉积物和水载带部分的半衰期是分开计算的，然后按照酯类在水体与底部沉积物之间分配的比例来加权计算整个系统的准一级反应的半衰期；恢复时间一般是与积累因子的大小有关。对于池塘和富营养化湖泊中 DEHP 的污染，其恢复的时间长达 19 年。

对于每一个生态系统，在总的消失负荷中，各个酯类化合物的水解、光解、生物降解和挥发过程所占的比例列于表 7-8。酯类的氧化在所有的情况下所占比例很小，只占负荷的 0.01％ 或更小，因而没有把它列入表内。

表 7-8 4 种生态系统中邻苯二甲酸酯的转化与挥发在稳态时所占输入负荷的百分数

化合物	生态系统	水 解	光 解	生物降解	挥 发
DMP	河 流	0.0	0.0	0.5	0.0
	池 塘	3.5	0.4	74.5	2.2
	富营养湖	0.1	0.0	99.9	0.0
	贫营养湖	0.3	4.6	65.6	2.7
DEP	河 流	0.0	0.0	0.0	0.0
	池 塘	2.8	1.8	5.1	0.2
	富营养湖	6.7	0.7	55.0	0.1
	贫营养湖	0.2	13.9	0.6	0.1
DNBP	河 流	0.0	0.0	0.1	0.0
	池 塘	3.3	1.2	31.8	6.2
	富营养湖	2.1	0.2	89.1	0.9
	贫营养湖	0.3	12.3	4.9	7.2
DNOP	河 流	0.0	0.0	0.0	0.0
	池 塘	1.4	1.4	0.5	24.0
	富营养湖	5.6	0.8	28.6	16.0
	贫营养湖	0.1	11.0	0.0	22.2
DEHP	河 流	0.0	0.0	0.0	0.0
	池 塘	0.0	1.8	0.1	2.8
	富营养湖	0.2	1.4	7.7	2.2
	贫营养湖	0.0	13.7	0.0	2.3

注　表内 4 个百分数相加即为负荷消失的总百分数，剩余的为由水载带输出的百分数。

由表 7-8 可见，在多数情况下，生物降解是消失污染负荷的主要过程。光解虽然慢，但是在贫营养湖中，除 DMP 以外，光降解却是主要过程。在这些情况下，它可在稳态时分解负荷的 10%~15%。DNOP 是易挥发的化合物，在有较大停留时间的系统，可以挥发掉 20% 左右的负荷。对于其他的酯，只有 DNBP 有较多的挥发，但这也只限于生物降解和冲刷比较少的系统（池塘与贫营养化湖泊）。水解速率比起生物降解一般都很慢，虽然也有些例外（如池塘系统中的 DEP 和 DNOP）。

这些结果表明，对于邻苯二甲酸酯类的降解几乎没有一个通用的规律。以 DNOP 和 DEHP 为例，它们是一对异构体，亨利常数在同一数量级，但从池塘和湖泊挥发的 DNOP 约占总负荷消失的 20%，DEHP 却只占 2% 左右，而且每一种转化过程的速率强烈地受环境条件和参数之间相互作用的影响。由此可见，水解、光解、生物降解、挥发和从生态系统输出这几个过程是相互竞争的，具体情况将取决于有机物和生态系统的性质。一般来讲，大分子量的酯，其转化过程可能不易进行，而负荷消失的主要过程是从一个生态系统向另一个系统输出。

总之，对于有机毒物释放至水环境以后的复杂环境行为，至今不但有了单个的模型，而且已有了系统模型，这是近年来的一个重要进展。一旦将模型用于生态归趋分析，将会大大促进水环境中有机毒物的控制与防治。

7.3.3.2 地下水水质模型

完整的地下水水质模型应当包含描述研究区地下水流场演变的地下水流模型和描述地下水中溶质运移行为的溶质运移模型，两者通过运动方程联系构成一个整体。由于地下水问题的复杂性，此处仅给出几个常见的饱和多孔介质中的地下水流模型和溶质运移模型，有关模拟软件可参考有关著作。

1. 饱和多孔介质中的地下水流模型

地下水流模型由地下水流控制方程和相应的定解条件构成。一般情况下可把含水层中的水流处理为水平面上的二维流问题。所以各向同性承压含水层中的地下水流问题可用下列数学模型来描述（薛禹群等，1997）：

$$\frac{\partial}{\partial x}\left(T\frac{\partial H}{\partial x}\right)+\frac{\partial}{\partial y}\left(T\frac{\partial H}{\partial y}\right)+w=S\frac{\partial H}{\partial t} \quad 在 \Omega 上$$

$$H(x,y,0)=H_0(x,y) \quad t=0,(x,y)\in \Omega$$

$$H(x,y,t)|_{\Gamma_1}=\varphi_1(x,y,t) \quad t\geqslant 0,(x,y)\in \Gamma_1$$

$$T\frac{\partial H}{\partial n}\Big|_{\Gamma_2}=q(x,y,t) \quad t\geqslant 0,(x,y)\in \Gamma_2$$

式中：H_0 为水头初值；φ_1 为第一类边界 Γ_1 上的已知函数；q 为第二类边界 Γ_2 上的单位宽度侧向补给量；n 为边界 Γ_2 的外法线方向；T 为导水系数；H 为水头；w 为源汇项；S 为储水系数；Ω 为研究区。

对于各向同性越流含水层（主含水层）中的水流一般可归结为下列定解问题：

$$\frac{\partial}{\partial x}\left(T\frac{\partial H}{\partial x}\right)+\frac{\partial}{\partial y}\left(T\frac{\partial H}{\partial y}\right)+\frac{K_z}{m}(H_z-H)+w=S\frac{\partial H}{\partial t} \quad 在 \Omega 上$$

$$H(x,y,0)=H_0(x,y) \quad t=0,(x,y)\in \Omega$$

$$H(x,y,t)|_{\Gamma_1}=\varphi_1(x,y,t) \quad t\geqslant 0,(x,y)\in \Gamma_1$$

$$T\frac{\partial H}{\partial n}\Big|_{\Gamma_2}=q(x,y,t) \quad t\geqslant 0,(x,y)\in \Gamma_2$$

式中：H_z 为补给层（可以是另一个含水层，也可以是地表水体）的水头（如补给层为地表水体，则为河水位或湖水位）；K_z、m 分别为弱透水层的垂向渗透系数和厚度；其余符号意义同前。

越流系统中的水流是一个三维渗流问题，但在很多情况下可以把它处理为若干个二维定解问题联立求解，构成一个准三维模型。如以主含水层上、下各有一个含水层这样一个越流系统为例加以说明。分别以下标 1、2、3 表示上、中、下这三个含水层，设最上面的第一个含水层为潜水含水层，其余为承压含水层，则对第一个含水层有

$$\frac{\partial}{\partial x}\left[K_1(H_1-z_1)\frac{\partial H_1}{\partial x}\right]+\frac{\partial}{\partial y}\left[K_1(H_1-z_1)\frac{\partial H_1}{\partial y}\right]$$

$$-\frac{K_1'}{m_1}(H_1-H_2)+w_1=\mu\frac{\partial H_1}{\partial t} \qquad \text{在 } \Omega_1 \text{ 上}$$

$$H_1(x,y,0)=H_{1,0}(x,y) \qquad (x,y)\in\Omega_1$$

$$H_1(x,y,t)|_{\Gamma_1}=\varphi_1(x,y,t) \qquad t\geq 0,(x,y)\in\Gamma_1$$

$$K_1(H_1-z_1)\frac{\partial H_1}{\partial n}\bigg|_{\Gamma_2}=q_1(x,y,t) \qquad t\geq 0,(x,y)\in\Gamma_2$$

对第二个含水层有

$$\frac{\partial}{\partial x}\left(K_2M_2\frac{\partial H_2}{\partial x}\right)+\frac{\partial}{\partial y}\left(K_2M_2\frac{\partial H_2}{\partial y}\right)+\frac{K_1'}{m_1}(H_1-H_2)$$

$$+\frac{K_2'}{m_2}(H_3-H_2)+w_2=S_2\frac{\partial H_2}{\partial t} \qquad \text{在 } \Omega_2 \text{ 上}$$

$$H_2(x,y,0)=H_{2,0}(x,y) \qquad (x,y)\in\Omega_2$$

$$H_2(x,y,t)|_{\Gamma_1}=\varphi_2(x,y,t) \qquad t\geq 0,(x,y)\in\Gamma_1$$

$$K_2M_2\frac{\partial H_2}{\partial n}\bigg|_{\Gamma_2}=q_2(x,y,t) \qquad t\geq 0,(x,y)\in\Gamma_2$$

对第三个含水层有

$$\frac{\partial}{\partial x}\left(K_3M_3\frac{\partial H_3}{\partial x}\right)+\frac{\partial}{\partial y}\left(K_3M_3\frac{\partial H_3}{\partial y}\right)-\frac{K_2'}{m_2}(H_3-H_2)+w_3$$

$$=S_3\frac{\partial H_3}{\partial t} \qquad \text{在 } \Omega_3 \text{ 上}$$

$$H_3(x,y,0)=H_{3,0}(x,y) \qquad (x,y)\in\Omega_3$$

$$H_3(x,y,t)|_{\Gamma_1}=\varphi_3(x,y,t) \qquad t\geq 0,(x,y)\in\Gamma_1$$

$$K_3M_3\frac{\partial H_3}{\partial n}\bigg|_{\Gamma_2}=q_3(x,y,t) \qquad t\geq 0,(x,y)\in\Gamma_2$$

式中：K、M 为含水层的渗透系数和厚度；μ 为给水度；H、S、w、φ 和 q 的含义同前（下标则表示相应的含水层）；K_1'、K_2'、m_1 和 m_2 分别表示位于第 1、2 含水层间和第 2、3 含水层间上、下两个弱透水层的垂向渗透系数和厚度，下标 1、2 分别表示上、下弱透水层；Ω_1、Ω_2 和 Ω_3 分别为第 1、2、3 含水层的研究区域（计算域）；它们的边界由 Γ_1、Γ_2 所围成，各层的 Γ_1、Γ_2 一般是不一致的；w_1、w_2、w_3 为单位

时间、单位含水层面积上的垂向交换水量,其中 w_1 可能包括的有降水入渗量 P、河流渗漏量 ω_r、渠道渗漏量 ω_c、灌溉水回灌量 ω_i、湖塘水渗漏量 ω_1、注水量(抽水时取负值)ω_1,即 $w_1=P_1+\omega_r+\omega_c+\omega_i+\omega_1+\omega_1$,$w_2=\omega_2$、$w_3=\omega_3$ 分别为第2、3含水层单位时间、单位面积上注水(抽水取负值)量;z_1 为第1含水层的底板标高。

随着各个含水层中水头值的变化各个方程会自动调整越流方向。这个准三维问题由于三个含水层中的地下水流方程中都含有不止一个未知数,一般只能用迭代法求解。

需要注意的是,潜水或无压渗流问题,如前面准三维模型中所说,一般归结为

$$\frac{\partial}{\partial x}\left(Kb\frac{\partial H}{\partial x}\right)+\frac{\partial}{\partial y}\left(Kb\frac{\partial H}{\partial y}\right)+w=\mu\frac{\partial H}{\partial t} \qquad 在\ \Omega\ 上$$

$$H(x,y,0)=H_0(x,y) \qquad (x,y)\in\Omega$$

$$H(x,y,t)|_{\Gamma_1}=\varphi_1(x,y,t) \qquad t\geqslant 0,(x,y)\in\Gamma_1$$

$$Kb\frac{\partial H}{\partial n}\bigg|_{\Gamma_2}=q(x,y,t) \qquad t\geqslant 0,(x,y)\in\Gamma_2$$

其中 $$b=H-z$$

式中:b 为潜水流厚度,源汇项 w 如前述可能包括多项垂向交换水量;其余符号意义同前。

对于各向异性介质,当坐标轴取得和渗透系数的主方向一致时,只需把上述控制方程中的 T 分别换成 $T_{xx}=K_{xx}M$(或 $K_{xx}b$)或 $T_{yy}=K_{yy}M$(或 $K_{yy}b$),越流系统的方程也作相应变换。

对于三维问题(各向异性介质)则有

$$\frac{\partial}{\partial x_i}\left(K_{i,j}\frac{\partial H}{\partial x_j}\right)+w=S_s\frac{\partial H}{\partial t} \qquad (i,j=1,2,3) \qquad 在\ \Omega\ 上$$

$$H(x,y,z,0)=H_0(x,y,z) \qquad (x,y,z)\in\Omega$$

$$H(x,y,z,t)|_{\Gamma_1}=\varphi_1(x,y,z,t) \qquad (x,y,z)\in\Gamma_1$$

$$K_{i,j}\frac{\partial H}{\partial n}n_i\bigg|_{\Gamma_2}=q(x,y,z,t) \qquad (x,y,z)\in\Gamma_2$$

式中:S_s 为单位储水系数;q 为第二类边界 Γ_2 上的单位面积侧向补给量。如坐标轴取得和各向异性介质的主方向一致时,则水流方程可改写为

$$\frac{\partial}{\partial x}\left(K_{xx}\frac{\partial H}{\partial x}\right)+\frac{\partial}{\partial y}\left(K_{yy}\frac{\partial H}{\partial y}\right)+\frac{\partial}{\partial z}\left(K_{zz}\frac{\partial H}{\partial z}\right)+w=S_s\frac{\partial H}{\partial t}$$

前面列举了几种常见的非稳定渗流问题数学模型。稳定渗流问题如前述只要把相应模型中的控制方程右端的 $S\frac{\partial H}{\partial t}$、$S_s\frac{\partial H}{\partial t}$ 等项改为等于零,边界条件中的已知函数改为与时间无关的量,并删去初始条件。

2. 饱和多孔介质中的溶质运移模型

含水层中溶质运移模型一般由对流-弥散方程和相应的定解条件构成。

描述饱和带溶质运移的对流-弥散方程为(薛禹群等,1997):

$$\frac{\partial c}{\partial t}=\frac{\partial}{\partial x_i}\left(D_{ij}\frac{\partial c}{\partial x_j}\right)-\frac{\partial(u_i c)}{\partial x_i} \quad (i,j=1,2,3)$$

式中：c 为溶液中某种组分的浓度；u 为实际平均流速（孔隙流速）矢量；u_i 为其在 $i=1,2,3$ 坐标轴方向的分量；D_{ij} 为其分量 $(i,j=1,2,3)$。

$$D=D'+D''$$

式中：D 为水动力弥散系数，它是二秩张量；D'、D'' 分别为机械弥散系数和分子扩散系数，都是二秩张量。

如有源汇项时，则对流-弥散方程中还要相应地加上源汇项 N，有

$$\frac{\partial c}{\partial t}=\frac{\partial}{\partial x_i}\left(D_{ij}\frac{\partial c}{\partial x_j}\right)-\frac{\partial(u_i c)}{\partial x_i}+N \quad (i,j=1,2,3)$$

源汇项 N 可以有多种形式：如示踪剂有放射性衰变时，此时 N 为单位时间单位体积多孔介质中由于放射性衰变而减少的示踪剂质量。若放射性衰变系数为 K_f，则 $N=-K_f c$；如有水井注水，则有 $N=w_R/\varphi c^*$，w_R 为单位时间单位体积（专指三维问题时，若为二维问题，则为单位时间单位面积）含水层的注水量，c^* 为注入水的溶质浓度；如有水井抽水，则 $N=-w/\varphi c$，w 为单位时间单位体积（专指三维问题时，若为二维问题，则为单位时间单位面积）含水层中的抽水量。

如 $w_R c^*$ 由位于各点 x 的人工注水速率 $w_R^{(m)}$ 造成，则

$$N=\frac{1}{\varphi}\sum_{(m)}w_R^{(m)}(x^{(m)},t)\delta(x-x^{(m)})c^*(x^{(m)},t)$$

如 wc 由位于各点 x 的抽水速率 $w^{(r)}$ 造成，则

$$N=-\frac{1}{\varphi}\sum_{(r)}w^{(r)}(x^{(r)},t)\delta(x-x^{(r)})c(x^{(r)},t)$$

如固相和液相界面处，有吸附存在。液相中的溶质被固相表面吸附，则会降低液相中溶质的浓度；反之，则为解吸。若 f 为单位体积多孔介质单位时间内离开液相进入固相的溶质质量，则有

$$\frac{\partial[(1-\varphi)\rho_s F]}{\partial t}=f+(1-\varphi)\rho_s \Gamma_s$$

式中：ρ_s 为固相密度；φ 为孔隙度；$1-\varphi$ 为固相的体积比；F 为单位质量固相中所含溶质的质量；Γ_s 为单位质量固体中该溶质生成的速率。

有关吸附的研究目前大多是在等温条件下进行的，如 Freundlich（1926）提出的均衡吸附表达式为

$$F=bc^m$$

式中：b 和 m 均为常数。

如 $m=1$，b 以更通用的符号 K_d 表示，则

$$F=K_d c$$

它假设吸附是瞬时、可逆和线性的，K_d 称为分布系数。

等温线性平衡更一般的表达式是

$$F=k_1 c+k_2$$

式中：k_1 和 k_2 为常数。

对于不可逆系统最简单的不均衡等温过程，有
$$\frac{\partial F}{\partial t} = K_a c$$

式中：K_a 为常数。

如吸附在固相上的物质也有放射性衰变，则
$$\Gamma_s = -K_s F$$

式中：K_s 为该物质的衰变速率常数，它等于 $1/T$，其中 T 为半衰期。

此时对流-弥散方程中的 N 相当于 $-f/\varphi$，即有
$$N = -\frac{1}{\varphi}\frac{\partial[(1-\varphi)\rho_s F]}{\partial t} - \frac{(1-\varphi)\rho_s K_s F}{\varphi} \quad (7-41)$$

如果式（7-41）各源汇项同时存在，对流-弥散方程有如下形式：
$$\frac{\partial}{\partial t}\left\{1 + \frac{(1-\varphi)\rho_s K_d}{\varphi}\right\}c = \frac{\partial}{\partial x_i}\left(D_{i,j}\frac{\partial c}{\partial x_j}\right) - \frac{\partial(u_i c)}{\partial x_i}$$
$$- \left[K_f + \frac{(1-\varphi)\rho_s K_s K_d}{\varphi}\right]c + \frac{w_R}{\varphi}c^* - \frac{w}{\varphi}c \quad (7-42)$$

对于没有外部源和汇，即 $w_R = 0$，$w = 0$，且 $\frac{\partial \rho_s}{\partial t} = 0$，$\frac{\partial \varphi}{\partial t} = 0$，如吸附是瞬时、可逆和线性的（$\partial K_d/\partial t = 0$），则式（7-42）可简化为
$$R_d \frac{\partial c}{\partial t} = \frac{\partial}{\partial x_i}\left(D_{ij}\frac{\partial c}{\partial x_j}\right) - \frac{\partial(u_i c)}{\partial x_i} - \left[K_f + \frac{(1-\varphi)\rho_s K_s K_d}{\varphi}\right]c \quad (7-43)$$

其中
$$R_d = 1 + \frac{(1-\varphi)\rho_s K_d}{\varphi} \quad (>1)$$

式中：R_d 为阻滞因子或阻滞系数。

如令 $K_s = K_f$，介质为均质的，则 $R_d =$ 常数，式（7-43）可改写为
$$\frac{\partial c}{\partial t} = \frac{\partial}{\partial x_i}\left(\frac{D_{ij}}{R_d}\frac{\partial c}{\partial x_j}\right) - \frac{\partial}{\partial x_i}\left(\frac{u_i}{R_d}c\right) - K_f c$$

溶质运移模型中的定解条件一般可写为
$$c(x_i, 0) = c_0(x_i)$$
$$c(x_i, t)\big|_{B_1} = c_1(x_i, t)$$
$$D_{ij}\frac{\partial c}{\partial x_j}n_i \bigg|_{B_2} = f_2$$

式中：c_0 为浓度初值；c_1 为第一类边界 B_1 上给定的浓度；f_2 为第二类边界 B_2 上通过的弥散质量通量，流入为正。

如 B_2 为隔水边界，则有
$$D_{ij}\frac{\partial c}{\partial x_j}n_i \bigg|_{B_2} = 0$$

7.4 QSAR 模型预测

定量结构与活性相关（Quantitative Structure – Activity Relationships，QSAR）

是建立有机物的毒性和理化参数的相关性,通过测量或计算有机物的特征参数,从而估算有机物对生物毒性的方法。

7.4.1 QSAR 的研究意义

由于测定化合物的各种毒性需要花费大量的人力、物力和财力,人们不可能对众多化学品进行一一测定,而利用 QSAR 模型即可对化学品的生物毒性和环境行为进行预测,并筛选出具有潜在危害的化学品,这在环境科学研究中无疑是一件极具意义的工作。

QSAR 法起始于药物和杀虫剂的研究,在国际上是一个相当活跃的研究领域,是环境化学、药物化学、计算机化学及农业化学中的一个前沿课题。在环境化学领域,QSAR 主要应用于有机化学品评价,为有机物的危险评价提供了一种简便、实用的途径。

有机物对生物的毒性作用有不同的机理。目前认为,分子水平上的毒性机理有特异性和非特异性两大类。非特异性机理也叫非反应性毒性。这类化合物对生物的毒性较低,通常表现为不同程度的致麻醉作用。致麻醉作用几乎是所有有机物最起码的生物效应,称为基本毒性(麻醉Ⅰ型毒性)。有人指出,这类化合物的毒性与该物质的脂溶性有关,而不是依赖于特殊的化学结构,因此可用正辛醇/水分配系数($\lg P$)很好地描述。麻醉Ⅰ型有机物一般包括酮、醚、醇、酯及非反应性卤代烃等。

特异性毒性也叫反应性毒性,指化合物在结构上存在特异的化学基团,能与生物体内的特殊部位如蛋白质、酶、DNA 的亲核基团—NH_2、—OH、—SH 等发生某种物理或化学反应,一般使其毒性大大增强。反应性有机物包括反应性卤代烷、环氧化物和醛等。

毒性介于麻醉Ⅰ型和反应性毒性之间的化合物属于麻醉Ⅱ型或极性麻醉化合物。这类化合物包括胺类、酚类、苯甲酸类及硝基芳香化合物等。许多文献报道了可能存在两种或更多的毒性机制导致这种麻醉Ⅱ型作用的发生。研究表明,酚类可用疏水项 $\lg P$ 和电荷项 $p\mathrm{Ka}$ 很好地描述,而胺类则用极化率项 π^* 描述更好一些,这说明这两类均属于麻醉Ⅱ型的化合物有着不同的致毒机制。

有人指出,QSAR 只适用于预测对生物毒性机制相似的化合物。

7.4.2 QSAR 方法体系

QSAR 研究的核心问题是建立有机物结构与活性之间的函数关系 $A = f(S)$。在环境化学中,A 代表有机物的毒性,常用半致死浓度的负对数($-\lg LC_{50}$)表示;S 代表有机物的结构,其表达形式多种多样,因此,在具体研究中采取合适的理化参数,这对 QSAR 法的成功具有举足轻重的作用。QSAR 发展至今,许多新方法不断涌现。目前国内外最普遍实用的 QSAR 法有以下 7 种,辛醇/水分配系数、线性自由能法(LFER 法)、线性溶剂化能相关(LSERs, Linearsolvation energy relationships)、分子连接性指数(Molecular connectivity)、Free - Wilson 法、分子表面积法(TSA)以及量子化学法。

1. 辛醇/水分配系数法

在毒理学研究中,辛醇/水分配系数($\lg P$)是最普通、最重要的理化参数。它反映有机物的亲脂性。通常用 $\lg P$ 表达的 QSAR 模型用式（7-44）表示：

$$-\lg LC_{50}=a\lg P-b(\lg P)^2+c \tag{7-44}$$

式中：a、b、c 为常数。

许多化合物的 $\lg P$ 可以进行实验测定，也可以用碎片常数法进行估算。还可以用 Hansch 和 Leo 编制的计算机程序（$C\lg P$）计算得到，通常用计算值比较方便。$\lg P$ 法参数较易获得，计算简单，已成为人们普遍接受的方法。

2. 线性自由能法（LFER 法）

Hansch 认为如果不考虑有机物在生物体内的代谢，那么生物毒性可以认为是该物质的立体效应（Taft 常数 Es）、电子效应（Hammett 常数 σ）及疏水效应（$\lg P$）的函数，可用式（7-45）表达：

$$-\lg LC_{50}=a\lg P-b(\lg P)^2+cEs+d\sigma+e \tag{7-45}$$

式中：a、b、c、d、e 为常数。

多数 Hansch 相关方程并不一定同时包含 $\lg P$、Es、σ 三种结构参数。如果有机物分子不太大，电子效应和立体效应有时可以忽略，则方程式（7-45）可简化为方程式（7-44），这就是常用的辛醇/水分配系数法。

由于 Hansch 方法的参数较易获得，并具有一定的理论意义，有助于人们理解生物活性的作用机制，因而直至今日仍有许多 QSAR 研究者采用这种方法。

3. 线性溶剂化能相关方法（LSER 法）

LSER 法是由 Kamlet 等提出，认为有机物的溶解性与分子体积、极性和酸碱性三方面的结构性质相关，这三方面的性质可由四种溶剂化色散参数来定量描述，它们是：$V_i/100$（分子体积项），π^*（分子偶极项），β_m 和 α_m（氢键项）。LSER 法的表达式为

$$-\lg LC_{50}=mV_i/100+s\pi^*+a\beta_m+b\alpha_m+c \tag{7-46}$$

式中：m、s、a、b、c 均为常数。

LSER 法的局限性在于 4 种溶剂化色散参数较难获得，除分子体积可通过计算得到外，其他参数需根据核磁共振、紫外光谱等数据获得。许多有机物的参数尚未确定，不能从文献中查到。与其他理化参数相比，LSER 法参数的确定更为困难。

4. 分子连接性指数法（MCI 法）

分子连接性指数法是由 Kier 和 Hall 提出的。它是根据分子中各个骨架原子排列或相连接的方式来描述分子的结构性质。MCI 是一种拓扑学参数，有零阶项（$^0X^V$）、一阶项（$^1X^V$）、二阶项（$^2X^V$）等，可以根据分子的结构式和原子的点价（δ）计算得到。

MCI 指数与有机物的毒性数据有较好的相关性。分子连接性指数可以计算获得，能较强地反映分子的立体结构，但反映分子电子结构的能力较弱，因此缺乏明确的物理意义，使其在实际应用中受到了限制。但其具有简单、方便且不依赖于实验等优点，近年来得到广泛应用和发展。

5. 基团贡献法（Free-Wilson 法）

基团贡献法是由 Free-Wilson 在对有机物亚结构信息和生物毒性的相关研究基

础上建立的。这种模式基于有机物与受体间的毒性效应是该有机物特定位置上不同取代基团毒性贡献的加和。数学表达式如下

$$-\lg LC_{50} = \sum N_i T_i + T_0 \tag{7-47}$$

式中：N_i 为 i 取代基的数目；T_i 为 i 取代基的毒性贡献；T_0 为母体化合物的毒性值。

Free-Wilson法不必计算化合物的理化参数，通过回归分析，将数据拟合成上述模式进行计算，从而确定每一种可能的取代基在特定取代位置上的影响。该法仅适用于具有相同母体结构的有机物。尽管该法不能直接给出活性机制，但因其方法简单，常被用来对有机物进行毒性初评。

6. 分子表面积法（TSA）

Hermans等首次从分子结构角度计算了分子总表面积（TSA），并从理论上建立了溶解度与TSA的关系。另外一些学者研究了有机物的生物毒性与分子表面积之间的相关性。

TSA的计算方法有Hermans法、Valvsni法等，但计算过程较复杂，应用计算机程序（Nemesis）计算较简便。

7. 量子化学法

通过对有机物分子的量子化学计算，可以全面获得有关分子的电子结构和立体结构的信息。如分子轨道能级、原子的电荷密度、偶极矩、分子净电荷以及优势构象等。目前常用的量子化学计算法有MNDO法、MOPAC-AM1分子轨道法等。相对于传统的经验参数，采用量子化学参数对化合物的描述更全面，理论性更强，因而将量子化学方法引入QSAR研究成为目前QSAR发展的一个新方向。

量子化学方法的不足之处在于量化参数复杂多样，使得人们在模型参数的选择、定量模型的确定及毒性机理的解释方面遇到一定困难，目前仍处于探索阶段。

7.4.3 QSAR方法的发展趋势

随着化学工业的发展，数以万计的有机化合物进入了人类赖以生存的生态环境，并广泛分布于世界各个角落，这些化合物在给人类带来方便和益处的同时已给环境造成了负面影响。例如烃类化合物是石油的主要成分，在给人类带来动力的同时，通过工业加工和人们日常生活的使用、汽车尾气的排放等方式进入大气，成为大气的主要污染源之一。而多环芳烃、取代苯、有机氯农药等持续性有机污染物，如六氯苯，因其水溶解度低，脂溶性高，在环境中不易降解，容易发生生物积累，给人类和其他生物造成更大危害。因此，对这类污染物的物理、化学性质和环境影响的分析显得尤为重要。研究污染物的方法通常有两种：其一是通过实验手段测定污染物理化性质和对生物的毒性，这种方法需要大量人力、财力和时间，但是面对日益增长的人工合成物，对所有化合物进行实验已不太可能；其二是根据已有的实验结果，通过定量结构—活性/性质相关性（QSAR/QSPR）来获得污染物的物性数据。目前QSAR/QSPR已成为评价污染物环境行为的一种方便快速而实用的方法，广泛应用于化学、生物、环境科学、药物学等领域。

多氯联苯（PCBs）是人工合成的有机化合物，已造成全球性环境污染，正辛醇/

水分配系数是一个非常有用的描述其环境行为的参数。实验测定 PCBs 的分配系数是最为有效的，然而如上所言，PCBs 的水溶性极低，脂溶性极强，测定其分配系数相当困难。实验值并非总可以得到，这就使得预测和估算该类有机化合物的正辛醇/水分配系数变得非常有用。利用 Leo 碎片法由碎片常数 f 和结构因子 F 进行估算有其不便之处和局限性。因此就有人探索在烷烃分子距离边数矢量的基础上，以基团为基准扩展分子距边数矢量（MDE）。将实验测定的分配系数与其 MDE 矢量联系起来，借助多元线性回归（MLR）建立描述 PCBs 正辛醇/水分配系数与其分子结构参数之间的 QSAR 模型，其复相关系数高达 $R=0.9908$、均方根误差 $RMS=0.1775$、解释方差 $EV=0.9811$、F 统计量 $F=1867.6$，结果良好。

将计算烷烃 MDE 矢量的方法扩展到研究中的 PCBs。考虑到 PCBs 由氯原子和苯环构成，这里将氯原子记为第一类原子（团）1，将苯环以一种拟原子的方式记为第二类原子（团）2，这两类原子（团）之间发生相互作用可组合出以下几种方式：M11、M12、M22。3 个元素就构成了描述 PCBs 分子结的 MDE 矢量，简称 μ 矢量，其元素为 μ_1、μ_2、μ_3，记为 $\mu=(m_{11}, m_{12}, m_{22})=(\mu_1, \mu_2, \mu_3)$。由于对所有 PCBs 其苯环与苯环的距离恒为 1，即所有 μ 矢量中元素 μ_3 均为 1。因此，在用多元线性回归方法建 QSAR 模型时可不考虑 μ_3。

在这样考虑条件下使用了 37 种 PCBs 在正辛醇/水体系中分配系数的实验值，用上述方法计算出相应的 μ 值。然后用多元线性回归技术（MLR）进行关联，发现 PCBs 的 $\lg K_{ow}$ 值与矢量有很好的线性关系。回归分析得到以下方程：

$$\lg K_{ow} = 4.10884 + 0.524237 \sim 1 - 0.0929062 \sim 2 \quad (n=37, R=0.9908,$$
$$EV=0.9811, RMS=0.1775, F=1867.6)$$

将应用模型计算得到 37 个 PCBs 的 $\lg K_{ow}$ 值对相应的实验值作图，结果表明：PCBs 在正辛醇/水体系中分配系数 $\lg K_{ow}$ 的计算值与实验值吻合良好。

7.5 水环境遥感

7.5.1 遥感（Remote Sensing）技术

"遥感"一词，在 20 世纪 60 年代初首次由美国海军科学研究局的 E. L. Pruitt 提出，而后在世界范围被广泛采用，逐渐形成一门新兴的边缘学科。随着科技的发展，遥感技术所涉及的内容及解决问题的范畴是不同的。通常所称遥感指远距离不接触物体而取得信息的一种探测技术，简称"遥远的感知"，它是借助平台、传感器，通过电磁波、力场、声波、地震波等记录各物体的特征，进而应用物理方法、数学模型进行处理，用地学分析方法进一步提取各种用户所需信息的一种学科。需要指出的是，地物各种信息之所以能被记录下来，是因为地物的波谱特性，这正是遥感技术的研究基础。

在目前技术水平条件下，大量进行的资源环境调查、监测，主要是空对地遥感，即在离开地面的平台（卫星、飞机、气球、高塔等）安置传感器，以电磁波为媒介，对地球表面进行探测的一个立体观测系统。所以遥感技术可以理解为"在一定的平台上，利用各种传感器，从遥远的地方，对研究的对象进行探测，并将所得信息进行各种处理和判断分析"。航空摄影测量及卫星影像图及其应用即是这种技术的例证。

资源7.7

遥感可以分为陆地资源遥感、海洋遥感和气象遥感，包括地面、海洋、大气等。从高度上讲有航空遥感和卫星遥感，航空遥感的高度一般为3000～5000m，卫星遥感一般为500～900km。按遥感的物理波段来分的话，又可以分为可见光遥感、红外遥感和微波遥感。遥感最主要的特点就是覆盖范围宽、频率快、信息量大。比如用人的肉眼来观察事物，一般都是从前后左右四个方向进行，但遥感不一样，它现在已经能从200多个角度观察某一个物体。用一个形象的比喻，现在普遍使用的可见光遥感就像一个灵敏度和精度都非常高，而且覆盖范围也很大的照相机。

遥感诞生40多年以来，技术日臻完善，目前，遥感技术已形成多星种、多传感器、多分辨率共同发展的局面。各种遥感卫星包括资源卫星、环境卫星、海洋卫星、气象卫星等，所获取的遥感信息具有厘米到千米级的多种尺度，重访周期从1天到40～50天不等，在获取资源环境空间和时间信息方面构成很好的互补关系。遥感技术在地球资源与环境研究和测量任务中扮演着越来越重要的角色，它所具有的高度的空间概括能力，有助于对区域的完整了解；而且各种空间分辨率遥感影像互补，成为获取地球资源信息的重要技术手段；不同卫星的适宜的重访周期有利于对地表资源环境的动态监测和过程分析；以多光谱观测为主并辅以较高分辨率的全色数据，极大地提升了对地物的识别和分类。卫星遥感技术的发展使资源环境研究得到了极大的促进，在研究资源环境时空特征方面取得了一系列的具有重要影响的成果。技术发展提升了成果质量，加强了研究深度，同时促进了成果应用。

7.5.2 水环境遥感

水环境遥感（Aquatic Environmental Remote Sensing）就是用遥感技术对水环境以及水环境各要素的现状、动态变化及发展趋势进行研究的各种技术和方法的总称。具体地说，就是利用遥感仪器从高空或远距离处接收地球表面被测水体的反射或辐射电磁波信息，经过信息加工处理成为能识别的图像或计算机用的图像数据，以揭示有关水环境现象的形状大小、种类、性质及其变化规律。利用遥感技术能迅速、同步地监测大范围水环境质量状况及其动态变化，可以在若干方面弥补常规监测手段的不足，因此引起了许多水环境科学工作者的重视。近20年来已经出现了"水质遥感"和"水污染遥感"方面的一些研究课题，它们分别对天然水体和污染水体的水质或污染程度进行遥感研究。

从原理上说，遥感传感器记录的是地表物体的电磁波辐射特性（强弱变化及空间变化），因此只有在较大程度上直接或间接影响水体的电磁波辐射性质的水化学物质才有可能通过遥感技术加以探测，并非所有的水环境化学内容都可以辅以遥感手段。

利用遥感技术研究水环境化学包括定性和定量两种方法。定性遥感方法是通过分析遥感图像的色调（或颜色）特征或异常对水环境化学现象进行分析评价的，这往往需要了解水环境化学现象与遥感图像的色调（或颜色）之间的关系，建立图像解释标志。定量遥感技术建立在定性遥感技术的基础之上，为了消除随机因素的影响，通常

7.5 水环境遥感

需要获得与遥感成像同步（或准同步）的实测数据，以标定定量数学模型。

就精度而言，遥感方法通常低于常规的监测方法，但遥感技术正是通过这种精度上的损失，换取了水环境化学研究的区域性、动态性和同步性，这正是把遥感技术应用于水环境化学研究的意义所在。

我国有七大水系，2300多个面积在 $1km^2$ 以上的湖泊。尽管我国已有上万个水环境监测断面，但所反映的只是点上的环境质量状况，因此迫切需要大面积的动态连续监测，这就需要利用遥感技术对包括水温、总悬浮固体颗粒物、叶绿素、透明度（浊度）、溶解性总有机碳、石油类污染、热污染、赤潮污染等信息进行处理、提取和分析，逐步形成水体环境质量遥感监测、水域分布及变化遥感监测、水体沼泽化遥感监测、赤潮和富营养化遥感监测、泥沙污染遥感监测、废水污染遥感监测以及固体漂浮物污染遥感监测的业务运行能力。

目前，遥感技术已广泛应用于各类水体污染监测。例如，用激光荧光雷达监测水体中叶绿素，可用来确定水中藻类类型及其生长密度，掌握水体富营养化状况；利用红外遥感可测量水体表面水温，可用于绘制大面积水体等温线图；从红外扫描图像，还可确定进入水体的污水扩散特征及扩散范围；紫外摄影，可用于地表水体油污染的监测。此外，由于水体中悬浮物对紫外光的特征吸收，所以还可用于测量水体中泥沙的含量。遥感监测技术具有许多优点，遥感可进行大面积水体的快速同步监测，不受时间、地点的限制，可迅速测定水体污染特征，污染源状况等，而且通过不同季节、不同时间的连续监测，重复成像，可了解和掌握水体污染的动态变化，预测水体污染变化趋势。作为人类科技进步的产物，遥感技术在水质监测领域的应用，有效提高了现代区域水质监测的科学合理性。这里就我国水环境化学研究中对于遥感技术的主要应用进行简要介绍。

1. 遥感技术在水环境监测中的应用

在水污染监测方面，我国先后对海河、渤海湾、大连海、珠江、苏南大运河、滇池等大型水体进行了遥感监测，研究了有机物污染、富营养化等；利用水体叶绿素与富营养化之间的关系研究了滇池水体污染与富营养化状况；利用卫星遥感资料估算了渤海湾表层水体叶绿素的含量，建立了叶绿素含量与海水光谱反射之间的相关模式，定量地划分了有机物污染区域；利用水体热污染原理先后对湘江、大连海、海河、闽江、黄浦江等进行了红外遥感监测。

目前我国对大江、大河、沿海流域、港口、海湾实施日常例行监测（每周需进行3次），对赤潮、溢油、重大污染物泄漏等污染事故，每天需进行一次监测，利用遥感技术可及时发现环境事故，对事故的发生和进展进行监测评估，制订紧急对策和措施。

资源7.8

2. 遥感技术在水体富营养化研究中的应用

在湖泊水体富营养化方面，北京大学环境学院利用遥感信息和有限的实地监测数据建立了太湖水质参数预测模型，用于太湖水质污染的预测、分析和评价，能较好地反映水质的空间分布特征，尤其适合于大范围水域的快速监测。该研究成果表明：利用单波段、多波段因子组合以及成分分析等手段可以使遥感信息得到更充分的利用，从而使预测结果更加精确。同时通过应用遥感技术对太湖流域水体富营养化发展趋势进行了预测。

在水库水体富营养化研究方面，台湾大学利用陆地卫星 TM 数据对台湾中部地区德基水库的总体营养状态进行了评价。研究发现，3 个水质参数——叶绿素、总磷、透明度与波段 1、波段 2、波段 3 和波段 4 的变换的光谱特征具有高度的相关性。因此，TM 数据可以用来生成水库的营养状态指数图。

3. 利用卫星遥感监测海洋赤潮

利用卫星遥感监测海洋赤潮是一种可行的方法。众所周知，赤潮生物主要是浮游藻类（如甲藻类、硅藻类、鞭毛藻类、夜光藻类等），其细胞壁含叶绿素和类胡萝卜素等，因而赤潮的反射光谱与背景（海水）是不一样的，这是从遥感图像上判断是否赤潮的根据。然后可在遥感图像上圈定赤潮的范围并根据像元多少测定其面积。我国科研部门曾利用陆地卫星的 TM 图像对渤海赤潮进行了监测和研究，发现赤潮区的光谱特征是藻类生物体、泥沙和海水的复合光谱。含悬浮泥沙的海水，在可见光的红、黄范围具有很高的反射率，但到红外波段就急剧下降。含赤潮的海水，TM3 波段的数值比含泥沙的海水稍低，TM4 波段下降平缓，到 TM5 波段才急剧下降。赤潮区海水与含泥沙的海水在 TM 图像中的差异，主要是在 TM3 和 TM4 波段。根据这一规律，利用 TM 图像就能及时准确地监测赤潮。

7.5.3　遥感技术在水环境保护应用中的不足

我国环境遥感应用的关键问题在于，水环境监测的内容很多，哪些指标能采用卫星遥感技术进行有效监测，其最佳监测光谱分辨率、监测时间频率和监测空间分辨率还不是十分清楚，更没有形成实用模型数据库；而可稳定使用的数据源不足，从国内外文献资料分析，对环境遥感应用的数据源的要求很高，不仅仅是陆地卫星数据，还需要高光谱分辨率、高空间分辨率或高时间分辨率的卫星遥感数据源。我国资源卫星信息源的应用还刚刚起步，国外卫星资源很难做到同步监测要求。

习 题

7-1　水环境的野外调查研究需要注意哪些事项？
7-2　试述实验模拟在水环境化学研究中的重要性。
7-3　常见的水质模型有哪些？
7-4　我国水环境遥感技术的应用主要有哪些方面？

资源 7.9

资源 7.10

参 考 文 献

[1] 中华人民共和国水利部，长江水环境监测中心. SL 219—98 中国水环境监测规范 [S]. 北京：中国水利水电出版社，1998.
[2] 国家环境保护总局. 2005 中国环境状况公报 [J]. 环境保护，2006（6B）：10-19.
[3] 陈静生. 水环境化学 [M]. 北京：高等教育出版社，1987.

［4］ 戴树桂. 环境化学［M］. 北京：高等教育出版社，2006.
［5］ 游先祥. 遥感原理及在资源环境中的应用［M］. 北京：中国林业出版社，2003.
［6］ 王丽娟，景耀全. 浅谈遥感监测水环境［J］. 环境技术，2004，6：15-16.
［7］ 施益强，陈崇成，陈玲. 遥感技术在环境科学与工程应用中的进展［J］. 科技导报，2002，12：25-28.
［8］ 秦中，张捷，都全康. 水体污染遥感监测的可行性分析［J］. 长江流域资源与环境，2004，13（4）：384-388.
［9］ 李嵘. 遥感技术在水环境监测中的应用研究［J］. 江西化工，2005，4：49-51.
［10］ 薛禹群，朱学愚，吴吉春，等. 地下水动力学［M］. 北京：地质出版社，1997.

试卷 A

试卷 A 答案

试卷 B

试卷 B 答案